新编农技员丛书

种 猪 生 产
配套技术手册

梅书棋　孙华　刘泽文　主编

U0301056

中国农业出版社

内容提要

　　本书从猪场的规划和建设出发，概述了种猪生产过程中各个生产环节所需要的理论知识和实际操作所需要面对的问题。包括猪的品种与良种繁育体系、猪的品种选育、不同阶段猪的饲养管理、种猪的繁殖与人工授精技术、种猪的营养与饲料配制、种猪场的生产经营管理、种猪场环境控制与粪污处理、种猪场的卫生防疫及常见猪病的诊断和防治技术等。

　　本书内容结合实际，注重理论与实践相结合，适合在生产一线的技术服务及推广人员使用。

编 写 人 员

主 编　梅书棋　孙　华　刘泽文

编 者（按姓名笔画排序）

冯　政　田永祥　刘贵生

乔　木　李良华　李明波

宋忠旭　吴俊静　武华玉

周丹娜　杨克礼　段正赢

郭　锐　袁芳艳　彭先文

董斌科

前 言

中国是生猪生产和猪肉消费大国，生猪饲养量、猪肉产量位居世界第一。养猪业是我国促进农民增收和保障食品安全的基础产业，为保障食物安全、改善人民生活、农业增效、农民增收等做出了重大贡献。

养猪生产中，种、营养、疫病是影响养猪效益的三大要素，而种是最根本的要素。种猪生产是养猪生产最重要的环节，但在我国当前养猪生产中，最迫切需要解决的问题恰好是种猪生产效率的提高。

湖北省农业科学院畜牧兽医研究所长期从事种猪培育、生产与技术推广及服务工作，积累了丰富的生产实践经验，在此基础上，组织科技人员利用繁忙工作之余，编写了《种猪生产配套技术手册》一书。该书内容紧扣提高种猪生产效率这一中心主题，科学地论述了种猪生产中各个主要技术环节。书中内容理论联系实际，语言通俗易懂，针对性、实用性和可操作性强，适于规模种猪场技术人员阅读，同时可供大中专畜牧兽医专业学生和生产第一线畜牧兽医工作者参考。此书的出版与发行，将有助于进一步提升我国种猪生产效率，推动我国养猪业可持续健康发展。

由于我们水平有限，经验不足，书中难免有错误或不足之处，恳请广大读者批评指正。

编　者

2012 年 10 月

目　录

第一章

猪场规划及建设

第一节 猪场场址的选择与规划布局

一、场址选择

建造一个种猪场，首先要考虑选址问题。场址选择是否得当，不仅关系到猪场的卫生防疫、猪只的生长以及饲养人员的工作效率，而且关系到养猪的效益以及周围环境的保护。猪场选址的基本原则是符合当地城镇发展建设规划、土地利用规划和相关法规，节约用地，禁止在旅游区、自然保护区、水源保护区、畜禽疫病多发区和环境公害污染严重地区建场。

(一) 地形地势

地形指场地的形状、大小、位置和地貌的情况，地势指种猪场所建场地的高低起伏状况。一般要求地形整齐开阔，地势较高、干燥、平坦或有缓坡，背风向阳，有足够的面积，并留有发展的余地。地势低洼的场地易积水潮湿，夏季通风不良，空气闷热，易滋生蚊蝇和微生物，冬季则阴冷。有缓坡的场地便于排水，但坡度不宜过大，应不大于 25°，以免造成场内运输不便。在坡地建场宜选背风向阳坡，以利于防寒和保证场区较好的环境。

(二) 交通运输

猪场饲料、产品、粪污、废弃物等运输量很大，所以必须交通方便，并保证饲料的就近供应、产品的就近销售及粪污和废弃物的就地处理，以降低生产成本和防止污染周围环境。但交通干

1

线又往往是造成疫病传播的途径，因此选择场址时既要求交通方便，又要求与交通干线保持适当的距离。一般来说，猪场距铁路、国家一二级公路应不少于 300～500 米。同时，要距离居民点 500 米以上，距离其他一般畜牧场 500 米以上，距离大型畜牧场 1 000 米以上，距离化工厂、畜牧产品加工厂 1 500 米以上。如果有围墙、河流、林带等屏障，则距离可适当缩短。

（三）水源水质

猪场水源要求水量充足，水质良好，便于取用和进行卫生防护，并易于净化和消毒。水源水量必须能满足场内生活用水、猪只饮用及饲养管理用水（如调制饲料、冲洗猪舍、清洗用具等）的要求。饮水质量以固体物的含量为测定标准，每升水中固体物含量在 150 毫克左右是理想的，低于 5 000 毫克对幼畜无害，超过 7 000 毫克可致腹泻，高过 10 000 毫克即不适于饮用。

（四）场地面积

根据地势地形的不同，猪场所需的面积也会有所不同。种猪场生产区的总建筑面积一般可按每头繁殖母猪 20～25 米^2 或年出栏一头肥育猪需 0.8～1.0 米^2 计算，猪场辅助生产及生活管理区建筑面积可根据实际规模而定。因此，在设计建场时要把生产、管理和生活区都考虑进去，根据实际情况计算所需占地面积，并留有一定余地。

二、猪场的规划与建筑布局

场地选定后，须根据有利防疫、改善场区环境、方便饲养管理、节约用地等原则，考虑当地气候、风向，场地的地形地势，猪场各种建筑物和设施的尺寸及功能关系，规划全场的道路、排水系统、场区绿化等，安排各功能区及建筑物和设施的朝向、位置。

（一）总体布局原则

1. 利于生产 猪场的总体布局首先要满足生产工艺流程的

要求，按照生产过程的顺序性和连续性来规划和布置建筑物，以利于生产，便于科学管理，从而提高生产效率。

2. 利于防疫　现代规模化猪场的猪群规模大、饲养密度高。要保证正常的生产，必须将卫生防疫工作放到首要位置。除了要采取一些有效的防疫措施，在整体布置上还应着重考虑猪场的性质、猪只自身的抵抗力、地形条件、主导风向等几个方面，合理布置建筑物，满足其防疫距离的要求，从源头上进行控制。

3. 利于运输　猪场日常的饲料、猪只及生产和生活用品的运输任务非常繁忙，在建筑物和道路布局上应考虑生产流程的连续性，尽量使运输路线方便、简捷、不重复、不迂回。

4. 利于生活管理　猪场在总体布局上应使生产区和生活区既分隔又联系，位置要适中，环境要相对安静。要为职工创造一个舒适的工作环境，同时又便于生活、管理。

（二）猪场规划

猪场一般可分为 4 个功能区，即生活区、生产管理区、生产区、隔离区。为便于防疫和安全生产，应根据当地全年主风向和场址地势，顺序安排各区。

1. 生活区　包括办公室、接待室、财务室、食堂、宿舍等，这是管理人员和职工日常生活的地方，应单独设立。一般设在地势较高的上风向或偏风向。此外，猪场周围应建围墙或设防疫沟，以防兽害和避免闲杂人员进入场区。

2. 生产管理区　包括猪场生产管理必需的附属建筑物，如饲料加工车间、饲料仓库、修理车间、变电所、锅炉房、水泵房等。此区与日常的饲养工作有密切关系，所以应该与生产区毗邻建立。

3. 生产区　生产区包括各类猪舍和生产设施，这是猪场的主要建筑区，一般建筑面积约占全场总建筑面积的 70%～80%。禁止一切外来车辆与人员进入。在设计时，猪舍方向应与当地夏季主导风向成 30°～60°角，使猪舍在夏季得到最佳的通风。总之，应根据当地的自然条件，充分利用有利因素，在布局上做到对生产最为有利。在生产区的入口处，应设专门的消毒间或消毒池，以便对进入生产区的人员和车辆进行严格消毒。

4. 隔离区 隔离区包括兽医室、病猪隔离间、尸体剖检和处理设施、粪污处理设施等。该区设在下风向、地势较低的地方，兽医室可靠近生产区，病猪隔离间等其他设施应远离生产区。

5. 道路 道路对生产活动正常进行、卫生防疫及提高工作效率起重要作用。场内道路应净、污分道，互不交叉，出入口分开。净道的功能是人行和饲料、产品的运输，污道为运输粪便、病猪和废弃设备的专用道。生产区一般不设通向外界的道路，管理区和隔离区分别设置道路通向场外。

6. 水塔 自设水塔是清洁饮水正常供应的保证，位置选择要与水源条件相适应，且安排在猪场最高处。

7. 绿化 绿化不仅美化环境、净化空气，也可防暑、防寒，还可以减弱噪声，促进安全生产，从而提高经济效益。因此，在进行猪场总体布局时，一定要安排好绿化。

（三）建筑物布局

猪场建筑物的合理布局在于正确安排各种建筑物的位置、朝向、间距。猪场建筑物布局是否合理，不仅关系到猪场的生产联系和管理是否方便，工作人员的劳动强度大小和生产效率的高低，而且直接影响到场区及猪舍内的环境状况，以及猪场的卫生防疫。布局时须考虑各建筑物间的关系、卫生防疫、通风、采光、防火、节约占地等。

1. 位置 生活区和生产管理区与场外联系密切，为保障猪群防疫，宜设在猪场大门附近，门口分别设行人、车辆消毒池，两侧设值班室和更衣室。生产区各猪舍的位置应考虑生产工艺流程，方便生产管理，并注意卫生防疫。种猪场可按种公猪舍、空怀及妊娠母猪舍、分娩舍、保育舍、肥育猪舍、测定舍、上猪台等建筑物顺序靠近排列。病猪和粪污处理应置于全场最下风向和地势最低处，距生产区应保持 50 米以上的距离。

2. 朝向　在确定猪舍朝向时，主要考虑采光和通风效果，可从建筑设计手册上查阅当地民用建筑的最佳或适宜朝向，作为确定猪舍朝向的参考依据，或向当地有关建筑设计部门咨询。一般而言，猪舍的最佳朝向为南或南偏东、西各 30°，在炎热地区猪舍朝向偏西不宜超过 10°。

3. 间距　猪舍间距主要根据光照、通风、防疫、防火和节约土地来确定。在满足光照、通风、防疫和防火要求的前提下，应尽量缩短猪舍间距，减少猪场占地面积，节约用地。一般情况下，猪舍间距为猪舍高度的 3～5 倍，即可满足光照、通风和防疫的要求。

第二节　猪场的生产工艺流程

现代化种猪生产采用的是利用现代科学技术和设施装备，按照工业生产方式进行集约化经营的生产。种猪场生产实行全进全出制，按节律全年均衡生产。猪场生产工艺设计首先应确定养猪生产工艺流程，从而合理安排猪场的其他配套设施。现代化种猪场常见的饲养工艺流程有四段式、五段式和六段式。

一、四段式饲养工艺流程

空怀及妊娠期→哺乳期→仔猪保育期→生长肥育期

仔猪哺乳 28～35 天体重达 7.0 千克断奶，母猪离开分娩舍，仔猪再停留一周后（主要为避免应激），转入保育舍保育 50～60 天，体重达 35 千克，再转入生长肥育舍。这是目前种猪场采用最多的工艺，它确实体现了规模化、集约化生产的分段流水作业，各阶段猪栏都能得到有效地利用，也节约了不少建筑面积，配合猪的转群，在固定的时间进行防疫、驱虫和更换饲料，不会使疫苗漏打或早打，防止了在同一个猪舍使用两种或多种饲料，也可避免因投错饲料而影响猪的生长或浪费仔猪阶段饲料而增加饲养成本。

二、五段式饲养工艺流程

空怀及妊娠期→哺乳期→仔猪保育期→育成期→生长肥育期

在四段式饲养工艺流程基础上，五段式饲养工艺将生长肥育期分成育成期和生长肥育期，两期各饲养7~8周。仔猪从出生到出栏经过哺乳、保育、育成、肥育四个阶段。此饲养工艺流程的优点是可以最大限度地满足猪只各生长发育阶段的需求，充分发挥其生长潜力，提高养猪效率。此外可以节约建筑面积，肥育猪平均每头占用猪栏1.2米^2，育成阶段平均每头占0.7米^2。

三、六段式饲养工艺流程

空怀配种期→妊娠期→哺乳期→保育期→育成期→生长肥育期

六段式饲养有四次转群，与五段式饲养相比，把空怀待配母猪和妊娠母猪分开，单独组群，有利于配种，提高繁殖率。空怀母猪配种后观察21天，确定妊娠后转入妊娠舍饲养，至产前7天转入分娩哺乳舍。这种工艺的优点是断奶母猪复膘快、发情集中、便于发情鉴定及易于把握配种时机。

在养猪生产的工艺流程中，饲养阶段的划分并不是固定不变的。现代化种猪场生产普遍采用的是分段饲养、全进全出的生产工艺，其工艺流程中饲养阶段的划分必须根据猪场的性质和规模，以提高生产力水平为前提来确定。

第三节 猪舍的设计与建筑

一、猪舍建筑的类型

按建筑外围结构特点划分，种猪场一般采用半开放式或封闭式猪舍，按屋顶形式，则有双坡式和平顶式猪舍等，按猪栏排列，有单列式和双列式猪舍，按猪舍的用途，可分为配种猪舍（含公猪舍、空怀母猪舍和后备母猪舍）、妊娠母猪舍、分娩猪舍（产房）、仔猪保育舍、生长育肥舍和测定舍。

二、猪舍的环境控制

猪舍内的环境会直接影响到猪只的健康状况和生产性能，必须为猪群创造适宜的生存和生产环境。通过合理设计，实现通风换气、采光照明、保温保湿、防暑降温和饮水卫生等。

（一）猪舍的保温隔热

保温是阻止热量从舍内向舍外散失，隔热是阻止热量由舍外传到舍内。猪舍的保温隔热取决于猪舍的类型、结构、大小、开放通道（如门、窗、通风口等）和隔热材质。

1. 猪舍的保温防寒　在猪舍的外围护结构中，散热最多的是屋顶。因此，设置天棚极为重要，铺设在天棚上的保温材料热阻值要高，而且要达到足够的厚度并压紧压实。墙壁的散热仅次于屋顶，墙体须用空心砖或填充隔热材料等提高猪舍的防寒保温能力。有窗猪舍应设置双层窗，并尽量少设北窗和西侧窗。设置两道门可防止冷风直接进入舍内。地面散热虽较其他外围护结构少，但由于猪直接在地面上活动。因此，加强地面的保温能力具有重要意义。为利于猪舍的清洗消毒和防止猪破坏地面，一般应为水泥地面，但水泥地面冷而硬，需要在睡卧区用空心砖等建造保温地面。在冬季寒冷的地方，可增设暖气或地面供暖设施。

2. 猪舍的隔热防暑　导致环境炎热的因素有气温高、太阳辐射强、气流速度小和空气湿度大等。在炎热情况下，可通过猪舍防暑设计来降低空气温度，从而增加猪的非蒸发散热，保护猪免受太阳辐射，增强猪的传导散热（与冷物体接触）、对流散热（充分利用天然气流或强制通风）和蒸发散热（水浴或向猪体喷淋水）等措施来降温。

（1）**遮阳设计**　猪舍遮阳可采取加长屋顶出檐，顺窗户设置水平或垂直的遮阳板及绿化遮阳等措施。

（2）**隔热设计**　猪舍隔热设计的重点在屋顶，可采用屋顶热阻材料，设计多层结构或有空气间层的屋顶，屋面选用色浅而光平的材料以增强其反射太阳光的能力。

（3）**猪舍降温**　猪舍可采用冷风机降温、湿帘风机降温、喷淋降温和喷雾降温等。

（4）**猪场绿化**　猪场绿化可改善猪场环境，同时能阻挡阳光对猪舍和地面的直射，从而降低猪舍屋面和周围的地表温度，达到对猪舍降温的目的。还可起到过滤空气、净化空气、减少场区灰尘的作用，从而减少病原微生物对猪的危害。猪场的绿化是总体规划的组成部分，要按照统一安排、统一布局的原则进行，规划时既要有长远考虑，又要有近期安排，并与全场的建设协调一致。

（二）猪舍的通风

通风是改善猪舍小气候的重要措施，不仅可以改善空气质量，还能降温、除湿等。

1. 自然通风　较小跨度的猪舍利于其自然通风和空气对流。在自然通风猪舍设置地脚窗、大窗、通风屋脊等，并均匀设置进气口，可使猪舍的每个角落温度一致。

2. 机械通风　通风口设置机械通风设备，以便在自然通风不足时使用。在设计时通风口高低不等，但要防止冬季因通风口过低导致冷风直吹猪床。

（三）猪舍的光照

光照对猪的生长发育、健康和生产力都有较大影响。

猪舍多以自然采光为主，人工照明为辅。猪舍自然光入射角要求不低于 25°，透光角要求不低于 5°。人工照明设计应保证猪床照度均匀，满足猪群的光照需要。猪舍温度、湿度和通风换气的设计参数见表 1-1。

表 1-1　猪舍温度、湿度和通风换气的设计参数

猪舍类别	猪龄	适宜温度（℃）	适宜湿度（%）	通风量 [米³/（时·头）]		风速（米/秒）	
				春、秋、冬	夏	春、秋、冬	夏
哺乳仔猪（分娩舍）	初生几小时 1周内 2周内 3～4周	32以上 32～33 24～33 21～22	60～75 60～80			0.15	0.4
保育舍	5～8周	20～24	60～80	冬　10 春秋　20	50	0.2	0.6
生长舍	8周以后	17～20	60～80	冬　10 春秋　20	50	0.2	自然风
育肥舍	育成猪	15～23	60～80	冬　30 春秋　60	120	0.2	自然风
哺乳母猪		15～20	60～80	冬　100 春秋　150	200	0.15	0.4
妊娠母猪		6～16	60～80	冬　85 春秋　110	150	0.3	1

三、不同猪舍的要求及内部布置

不同性别、不同饲养要求和生理阶段的猪对环境及设备的要求也不同，设计猪舍内部结构时应根据猪只的生理特点和生物学习性，合理布置猪栏、走道，并合理安排饲料、粪便运送路线。对于规模种猪场，设计时可考虑限位饲养，其优势在于占地面积小，粪尿、污水通过漏缝地板分离，环境较干燥，同时减少了仔猪接触污物、感染疾病的机会，便于防疫和生产管理，从而提高仔猪成活率、生长速度和饲料利用率等。因此，猪场设计者多采用母猪限位饲养、公猪单圈饲养以及转群使用赶猪通道等。猪舍设计参考参数见表 1-2、表 1-3 和表 1-4。

表 1 - 2　猪群饲养密度及每栏头数

阶　段	每头占用面积（米²）	单栏头数（头）	备　注
断奶保育期	0.25～0.3	≤20，两栏以上不合并	不含占地面积
生长前期（<53千克）	0.4	≤20，两栏以上不合并	不含占地面积
生长期（53～75千克）	0.7	≤20，两栏以上不合并	不含占地面积
育肥期（75～100千克）	1.0	≤20，两栏以上不合并	不含占地面积
公猪	8～10	1	可配独立运动场
群养后备母猪	1.2～1.5	1～5	混群可促进发情
空怀及妊娠母猪	1.3	1	
哺乳母猪	3.5～4	1	

表 1 - 3　猪栏基本参数

猪栏种类	每头猪占用面积（米²）	规格（毫米）	栅栏间隙（毫米）
公猪栏	5.5～7.5	栏高1 400	100
配种栏	5.5～7.5	栏高1 200	100
母猪单体栏	1.2～1.4	长2 000～2 100，宽550～650，高1 000	100（头部）
母猪小群栏	1.8～2.5	栏高1 000	90
分娩栏	1.8～2.5	—	—
仔猪栏	—	—	35
保育栏	0.3～0.4	栏高700	55
生长栏	0.5～0.7	栏高800	80
育肥栏	0.7～1.0	栏高900	90

表 1 - 4　猪栏地板漏缝间隙参数

猪栏种类	公猪栏	母猪栏	分娩栏	保育栏	生长栏	育肥栏
漏缝间隙（毫米）	20～25	20～25	10	10	15～20	20～25

（一）分娩舍

从防疫角度出发，分娩舍首先应考虑便于全进全出：产仔栏的平面设计多以单列或双列式排列，整栋猪舍的门开在一侧的通道上。要求产仔栏间的跨度按生产流程流转数量设计。分娩舍采用小单元，便于全进全出和多种形式的彻底消毒。其次，为促进母猪正常采食和泌乳，温度不宜过高，猪舍的顶部和侧面设计应利于室内的温度调节，侧面风门采用上下开闭式，且以上风口调节。为提高仔猪对环境的适应性，对环境温度的要求以保温为主，仔猪所在区域须有局部性的保温措施，采用保温灯、保温箱、保温电热板或地板暖水加热、暖气升温等均可。同时，要求利于清洁、消毒，并能防压、防咬等。

从安全生产角度出发，通道设计不可忽视，一般有以下要求：利于防疫和生产管理，便于消毒和排水，一般为水泥地面，不宜光滑，且高出通道两侧地面，通道宽度以不能让大猪并排通过为宜，赶猪通道最好能起到对猪的约束和导向作用。

（二）保育舍

在设计保育舍时，除参照一般设计参数外，还应因地制宜，如南方湿度大，在保育温度下特别适宜微生物的滋生，此时通风系统、地面排污系统、饮水系统等均应考虑周全并利于防疫。

保育舍的设计以卫生、保温为主。可采用整体保温，如屋顶吊顶，可使冬季舍温提高 $8 \sim 10 \, ^\circ\!C$，材料可选择耐用、防火、防潮等的 PVC 板、层板、竹板。还可采用整体保温与局部保温相结合，局部保温可选用红外线灯、暖气片等辅助设备。

保育舍的建筑面积要根据猪场的生产规模和工艺流程来确定。按每头保育猪占 0.3～0.4 米²，同时考虑保育时间和保育栏消毒时间，以及保育栏的面积利用系数，即可算出保育舍的建筑面积。保育栏的数量除由母猪饲养规模决定外，还取决于仔猪的断奶日龄。断奶越早，保育所需的时间越长，以使小猪有足够的生长时期，形成应对恶劣环境的抵抗能力和适应能力。如 28 日龄断奶，保育期为 35 天，21 日龄断奶，保育期则为 42 天。

（三）生长肥育舍

随着猪只个体的增大，斗殴造成的损失也增大。因动物位次效应的影响，即使在自由采食状态下，也有猪只因发育不良而被淘汰，如果猪群较大，这种损失也会增加。为避免非自由采食情形出现而影响猪只发育，或混群引起疾病传播进而影响猪只健康，建议生长育肥舍实施全进全出，原则上宜分不宜合。

生长育肥猪舍常见的设计是单列式和双列式，单列式较双列式更易选择场地和排污。因此，生长育肥猪舍推荐单列式设计。

因不同时期猪只个体大小不同，占地面积也不一样，设计时一般将生长期和育肥期分开。按照防疫要求及宜分不宜合的原则，从保育后尽可能不再分群。因此，圈舍数量为保育舍的圈栏数乘以生长期天数，除以保育期天数，再加上保育期用于消毒周转的圈栏数。育肥期通常与生长期的圈舍数量相同。

饮水器应按以下数量配置：小猪每栏 1～2 个饮水器，比例不超过 1：10，大猪至少 2 个饮水器，比例最好不超过 1：5。

（四）后备猪舍

后备猪舍数量的确定与猪场的规模、公母猪的年更新率和选择留用的阶段有关。对于种猪场，小猪从出生开始进行测定、记录、淘汰等，经断奶（由产房到保育舍）、脱温（由保育舍到生长舍）和前期的生长培育后，发育优良、档案优秀的才能留用，后备猪培育一般为 3～4 个月，度过至少 1 个发情期后才被转入配种舍。由于培育后备猪的阶段不同，饲料和饲养方式不一，圈舍设计也不同：前期一般混群饲养，每栏不超过 5 头，饲养期约 2 个月，后期最好使用单栏饲养，以利于防疫、发育测定和发情鉴定等，圈舍设计按 2 个月预留。因此，设计饲养时期为 4 个月，按公母猪年更新率 33％计算，后备公猪舍按 1：50 比例搭配，具体要求如下：

（1）后备公猪舍要求单栏设计，按比例搭配。

（2）后备母猪分两个阶段设计，前期为群养，最佳组合数量为3头，后期采用单栏设计。

（3）有条件的可设计运动场所。

（五）空怀配种舍及妊娠舍

空怀配种舍及妊娠舍的设计在我国南方主要以降温为主，同时也要为冬天的保温提供保障。原则是利于防疫，确保生产安全，便于生产管理。设计要求：

（1）生产流程按全进全出设计，以规模确定流转量，并按同期发情、配种、转群及妊娠设计，规划包括轮空闲置在内的圈舍。

（2）通道的设计遵照前面介绍的共性，一般0.6~1米，通道底部应高于圈栏地面，在地面设计通食槽的妊娠猪舍，靠近食槽边的通道可高出食槽的另一边缘0.05~0.15米，对猪的拱食习惯有帮助。

（3）猪栏顶部设计应以水平为宜，猪栏后部安置用于工作人员攀越的设施，以利于防疫注射和踩背诊断以及检查猪的发情、返情等。

（4）此阶段的猪舍设计均以降温为主，当前使用较多的降温系统为喷雾加风扇，也可由专业厂家设计安装水帘空调。

（5）配种妊娠阶段可限位饲养，空怀阶段可大栏饲养，每栏3~5头为宜。此阶段母猪的食槽可用单体食槽，也可采用地沟通食槽，如有条件可安装自动加料系统。

（六）公猪舍

公猪舍可独立设计，也可与配种母猪舍对应排列设计。设计公猪舍时，应考虑维护公猪肢蹄的健康和符合公猪睾丸对环境气温的要求，保证公猪的正常配种能力和良好的精液品质。设计要求：

（1）避免公猪栏内有伤害公猪繁殖性能的设施。若公猪能轻易爬上圈栏，易养成自淫的恶癖，会伤及公畜生殖器或出现无成熟精子的现象，若公猪栏过于狭窄会导致睾丸摩擦创伤，从而影响繁殖性能。

（2）避免高温环境对公猪繁殖性能的影响。高温会严重影响公猪的繁殖性能，如降低精子活力，造成死精。公猪舍的防暑降温设施至为重要，须设计喷雾降温和通风降温设备，如水帘、空调等，公猪栏的围栏一般采用栏杆，以利通风。

（3）猪栏设计应避免伤及肢蹄。地面选用防滑材料，材质不可过于粗糙，地面坡度应以 1/30 为准，即每 30 厘米距离有 1 厘米落差。公猪栏焊管要质地好，纵向排列，高度不宜过低，以免公猪攀越，公猪栏高不低于 1.4 米为宜，以免磨伤猪蹄。

（4）公猪栏最好配合待配母猪栏设计，有助于诱导或刺激母猪发情。

（5）应利于防疫，最好能按月轮空消毒。

（6）公猪舍如果与配种舍合建，应分别设计采精间和配种间，采精间四周应用水泥墙或加挡板做防干扰设计，采用水泥地面并配合防滑地板，旁边建化验室以便于检测精液品质，配制和存贮精液。化验室设计要求：防风保暖，有电力供应，有工作台、显微镜、离心机、恒温箱、灌装机、保温箱、衡量器及常用的量具、容器和药品等，并要求使用空调。

（7）应有足够的空间，面积不低于 6 米^2。钢性材料的猪栏一般宽 2.5 米，深 3.5 米，高 1.3 米，除边缘外，其他钢管均纵向排列设计。

（七）隔离舍

1. 入场猪群隔离舍 入场猪群隔离舍主要用于引进猪只的隔离。设计要求：远离猪场 1 千米以上，小猪栏可参照生长肥育舍，群体饲养密度为每栏不超过 5 头，大猪和公猪栏位分别参照配种舍和公猪舍，设计参数参照最低标准，如限位栏标准采用 2 米×0.55 米（长×宽），公猪栏面积不超过 8 米^2。

2. 病猪隔离舍 主要用于病猪的隔离、观察和治疗。病猪隔离舍应光线充足、通风效果好，并备有保温设施和特殊消毒设备。设计间数 3 间以上，最好为每间 1 栏。病猪隔离舍的设计参照生长肥育舍，地面采用水泥地面，每栏4～5米^2。

第四节 猪场技术参数及基本生产指标评价

一、猪场技术参数

猪场技术参数是衡量猪场管理水平的重要评价指标，也是在猪场建设过程中确定各类猪群的存栏数、猪舍及各猪舍所需栏位数、饲料用量和产品数量等的重要依据。

猪场建设过程中，必须根据养猪的品种、生产力水平、技术水平、经营管理水平和环境设施等，合理地确定生产工艺参数。猪场技术参数主要包括母猪年产窝数、情期受胎率、分娩率、断奶时间、哺乳仔猪育成率、保育仔猪育成率和生长肥育猪育成率等。其中，母猪年产窝数决定了猪场的生产力水平，其受情期受胎率、仔猪哺乳期的影响（表1-5）。

表1-5 母猪年产窝数与情期受胎率、仔猪哺乳期的关系

情期受胎率（%）		70	75	80	85	90	95	100
母猪年产窝数（窝）	21天断奶	2.29	2.31	2.32	2.34	2.36	2.37	2.39
	28天断奶	2.19	2.21	2.22	2.24	2.25	2.27	2.28
	35天断奶	2.10	2.11	2.13	2.14	2.15	2.17	2.18

猪场主要工艺参数见表1-6。

表1-6 猪场主要工艺参数

指 标	参数	指 标	参数
妊娠期（天）	114	公母比例（本交）	1：25
哺乳期（天）	28～35	公母比例（人工授精）	1：50～100
断奶后至再次发情间隔天数	5～10	种公母猪利用年限（年）	3～4
情期受胎率（%）	80～85	种猪年更新率（%）	25

（续）

指　标	参数	指　标	参数
分娩率（%）	85～95	生产节律（天）	7
母猪年产窝数（窝）	2.1～2.4	妊娠母猪提前进产房天数（天）	7
经产母猪产仔数（头）	11	转群后空圈消毒天数（天）	7
经产母猪产活仔数（头）	10	35日龄仔猪断奶重（千克）	8.0～9.0
仔猪初生个体重（千克）	1.2～1.3	保育仔猪成活率（%）	95
哺乳仔猪成活率（%）	90	70日龄仔猪个体重（千克）	20～25
育成期成活率（%）	98		

万头猪场猪群结构参见表1-7。

表1-7　万头猪场猪群结构

猪群种类	饲养期（周）	组数（组）	每组头数（头）	存栏数（头）	备　注
空怀配种母猪	5	5	30	150	配种后观察21天
妊娠母猪	12	12	24	288	
哺乳母猪	6	6	23	138	
哺乳仔猪	5	5	230	1 150	按出生头数计算
保育仔猪	5	5	207	1 035	按转入头数计算
生长肥育猪	16	16	196	3 136	按转入头数计算
后备母猪	8	8	8	64	8个月配种
公猪	52			23	不转群
后备公猪	12			8	9个月使用
总存栏数				5 992	最大存栏数

万头猪场各饲养群猪栏配置数量参见表1-8。

表1-8　万头猪场各饲养群猪栏配置数量

猪群种类	猪群组数（组）	每组头数（头）	每栏饲养量（头）	猪栏组数（组）	每组栏位数	总栏位数
空怀配种母猪	5	30	4～5	6	7	42

（续）

猪群种类	猪群组数（组）	每组头数（头）	每栏饲养量（头）	猪栏组数（组）	每组栏位数	总栏位数
妊娠母猪	12	24	2～5	13	6	78
哺乳母猪	6	23	1	7	24	168
保育仔猪	5	207	8～12	6	20	120
生长肥育猪	16	196	8～12	17	20	340
后备母猪	8	8	4～6	9	2	18
公猪（含后备）	—	—	1	—	—	28

二、猪场基本生产指标评价

有效的生产指标评价体系是猪场管理水平好坏的重要判定依据，也是猪场工作人员绩效考核的主要依据。其基本原则是适度细化、数量化衡量、可实现性及一定的时限。评价指标一般包括数量、质量、成本和时限四大类，数量型指标主要有生产量、育成率等，质量型指标主要有初生重、断奶重和出栏重等，成本型指标主要有生猪每千克增重的饲料和兽药的用量等，时限型指标主要有断奶时间、出栏日龄等。规模化猪场主要生产指标的分级见表1-9。

表1-9　规模化猪场主要生产指标的分级

分级	基础母猪年产窝数（窝）	产活仔数（头）	断奶仔猪育成率（%）	保育仔猪育成率（%）	基础母猪年提供出栏猪数（头）	肥育期料重比	全群料重比	达100千克体重日龄
一	2.2	22	95	98	20	3.0	3.5	160
二	2.0	20	92	96	18	3.2	3.7	170
三	1.8	18	89	94	16	3.5	4.0	180
四	1.6	16	86	92	14	4.0	4.3	190

猪场部分生产指标及干预水平见表1-10。

表 1‐10　猪场部分生产指标及干预水平

项　目	正常范围	干预水平
返情率（%）	8	15
流产率（%）	<3	≥3
空怀率（%）	1	4
死胎率（%）	<3	≥3
木乃伊胎率（%）	1	1.5
母猪死亡率（%）	4	6
仔猪死亡率（%）	6	10
保育猪死亡率（%）	3	5
生长肥育猪死亡率（%）	2	3
断奶—配种间隔天数	6	9
母猪年产仔数（头）	22	18
达100千克体重日龄	160	180
肥育期达100千克体重料重比	2.8～3.0	3.2

猪场生产基本参数见表1‐11。

表 1‐11　猪场生产基本参数

项　目		基本	优秀
情期受胎率（%）		85	90
分娩率（%）		90	95
胎间间隔（天）		158	148
断奶—配种间隔（天）		9	6
窝产仔数（头）		11	12
窝产活仔数（头）		10	11
不同阶段平均日增重（克/天）	0～28日龄	160	180
	28～70日龄	450	550
	70日龄至50千克体重	700	750
	50～100千克体重	750	800

（续）

项 目		基本	优秀
不同阶段死亡率（%）	0～28 日龄	8	5
	28～70 日龄	4	2
	70 日龄至出栏	2	1
不同日龄体重（千克）	初生重	1.25	1.4
	20 日龄	5	6
	28 日龄	6.5	8
	60 日龄	20	22
	120 日龄	60	65
	160 日龄	90	100

仔猪日采食量与饲料消耗见表 1-12。

表 1-12 仔猪日采食量与饲料消耗

日 龄	5～7	5～10	11～20	21～30	31～45	合计
日采食量（千克）	引料	0.05	0.1～0.2	0.2～0.4	0.4～0.5	
累计消耗饲料（千克）		0.3	1.7	4	7	13

不同类别猪日采食量与饲料消耗见表 1-13。

表 1-13 不同类别猪日采食量与饲料消耗

类 别	仔猪	小猪	中猪	大猪	母猪	公猪
日采食量（千克）	0.4～0.5	0.8～1	1.8～2	2～2.1	2.5～6	2.5～3
累计消耗饲料（千克）	10	40	80	150	1 200	1 100

第五节 猪场的常用设备

猪场设备是猪场在母猪、仔猪、种猪和肉猪饲养过程中所使用的专用机械、工具和内部设施的总称。主要包括猪栏、漏缝地板、饲料供给及饲喂设备、供水及饮水设备、供热保温设备、通风降温设备、清洁消毒设备、粪便处理设备、监测仪器及运输设备。

一、猪栏

使用猪栏可以减少猪舍占地面积，便于饲养管理和改善环境。

（一）实体猪栏

即圈与圈间以 0.8～1.2 米高的实体墙相隔，优点在于可就地取材，造价低，相邻猪圈隔离，利于防疫。缺点是不便通风和饲养管理。

（二）栅栏式猪栏

即圈间以 0.8～1.2 米高的栅栏相隔，优点在于占地面积小，通风好，便于管理。缺点是耗钢材，成本高，且不利于防疫。

（三）综合式猪栏

即圈间以 0.8～1.2 米高的实体墙相隔，沿通道的猪圈正面用栅栏。

（四）母猪单体限位栏

单体限位栏系钢管焊接而成，由两侧栏架和前、后门组成，前门处安装食槽和饮水器，尺寸：2.1 米×0.6 米×0.96 米（长×宽×高）。此栏用于空怀母猪和妊娠母猪，与群养母猪相比，便于观察发情、配种和饲养管理，但限制了母猪活动，易发生肢蹄病。

（五）高床产仔栏

高床产仔栏用于母猪产仔和哺育仔猪，由底网、围栏、母猪限位架、仔猪保温箱和食槽组成。底网采用由直径 5 毫米的冷拔圆钢编成的网或塑料漏缝地板，规格为 2.2 米×1.7 米（长×宽），离地 20 厘米左右，外围栏由钢筋和钢管焊接而成，规格为 2.2 米×1.7 米×0.6 米（长×宽×高），钢筋间隙为 5 厘米，母猪限位架规格为 2.2 米×0.6 米×0.9～1.0 米（长×宽×高），位于底网中央，架前安装母猪食槽和饮水器，仔猪饮水器安装在产仔栏前部或后部，仔猪保温箱规格为 1 米×0.6 米×0.6 米（长×宽×高）。此种栏优点是占地面积小，便于管理，可防止仔猪被压死和减少疾病。但成本高。

（六）高床保育栏

高床保育栏用于 4～10 周龄的断奶仔猪，底网和围栏的结构与高床产仔栏相同，高度 0.7 米，离地 20～40 厘米，占地面积小，便于管理，但成本高，规模化养殖多用。

二、漏缝地板

采用漏缝地板易于清除猪的粪尿，便于保持栏内清洁卫生和地面干燥。漏缝地板要求耐腐蚀、不变形、表面平整且坚固耐用，不卡猪蹄、漏粪效果好，便于冲洗、保持干燥。漏缝地板距粪尿沟约 80 厘米，沟中经常保持 3～5 厘米的水位。

漏缝地板的样式主要有水泥漏缝地板、金属漏缝地板、橡胶或塑料漏缝地板等。漏缝地板的表面应致密光滑，否则会积污而影响栏内清洁卫生。水泥漏缝地板内应有钢筋网。

三、饲料供给及饲喂设备

饲料贮存、输送及饲喂，不仅耗费劳动力，而且对饲料利用率及清洁卫生都有很大影响。设备主要有贮料塔、输送机、加料车、食槽和自动食箱等。

（一）贮料塔

贮料塔多用 2.5～3.0 毫米镀锌波纹钢板压型而成，饲料在自身重力作用下落入贮料塔下锥体底部的出料口，再通过饲料输送机送到猪舍。

（二）输送机

输送机用来将饲料从猪舍外的贮料塔输送到猪舍内，然后分送到饲料车、食槽或自动食箱内。类型有：卧式搅龙输送机、链式输送机、弹簧螺旋式输送机和塞管式输送机。

（三）加料车

加料车主要用于定量饲养的配种栏、怀孕栏和分娩栏，即将饲料从饲料塔出口送至食槽，有两种形式，手推机动式和手推人力式。

（四）食槽

食槽分自由采食和限量采食两种。材料可用水泥、金属等。水泥食槽主要用于配种栏和分娩栏，优点是坚固耐用，造价低，同时还可作饮水槽，缺点是卫生条件差。金属食槽主要用于怀孕栏和分娩栏，便于同时加料和清洁，使用方便。

1. 间息添料饲槽　可为固定或移动饲槽。设在隔墙或隔栏的下面，从走廊添料，滑向内侧，便于猪采食。一般为长形，每头猪所占饲槽的长度依猪的种类、年龄而定。

2. 方形自动落料饲槽　有单开式和双开式两种。单开式的一面固定在走廊的隔栏或隔墙上，双开式则安放在两栏的隔栏或隔墙上，自动落料饲槽一般用镀锌铁皮制成，并以钢筋加固。

3. 圆形自动落料饲槽　圆形自动落料饲槽用不锈钢制成，较为坚固耐用，底盘也可用铸铁或水泥浇注。

四、供水及饮水设备

主要包括猪饮用水和清洁用水的供应，用同一管路。应用最广泛的是自动饮水系统，包括饮水管道、过滤器、减压阀和自动饮水器等。

猪用自动饮水器的种类有鸭嘴式、杯式、吸吮式和乳头式等。目前普遍采用的是鸭嘴式自动饮水器，主要由饮水器体、阀杆、弹簧、胶垫或胶圈等部分组成。平时，在弹簧的作用下，阀杆压紧胶垫，从而严密封闭了水流出口。当猪饮水时，咬动阀杆，使阀杆偏斜，水通过密封垫的缝隙沿鸭嘴的尖端流入猪的口腔。猪不咬动阀杆时，弹簧使阀杆恢复正常位置，密封垫又将出水孔堵死停止供水。

五、供热保温设备

我国大部分地区冬季舍内温度都达不到猪只生长的适宜温度，需要提供采暖设备，主要用于分娩栏和保育栏。采暖分集中采暖和局部采暖。

(一) 红外线灯

红外线灯设备简单，安装方便，可通过灯的高度来控制温度，但耗电量大，寿命短。

(二) 吊挂式红外线加热器

吊挂式红外线加热器的使用方法与红外线灯相同，但费用高。

(三) 电热保温板

电热保温板的优点是在湿水情况下不影响安全，尺寸多为1 000毫米×450 毫米×30 毫米，功率为100 瓦，板面温度为260～320℃，分调温型和非调温型。

(四) 加热地板

加热地板用于分娩栏和和保育栏，以达到供温保暖的目的。

(五) 电热风器

电热风器是吊挂在猪栏上，热风出口对着需要加温的区域。

(六) 挡风帘幕

挡风帘幕在南方使用较多，且主要用于全敞式猪舍。

(七) 太阳能采暖系统

太阳能采暖系统经济、无污染，但受气候条件制约，应有其他辅助采暖设施。

六、通风降温设备

为了节约能源，尽量采用自然通风的方式，但在炎热地区和炎热天气，就应该考虑使用降温设备。通风除降温作用外，还可以排出有害气体和多余水汽。

（一）通风机

大直径、低速且功率小的通风机比较适用。这种风机通风量大，噪声小，耗能少，可靠耐用，适于长期工作。

（二）水蒸发式冷风机

水蒸发式冷风机是利用水蒸发吸热的原理以达到降低空气温度的目的。在干燥的气候条件下使用时，降温效果特别显著，湿度较高时，降温效果稍差。

（三）喷雾降温系统

喷雾降温系统的冷却水由加压水泵加压，通过过滤器进入喷水管道系统以水雾状喷出，降低猪舍内空气温度。其工作原理与水蒸发式冷风机相同，但设备更简易。

（四）滴水降温

在分娩栏，母猪需要降温，而仔猪要求干燥保温，不能喷水使地面潮湿，可采用滴水降温法。即冷水对准母猪颈部和背部下滴，水滴在母猪背部体表散开，蒸发，吸热降温。

自动化程度较高的猪场，供热保温和通风降温都可通过舍内温度传感器实现自动调节。

七、清洁消毒设备

清洁消毒设备包括冲洗设备和消毒设备。

（一）固定式自动清洗系统

固定式自动清洗系统为定时自动冲洗，配合程式控制器作全场系统冲洗控制。冬天时，也可只冲洗一半的猪栏，在空栏时也能快速冲洗，以节约用水。

（二）简易水池放水阀

水池的进水与出水靠浮子控制，出水阀由杠杆机械人工控制。结构简单，造价低，操作方便，缺点是密封差，容易漏水。

（三）自动翻水斗

工作时根据每天需要冲洗的次数调好进水龙头的流量，随着水面的上升，重心不断变化，水面上升到一定高度时，翻水斗自动倾倒，几秒钟内可将全部水冲入粪沟，翻水斗自动复位。结构简单，工作可靠，冲力大，效果好，主要缺点是耗用金属多，造价高，噪声大。

（四）虹吸自动冲水器

常用的虹吸自动冲水器有盘管式和 U 形管式两种，结构简单，没有运动部件，工作可靠，耐用，故障少，排水迅速，冲力大，粪便冲洗干净。

（五）高压清洗机

高压清洗机是采用单相电容电动机驱动卧式三柱塞泵。当与消毒液相连时，可进行消毒。

（六）火焰消毒器

火焰消毒器是利用煤油高温雾化剧烈燃烧产生的火焰对设备或猪舍进行瞬间的高温喷烧，以达到消毒杀菌的目的。

（七）紫外线消毒灯

以消毒灯产生的紫外线来消毒杀菌。

八、粪便处理设备

每头猪平均年产猪粪 2 500 千克左右，及时合理地处理猪粪，既可获得优质的肥料，又可减少对周围环境的污染。

粪便处理设备包括带粉碎机的离心泵、低速分离筒、螺旋压力机、带式输送装置等部分。将粪液用离心泵从贮粪池中抽出，经粉碎后送入筛孔式分离滚筒将粪液分离成固态和液态两部分。固态部分进行脱水处理，使其含水率低于 70% 后，再经带式输送器送往运输车，运到贮粪场进行自然堆放状态下的生物处理。液态部分经收集器流入贮液池，可利用双层洒车喷洒到田间，以提高土壤肥力。

九、监测仪器

猪场一般应具备下列仪器：饲料成分分析仪器、兽医化验仪器、人工授精相关仪器、妊娠诊断仪器、称重仪器、活体超声波测膘仪和计算机及相关软件。

十、运输设备

主要有仔猪转运车、饲料运输车和粪便运输车。仔猪转运车可用钢管、钢筋焊接，用于仔猪转群。饲料运输车采用罐装料车或两轮、三轮和四轮加料车。粪便运输车多用单轮或双轮手推车。

除上述设备外，猪场还应配备断尾钳、剪牙钳、耳号钳、耳号牌、捉猪器和赶猪鞭等。

第二章

猪的品种与良种繁育体系

第一节　猪的品种

　　品种是种猪生产的基础，猪的品种选育和经济利用是提高猪生产性能的根本途径。国内猪场选择的猪种主要是长白、大白和杜洛克等纯种猪以及猪配套系。猪种以杜洛克、长白和大白为基础又分出许多系别，如美系、法系、丹系及瑞系等。目前，地方猪种以其繁殖及肉质性能方面的优势重新获得种猪研究及生产者的重视，综合实力较强的猪场也可考虑地方猪种及培育品种。

一、地方猪种

　　我国地方猪种品种丰富，是农户及中小规模猪场主要的饲养品种，具有诸多优点：繁殖力高，如太湖猪窝产仔数平均达到15.8头，发情明显，配种时间容易掌握，抗逆性强，抗寒、抗热及适应性强，容易管理，耐粗饲，肉质优良。但地方猪种生长缓慢、饲养周期长、饲料利用率较低且瘦肉率较低。按体型外貌、生产性能、当地农业生产情况、自然条件等因素，可以将我国地方猪种大致划分为华北型、华南型、华中型、江海型、西南型和高原型。以下介绍其中的一些代表猪种。

（一）太湖猪

　　属于江海型猪种，是二花脸、梅山、枫泾、嘉兴黑和横泾猪等猪种的统称。它是全世界繁殖力最高、产仔数最多的一个猪种，主要分布于长江下游太湖流域的沿江地带。太湖猪体型中等，头大额宽，额部皱褶多且深，各类群有差异。耳特大，软而下垂，耳尖齐或超过嘴角，形似大蒲扇。全身被毛黑色或青灰色。乳头数16～18个。

太湖猪初产母猪平均产仔数12头以上，产活仔数11头以上，2胎以上母猪平均产仔数14头以上，产活仔数13头以上，3胎及3胎以上母猪平均产仔数16头以上，产活仔数14头以上。75千克体重胴体瘦肉率39.9%～45%，屠宰率65%～70%。

（二）清平猪

属于江海型猪种，主产于湖北省当阳市，属国家级重点保护动物。体型中等，体质健壮，耳中等大小，下垂，被毛全黑，乳房发达，乳头数7～9对，成年公猪体重131千克左右，成年母猪103千克左右。清平猪具有早熟易肥、耐粗饲、适应性强和肉质鲜嫩等特点。其妊娠期平均111.51天，比其他猪短2.49天。

清平猪初产母猪平均产仔数9.91头，产活仔数9.84头，经产母猪平均产仔数12.12头，产活仔数11.67头，20～75千克肥育猪日增重512克，75千克体重胴体瘦肉率42.56%，屠宰率71.7%。

（三）通城猪

属于华中型猪种，主产于湖北通城县，分布于崇阳、赤壁、通山、咸宁、鄂州等地。肉脂兼用，通城猪体型中等，头短宽，额部皱纹多呈菱形，耳中等大，下垂，背腰多稍凹，腹大，后腿欠丰满，四肢较结实，多卧系叉蹄，头、颈和臀、尾为黑色，躯干、四肢为白色，额上有一小撮白毛。具有早熟易肥、骨细和肉质细嫩等特点。

通城猪初产母猪平均产仔数8.5头，产活仔数8.2头。经产母猪平均产仔数11.38头，产活仔数11.18头。20～75千克肥育猪日增重490克，75千克体重胴体瘦肉率48.71%，屠宰率 73.7%。

(四) 荣昌猪

属于西南型猪种，主产于重庆市荣昌县和四川省隆昌县，分布于永川、泸县、宜宾等地。皮毛白色，头部有黑斑，头大小适中，面微凹，耳中等大，下垂，额部皱纹横行，有旋毛，体躯较长，发育匀称，背腰微凹，腹大而深，臀部稍倾斜，四肢细致、结实，鬃毛洁白刚韧，乳头 6～7 对。具有适应性强、瘦肉率较高和配合力较好等特点。

荣昌猪初产母猪平均产仔数 8.5 头。3 胎及 3 胎以上母猪平均产仔数 10.2 头。15～90 千克肥育猪日增重 633 克，87 千克体重胴体瘦肉率 39%～46%，屠宰率 69%。

(五) 金华猪

属于华中型猪种，产于浙江金华地区东阳县，金华县，分布于东阳、蒲江、义乌、金华、永康、武义等县。具有性成熟早、繁殖力高、皮薄骨细和肉质好等特点，适于腌制优质火腿。

金华猪初产母猪平均产仔数 10.5 头，平均产活产仔数 10.2 头。3 胎及 3 胎以上母猪平均产仔数 13.8 头，平均产活仔数 13.4 头。17～76 千克肥育猪日增重 464 克，67 千克体重胴体瘦肉率 43%，屠宰率 72%。

(六) 阳新猪

属于江海型猪种，是湖北省阳新、黄梅一带的肉脂兼用型地方品种。具有耐粗饲，适应性强，性情温驯，遗传性能稳定，体格较高大，肉味鲜美等特点。母猪发情明显，产仔数高，母性强，是优良的母本品种。阳新猪体型中等，被毛黑色或有少量白斑，鬃毛粗长，耳大下垂，皮多皱纹，四肢粗壮，背腰稍凹，蹄质坚硬，腹大不拖地，斜臀，头型有狮子头和象鼻头两种，前者头短额宽，嘴筒上翘，后者头较小，长而窄，嘴筒长。

阳新猪初产母猪平均产仔数 9.96 头，产活仔数 9.74 头。经产母猪平均产仔数 12.03 头，产活仔数 11.78 头。20～75 千克肥育猪日增重 475 克，82 千克体重胴体瘦肉率 43.82%，屠宰率 71.7%。

二、引进品种

引进品种是当前我国规模化猪场的主要饲养品种，具有瘦肉率高、生长快、饲料利用率高和体形好等优点，但是繁殖力低、发情表现不明显、适应性差以及对饲养管理和技术条件要求高，肉质风味不如我国地方猪种。

（一）大约克猪

又称大白猪，原产英国北部的约克郡及其临近的地区。是世界上著名的瘦肉型品种，具有适应性强，繁殖力高，生长速度快，瘦肉率高，肉质好，体质结实等优良特性。大白猪在我国农村广泛用作杂交改良父本，在养猪业较发达的地区常作三元杂交的第一母本。

大白猪毛色全白，允许眼角有小暗斑，耳直立、中等大小，嘴稍长，腰身长，背平，腹线平直，臀腿发育良好，肢蹄结实。成年母猪有效乳头 12 个以上，排列均匀，体重不小于 180 千克。成年公猪睾丸发育正常，体重不小于 300 千克。

大白猪母猪 8 月龄 120 千克适配，公猪 10 月龄 160 千克适配。初产母猪产仔数 9～10 头，经产母猪产仔数 10～12 头。60 日龄至 100 千克平均日增重 750 克，160 日龄体重达 100 千克，料重比 2.8～3.0∶1。体重 100 千克时屠宰，屠宰率 75%，平均背膘厚 2.1 厘米，眼肌面积 31 厘米^2，后腿比例 33%，胴体瘦肉率 62%，肉质良好。

（二）长白猪

原名为兰德瑞斯猪，原产于丹麦，具有生长速度快，瘦肉率高，繁殖性能良好，适应性较强等优良特性。目前世界上养猪业较发达的国家均有饲养，有丹系长白、法系长白和加系长白等。长白猪在我国农村广泛用作杂交改良父本，在养猪业较发达的地区常作三元杂交的第一父本。

长白猪全身被毛白色，耳大、长且向前倾，覆盖面部。嘴直而较长，头肩轻，胸部窄，体躯较长，背线平直且稍呈弓形，腿臀部肌肉发达。成年母猪有效乳头 14 个以上，排列均匀，体重不小于 200 千克。公猪睾丸发育正常，成年公猪体重不小于 250 千克。

长白猪母猪初情期 170～200 日龄，8 月龄 120 千克适配，公猪 10 月龄 160 千克适配。初产母猪产仔 8～11 头，经产母猪产仔 10～13 头。60 日龄至 100 千克平均日增重 660 克，165～170 日龄体重达 100 千克，料重比 3.0～3.2：1。体重 100 千克时屠宰，屠宰率 73％～76％，平均背膘厚 1.7～2.0 厘米，眼肌面积 38 厘米^2，后腿比例 29％～33％，胴体瘦肉率 65％，肉质良好。

（三）杜洛克猪

杜洛克猪原产于美国东北部，育成后被世界各地引进并繁殖饲养。杜洛克猪具有体质健壮，生长速度快，杂交利用效果显著等优良特点，是生产杂交瘦肉型猪良好的终端父本。

杜洛克猪全身被毛为棕红色，变异范围是由金黄色到深红砖色。皮肤上可能出现黑色斑点，但不出现大的黑斑、黑毛和白毛。头较小，耳中等大小，耳根稍立，中部下垂，略向前倾，嘴略短，颜面稍凹，体型中等，体高而身腰较长，体躯深广，肌肉丰满平滑。胸宽而深，背呈弓形，后躯肌肉特别发达，四肢和骨骼粗壮结实，蹄黑色，大腿丰满。成年母猪有效乳头 12 个以上，排列均匀，体重不小于 250 千克。公猪睾丸发育正常，成年公猪体重不小于 300 千克。

杜洛克母猪 9～10 月龄 120 千克适配，公猪 10 月龄 160 千克适配。初产母猪平均产仔 8 头，经产母猪平均产仔 9.5 头。60日龄至 100 千克平均日增重 795 克，150～153 日龄体重达 100千克，料重比 2.58～2.80：1。体重 100 千克时屠宰，屠宰率

72.5％，胴体瘦肉率62％，肉质良好，肌纤维较粗。

（四）汉普夏猪

汉普夏猪原产于美国肯塔基州布奥尼地区，是由白肩猪与薄皮猪杂交选育而成，广泛分布于世界各地。是美国第二位普及猪种。

汉普夏猪毛黑色，前肢白色，后肢黑色。最大特点是在肩部和颈部接合处有一条白带围绕，包括肩胛部、前胸部和前肢，呈一白带环，在白色与黑色边缘，由黑皮白毛形成一灰色带，故又称银带猪。头中等大小，耳中等大小而直立，嘴较长而直，体躯较长，背腰呈弓形，后躯臀部肌肉发达，性情活泼，皮下脂肪薄，胴体长，瘦肉多。

汉普夏猪初产母猪产仔数8头左右，经产母猪产仔数9头左右。乳头6对以上。6月龄体重超过100千克，日增重650～850克，料重比2.7～3.0：1，屠宰率75％左右，胴体瘦肉率63％。

（五）皮特兰猪

原产于比利时的布拉帮特，为瘦肉型猪，是良好的终端父本。

皮特兰猪毛色灰白，面颊有黑色斑点，有的还杂有部分红色，耳中等大小而向前倾，体肥尾短，肌肉特别发达。

皮特兰猪初产母猪产仔数8头左右，经产母猪产仔数10头左右。乳头6对以上。6月龄体重超过100千克，日增重650～850克，料重比2.7～3.0：1，屠宰率75％左右，胴体瘦肉率70％以上。

三、培育品种

我国的培育品种一般是通过引进外来品种与本地品种杂交而成，故培育品种一般既有外来品种瘦肉率高、生长快和饲料利用率高的优点，又有地方品种在繁殖力、适应性、抗病力及肉质等方面的优点。

同引入品种比较，我国培育的新品种猪发情明显，繁殖力高，抗逆性强，肉质好，耐受青粗饲料，在低能量和低蛋白质情况下能获得相应的增重，较引入品种在同等条件下生长情况要好。但我国培育猪种育成历史较短，在培育程度上，远不及引入品种，所以外形整齐度差，目前存在群体较小，遗传性不够稳定，体躯结构尚不理想，后躯发育不够丰满，腹围较大等缺点。在生长速度、饲料转化率和胴体瘦肉率等方面与国外引进猪种相比还存在一定差距。

(一) 三江白猪

是以长白猪和东北民猪为亲本，杂交培育而成的我国第一个瘦肉型猪种，主产于黑龙江省东北部的三江平原地区。被毛全白，头轻嘴直，耳下垂，背腰宽平，腿臀丰满，四肢粗壮，肢蹄结实。具有生长快、省料、抗寒、胴体瘦肉多和肉质优良等特点。

三江白猪性成熟早，初情期约在4月龄，发情征候明显，配种受胎率高，初产母猪产仔数9～10头，经产母猪产仔数11～13头。180日龄体重达90千克，料重比3.5:1，90千克体重胴体瘦肉率58%。

以三江白猪为母本，杜洛克猪为父本，其二元杂交商品猪肥育期日增重650克，料重比3.28:1，瘦肉率62%。

(二) 湖北白猪

是由大约克夏猪、长白猪、通城猪、监利猪以及荣昌猪为亲本，杂交培育的我国第二个瘦肉型母本品种，分布于湖北省江汉平原。被毛全白（允许眼角和尾根有少量暗斑），头稍轻、直长，两耳前倾或稍下垂，背腰平直，中躯较长，腹小，腿臀丰满，肢蹄结实，有效乳头12个以上。成年公猪体重250～300千克，母猪200～250千克。是开展杂交利用的优良母本。

湖北白猪初产母猪平均产仔数11.29头，经产母猪平均产仔数13.49头。肥育期日增重698克，饲料利用率2.91，171日龄体重达 90 千克，胴体瘦肉率 61.53％，肌肉品质优良，后备猪生长发育良好，后备公猪 6 月龄体重 92～99 千克，后备母猪 81～89 千克，6 月龄时的活体膘厚较薄，后备公猪为 0.9～1.2 厘米，后备母猪为 1.0～1.3 厘米。

以湖北白猪为母本，杜洛克猪为父本，杜湖二元杂交商品猪肥育期日增重 799.52 克，料重比 3.05：1，瘦肉率 67.50％，162 日龄体重达 100 千克。

（三）苏太猪

是以太湖猪和杜洛克猪为亲本，通过横交固定、性能测定、继代选育和综合指数选择等措施，由苏州市太湖猪育种中心经过 12 年 8 个世代培育而成的新品种。具有产仔多、生长速度快、瘦肉率高、耐粗饲性能好、适应性强及肉质鲜嫩等优点。

苏太猪母性好，经产母猪平均产仔 14.5 头，179 日龄体重达 90 千克，料重比 3.18：1，胴体瘦肉率 55.98％。与长白猪杂交，后代 164.4 日龄体重达 90 千克，瘦肉率 60％以上。

（四）上海白猪

是以约克夏猪、苏联大白猪及太湖猪为亲本，杂交培育而成，属于肉脂兼用型，具有生长较快，产仔较多，适应性强和瘦肉率高等特点。上海白猪被毛白色，体质结实，体型中等偏大，头面平或微凹，两耳中等大略向前倾，体躯较长，背平直，四肢强健，乳头数多为 7 对。成年公猪体重 225～250 千克，成年母猪体重 170～190 千克。

生长肥育猪在体重 20～90 千克阶段，日增重 615 克左右，料重比 3.62：1，体重 90 千克屠宰，屠宰率 70％，胴体瘦肉率平均为 52％。初产母猪每窝产仔 8～11 头，经产母猪每窝产仔 11～13 头。

四、新品系培育

为更好地利用地方猪种资源，20 世纪 90 年代以来，国内普遍开展以地方猪种为基本育种材料，导入不同比例的国外猪种血统，选育保持地方猪种基本特色的新品系。通常在培育黑色品系时导入一定比例的杜洛克猪，培育白色品系时导入一定比例的长白猪或大白猪。在这些新育成的品系中，除荣昌瘦肉型品系的地方猪种血统比例为 75% 以外，其他新品系地方猪种血统比例均在 50% 以下。新品系基本保持了地方猪种亲本繁殖力高、肉质好的特性，而在生产性能、胴体品质方面均比亲本有显著改善。其中苏太猪、北京黑猪等在全国已有较大的影响，形成了一定程度的规模化生产，在当地占据着较大的高档优质肉市场份额。

育成的新品系一般直接用作母本，与国外引进品种进行杂交利用。以这些新品系猪为基础优选的二元杂交的生产性能与洋三元杂种猪，即杜长大猪、杜大长猪、皮长大猪比较，平均日增重、饲料转化率相近，后者胴体瘦肉率较前者高，但前者在繁殖性能与肉质上明显优于洋三元猪。表 2-1、表 2-2 和表 2-3 分别介绍了不同新品种（系）猪的主要生产性能指标。

表 2-1 以地方猪为基础培育的黑色瘦肉猪新品系

新品种（系）	地方猪种	导入猪种	导入血统比例（%）	主要生产性能指标			
				经产母猪产仔数（头/窝）	肥育期日增重（克）	料重比	瘦肉率（%）
苏太猪	太湖猪	杜洛克	50	14.45	640	3.18	56.1
嘉兴黑猪瘦肉系	嘉兴黑猪	杜洛克、长白猪	62.5	14.36	493	3.36	52.1
大河猪	大河猪	杜洛克	50	10.26	588	3.0	54
新桃源猪	桃源猪	杜洛克	50	13.47	607	3.45	57.95
辽宁黑猪瘦肉系	辽宁黑猪	杜洛克	75	12.8	—	2.96	63.09
鲁莱黑猪	莱芜猪	大约克	25	14.55	588	3.30	52.71
淮南猪新品系	淮南猪	杜洛克	62.5	10.96	—	—	—

（续）

新品种（系）	地方猪种	导入猪种	导入血统比例（%）	主要生产性能指标			
				经产母猪产仔数（头/窝）	肥育期日增重（克）	料重比	瘦肉率（%）
新清平猪母系	清平猪	杜洛克	50	10.72	662	3.09	55.77
北京黑猪	定县黑猪	大白猪、巴克夏猪	—	11.5	600	3.5	56
平均			12.56	596.86	3.23	55.96	

表2-2 以地方猪为基础培育的白色瘦肉猪新品系

新品种（系）	地方猪种	导入猪种	导入血统比例（%）	主要生产性能指标			
				经产母猪产仔数（头/窝）	肥育期日增重（克）	料重比	瘦肉率（%）
瘦肉猪母本新品系（DⅥ系）	太湖猪	长白猪、施格猪	75	13.1	665	3.29	59.32
滇陆新品系	太湖猪、乌金猪	长白猪、大白猪	50	12.54	640	3.25	51.25
苏钟猪Ⅰ系	二花脸猪	长白猪	50	14.35	618.56	3.23	54.32
苏钟猪Ⅱ系	梅山猪	长白猪	50	14.25	634.74	3.21	54.49
大汉梅猪母本系	梅山猪	汉普夏、大白猪	75	12.7	632	3.23	56.94
冀合白猪A系	深县猪	定县猪、大白猪	75	12.12	771	3.02	58.26
冀合白猪B系	二花脸猪、汉沽黑猪	长白猪	62.5	13.02	702	3.19	56.04
四川白猪Ⅱ系	梅山猪、成华猪	长白猪	50	13.3	732	2.81	58.2
荣昌猪瘦肉型新品系	荣昌猪	长白猪	25	12.74	598.8	3.39	55.00
平均				13.12	666.01	3.18	55.98

表 2-3　新品系优选二元杂交组合的生产性能

父本	母本	达90千克体重日龄	平均日增重（克）	料重比	胴体瘦肉率（%）
杜洛克猪	×荣昌猪瘦肉品系	172.9	668	3.17	58.78
大白猪	×中国瘦肉型猪DⅥ系	166	684.7	3.01	58.4
杜洛克猪	×中国瘦肉型猪DⅥ系	165	683.3	3.01	60.6
大白猪	×苏钟猪Ⅰ系	163.0	702.67	3.14	58.90
大白猪	×苏钟猪Ⅱ系	160.0	727.23	3.11	58.79
长白猪	×嘉兴黑猪瘦肉型品系	166.0	634	3.07	55.4
大白猪	×滇陆新品系	151	842	3.21	57.45
比系长白	×大汉梅	—	705	3.16	59.4
皮特兰	×大汉梅		691	3.18	60.3
大白猪	×新桃源猪	170	706	3.4	62.21
杜洛克猪	×四川白猪Ⅰ系	156.4	767	3.17	58.70
平均		163.36	710.08	3.15	58.99

第二节　猪的杂交利用

在育种工作中，杂交是指不同品种或不同品系个体公母畜之间的交配。目的在于生产出比原有品种、品系更能适应当地环境条件和高产的杂种。猪的经济杂交则是采用遗传上有差异的不同猪种或培育的不同专门化品系之间进行杂交，获得杂种优势以有效地提高商品猪的经济效益。猪的经济杂交方式有二元杂交、三元杂交和多元杂交等。

一、杂种优势及其度量

杂种优势可定义为杂种一代（F1）在一种或多种性状上与双亲均值间的差数。杂种优势与近交退化是同一个遗传机制的两个方面，两个现象的出现取决于动物个体的杂合度或纯合度，降低杂合度可能出现近交退化，而提高杂合度则出现杂种优势。

杂种优势取决于基因的非加性效应，即显性效应和上位效应，而与加性效应无关。显性效应是同一基因座位上两基因的特殊组合效应，在杂种优势中起决定作用。而上位效应是指不同基因座位上基因间的互作效应。在育种实践中，杂种优势在不同群体间存在性状特异性。这是因为不同的群体以及不同杂交世代间的遗传结构差异很大。另外，杂种优势常受到环境条件，如营养水平、饲养方式、温度和健康程度等因素的影响。

杂种优势因性状特异而有其相对的遗传趋势。通常，猪的繁殖力、生活力这类低遗传力性状的杂种优势水平较高，遗传力中等的日增重、饲料转化效率等性状杂种优势也为中等，而遗传力高的胴体组成性状则杂种优势较低或几乎无杂种优势。因此，猪杂种优势在繁殖性状上显得特别重要，这也是目前世界上利用F1母猪生产商品肉猪愈来愈普遍的原因。杂交已被广泛证明是迅速改良猪繁殖性能的重要方式。

杂种优势利用既包括对杂交亲本种群的选优提纯，又包括杂交组合的选择和杂交工作的组织，它是一套综合措施。

杂种优势率的计算公式为：杂种优势率＝（杂种一代平均值－双亲平均值）/双亲平均值×100%

二、杂交方式

在养猪生产中，为了获得高产、优质的商品代而使用的杂交方法称经济杂交。如二元杂交、三元杂交、四元杂交、轮回杂交、顶交和近交系杂交等。经济杂交的目的是为了得到最大的杂种优势。根据实际饲养条件及模式，因地制宜，有计划地合理选择杂交方式，是养猪场（户）做好猪经济杂交的前提。

（一）二元杂交

即利用两个品种或品系杂交，生产 F₁ 代作为商品猪，父本和母本来自两个不同的具有遗传互补性的群体，是最简单的杂交方式。我国一般以地方品种或培育品种作母本，用引入猪种作父本，这种方式在地方猪种的改良中应用较多。

二元杂交杂种优势率可达 20% 左右，具有杂种优势的后代比例能达到 100%，由于二元杂交是由两个纯种杂交，其遗传性比较稳定，杂交效果可靠，成本低，是应用最广泛、最简单的一种杂交方式，但这种杂交方式有一个最大的缺点，即不能充分利用母本繁殖性能方面的优势。

（二）三元杂交

三元杂交是利用优秀的二元杂种母本与终端父本进行杂交生产商品猪。三元杂交比二元杂交更为复杂，因为它需要有三个不同品种或品系的纯种群，每个品种或品系都要纯繁和选育。由于杂种一代的遗传性不太稳定，具有较强的可塑性且易受外界条件的影响而变化，导致与第三品种杂交时杂种优势不稳定。三元杂种会出现一致性差的分离现象，但其可以充分利用母本杂种优势和个体的杂种优势，比二元杂交能更好地利用遗传互补性。

三元杂交在商品猪生产中已逐步为世界各国所应用。在我国以地方猪种作母本，用大白猪或长白猪作第一父本，以杜洛克猪作终端父本，可获得较为满意的杂交效果。在三元杂交体系中，以地方猪种作母本，以引进猪种作父本的三元杂交方式通常称为内三元，而全部以引进猪种进行的三元杂交方式称为外三元。

（三）四元杂交

四元杂交是指四个品种或品系参与，两品种或品系先进行二元杂交，产生两种杂种，然后两种杂种间再进行杂交，产生四元杂种商品代。

四元杂交的优点是比二元杂交、三元杂交遗传基础更广，可能有更多的显性优良基因互补和更多的互作类型，从而有较大的杂种优势，既可以利用杂种母畜的优势，也可以利用杂种公畜的优势。由于四元杂交涉及四个品种或品系，所以其组织工作就更复杂一些，投资也较大。

（四）轮回杂交

轮回杂交是用两个或两个以上不同品种按固定的顺序依次进行杂交，纯种依次与上代产生的杂种母本杂交，以保持后代杂种优势。

轮回杂交用的母本群除第一次杂交使用纯种之外，以后各代均用杂交所产生的杂种母本，有利于利用母本繁殖性能的杂种优势。各代猪所产生的杂种除了部分母猪用于继续杂交外，其他母猪连同所有公猪一律用作商品代。但是轮回杂交也有一些缺点：每代都需要变换父本，即使发现杂交效果好的公猪也不能继续使用。父本公猪在使用一个配种期后，或淘汰，或闲置几年，直到下个轮回再使用。因此，可能造成父本公猪较大浪费。避免浪费的办法是使用人工授精或者几个种畜场联合使用公猪。另外，配合力测定不易做，特别是在第一轮回的杂交期间，配合力测定本应在每代杂交之前，但这时相应的杂种母本还没有产生。

采用轮回杂交方式，不仅能够保持杂种母猪的杂种优势，提供生产性能更高的杂种猪用来育肥，还可以不从外地引进纯种母猪，以降低疫病传染的风险，而且由于猪场只养杂种母猪和少量不同品种良种公猪来轮回相配，在管理上和经济上都比二元杂交、三元杂交具有更多的优越性。这种杂交方式，不论养猪场还是养猪户都可采用，不必保留纯种母猪繁殖群，只需有计划地引用几个肥育性能和胴体品质好，特别是瘦肉率高的良种公猪作父本，实行固定轮回杂交，其杂交效果和经济效益都十分显著。

（五）顶交

顶交是指用近交系的父本与无亲缘关系的非近交系母本交配。这种杂交方式主要用于近交系的杂交，因为近交系的母猪一般生活力和繁殖性能都差，不宜做母本。

（六）多元杂交

在经济杂交中，根据参与杂交的品种或品系的多少可分为二元杂交、三元杂交和四元杂交等，所谓二元、三元和四元是指参与杂交的品种（品系）数。当前，参与猪经济杂交的品种（品系）数最多的有 5 个，即五元杂交，如 PIC 配套系。实践证明：参与杂交的品种（品系）越多，杂交优势越大。但是，随着杂交元数的增加，生产程序就更复杂，生产成本也更高。

猪的经济杂交方式如图 2-1 所示。

二元杂交	三元杂交	四元杂交
A（♂）×B（♀）	A（♂）×B（♀）	A（♂）×B（♀）　C（♂）×D（♀）
↓	↓	↓　　　　↓
AB（商品猪）	AB（♀）×C（♂）	AB（♂）×CD（♀）
	↓	↓
	ABC（商品猪）	ABCD（商品猪）

图 2-1　猪的经济杂交

两品种杂交的亲本都是纯种，产仔数不增多，杂交一代的杂种优势主要表现在生活力的提高，断奶育成数、断奶窝重和断奶后增重率分别提高 19%、28% 和 7%。三品种杂交时，利用两品种一代杂种做母本，可发挥繁殖性能的杂种优势，产仔数提高8%，断奶育成数比两品种杂交提高 23%，比纯种提高 42%；断奶窝重比两品种杂交提高 23%，比纯种提高 51%。三元杂交的后代营养水平要求较高，营养水平低会造成生产性能下降。三元杂交需要两个外来品种做父本，这样不但提高了商品猪的成本，而且不如二元杂交简便易行。因此，各养猪场要根据具体情况选择杂交方式。

在多元杂交中，以三元杂交在我国商品猪生产中尤为普遍。这是因为三元杂交与二元杂交相比，多利用了一次二元母猪在繁殖力上的杂种优势，使杂种母猪比纯种母猪具有更多的产仔数和更强的泌乳力。同时，其与四元杂交、五元杂交相比，具有操作简便、生产成本较低的优点。在三元杂交中，以杜长大杂交模式占主导地位。不仅在中国，而且在东亚、东南亚，甚至在欧美一些国家和地区，也采用这一杂交模式来生产商品猪。

三、杂交亲本的选择原则

猪的经济杂交是有计划地选用两个或者两个以上不同品种猪进行杂交，利用杂种优势来繁殖具有高度经济价值育肥猪的一种改良方法。因此，要做好猪的经济杂交，关键在于杂交亲本和杂交方式的选择。

所谓杂交亲本，即猪进行杂交时选用的父本和母本。实践证明，要想使猪的经济杂交取得显著的饲养效果，父本必须是高产瘦肉型良种公猪。

（一）品种选择

品种选择是养殖户获得养殖成功与否的基础。目前用于商品猪生产的多元杂交组合主要的母本有二洋杂种母猪（如长大、大长）、二洋一土三元杂种母猪（如约长浦、约长枫和约长梅）以及一洋一土杂种母猪（如长浦、长上、长枫和长梅）等，选用的终端父本为杜洛克猪、大约克夏猪和长白猪。

（二）杂交亲本的选择

1. 母本的选择 对母本猪种的要求，特别要突出繁殖力高的性状特点，产仔数、产活仔数、仔猪初生重、仔猪成活率、仔猪断奶窝重、泌乳力和护仔性能等性状都要良好，体型不能过大。由于杂交母本猪种需要量大，所以母本应选择在当地分布广泛的猪种，且母本对当地环境的适应性要强。我国地方品种是比较理想的杂交母本，如梅山猪、枫泾猪、沙乌头猪和嘉兴黑猪等。

由于地方母猪具有适应性强、母性好、繁殖率高、耐粗饲和抗病力强等优点，所以利用良种公猪和地方母猪杂交后产生的后代具备：①生长快，饲料报酬高；②繁殖力强，产仔多而均匀，初生仔猪体重大，成活率高；③生命力强，耐粗饲，抗病力强，胴体品质好。不同经济类型的猪（兼用型×瘦肉型）杂交比同一经济类型的猪杂交效果好。因此，在选择和确定杂交组合时，应重视亲本的选择。

母本选择必须要有合理性，即要因地制宜地选择适合自身养殖条件的品种。不同的环境、棚舍、饲料设施设备和技术能力，品种选择也应不同，不同的品种对环境和饲养条件的要求是不同的。

（1）二洋母猪 是两个洋品种的杂交组合，它虽然能生产出高瘦肉率（65％以上）、高胴体品质和高生长速度的商品后代，且市场卖价高，但饲养难度大（如发情不明显、配种难及抗病力差等），管理要求高，故一般为条件好、设施全的规模化猪场选择饲养。

（2）二洋一土的母猪 具有75％的洋种猪血统和25％的地方猪血统，对各种条件的要求相对二洋母猪要低一些，具有较高的繁殖能力、较好的抗病能力和耐粗饲能力，其三洋一土的四元杂交商品后代，瘦肉率高（60％～65％），市场卖价好。建议有较好饲养条件（棚舍清洁干燥、具有常规的保暖和降温设施）的养殖户选用。

（3）一洋一土母猪 具有洋种猪和地方品种猪各50％的血统，具备繁殖力高、抗病力强、耐粗饲性好以及对饲养条件要求低的优点，它生产的二洋一土商品后代能达到55％～60％的瘦肉率，且肉香味美，拥有相当的消费市场。建议条件一般的养殖户选用。

2. 父本的选择 选择父本品种应把生长快、饲料报酬高、具有较高的瘦肉率和良好的肉质作为重点。要突出其种性的纯度，要求其生长速度和饲料报酬的性能要高，胴体性状要突出膘薄、瘦肉率高、产肉量大、眼肌面积大及大腿比例高。如近几年我国从国外引进的长白猪、大约克夏猪和杜洛克猪等高产瘦肉型种公猪，它们的共同特点是生长快、耗料低、体型大及瘦肉率高，是目前最受欢迎的父本。凡是通过杂交选留的公猪，其遗传性能很不稳定，留作种用应慎重。

根据经济杂交原理，不同的公猪用于不同的生产模式，所以父本选择要有科学性，即要根据所养的母猪品种来选择不同品种的父本，以生产出适合市场的商品后代。目前养猪生产应用最多的父本是杜洛克猪、大约克夏猪和长白猪，而作为商品生产的终端父本一般以杜洛克猪和大约克夏猪为主。

(1) 如果饲养的母本是长大、大长、长浦、约浦和长上，则应选择杜洛克猪做父本，因为这样生产的杂交后代不仅瘦肉率高，胴体品质好，长势快，而且毛色大部分为白色，偶有黄色花斑出现。

(2) 如果饲养的是长梅、长枫等含有黑色土种猪血统的母本，则应选择大约克夏猪做终端父本，如果选择杜洛克公猪，则出现黑色和花斑的后代较多，影响市场卖价。

(三) 多元杂交父本的选择

当采用多元杂交方式，不止一个父本时，第一父本和终端父本应有区别。第一父本除胴体品质好外，要在繁殖性能方面与母本有良好的配合力。终端父本要具有生长快、瘦肉率高和肉质好的特点。一些地区常把长白猪和大约克猪作为第一父本，把杜洛克猪作为终端父本就是这个道理。

(四) 商品猪生产的方式

1. 土×洋二元杂交 1972 年我国开始提倡"三化"养猪，要求"母猪本地良种化，公猪外来良种化，肥猪杂交一代化"。这种养猪形式把父本品种（外来洋种）的生长快和高瘦肉率与母本当地土种的高繁殖性能结合到一起，后代杂种优势显著，生长较快，胴体瘦肉率在 48%～52%，肉质良好。这种养猪形式的缺点是，母猪本身不具备杂种优势，商品猪瘦肉率偏低。

2. 洋×洋二元杂交 即母本、父本均为国外引进品种，商品猪具有明显的杂种优势和较高的胴体瘦肉率。但是，外来品种母猪繁殖性能低，对饲料要求也较高。

第三节　猪良种繁育体系

猪良种繁育体系是将纯种选育、良种扩繁和商品肉猪生产有机结合起来形成的一套体系。该体系将育种工作和杂交扩繁任务划分开，并由相对独立而又密切配合的育种场和各级猪场来完成，使各个环节专门化，是现代化养猪的体系。目前实行的生猪良种繁育体系有三级繁育结构和四级繁育结构，后者在"原种场—扩繁场—商品场"基础上增加了终端商品猪饲养场。采用优良品种，加强良种繁育体系建设，提高良种化程度，是提高个体生产能力和群体生产性能的关键，是提高生猪产品率，降低饲料消耗，改进畜产品质量，提高经济效益的重要手段，是建立高效畜牧生产体系，实现畜牧业现代化、集约化和商品化的先决条件。当前我国生猪良种繁育体系建设的目标是建成配套齐全、层次分明的科学良种繁育推广体系（原种场—扩繁场—商品场，省级种公猪站—区域分站—市县级及乡镇中心站—人工授精点）。

一、猪繁育体系结构

完整的猪良种繁育体系由原种场（核心群）、扩繁场（繁殖群）和商品场（生产群）组成。这些畜牧场的总体目标一致，但性质不同，生产任务也不同。整体结构似金字塔。

（一）原种场

原种场处于繁育体系的最高层，其主要任务是根据繁育体系、育种方案和要求，进行纯种（系）的选育和新品种（系）的培育，保持并提高纯种猪性能水平，为扩繁场提供种猪，是育种工作的核心。场内全部种群都应定期进行全面鉴定，有计划选育，以期获得最大的遗传进展。因此，原种场必须有专门的育种技术力量，具备高性能的猪群或专门化品系，拥有完善的测定设施。原种场一般按品种、性别和年龄分群，种猪按其育种价值分为三类。

1. 核心群 只有最优秀的种猪才能进入核心群，它们要具有尽可能多或突出的优点及种用价值。如此，育种工作将更有保证。核心群所生产的后备种猪，在质量上是极为可靠的，是育种工作的核心，是更新群体以及扩繁场或商品场所需后备公猪、后备母猪、胚胎和精液的主要来源。

2. 基础群 凡鉴定合格的种猪绝大多数属于此群。从质量上要求，它们至少要超过分级鉴定的最低标准。因年龄等原因从核心群淘汰出来的种猪，经过跟踪观察，其中发现优秀的还可以转到核心群。

3. 淘汰群 凡不符合育种要求，育种价值低的个体，应尽快淘汰或转至商品场作杂交生产用。

（二）扩繁场

扩繁场位于繁育体系金字塔结构的中间层，具有承上启下的作用，是连接原种场和商品场的纽带。扩繁场的主要任务是扩繁纯种母猪和生产杂种公、母猪，为商品场提供优秀种源。扩繁场生产杂种公、母猪的目标各不相同：公猪生产的主要目标是生长速度快、瘦肉率高以及饲料转化率高等，母猪生产的主要目标是繁殖性能好、适应能力和抗病力强等。扩繁场更新的后备猪必须来自原种场，不允许接受商品场的猪只。

扩繁场分群方法与原种场类似，区别在于标准及规格相应要低，但种畜在性能和外形等方面要尽可能一致，以使其产品均匀整齐。

（三）商品场

商品场处于繁育体系金字塔结构的最底层，它的主要功能是按照杂交计划，组织好父母代的杂交，生产杂优猪。商品场的主要工作是提高猪群的生产效率，向测定站提供优秀的商品猪，以检验育种计划、育种目标等的实现情况。因此，商品场一般采用杂交以充分利用杂种优势。商品场不必同时保持几个品种，可从扩繁场获得母猪群体，从原种场获得公猪群体或优秀种公猪的精液。商品场一般有三种生产形式：①自繁自养商品猪；②专门生产利用仔猪；③自己不养种猪，只养商品猪。

原种场、扩繁场和商品场是相互联系的，形成了一个完整的繁育体系。虽然各级生产场的任务不同，但目标一致，都是为商品猪生产服务。商品场的商品代所表现出的生产性能水平，是鉴定原种场和扩繁场种猪品质的最好依据，也是评定选育效果的标准。

二、猪良种繁育体系建设

猪良种繁育体系的建设要与养猪业区域生产方式和格局相适应，满足不同地区、不同层次和不同规模猪场的需求，是一个系统的工程，需要全国统一规划，通过多种渠道共同努力，多方协作才能完成。

猪良种繁育体系的建设应以配合力测定为依据，配合力测定的关键是亲本的选择，而亲本对杂交效果具有决定性作用。利用国内外优良遗传资源，结合本地特点，选择几个品种（系），认真进行亲本群的选育，亲本的提纯选优是杂种优势利用的基础。对选定的纯种（系），利用现代遗传技术结合常规的选育方法，进行严格的性能测定、遗传评定和选优提纯工作，使核心群获得良好的遗传进展。

根据配合力测定结果，研究不同品种在繁育体系中的价值，筛选出最优杂交模式，进行宝塔式生产结构的设计，确定原种场、扩繁场和商品场的个数，优化每个层次的猪群规模，使之保持合理的结构比例。

性能测定站、人工授精站或家畜改良站是猪良种繁育体系建设的重要组成部分，性能测定数据是选择优良种猪的重要依据，而人工授精站或改良站可以最大限度地利用优秀种公猪，广泛开展人工授精工作，以加快优良基因的传递速度。

要建立健全猪良种繁育体系，必须加强繁育体系的组织管理，制定详细的操作规程和质量检测标准，促进各原种场、扩繁场和商品场按照繁育体系的要求，开展有效的工作，使核心群的选育成果迅速传送到繁殖群和生产群，提高繁育体系的整体工作效率。

第四节　引种的原则和注意事项

良种是提高养猪效益的首要因素，种猪的质量是关系养猪成败的关键环节。引种是实现品种改良和迅速提高养猪效益的有效途径。种猪企业每年必须更新种猪，更新率为 $25\%\sim35\%$。为达到优质、高产和高效的目的，种猪企业还需要引进品质更加优良、适合本场未来发展规划的种猪。

一、引种前应做的准备工作

（一）制定引种计划

猪场和养猪户应结合自身的实际情况，按照种群更新计划和就近引种原则，确定所需品种、数量及引种场，有目的性地购进能提高本场种猪某种性能、满足自身要求以及与本场猪群健康状况相似的优良个体，如用于纯繁，以提高本场猪群的生产性能，则应购买有生产性能测定结果的种公猪或种母猪。新建猪场应从生产规模、终端产品和猪场未来发展的方向等方面进行计划，确定所引进种猪的品种、级别和数量。同时，应根据引种计划，选择有《种畜禽生产经营许可证》且质量高、信誉好的大型种猪场引种。

（二）应了解的情况

1. 疫病情况　调查各地疫病流行情况和种猪质量情况，从疫病危害不严重的种猪场引进种猪，同时要了解该种猪场的免疫程序及疫病防治措施。

2. 种猪选育标准　公猪需了解其生长速度（日增重）、料重比、背膘厚和瘦肉率等指标，母猪要了解其繁殖性能（如产仔数、受胎率和初配月龄等）。猪场最好能结合种猪综合选择指数来进行引种，特别是从国外引进种猪时更应重视该项工作。

（三）隔离舍的准备工作

猪场应设隔离舍，要求距离生产区 300 米以上，在种猪到场前的 30 天（至少 7 天），应对隔离舍及用具进行严格消毒。

二、选种时应注意的问题

种猪要求无任何临床症状和遗传疾病（如脐病、瞎乳头等），营养状况良好，发育正常，四肢健全，体形外貌符合品种特征和本场自身要求，耳号清晰。种公猪要求活泼好动，睾丸发育匀称，包皮无积液。种母猪生殖器官要求发育正常，阴户不能过小和上翘，应选择阴户较大且松弛下垂的个体，有效乳头不少于 6 对，分布均匀对称，四肢要求有力且结构良好。

要求供种场提供其免疫程序及所购买的种猪免疫接种疫苗，并注明各种疫苗注射的日期。种公猪最好经过测定，并附测定资料和种猪三代系谱。

三、种猪运输时应注意的事项

最好不使用运输商品猪的车辆装运种猪。在运载种猪前 24 小时，应使用高效消毒剂对车辆和用具进行两次以上的严格消毒，最好能空置一天后装猪，装猪前再用刺激性较小的消毒剂彻底消毒一次。

长途运输的种猪，应对每头种猪按剂量注射长效抗生素，防止猪群在运输途中感染细菌性疾病，对特别兴奋的种猪，可注射适量镇静剂。提前 2～3 小时对准备运输的种猪停止投喂饲料。

长途运输的车辆，车厢最好能铺设垫料，冬天可铺设稻草、稻壳或木屑，夏天铺设细沙，以降低种猪肢蹄损伤的可能性。车辆装载猪只的数量不宜过多，车厢面积应为猪只纵向表面积的1.5倍，最好将车厢隔成若干个隔栏，安排4～6头猪为一个隔栏，达到性成熟的公猪应单独隔开，隔栏可用光滑的水管制成，避免刮伤种猪，喷洒带有较浓气味的消毒药，以免公猪打架。尽量在高速公路行驶，避免堵车，每辆车配备两名驾驶员交替开车，行驶过程中尽量避免急刹车。途中驾驶员应选择没有停放其他运载动物车辆的地点就餐，绝不能与其他装运猪只的车辆一起停放，随车应准备一些必要的工具（如绳子、铁丝和钳子等）及药品如抗生素、镇痛退热剂和镇静剂等。运猪车辆应备有汽车帆布，若遇到烈日或暴风雨，应将帆布遮于车顶，防止烈日直射种猪或暴风雨袭击种猪，车厢两边的篷布应挂起，以便通风散热，冬季帆布应挂在车厢前上方以便挡风保暖。

尽量避免在酷暑装运种猪，夏季应避免在炎热的中午装猪，可在早晨或傍晚装运，途中应经常供给饮水，防止种猪中暑，并寻找可靠水源为种猪淋水降温，一般日淋水3～6次。

应经常观察猪群，如出现呼吸急促、体温升高等异常情况，可注射抗生素和镇痛退热剂，并用温度较低的清水冲洗猪身，必要时可采用耳尖放血疗法。

四、种猪到场后应注意的事项

种猪到达猪场后，应立即对卸猪台、车辆、猪体及卸车周围地面进行消毒，之后将种猪卸下，按大小、公母进行分群饲养，有损伤、脱肛等情况的种猪应立即隔开单栏饲养，并及时治疗。先给种猪提供饮水，休息6～12小时后方可供给少量饲料，第二天开始可逐渐增加饲喂量，5天后才能恢复正常饲喂量。种猪到场后的前2周，由于疲劳、环境变化，机体对疫病的抵抗力会降低，饲养管理上应尽量减少应激，可在饲料中添加抗生素和电解多维，使种猪尽快恢复正常状态。

新引进的种猪，应先在隔离舍饲养，不能直接转进猪场生产区，以避免带来新的疫病，或者由不同菌株引发相同疾病。

　　种猪到场后必须在隔离舍饲养 30～45 天。严格检疫，特别是布鲁氏菌、伪狂犬病病毒等，须经兽医检疫部门采血检测，并检测猪瘟病毒、口蹄疫病毒等抗体情况。

　　种猪到场后 1 周开始，应按本场的免疫程序接种猪瘟疫苗等各类疫苗，7 月龄后备种猪在隔离期间可注射一些预防繁殖障碍疾病的疫苗，如细小病毒疫苗、乙型脑炎疫苗等。种猪在隔离期内，接种完各种疫苗后，应进行一次全面驱虫。可使用广谱驱虫剂进行驱虫，以使种猪充分发挥生长潜能。隔离期结束后，对种猪进行体表消毒，再转入生产区投入正常生产。

第三章

猪的品种选育

　　良种猪、营养饲料、猪舍环境控制、猪病防治和经营管理是构成现代养猪生产的五大基本要素。其中，良种猪是现代养猪生产的关键。育种的根本目的是利用丰富的猪种资源，采取科学有效的育种方法，选育出适合多种市场需求的优良种猪，发挥良种猪的最大遗传潜能，实现高产、优质和高效的现代养猪生产。

第一节　育种目标与育种规划

一、育种目标

　　动物的育种目标是指育种者选育优良的种用个体，确保生产群体在预期的生产和市场条件下获得最大的经济效益（Meuwissen，1998）。决定猪育种目标的因素主要是市场需求。同时，育种目标还受地域、文化和习俗等因素的影响。

　　育种目标经历了从注重畜禽生物学特性到追求最大经济效益的发展过程。20世纪以来，猪的主要目标性状是生长速度、饲料转化率和胴体瘦肉率，虽然这些目标已经达到，但也带来一些问题：①肌内脂肪含量（IMF）下降；②猪的应激综合征发生比例提高，造成猪肉品质下降，白肌肉（PSE肉）和黑干肉（DFD肉）的发生率提高。

　　21世纪猪的育种目标必须根据市场需求不断调整。育种目标有三个方向：①进一步挖掘生产性能（包括瘦肉率、瘦肉组织生长速度、饲料转化率、胴体品质、每头母猪年产仔数及产仔均匀度）的潜力；②在实际生产中，充分表现这些潜力，包括猪群的抗病力、适应性和抗应激能力；③品质育种。如台湾省已开始建立优良黑色猪生产体系。

开放的世界和特殊的市场要求不同的育种目标和丰富的系群，对于瘦肉生产不仅要考虑生长速度和胴体品质（如背膘厚、肉脂比等），而且要重视对采食能力、消化能力和维持需要的选择，繁殖性能除产仔数外，还要包括母猪使用年限和发情性状（初情年龄和发情间隔）。从养猪业的长期利益出发，要考虑公众接受能力，这意味着不仅要重视产品质量，还要重视生产质量（如抗病性）。

二、育种规划

育种规划的正确制定和实施是实现育种目标的基础，是在掌握现在和充分预见将来的生产、市场和经济环境的前提下，针对一个或几个品种的繁育体系的优化过程。

（一）生产条件的调查

育种规划的首要任务是对有关群体的生产条件进行详细的调查，并按照育种规划的要求给予定量描述。育种工作的任务是提高动物产品的生产效率，保证加工和消费的需求，改进产品的质量。在育种规划中，对于直接以生产畜产品为目的的家畜群体，称为生产群。生产群生产效率的提高，除种畜的遗传改进外，主要通过改进饲养管理措施来实现，而这些管理措施的实施并不属于育种规划的任务。

（二）确定育种目标

科学而定量地确定育种目标，是一个计划周全而又卓有成效的育种工作的必要前提。育种目标的发展经历了从侧重体形外貌到侧重生产性能，从定性到定量，从注重畜禽生物学特性到追求最大的经济效益，从单纯追求生产性能到用经济指标和遗传参数来确定数量化的育种目标的漫长过程。为了确定数量化的育种目标，需要采用遗传学、育种学和经济学方法，从动物生产性状中选出一定数量的育种目标性状，并估算育种目标性状的经济加权系数。

目前猪的育种目标包括继续降低生产成本，在保持适度胴体瘦肉率的前提下，继续提高生长速度和饲料利用率，加强繁殖性状、肉质、使用年限和抗病性的选择。

（三）确定育种方法

确定适宜的育种方法和挑选相应的育种群体（品种、品系），是育种规划的重要任务。猪育种方法分为两种：①纯种选育，当品种经过长期选育，已经具有优良特性，并符合国民经济需要时，应采用纯种选育方法，它是通过品种内的选择、淘汰，加之合理选配和科学培育等手段，达到提高品种整体质量的目的；②杂交繁育，它是利用两个或两个以上群体间可能产生的杂种优势和遗传互补群体差的方法。试验表明，不同品种及其杂种后代在不同的性状上表现各有优缺点，很难用生产性能进行比较，而适合用经济学指标进行评价，为了体现杂交繁育的经济价值，需要对杂交方法进行优化选择。在育种进程中，随着育种措施的实施，育种群的遗传结构和遗传水平发生变化，需要通过育种规划，对育种方法做出相应的调整。

（四）估计遗传学和经济学参数

由于育种方法不同，遗传参数的估计也不同，对于纯种选育的群体而言，需要估计加性遗传方差和遗传力等参数。此外，还需要估计育种目标性状与辅助选择性状之间的表型相关和遗传相关。对于杂交繁育的群体而言，为了评价杂交繁育体系的成效，需要估计杂种优势和遗传互补群体差等参数。由于遗传参数与杂交参数均是群体特异的，所以在育种规划中需要针对特定的群体或特定的杂交组合分别进行遗传学参数和经济学参数的估计。经济学参数主要指在对育种方案进行经济评估时所涉及的各种产出的价格，各种生产成本，特别是各种育种措施实施时的经济投入。在估计经济学参数时，需要充分预见未来可实现的生产条件和市场形势。

（五）生产性能测定

生产性能测定是猪育种中最基本的工作，其目的在于为动物个体遗传评定、估计群体遗传参数、评价畜群的生产水平、畜牧场的经营管理以及评价不同的杂交组合等育种工作提供信息。如果生产性能测定不是严格按照科学、系统和规范的原则去实施，那么所得到的信息会直接影响育种工作的效率。因此，通过育种规划，要明确哪些个体必须进行性能测定，以及性能测定的方法、时间和环境条件控制（饲养管理方式）等。

（六）估计育种值

就育种规划而言，充分利用各种有亲缘关系的表型信息，估计出后备种畜个体的综合选择指数，以此作为多性状综合育种值的估计值，根据综合育种值估计的精确度，计算出多性状综合遗传进展，是评估候选育种方案的重要遗传学标准。在估计育种值时，力求使用科学的统计方法。近半个世纪以来，估计育种值的方法在不断改进和发展，主要有选择指数法、群体比较法、最佳线性无偏预测法（BLUP）和标记辅助 BLUP 法（MBLUP）四种方法。目前，以 BLUP 法应用最广，其信息来源主要是表型和系谱记录的成绩，由于收集这些信息耗费时间较长，致使遗传评定结果常常滞后于育种需求。MBLUP 法结合了表型和分子遗传标记两方面的信息，能尽早从分子水平对产生个体间表型差异的原因进行精细地剖析，此法不但增加了遗传评定的可靠性，而且提高了畜禽遗传评定的效率，在畜禽育种中显示出了巨大的应用潜力。

（七）制定选种与选配方案

选种与选配是猪育种最重要的工作。选种就是把符合要求的家畜个体，按标准从畜群中挑选出来。选配则是在选种的基础上，为母猪选择合适的公猪与之配种，以期获得理想的后代。从选配角度出发，选用年龄较大的种猪，会提高其育种值估计的可靠性，但是从选种角度，则会导致世代间隔延长。因此，如何协调好影响遗传进展的主要因素，使选种与选配达到最优化，是育种规划的一项主要任务。

（八）确定遗传进展的传递模型

猪育种工作的核心任务：①在育种群中，通过选种、选配等育种措施的实施，每年获得累加性的遗传进展；②采取措施使育种群的遗传进展尽快地传递到生产群中发挥作用。因此，遗传进展传递过程的速度和效率，是衡量育种方案的重要指标之一。育种规划的任务就是尽量缩小生产群与育种群间的遗传差距和时间差距。遗传模型只是间接地作用于遗传进展，这个间接作用主要来自生产群以及繁殖群对种猪的需要量。传递模型对各种猪群规模的相对作用是很大的，当育种群与生产群之间比例很大时，育种群的遗传进展可以传递和扩散到生产群中，这样的育种工作至少从经济学的观点看是有利的。育种效益在很多方面受传递模型的影响，因为遗传进展的变化直接影响育种工作的经济效益。

（九）制定候选育种方案

为了确定具有最佳育种成效的育种方案，首先需要制定出在多项育种措施上具有不同强度的候选育种方案，然后通过几个必要的育种成效标准，如多性状综合遗传进展、育种效益、育种成本以及方案的可操作性等进行综合评估，最终筛选出最优化育种方案，并付诸实施。

第二节　猪的重要经济性状及测定

确定育种目标、进行育种规划以及实施选育方案是现代育种工作的基本特征。猪的选种进程，实质上是对其经济性状持续进行遗传改良的过程。因此，必须对各重要经济性状进行性能测定，为选种、猪群生产水平评价、猪场经营管理和杂交效果评价等提供信息。

一、繁殖性状

猪的繁殖性状包括产仔数、产活仔数、初生个体重与初生窝重、泌乳力和断奶性状等，多数繁殖性状的遗传力很低，通过直接选择进展不大。长期以来，猪繁殖性状的遗传改良仅限于杂交。随着分子遗传学的发展和现代生物学技术的应用，影响猪繁殖性状的单基因或数量遗传位点（QTL）的鉴别，使得标记辅助选择（MAS）成为可能。

（一）产仔数

产仔数即总产仔数（包括死胎和木乃伊胎）和产活仔数。产仔数的多少与母猪的年龄、胎次、营养状况、配种方法、配种时间以及配种公猪品质等因素有关。

（二）初生个体重与初生窝重

初生重指仔猪出生后 12 小时以内称得的重量，初生窝重指同窝仔猪初生重的总和（不包括死胎）。仔猪的初生体重是其质量的重要指标之一。除遗传因素外，初生个体重还受品种、母猪年龄、胎次和妊娠期营养等因素的影响。

（三）泌乳力

一般用 20 日龄或 21 日龄仔猪窝重来表示，其中包括带养仔猪，但不包括已寄养出去的仔猪。母猪泌乳力的高低直接影响仔猪的成活率和哺乳期的生长状况。

（四）断奶性状

断奶性状包括断奶时的仔猪数、个体重和窝重。

（五）其他繁殖性状

在现代养猪生产中，人们也通过母猪的年生产力、产仔间隔和死亡损失率等性状来衡量母猪的繁殖性能。

二、生长肥育性状

生长肥育性状主要包括生长速度、活体背膘厚、饲料转化率和采食量等。

(一) 生长速度

生长速度通常用测定期间（如 30～100 千克）的平均日增重或达到一定目标体重（如 100 千克）的日龄来表示。达 100 千克体重日龄可通过控制公、母猪的体重在 80～100 千克范围，经称重、记录日龄，并按以下公式进行校正：

校正日龄＝测定日龄－［（实测体重－100）/CF］

CF（公猪）＝（实测体重/测定日龄）×1.826 040

CF（母猪）＝（实测体重/测定日龄）×1.714 615

式中，CF 为校正系数。

(二) 活体背膘厚

采用 B 超扫描测定倒数第 3 肋至第 4 肋间的背膘厚，以毫米为单位，最后按如下校正公式转换成达 100 千克体重的活体背膘厚：

校正背膘厚＝实测背膘厚×CF

式中，$CF＝A÷\{A＋[B×（实测体重－100)]\}$，不同猪种与性别的 A、B 值如表 3-1 所示。

表 3-1　不同猪种与性别的 A、B 值

猪　种	公猪		母猪	
	A	B	A	B
约克夏猪	12.402	0.106 530	13.706	0.119 624
长白猪	12.826	0.114 379	13.983	0.126 014
汉普夏猪	13.113	0.117 620	14.288	0.124 225
杜洛克猪	13.468	0.111 528	15.654	0.156 646

(三) 饲料转化率

测定期间（如 30～100 千克）单位增重所消耗的饲料量，计

算公式为：

$$\text{饲料转化率} = \frac{\text{饲料总消耗量}}{\text{总增重}}$$

（四）采食量

采食量是展示食欲的性状。在不限饲条件下，猪的平均日采食量称为采食能力或随意采食量，是近年来猪育种方案中日益重视的性状。通过控制采食量来控制体脂肪的沉积是生产中常用的手段。

三、胴体性状

（一）胴体重

不包含内脏器官，但包含头、蹄、肾和板油的屠宰重量。又分热胴体重和冷胴体重，前者指宰后45分钟的胴体重，后者指宰后24小时的胴体重。在我国，胴体重指去内脏和去头、蹄的胴体重量。

（二）胴体背膘厚

胴体测量时，将左侧胴体（以下需屠宰测定的都是指左侧胴体）的肩部最厚处、胸腰接合处和腰椎荐椎接合处膘厚的平均值作为平均背膘厚。

（三）胴体长

1. 胴体直长　即枕寰关节底部前缘（第1颈椎凹陷处）至耻骨联合前缘中线的距离。

2. 胴体斜长　即第1肋骨与胸骨结合处至耻骨联合中线的距离。

（四）眼肌面积

猪背最长肌的横断面积形似眼睛，故名为眼肌。在测定活体背膘厚的同时，利用B超扫描测定同一部位的眼肌面积，用平方厘米表示。在屠宰测定时，将左侧胴体倒数第3肋与第4肋间的眼肌垂直切断，用硫酸纸描绘出横断面的轮廓，再用求积仪计算面积。

（五）后腿比例

后腿比例指腿臀部重量占胴体重量的百分数。臀和腿是胴体中产瘦肉最多的部位。因此，后腿比例在评定胴体时有重要意义。屠宰测定时，沿腰椎与荐椎接合处的垂直切线切下的后腿重量占整个胴体重的比例，计算公式为：

$$后腿比例 = \frac{后腿重量}{胴体重要} \times 100\%$$

（六）胴体瘦肉率

将半片胴体剥离为骨、皮、瘦肉和脂肪四种组织并分别称重，然后计算瘦肉占四种组织总量的百分数即为胴体瘦肉率。另一种计算方法是不剥离为四种组织，而只是分离出瘦肉，用瘦肉占胴体重的比例来表示胴体瘦肉率。多数欧洲国家计算胴体瘦肉率是指胴体完全剥离所获得的瘦肉量（不包括头部瘦肉）占整个胴体重的百分数。因此，我国计算胴体瘦肉率的数值往往比欧洲国家要高 3%～5%。

四、肉质性状

随着胴体瘦肉量的增加而导致肉质变劣的现象已引起研究者、生产者以及消费者的重视。许多国家已将肉质性状纳入猪的综合育种值评定之中。肉质的优劣程度是通过各项肉质指标来判定的，常见的肉质指标有 pH、肉色、系水力、大理石纹、肌内脂肪含量、嫩度和风味等。

（一）肌肉 pH

采用胴体肌肉 pH 计，将探头插入倒数第 3 肋与第 4 肋间的眼肌内，待读数稳定 5 秒以上，记录 pH。

1. pH＜5.8　在屠宰后 45 分钟测定，以之判定为 PSE 肉。

2. pH＞6.0　在屠宰后 24 小时测定，以之判定为 DFD 肉。

（二）肉色

肉色是肌肉颜色的简称。在屠宰后 45～60 分钟内测定，用五分制目测对比法评定倒数第 3 肋与第 4 肋间的眼肌横切面。

（三）滴水损失

在屠宰后 45～60 分钟内取样，取倒数第 3 肋与第 4 肋间的眼肌，将肉样切成 2 厘米厚的肉片，修成长 5 厘米、宽 3 厘米的长条，称重，用细铁丝钩住肉条的一端，使肌纤维垂直向下，悬挂于塑料袋中（肉样不得与塑料袋接触），扎紧袋口后挂于冰箱内，在 4℃ 条件下保持 24 小时，取出肉条称重，按以下公式计算：

$$滴水损失 = \frac{吊挂前肉条重 - 吊挂后肉条重}{吊挂前肉条重} \times 100\%$$

（四）大理石纹

大理石纹是指一块肌肉内，肌内脂肪（即可见脂肪）的分布情况，以倒数第 3 肋与第 4 肋间处的眼肌为代表，用五分制目测对比法评定。

（五）肌内脂肪

肌内脂肪是肉质测定中的重点项目之一。根据大理石纹评分可以大致估计出肌内脂肪含量档次。最经典的方法是取眼肌中段最后肋与第一、二腰椎间核心部分肉样，绞碎，采用索氏抽提法（Soxhlet）测定脂肪含量。随着科技的进步，也可采用计算机视觉技术和近红外光谱法测定肌内脂肪含量。

五、其他性状

（一）毛色

猪的毛色是品种的重要标志，尽管其与经济性状的关系不大，但一直受到人们关注。猪的毛色主要有白色、黑色、红棕色和污白毛。

（二）遗传疾患

猪的遗传疾患又称遗传缺陷，是由基因突变或染色体畸变引起的某种形态缺陷、生理机能失常或生化紊乱。猪的遗传疾患常给养猪生产造成很大的经济损失。猪遗传疾患的种类很多，有记载的达 100 种之多（Wrathall，1988）。其中较常见的有以下几种。

1. 锁肛　肛门被膜或组织所封闭，使正常肠内容物无法排出，即为锁肛。公仔猪通常在出生后 1～3 天内全部死亡，若直肠尾端距体表皮肤不到 1 厘米，则可借助外科手术挽救公仔猪。术后至断奶期间发育可能正常，但断奶后或因仔猪缺乏食欲而引起生长受阻成为僵猪。母仔猪在出生后 1 个月内死亡率可达 50%，其余的母仔猪往往会自然形成一直肠阴道瘘连接直肠与阴道前庭，使粪便通过阴道排出而得以成活并能繁殖。

2. 阴囊疝　由肠通过大腹股沟管落入阴囊内而形成。出生后 1 个月开始表现，在所有家畜中，猪的阴囊疝发病率最高。

3. 鼠蹊疝　肠通过腹股沟环逸出便成鼠蹊疝，主要由于鼠蹊部的肌肉松弛。亦可由于仔猪出生后头几天因争夺母乳时肌肉过分紧张而产生。该病公猪多于母猪。公猪的鼠蹊疝常可扩展到阴囊，形成阴囊疝。一般不会发生问题，除非被绞扎血管或阉割时发生肠外翻。

4. 脐疝　若脐环过大且在出生时未闭合，那么，通常在出生后几天一部分肠子和肠系膜便会耸入皮下结缔组织而形成脐疝。问题一般不大，除非脐疝非常大，或者被擦伤、咬伤或受感染。

5. 隐睾　睾丸在出生前应从腹腔降到阴囊中。若出生后双侧或一侧睾丸仍滞留在腹腔内则为隐睾。只有一侧睾丸降至阴囊称为单睾。单睾比双侧隐睾发生率高。猪群隐睾发病率较高，常造成巨大经济损失，因患猪肉有膻味，造成胴体价值下降，或不能出售，或只能以低价出卖。

6. 先天性震颤　俗称抖抖病。发生频率较低，但暴发则一窝内多数仔猪患病。出生时震颤严重，以后逐渐减弱。由于病因复杂，因而诊断颇困难。本病可缩写为 CT，迄今已知 CT 至少有五种类型（Wrathall，1988）：①CTAⅠ源于某些低毒力的猪瘟病毒菌株；②CTAⅡ源于一种未知的传染性因子，可能是一种逆转录病毒；③CTAⅢ源于一个伴性隐性基因，现已定位于猪的 X 染色体上（Lax，1971）；④CTAⅣ源于一个常染色体隐性基因；⑤CTAⅤ源于妊娠母猪服入杀虫的有机磷药物——敌百虫。诊断时尚须与其他一些先天性神经系统障碍如 B 型 CT（Miry 等，1983）、先天性运动失调以及低血糖仔猪病区别开来。

7. 内陷乳头 占据乳房正常位置，但乳头比正常的短且顶端形成一火山口状结构，使乳头不能从乳房表面挺起，造成仔猪吮乳困难。而且边缘区变厚，乳汁不能通过乳头管（尽管乳腺发育可能正常）。分娩后乳头肿大，但乳汁分泌功能逐渐衰退。故内陷乳头属无效乳头，仔猪不能从缺陷母猪得到充分乳汁，特别是当乳头少，仔猪多时，易造成经济损失。内陷乳头一般在性成熟时才充分表现，公母猪均可发生。许多研究表明，此缺陷受控于一个常染色体隐性基因。

第三节 种猪的选择与选配

良种猪是长期选择与培育的结果，种猪的性能只有通过不断选择才能巩固和提高。在条件相同的情况下，提高选择的准确性是关键。运用各种选择方法的目的只有一个，即尽可能地充分利用所有信息，最准确地选择种猪。

一、选种原则

选种是繁育工作的第一步，只有选择优秀的种猪，才能保证繁殖计划的顺利进行和完成，选择种猪的原则要求如下。

（一）具有种猪应有的外形特征

要求具有该品种的体貌特征，肢蹄结实，肌肉丰满，乳头数6 对以上，排列均匀，无缺陷乳头，皮肤细腻，皮毛光亮。公猪睾丸发育良好，左右对称，包皮无积尿，母猪要求阴户充盈，发育良好。

（二）具有优秀的生产性能

要求种猪具有生长快、产品品质好、生产成本低、对饲料利用和转化能力强、体质结实的生产性能。

（三）繁殖力高

种猪应有明显的第二性征，生殖器官发育良好，能正常地繁殖大量的优秀后裔，便于扩大种群数量。

（四）早熟性好

种猪的性成熟和经济成熟早，可以降低生产成本，加速繁殖后代和生产大量产品。

（五）健康、适应性强

种猪应有健康结实的身体，适应当地的环境条件、饲料和饲养管理条件，并具有耐粗饲性和抗病能力。

（六）遗传稳定

种猪应具有稳定的遗传性，能稳定地将其优良性状遗传给后代。

二、选择方法

（一）单性状的基本选择方法

在单性状选择中，除个体本身表型值外，最主要的信息来源就是个体所在家系的遗传基础，即家系均值。因此，单性状的选择建立在个体表型值和家系均值之上。

1. 个体选择　也称为大群选择，根据个体本身性能测定结果进行选择。这种方法适用于遗传力高的性状。在育种实践中，选择生长速度和饲料转化率以及瘦肉率（活体膘厚）时常用此法。个体选择方法简单易行，可加大选择强度。

2. 家系选择　根据家系均值进行选择，选择和淘汰均以家系为单位进行。家系是指全同胞家系和半同胞家系。这种方法适用于遗传力低的性状，并且要求家系大，由共同环境造成的家系间差异或家系内相关小。对产仔数的选择常用此法，有较好的选择效果。与家系选择有关的是同胞选择。两者的区别在于，家系选择的依据是包括被选个体本身成绩在内的家系均值，而同胞选择则完全依据同胞的成绩（即不包括被选个体的家系均值）。实质上这种差别主要体现在家系的含量上，当家系含量很大时，选择效果基本一致。对于产仔数这一限性性状，公猪用同胞选择，母猪用家系选择。通常，同胞选择还用于对肥育性状和胴体组成性状的选择（同胞测定）。家系选择同时又是对一个或两个亲本的后裔测定。两者不同之处在于测定结果利用上的差别。

后裔测定是根据个体全部后裔的表型均值进行选择。理论上，后裔测定是评定种猪遗传素质最准确的方法，要优于同胞选择。但实际应用上，后裔测定的最大缺点是世代间隔太长。另外，后裔测定需要建立一定规模的测定站，投资大。因此，在考虑育种规划时，是否采用后裔测定必须要进行全面分析。目前，没有一个国家采用单一的后裔测定，即使丹麦也已改为后裔测定、个体性能测定和现场测定相结合的测定制度。

3. 家系内选择 即根据个体表型值与家系均值的偏差（家系内离差）进行选择。这种方法适合于遗传力低的性状，要求家系间因共同环境造成的差异（协方差）大。这种方法实际意义不大，但可减少近交的机会。

4. 合并选择 兼顾个体表型值和家系均值进行选择。从理论上讲，合并选择利用个体和家系两方面的信息，选择准确性要高于其他方法。该方法要求根据性状的遗传特性和家系信息制订合并选择指数。合并选择还可综合亲本方面的遗传信息，制订一个包括亲本本身及所在家系成绩等在内的合并选择指数，用指数值来代表个体的估计育种值。

（二）多性状的选择方法

影响猪遗传改良的性状是多方面的，而且各性状之间存在着不同程度的遗传相关，如果只进行单性状的选择（如瘦肉率），尽管能在该性状上获得较大的进展，但可能会影响其他性状的改进，尤其是那些与之有负相关的性状（如繁殖性状、肉质性状）。因此，在种猪选择中，需要同时考虑多个性状，以保证主要生产性能的遗传改良，获得最大的育种效益。

1. 顺序选择法 即每个性状选择一个或数个世代，然后再选择其他性状，这样逐一对需要改良的性状进行顺序选择。这种方法对某一性状来说，改良速度当时较快，但要改良多个性状，则需花很长时间，更重要的是没有考虑到性状间的相关，很可能顾此失彼。因此，这种方法在猪育种中不再使用。

2. 独立淘汰法 对各个被选性状规定一个淘汰标准，选择个体只要其中一项指标未达标准就淘汰。这种方法常常会把在某些性状上表现突出，而个别性状上不足的种猪淘汰掉，选留下来的却是表现平平的中庸者。在猪的育种中，独立淘汰法应该用于淘汰遗传上有缺陷的，或结实度较差的个体。

3. 综合选择法 将多个性状综合在一起进行选择。常用的方法是制订综合选择指数进行选择。综合选择指数是 Hazel（1943）提出来的，它以育种群的经济价值达到最大为目标。根据性状的遗传力、经济加权值和性状间的遗传相关等制订出综合选择指数，计算出每个个体的综合育种值，然后进行选择。这种方法比较全面地考虑了各种遗传和环境因素，同时考虑育种效益问题。因此，能较全面地反映一头种猪的种用价值，指数制定也较为简单，选择可以一次完成。综合指数法的选择效果要优于其他方法，但实际应用时，难以达到理论上的期望效果。其主要原因在于：①遗传参数估计的误差较大；②各目标性状的经济加权值不太准确；③群体小，近交程度增高；④选择性状与目标性状不一致。

三、阶段选种

猪的性状是在其个体发育过程中逐渐形成的，因而选种应在个体发育的不同时期，有所侧重并采用相应的技术措施。猪的选种过程一般经过四个阶段。

（一）断奶阶段的选择

断奶时，个体的许多性状还没有表现出来。因此，主要是根据父母的成绩、同窝仔猪的整齐程度、个体的生长发育、体质外形和有无遗传缺陷等进行窝选。由于初生窝仔数是繁殖性状中最重要的性状，因而依据产仔数，断奶时尽量多留。另外根据育种目标，依血统进行选留。

（二）6月龄或达一定体重日龄的选择

到6月龄（或达100千克体重日龄）时，个体的主要生产性状（除繁殖性能外）都基本表现出来，因而这一阶段是选种的关键时期，应作为主选阶段。凡体质衰弱、肢蹄存在明显疾患、有内翻乳头、体型有严重损征、外阴部特别小、同窝出现遗传缺陷者，可先行淘汰。在6月龄选择前，要对公、母猪的乳头缺陷和肢蹄结实度进行普查。其余个体均应按照生长速度、饲料转化率和活体背膘厚等生产性状构成的综合选择指数进行选留或淘汰。必须严格按指数值进行个体选择，同时也要参考同胞的成绩。

（三）6月龄选种后头胎母猪的选择

此时应已对种猪进行了两次选择，对其生长发育和外形等方面都已有了较全面的评定。因此，该时期的主要依据是种猪个体本身的繁殖性能。对下列情况的母猪可考虑淘汰：①至7月龄后毫无发情征兆者；②在一个发情期内连续配种3～4次未受胎者；③断奶后2～3个月无发情征兆者；④母性太差者；⑤产仔数过少者。需要指出的是，选择头胎母猪的要求不宜太严格，因为头胎产仔数并不是评估种猪繁殖性能的可靠依据。产仔数遗传力低、重复率低，根据头胎产仔数来预测以后胎次的产仔数并不可靠。另外，此时淘汰经济损失也较大。

以上阶段的选种都可采用指数选择法，只是各阶段的重点指标不完全相同，但总的要求是，种猪不仅生产性能高，而且能将其优良的遗传特性稳定地传递给后代。

四、综合育种值

猪的主要经济性状均属数量性状，其表型值受到遗传和环境的共同影响。根据数量遗传学理论，数量性状在遗传上受多个微效基因的控制，各个基因的效应是可加的，所有基因效应的累加值称为育种值（加性效应值）。它可以稳定地遗传给后代。综合选择指数即为根据各性状的经济重要性，对其育种值进行加权而形成的综合育种值

$$A_r = \sum w_i A_i$$

式中：A_r 为综合育种值，w_i 为性状 i 的经济加权值，A_i 为性状 i 的育种值，通过 BLUP 方法进行计算获得。

（一）BLUP 法的基本原理

BLUP（最佳线性无偏预测）方法的基本原理就是根据遗传学知识和实际生产情况，将各性状的观察值剖分为对其有影响的各遗传与环境因子之和，这个表达式被称为线性混合模型，式中有些效应是固定效应，有些是随机效应。一般可用矩阵形式表示为

$$Y = Xb + Zu + e$$

式中：Y 为观察值向量，b 为固定效应向量，X 是 b 的结构矩阵，u 为随机效应向量，Z 是 u 的结构矩阵，e 为随机误差向量。

所谓的 BLUP 法就是按照最佳线性无偏预测的原则去估计 b 和 u，线性是指估计值是观察值的线性函数，无偏是指估计值的数学期望等于被估计值的真值或被估计值的期望，最佳是指估计值的误差方差最小。估计值可通过计算机采用 Henderson Ⅰ、Ⅱ、Ⅲ法计算。

（二）BLUP 法的基本步骤

（1）根据现有的畜群生产情况和资料结构建立一线性混合模

型，这个模型应尽可能地描述真实的情况，同时又不能过于复杂而使估计的精确性降低或计算过于困难。估计值的准确性和精确性完全取决于模型是否合理。

（2）根据这个模型构造线性方程组，方程组中的方程个数等于模型中所有因子的所有水平之和。

（3）利用计算机对方程组求解，计算出估计育种值和环境效应值。

BLUP 方法可充分利用个体及其父母、同胞、后代等的所有信息，提高育种值估计的准确性，还可消除因环境因素造成的偏差，并能考虑不同群体、不同世代的遗传差异。

（三）基于 BLUP 估计育种值（EBV）的综合指数

1. 加拿大选择指数（Chesnais 等，1998）　父系指数的性状包括瘦肉率、采食量、达 100 千克日龄、眼肌面积和胴体眼肌率，其公式为：$I_{sire} = 6.31EBV_{瘦肉率} - 1.17EBV_{达100千克日龄} - 1.30EBV_{采食量} + 0.39EBV_{眼肌面积} + 1.91EBV_{胴体眼肌率}$。母系指数的性状包括瘦肉率、采食量、达 100 千克日龄、眼肌面积、胴体眼肌率和总产仔数，其公式为：$I_{dam} = 3.16EBV_{瘦肉率} - 0.59EBV_{达100千克日龄} - 0.65EBV_{采食量} + 0.20EBV_{眼肌面积} + 0.96EBV_{胴体眼肌率} + 12.37EBV_{总产仔数}$。

2. 法国选择指数　父系育种目标包括生长性状、胴体性状和肉质性状，而母系育种目标还包括繁殖性状，即平均日增重、饲料转化率、屠宰率、胴体瘦肉率、肉质指数和总产仔数。

3. 丹麦选择指数　父系综合指数包括平均日增重、饲料转化率、胴体瘦肉率和肌内脂肪含量。母系指数包括平均日增重、饲料转化率、胴体瘦肉率和总产仔数。

（四）综合育种值在猪育种中的应用

20 世纪 80 年代中后期，基于 BLUP 的综合育种值开始应用于猪的遗传评估，大大提高了遗传改良的速度。如加拿大自1985 年以来，背膘厚的遗传改良速度提高了 50%，目标体重日龄的改良速度提高了 100%～200%。2 个性状的年遗传进展分别为 0.35 毫年及 1.5 毫米（Sullivan，1994）。此外，爱尔兰、美国、丹麦、荷兰、法国等养猪发达国家及一些育种公司如 PIC 等也主要应用 BLUP 综合育种值进行选种。我国 1996 年开始在部分种猪场中使用 BLUP 综合育种值，2000 年在全国种猪遗传评估中推行。选择基本性状有 3 个，分别是达 100 千克体重日龄、达 100 千克体重活体背膘厚和总产仔数。

五、种猪的选配

选配是指将选出的优良公、母纯种进行人为控制配对，使优良基因更好地重新组合，促进猪群的改良与提高。通过选配，可以把握必要的变异方向，促进某种变异，克服缺点，并能稳定遗传性，把理想性状固定下来，巩固优点。

（一）品质选配

品质一般是指体质、体型、生物学特性、生产性能和产品质量等方面，也可指遗传品质。品质选配是考虑交配双方品质对比的选配，根据相配猪的品质对比，可分为同质选配和异质选配。

1. 同质选配 即选用性能和外形相似的优秀公、母猪来配种，使亲本的优良性状稳定地遗传给后代，使优良性状得到保持和巩固，以期获得与亲本（公、母猪）优良性状相似的后代个体。

2. 异质选配 异质选配可以选择具有不同优良性状的公、母猪配种，以获得兼有双亲不同优点的后代，也可以选同一性状但优劣程度不同的公、母猪配种，使纯种后代有较大的改进和提高。

（二）亲缘选配

亲缘选配是根据种公、母猪亲缘关系远近进行选配的一种方法。当猪群中出现优秀个体时，为了尽可能保持优秀个体的特性，揭露隐性有害基因，提高猪群的同质性，可采用亲缘选配。

为了防止近亲交配（双方共同祖先的总代数不超过 6 代）而造成的繁殖性能、生活力和生产力下降等遗传缺陷或衰退现象，应严格控制近亲交配系数的增大。种猪场应避免近亲交配。但近亲交配运用得当，可以加速优良性状的巩固和扩散，揭露隐性有害基因，提高猪群的同质性，也是育种工作中的一个重要手段。为了避免近交过程中出现衰退现象而造成损失，在使用近亲选配时，一般只限于培育品系（包括近交系）以及固定理想性状。

第四节　品系选育

一、品种和品系的概念

猪的品种是指来源相同，具有相似的形态特征和生产性能，能够将其特性稳定遗传给后代，并具有一定数量经鉴定合格的基础种猪的类群。来源相同，是指起源于种内某一共同祖先以及相同的历史自然条件和经济条件。一个品种所表现的形态特征和生产性能，应该和其他品种不同，即具有自己的特殊性；一个品种类群的猪必须能够比较稳定地将自己形态上的、生理上的、特别是经济上的性状遗传给后代，也就是能够繁殖与之相似的后代，使品种内各个体间具有相似性；一个品种类群必须具有一定数量的种猪个体，才能使本品种自身能够在非近亲缘交配下繁殖，得以保持。我国目前对于品种数量的最低要求是基础母猪 1 000 头。

品系是指同一品种内具有共同特点、彼此有亲缘关系的个体所组成的遗传性能稳定的群体。这是因为一个品种引入到另一个地方，由于自然条件和饲养条件不同，选育方向、重点有所改变，就会形成在体型、生产性能上各具特点的类群，这可以看作是品种内不同的品系。如长白猪有丹系、美系、加系等，大白猪有英系、美系、法系、瑞系等，杜洛克猪有美系、加系、台系等。

二、品系的建立

(一) 系祖建系法

选择一个（或几个）卓越公猪作为系祖（或系祖群），通过中亲（或同质）交配，保持和组合系祖遗传特性，使与配种猪群体具有系祖共同的优秀品质。此法建系具有针对性强、操作简单、遗传性能不全、易近交、维持世代短（3～4代）的特点，一般在建系初期和出现突出优秀个体时使用。系祖建系步骤：

（1）选择优秀系祖 $P_祖 \geqslant P_群$。

（2）基础母猪组群，即同质选配，$n \geqslant 5$。

（3）强化系祖性能选种，即鉴定系祖影响力。

（4）近亲繁殖。

（5）选择继承者，即多选几头类似系祖的后代，采用分别继承法，先分后合。

（6）杂交组合试验，即建系中后期开始测定系间杂交组合配合力，选择杂交亲本系。

(二) 群体继代选育法

群体继代选育法包括按照特定的育种目标和选育计划，选择包含多种优良基因的多个优秀祖先组成基础群，进行闭锁选育；按一定的组群结构和选配比例，进行随机选配；以表型和 BLUP 选择为主要依据，融合优良基因，提高优良基因频率；经过 6～7 个世代，选育出综合性能优良、遗传稳定、表型一致的高产种群。

群体继代选育法的选育方法及步骤：

1. 进行品系种质资源普查

（1）**群体规模**　调查品系内猪群公、母比例及数量。

（2）**亲缘结构**　审查系谱，了解血缘关系，计算亲缘系数。

（3）**体型特征**　分析群体外貌特征和体质类型，分类描述和统计。

（4）生产性能　统计分析群体和优秀突出个体的各项生产技术指标。

（5）遗传缺陷　普查群体中出现遗传缺陷的个体及血缘。

（6）遗传力分析　分析计算群体中各性状纯繁过程中的遗传力表现。

（7）杂交表现　分析品系、类群、优秀个体杂交后代的表现及配合力。

（8）基因频率分析。

2. 确定品系繁育育种目标　查清现有的品系种质资源，结合当前及未来的市场需求、差异化竞争特点和杂交配套体系的要求，确定品系繁育的育种目标。

育种目标的内容包括体型特征、生产性能指标、群体规模、亲缘结构（亲缘系数水平）、杂交性能等。

3. 建立基础群

（1）通过对全群种质资源普查结果的分析，结合现场选择等形式，建立基础群（零世代群）。基础群必须具备广泛的遗传基础，扩展基因来源，构成遗传基础宽广的基础群。

（2）基础群要具有特性，并有差异明显的突出特点，主要特定性状的表型值必须高于全群平均数，其他次要性状的表型值也应不错。

（3）基础群内种公猪要求无亲缘关系。基础群选定后闭锁繁育，不再引进外血，也不再互换种公猪，连续选择若干世代，直到达到选育目标为止。

（4）基础群规模确定方法

①估计选育核心群每一世代允许的近交增量 ΔF，选育核心群每一世代的近交增量应适宜，过高会出现近交衰退，过低会影响选育群基因的纯合速度。每个世代群体较适宜的近交增量≤3%，这样，经系 5～6 个选育世代，选育群的近交系数达到12%～13%，即达到半同胞水平，群体的基因接近纯合。

②确定每一世代群体的公母比例。

③计算基础群最低公猪数

$$S=\frac{n+1}{8n\Delta F}$$

式中：S 为最低所需公猪数，n 为每头公猪与配母猪数，ΔF 为近交增量。

实际育种中，应根据品系内猪群结构和猪群遗传性状的离散程度来确定具体的群体结构。

起初组建的基础群称为零世代群，在零世代群后代中，通过选种、选配组建起的闭锁群称为一世代群。依此类推，为二世代群、三世代群、四世代群……

4. 选种、选配方案

（1）**继代种猪选择** 每一世代组群时，分别自每个血统后代中最终选择一头后备公猪作为本血统的继代种公猪，选择后代中性状优良的后备母猪作为继代种母猪，尽量每个血统等量留种。

（2）**继代种猪选配组群** 将各血统选出的继代种公猪和继代种母猪组成新的闭锁世代群，随机选配，但避免近亲繁殖。

（3）**选种方案** 继代种猪的选择分为四次进行。第一次选择是在仔猪断奶时，主要根据品种要求的毛色、体质外貌、生长发育、乳头及有无遗传缺陷进行选择，凡不符合规定的全窝淘汰。此窝选的留种率约为60％。当仔猪达到 20 千克时，从每窝仔猪中选出 2 头小公猪，2～3 头小母猪留作为后备种猪备选，同时选出 1 头去势小公猪和 1 头小母猪进行同条件的同胞测定，对活体可以度量的性状，在生长发育过程中直接测定，达 100 千克体重日龄时进行屠宰，进行胴体品质性状的测定。第二次选择是在 4 月龄或达 50 千克体重时进行，主要是根据生长发育、体质外貌等进行个体淘汰，留种数为每窝中不低于 1 头育成公猪的 2 头育成母猪。第三次选择是在达 100 千克体重时进行，应根据选育的要求，对表型成绩和 BLUP 综合育种值进行综合评定和选留，留种数一般要超过继代数量的 10%～20%。第四次选择是在 8 月龄配种前进行，主要是根据体质外貌、有无遗传和繁殖缺陷等，进行最后一次的选留，并按每一世代要求的公母比例和数量留够公、母继代头数。

（4）闭锁群体繁育　每一世代组群后，进行闭锁群体繁育，不引进外血，以加速理想性状基因的纯合和淘汰不理想的性状，最终是为了尽快地选育出生产性能高的、遗传基因相似度大的群体。

（5）控制近交速度　选育过程中必须控制近交速度，应避免全同胞的随机交配，特殊需要时，允许半同胞的随机交配。

（6）遗传改进量的预测　利用选择差和性状遗传力，预测下一世代遗传改进量的期望值，有计划地控制性状改进量。

第五节　计算机及分子生物学技术在猪育种中的应用

20 世纪 90 年代以来，随着生物技术和信息技术的迅速发展，国际上的动物育种已逐渐进入分子水平。根据发达国家和联合国粮食与农业组织（FAO）的预测，21 世纪全球商品化生产的畜禽品种将通过分子育种技术培育，品种对动物生产的贡献率亦将超过 50%。

一、分子生物技术

（一）猪基因组计划

畜禽的基因组计划始于 20 世纪 90 年代初，其主要目标是寻找重要经济性状（如瘦肉率、产奶量、产蛋量、抗病性等）位点或与之连锁的 DNA 标记，并将其用于分子标记辅助选择（MAS）来改良畜禽品种，提高选择的有效性及年遗传改进量，从而提高动物生产效率和经济效益。其主要内容是构建高分辨率的遗传连锁图谱和物理图谱，近年来取得了很大进展，猪19条染色体中已发现了丰富的DNA多态性。美国猪基因组研究计划已在猪的连锁图谱上构建了近3 000个标记，大多是微卫星标记。

（二）数量性状主效基因的检测与利用

目前，定位数量性状基因座（QTL）最常用的方法是分离分析法、候选基因鉴定法和基因组扫描法。已检出的主效基因或QTL有猪应激综合征候选基因 RYR1 基因（或称氟烷基因，Hal）、酸肉基因（RN）、猪大肠杆菌 K88 受体基因、窝产仔数候选基因雌激素受体（ESR）基因、肌内脂肪的候选基因心脏脂肪酸结合蛋白（H-FABP）基因和猪肌肉生长抑制素（MYOG）基因等。目前，猪氟烷基因、ESR 基因等已在猪育种中应用。

（三）数量性状的标记辅助选择

在猪育种选择中，对遗传力较低（如繁殖性状）、度量费用昂贵（如抗病性）、表型值在发育早期难以测定（如瘦肉率）或限性表现（如产奶量）的性状，如采用标记辅助选择，则常可提高选择的准确性和年遗传改进量，提高育种效率。例如猪产仔数这一性状，用传统方法改良进展甚微。Rothschild 等（1994）发现雌激素受体（ESR）基因是猪产仔数的主效基因之一，该座位在中国梅山猪合成系中可以控制1.5头总产仔数和1头活产仔数。在中国二花脸杂交群中，李宁等（1994）不但证实了 Rothschild 等人的研究结果，同时还发现促卵泡素 β 亚基基因（FSHβ）是控制猪产仔数的另一主效基因，这个基因座位可以控制2.0头总产仔数和1.5头活产仔数。农业部猪遗传育种重点开放实验室采用 PCR-RFLP 等分析技术，建立了快速准确鉴别猪 RYR1 基因型（氟烷基因型）的分子生物学技术，并将分子生物学技术与常规育种相结合，培育出我国的瘦肉猪抗应激品系。采用 PCR-RFLP 和 PCR-SSCP 技术，通过对猪激素敏感性甘油三酯脂肪酶（HSL）和脂蛋白脂肪酶（LPL）基因的多态性与背膘厚和瘦肉率关系的研究，认为猪 HSL 和 LPL 基因可以作为猪背膘厚选择的分子标记（吴桢方等，1999）。

(四) 杂种优势预测

通过 DNA 多态性可以识别种间、种内、家系间和家系内个体间的遗传差异。用 Hinfl/3'-HVR-α 珠蛋白探针可获得猪等畜种多态性极高的 DNA 指纹带（严华祥等，1993），这些多态性可为分析系间亲缘关系的远近和杂交亲本的选配提供了很好的借鉴。用 DNA 多态性测定品种或品系间的差异，并据此作出的遗传距离既稳定，也更准确。

(五) 转基因技术

动物转基因技术主要用于三个方面，包括改善动物生产性能、增强动物抗病性、开发特定动物产品等。

澳大利亚科学家利用转基因技术成功地在小鼠和绵羊中表达了细菌半胱氨酸生物合成基因。中国农业大学等单位，在 1989 年将猪生长激素基因转入湖北白猪受精卵中获得中国首批转基因猪，经过几个世代的观察，其生长速度和饲料利用率分别比同窝非转基因猪提高 13.4％和 10％。

利用转基因技术增强动物抗病性，目前主要局限于特定抗病性基因、特异性抗体基因、核酶基因等的转移。

利用转基因技术开发特定动物产品研究最多的还是对乳腺的遗传控制，从而控制奶的成分，用转基因动物制作程序，从转基因动物乳汁中获得具有生物活性的药用蛋白质等。

分子生物学技术直接应用于猪的育种虽然还有一些不确定性因素，但目前已展示出十分广阔的前景。21 世纪分子生物技术在猪育种中应用的主要趋势是加速功能性性基因和重要经济性状基因的定位、分离、克隆和表达调控研究，以及我国猪种特有优良基因资源的鉴定和利用途径研究，建立高效的基因表达系统和有效的基因转移和鉴定技术；研究猪杂种优势的分子遗传机理，研究猪的高效、高产、优质、抗逆育种理论，建立标记辅助选择与常规育种相结合的技术体系和方法；研究高效率细胞克隆的分子生物学基础和技术，建立克隆复制的技术体系。

二、计算机技术与信息技术

计算机与信息技术的应用，使现代动物遗传育种理论得以应用于育种实践并显示出重要意义。其主要优势体现在：①提高信息收集、传播和管理效率，在信息网络系统完善时，其作用更加突出；②数据处理与统计分析，在现代育种工作中往往需要对大量数据资料进行复杂的统计分析，只能借助于计算机完成；③进行模拟实验，模拟实验能取得一些实际试验需要时间才能获得的结果，是一种很好的导航试验，而且又经济便利。

（一）畜禽资源的调查、评估、保存、管理和利用

畜禽资源的调查、评估、保存、管理和利用是育种上一项重要而基础性的工作，有了广泛而全面的品种资源的储备，才可能从中寻找并培养出品质高、适应性强、符合人类需求的畜禽品种。因此，在物种迅速消失的现代，对畜禽资源的保管尤为重要。我国幅员辽阔，畜禽品种资源丰富，仅对全国100多个地方的猪种情况进行归纳整理，就发现有76个地方猪种，其中不乏具有优良品质的品种。但我国畜禽品质资源库建立落后于发达国家，收录到数据库的品质资源也十分有限。目前，国内畜禽品种资源数据库结构仅有119个字段，急需进一步地扩充和完善。

（二）计算机技术在遗传参数估计上的应用

育种值的估算是种畜选择的依据以及育种规划的任务，规划育种方案的准确性应保证估计育种值具有理想的精确度。育种工作需要精确可靠的计算方法来对数据资料进行处理，利用计算机处理大量数据，极大地提高遗传参数和育种值估计的精确度，从而增加了选择的速度和可靠程度。

（三）猪场育种生产管理软件的研制

在生产管理软件方面，国内有一些成熟的商业化软件。如王

林云（1991）研制的猪育种生产微机系统，包括饲料配方子系统、配种预产子系统、种猪数据库子系统、数理统计子系统，孙德林、李炳坦（1998）研制的工厂化养猪计算机信息管理系统等。

国外的猪场生产育种管理系统开发较早，目前该类软件主要有由 Massey 大学、国家间咨询专家、Farm PRO Systems 公司、新西兰养猪行业协会、新西兰技术开发公司联合制作的 PigWIN 猪场管理软件，由明尼苏达州立大学兽医学院开发的 PigCHAMP 猪场管理软件和由美国普渡大学的 S&S 公司于 2000 年推出的 Herdsman2000 等。

综观国内的猪场育种与生产管理软件，系统功能基本涵盖猪育种和生产的各个方面和层次，一般包括以下功能。

1. 具有完善的数据库　录入猪只个体数据，并且可对个体数据进行新增、修改、删除。猪个体数据录入项目可分 3 个方面：①个体基本信息登记，包括登记个体耳号和系谱结构档案，个体及系谱内个体的遗传缺陷情况、出生记录、断奶转群记录和断奶前死亡记录；②个体繁殖生产成绩登记，分配种、妊娠、分娩和产仔、哺乳 4 个阶段；③生长性能测定登记、外貌体测评分登记、屠宰肉质测定登记、精液品质鉴定以及后备公、母猪鉴定。

2. 对数据进行分析处理　根据市场需求或者本场的实际情况，对采集到的资料进行管理，并进行分析统计，处理生成各种生产报表、种猪卡片等。计算和估算近交系数，为选种提供表型值、遗传力等参数，计算综合选择指数和育种值。

3. 疾病情况与疾病专家诊断系统　系统内包括各种疾病的临床和病理反应，可根据录入的猪只疾病情况、病理过程进行诊断，并统计分析生产管理中各种疾病的发生情况和产生的危害，以便及时处理。

4. 财务管理系统　主要包括与猪场有关的财务费用录入、

浏览查询与输出、费用统计分析与输出，同时可进行财务预算登记与浏览查询、预算分析。

5. 销售管理系统　包括与猪场有关的销售情况录入，以及猪只销售浏览查询与输出、销售费用浏览查询与输出、销售情况统计分析与输出，同时还可以对销售客户进行管理。

(四) 计算机图文分析系统

计算机图像分析系统和图文数据库的建立，使育种数据、种质资源、形态特征、生态环境等与猪育种有关的数和形联系起来，从猪群行为到染色体组型都可以通过图像进行充分的观察和度量，从而可以从宏观和微观两方面提高育种效果。在猪的育种实践中，通过计算机图像可分析超声波活体测定的背膘厚度及眼肌面积，不必等屠宰后进行测定，降低了测定费用，加大了选择强度，提高了选种的准确性。采用先进的核磁共振及计算机图像技术，可在活体上测量系水力、肌内脂肪含量等肉质性状，加速这些性状的遗传改良。

(五) 信息网络技术

随着计算机与信息网络技术的发展，发达国家无一例外地在种猪遗传评估体系采用了这些现代技术，从而极大地提高了育种效率。如加拿大建立了以加拿大猪改良中心（CCSI）为龙头、各地区改良中心为中介和育种场为基础的国家猪改良方案。使每个参与者共同地测定种猪、记录生产性能数据和对种猪进行遗传评估。改良方案以独立而准确的数据、公开而可用的结果为基础，所有个体的估计育种值（EBV）都可以从互联网上浏览。育种者可以拿自己的种猪与别人的种猪进行比较，然后通过人工授精获得自己所需要的遗传素材，去改良自己的种猪。通过这一方式，实现了信息共享，使所有育种者或育种公司都受益。

目前，我国正在开展区域性乃至全国性的遗传评估和联合育种的工作。首先是建立区域性、全国性的种猪场电脑网络系统，各场按统一方法进行场内测定，测定结果按标准数据库格式输入计算机并通过猪场电脑网络传送到网络中心，中心采用多性状动物模型BLUP法进行种猪的育种值估计，评定个体的种用价值和各场的生产管理水平，评定结果再通过计算机网络传送到各场，逐步建立以场内为主的遗传评估体系和良种登记簿。提高选择效率，逐步降低引种数量，进而培育出我国实际需要的优良种猪。

第四章

不同阶段猪的饲养管理

第一节 种公猪的选择、培育与饲养

"母猪好，好一窝；公猪好，好一坡。"这是人们在长期实践中对公猪重要性的认识。种公猪的好坏，决定着猪场生产水平的高低，也是产生经济效益的关键。种公猪管理的主要目标是提高种公猪的配种能力，使种公猪体质结实，体况不肥不瘦，精力充沛，保持旺盛的性欲，良好的精液品质，提高配种受胎率。

一、种公猪的选择

（1）种公猪必须具备本品种外貌特征。四肢强健，尤其后肢要有力。姿态端正，大腿丰满。腹部略上收而不下垂，肚腹平直。种公猪乳头要求 6 对以上，无瞎奶头，无遗传缺陷，禁选单睾和隐睾公猪。有测定成绩的要根据测定性状成绩和综合选择指数进行选种，其同胞发育好，大小均匀且体质体貌变异小为佳。

（2）引进公猪必须来自非疫区的健康猪群，必要时应进行血清学检查。

（3）引种公猪体重以 60～80 千克为宜（至少要在计划配种前 60 天购进，以适应环境），既可观察到公猪的性欲表现，又可有充分的时间进行隔离并完成各种疫苗注射，保证种公猪可适时使用。

（4）公猪性欲要好。种用公猪必须性欲强盛，体格健壮，繁殖系统器官健全，有明显的雄性特征，民间的公猪要求铁睾丸即指此要求。公猪的睾丸要求对称、整齐、发育良好，睾丸大而明显，摸时感到结实而不坚硬。阴茎呈紫红色（采精时观察），阴茎包皮正常，没有积尿。精液品质良好。

二、公猪的体成熟与性成熟

（一）性成熟

公猪一般在 6 月龄左右时达到性成熟，性成熟后的青年公猪表现出很强的性欲，但射精不稳定，几周以后精子的排出量会稳定，但此时还不适宜作种用，必须达到体成熟以后才能正式用于配种。配种过早易引起公猪未老先衰，降低使用年限。

（二）体成熟

瘦肉型良种公猪一般要 8 月龄以上才能达到体成熟。7.5 月龄以上，体重 110 千克时可以参加配种。配种前要检查两次精液质量，精液活力在 0.8 以上，密度中等以上，才能投入使用。对性欲不强、精液品质不良的公猪一定要淘汰。瘦肉型品种的公猪达到 10～12 月龄，体重 160 千克左右配种最为理想，若 12 月龄体重达不到 160 千克的种公猪一般情况下应予淘汰。

（三）精子的成熟

精子在成熟的过程中，产生细胞质滴，细胞质滴位于精子头与尾的接合部，当精子成熟时，首先需要细胞质滴，而后就会失掉细胞质滴。在其消失前细胞就可以受精了。因此，细胞质滴的出现和消失是判断精子是否成熟的依据。细胞质滴距精子的头部越远，精子的受精能力就越强。如果成熟公猪（8 月龄以上）的精液中 20％以上的精子含有细胞质滴，则说明公猪可能使用过度，射出的成熟精子快于精子的成熟更新过程。如果是年青公猪的精子含有许多细胞质滴，则说明这头公猪还未达到体成熟。有时细胞质滴会移位而使其保留在精子内，这种精子是不正常的，没有受精能力。

三、饲养与管理

（1）后备公猪可自由采食，直到体重达 100～105 千克，然后适当限饲。对新引进公猪要隔离观察一个月，确保安全才能进场。在隔离的中后期可将本场要淘汰的老母猪混入饲养，让其适应本场内的一些特异微生物。隔离后期可开始一些疫苗的注射。

（2）种公猪要单栏饲养，应与母猪保持适当的距离而相对隔离，最好是在单独的猪舍内饲养，应注意防止自淫现象。公、母猪同栏饲养容易降低其性欲，甚至丧失配种能力。不要将一头未配过种的育成公猪与一群刚断奶并开始发情的成年母猪混在一起，否则，很容易使其被伤害，以致逐渐失去配种兴趣。

（3）种公猪要供给优质饲料，保证其营养需要。以精料为主，可适当搭配青饲料，禁止使用霉变饲料和棉籽粕、菜籽粕等。公猪的日采食量在 3 千克左右，一般采食后半小时内不宜配种。公猪的投料也应根据具体情况看猪喂料。种公猪必须加强运动，保持良好的种用体况，维持七至八成膘为宜，过瘦、过肥其种用价值都会降低。两天不参加配种的公猪，要在场内运动 800～1 000 米或 0.5～1 小时，也可以通过试情来完成。运动和配种均要在采食半小时后进行。夏季要对公猪做好防暑降温工作，为其提供一个相对舒适的环境。当环境温度高于 30℃时，精液质量会明显的下降，恢复正常则需要较长的一段时间，可用凉水在上下午冲洗公猪睾丸，上午配种最好在喂食前进行（早晨 6～7 点），下午在喂食后进行（下午 5 点以后）。夏日公猪的日粮也应有所改变，应在饲料中适当减少玉米比例，增加麸皮比例，同时添加防止中暑的药物。

（4）每月对公猪检查两次精液质量。多数公猪畸形精子是遗传造成的，如果一头公猪产生的头部畸形精子高于 10%，就应淘汰。精液活力达到 0.8 以上才能使用。对青年公猪和较长时间未配种的公猪在使用前应采鲜精检查精子的密度和活力，只有精液品质合格的公猪才能使用。对于精液品质不好，但性欲旺盛的公猪可用作试情公猪，但不可用于配种。

（5）公猪的射精持续时间在4～6分钟之间，平均持续时间4.7分钟。青年公猪在开始射精2分钟左右时精液中的精子含量最高，4分钟后精子的含量减少，长时间的射精是无效的，但为了满足猪的性要求，应允许公猪完成正常的射精，这对于猪的繁殖性能有帮助。在自然交配时，使公猪中途停止交配或转为人工授精，将会破坏公猪及母猪的性欲，影响母猪的繁殖性能，并降低公猪的性欲。如果一头公猪在完成射精前，从母猪身上掉下来，它还会再次爬跨，一般情况下应予以允许。

当给予公猪强的性刺激时，公猪在短时间内能够进行多次交配，年轻力壮的公猪更是如此，但应限制公猪的使用频率。青年公猪的使用频率为每周2～4次，最好是间天休息。成年公猪每周使用4～6次，每周休息2～3天，当使用频率较高时，则应给公猪补充优质蛋白质（可在每次配种后投喂鸡蛋等）。

采取自然交配的公母猪比例在常年均匀生产和配种的猪场一般为1∶25～30，人工授精则可以达到1∶100以上。一般情况下种猪场因需要维持一定的血统数，留有较多数量的公猪，在母猪群体不是很大的情况下，可采用人工和本交相结合。

（6）青年公猪在开始使用前，应用发情良好的母猪进行调教，让其学会爬跨和交配。在公母猪交配的过程中应有熟练的工人在旁协助，人工辅助将公猪的阴茎送入母猪阴道，对部分配种公猪可用膝部顶住公猪臀部，防止公猪滑落。对地面较滑的，要垫放麻袋等防滑物。配种完成后及时将公母猪隔离，尤其是群养母猪栏内配种，要防止偷配情况的发生。对公猪态度要和蔼，严禁恫吓，在配种射精过程中，不得给予任何劣性刺激。

四、公猪的调教与采精

(一)调教

调教新公猪需要时间和耐心。调教前要先花时间管理公猪,并有规律的与其进行交流和接触,使之与人相互熟悉。多数后备公猪都有交配的本能欲望,但是缺乏经验,可采取一定措施予以调教:新公猪与老母猪亲密接触,一般2~3次即可;在假台畜上覆盖麻袋等,并保留其他公猪气味或涂抹发情母猪尿液,使其更像母猪;当成年公猪采精时让青年公猪在采精栏旁观察学习,并在采精后将后备公猪赶入采精栏内调教。初期调教时,每天两次,每次15~20分钟,直到公猪爬跨假台畜。一旦公猪爬跨假台畜,则可进行采精,按计划进行调教并重复进行。第一次采精后应在第二天重复采精,隔3~5天再进行第三次采精,以帮助其建立良好的条件反射。在调教的一个月内每周应采精一次,然后再进入正常的采精使用阶段。如果训练时在20分钟以上公猪仍不爬跨假台畜,应将其赶回栏内,坚持调教直到成功。也可利用发情良好的成年母猪配后作台畜,其效果更佳。每次训练时须用语言辅助形成爬跨条件反射。

(二)采精

在公猪爬上台畜,伸出阴茎前,挤出包皮积尿,并擦净包皮及周围污物。对于伸出阴茎较慢的公猪,需要按摩包皮以帮助阴茎伸出。用手握住阴茎,伸缩几次后锁定,公猪就会安静下来开始射精。采精时需要耐心,一次采精可能要花费5~20分钟。不要催促采精过程,否则会使公猪受挫而可能具有攻击性。公猪采精时要确保其不受任何形式的伤害。

公猪射精过程不同阶段其精液成分具有差异,最初和最终射出的主要成分是胶体,不需要收集,临近胶体排出时比较清亮的液体中含精子较少,但可以收集,中间阶段射出的乳白色、不透明液体含精子较多,是精液的主要有用部分。为去掉胶体和杂质，采集的精液须采用过滤器过滤。通常一头公猪射精量 150～250 毫升。正常精液只有一点腥味，而受包皮污染的精液则具有臊味等异味。

第二节 后备母猪的选择、培育与饲养

后备母猪的选择与培育是种猪场持续再生产的关键。种猪场每年必须选留或引种，培育出占种猪群 25%～30% 的后备母猪，来更新年老、体弱及繁殖性能低下的母猪。培育后备母猪的任务就是要获得体格健壮、发育良好、具有品种的典型待征和高度种用价值的种猪。

一、后备母猪的选留

后备母猪的选留重点在三个时期。一是断奶前后，二是40～60 千克左右的中猪时期，三是在配种前后。

（一）出生时窝选

主要看父母和同胞情况。要求父母生产成绩优良，同窝产仔数不低于 7 头。同胞中无遗传缺陷，如锁肛、赫尔尼亚、隐睾等遗传疾病。同胞中公猪所占比重过高不可选留，有研究表明，来自同窝中公猪较多的后备母猪，其配种成功率较低。

（二）断奶选留

在出生窝选的基础上，断奶时在母猪母性强、产仔头数多、哺育率高、断奶窝重大，且同窝仔猪生长发育整齐的窝中选留发育良好的个体。

（三）引种与选留

40～60 千克的小母猪是选留后备猪的关键时期，可以本场选留或场外引种。选种时要有客观、统一标准，不可将个体作为选种参考标准。选种观察的重点是外阴、乳头及腹线。

体形外貌应具有本品种的典型待征，如毛色、耳型、体高、体长、体宽及四肢粗细等。无遗传缺陷。

生长发育良好，体态丰满，线条流畅，被毛光滑，头颈清秀，肥瘦适度，且必须有一定的腹围。体格健壮，骨骼匀称，四肢及蹄部健壮结实，尤其后肢要强健有力，尾高且粗，行走平稳。那些体型优美的个体往往繁殖力不高。

乳房发育良好，乳头在 6 对以上，排列整齐匀称，疏密适中，无乳头缺陷（瞎奶头、副奶头等），幼稚形乳头的个体不能选。阴户发育良好，不能过小过紧，应选择阴户较大而松弛下垂的个体，尤其那些阴户过紧，且小而上翘的个体不能留种。

（四）配种前后的选择

后备母猪在 6 月龄时各组织器官有了相当的发育，其优缺点更加明显，也更容易观察选优。该阶段应以日增重、活体背膘厚和体尺等为重点，制定选择指数，根据留种数的多少，按指数从高到低选留符合条件的个体。

配种前后对后备母猪作最后一次选留，淘汰那些性器官发育不良、有繁殖疾患及发情周期不规则、发情症状不明显的后备母猪，淘汰屡配不孕的母猪个体。

（五）核心群选留

种猪场核心群选留，在以上选择的基础上，以 2～5 胎成年母猪为主进行选留。进入核心群的母猪必须繁殖性能优秀，平均窝产活仔数在 10 头以上，窝平均断奶育成数 9 头以上，后代无遗传缺陷。

二、后备母猪的培育

（一）营养供给

培育后备母猪过程中，应根据生长发育阶段相应调整饲料营养水平，20～40 千克体重阶段使用小猪料，40～70 千克体重阶段使用生长料，70～110 千克体重阶段使用后备母猪料（类似于泌乳母猪料）。因肥育猪料中磷含量较低，从 40 千克体重后不主张使用肥育猪料饲养后备母猪。至少在 70 千克体重，对其饲料配方的矿物质和维生素要作特别处理，钙和有效磷含量应比肥育猪料高 0.05％～0.1 个百分点。夏季饲养可在后备母猪的日粮中适量添加生物素和维生素 C 及小苏打等预防热应激。当后备母猪体重达到 90 千克以上时应在饲料中加入一些青绿饲料。

（二）饲养

待选后备母猪在其生长发育的过程中，个体会发生变化，不是都能作种用，欲获得种用价值高的后备母猪，则需要定向培育和选择。首先必须培育中等肥瘦的体形，其衡量方法可用体长与胸围之比来进行，中型品种母猪为 10∶9～9.2，大型品种为 10∶8～8.5，如果两者无差别或胸围大于体长，即说明后备母猪过肥，不适于种用。母猪体况过差也会影响其繁殖性能，可能导致后备母猪初情期延迟、返情率高和寒冷天气等应激条件下流产机会增加，同时，也易造成母猪泌乳准备的贮备不足、窝产仔数减少和种猪的利用年限缩短。

后备母猪 4 月龄前应自由采食，4 月龄后视情况适当限饲。猪生殖器官的发育旺盛期是 4 月龄前，因而青年母猪在 4 月龄前要充分饲养，以促进生殖器官发育，否则会延迟发情。如果 4 月龄后一直到发育末期都自由采食，随着消化机能的发育完善及消化吸收能力的增强，后备母猪食欲旺盛且食量大，会因采食太多而过肥，易患腿疾而增高淘汰率。而且，过食还会撑大胃肠形成垂腹。育成阶段（60～90 千克）饲料日喂量应为体重的 2.5％～3.0％，体重达到 90 千克以上为体重的 2.0％～2.5％。适宜的饲喂量，既可保证后备母猪的良好生长发育，又可控制体重的过快增长，保证各器官的充分发育。

后备母猪在配种前一段时间（10～14 天）内提高饲养水平实行短期优饲，可使后备母猪排卵数达到最大，从而提高头胎产仔数。具体应在后备母猪首次发情（不配）后至再次发情前（此次发情准备配种，两次发情间隔按 21 天计算）10～14 天，提高其饲养水平,每天可喂到 3.5～4.0 千克配合饲料,使每日摄入的代谢能提高到 46.0 兆焦。但配种后应立即降低饲喂量,按怀孕母猪饲养方式饲喂,每日饲喂妊娠前期料 1.8～2.5 千克。此时高水平的饲喂会影响胚胎着床,并导致胚胎的死亡增加,主要原因在于血浆中黄体激素水平降低。

(三) 管理

1. 组群与密度 4 月龄左右对挑选出的后备母猪可转入后备猪舍饲养。应将日龄相近的猪按品种、大小分成小群,每栏 4～10 头(每栏低于 4 头会延迟母猪的初情期)。每头猪占栏舍地面面积 0.8～1.2 米^2 为宜,猪栏最好有运动场,每头占地面积为 2 米^2(含运动场)。饲养密度过高,易出现咬耳、咬尾等恶癖,影响其生长发育。

2. 运动与调教 给予后备猪一定的舍外运动量,可使其躯干发达、四肢结实。阳光对猪的发育有重要影响,对种猪的健康也十分重要。

实践证明,不愿接近饲养员的猪发育缓慢,生产中易发生流产和难产,分娩后也常有咬死、压死仔猪现象。因此,对后备母猪从小就应进行调教。首先要建立人与猪的和谐关系,从幼猪阶段开始,利用称重和喂料过程,进行口令和触摸等亲和训练,掌握猪只个性,温和呼叫,轻柔抚摸,猪体最敏感的部位是耳根部和下腹部,温柔接触这些部位更容易进行调教,严禁恶声打骂,便于将来配种、接产和哺乳时操作管理顺畅。其次是训练猪只良好的生活规律,使猪更温顺、更卫生,便于饲养管理。

3. 定期称重 后备母猪最好按月龄进行个体称重。各品种都具有其生长发育规律,根据后备猪月龄体重变化可比较其生长发育程度,并适时调整营养水平和饲喂量。

4. 免疫 后备母猪 4 月龄或 60 千克以后,视情况进行疫苗注射。对新引进的种猪应进行严格的消毒和隔离饲养,进行血清学检查。检查合格后按本场免疫程序进行免疫接种，方可将其引进本场生产群。配种前 20 天左右，用本场成年健康产仔母猪的新鲜粪便感染 2～3 天，每头 0.2 千克左右拌料投喂，两周后重复一次。或者让其与经产母猪接触半月至一个月再进行配种，可使后备母猪对本场已存在的病原产生免疫力。对后备母猪于配种前 20 天实行抗生素类的药物添加。

5. 诱情　当后备母猪达到 6 月龄，可将性欲旺盛的成年公猪与其同时放往运动场，或将公猪赶入后备猪栏，进行充分的接触，利用公猪的追逐、拱嗅等来刺激后备母猪发情。7 月龄时应将后备母猪迁入配种猪舍，以利于刺激后备母猪发情。

初次发情的母猪应记录其初情日期，并加以标记，18 天后第二次发情用不同的方式再次标记，以便观察和区分，此时可考虑是否配种。初配以 9～10 月龄，体重达到 120 千克，第二次或第三次发情时为宜。

第三节　待配母猪的饲养管理

种母猪的管理必须以猪繁殖的生物学机制和生殖过程为基础。每窝的断奶仔猪数和母猪的产仔频率（每头母猪年产仔窝数）是构成母猪生产力的两个因素。母猪的饲养管理目标就是保证每年生产最多的健康仔猪，获得较高的断奶成活仔猪头数，从而为育肥猪的生产提供好的数量和质量基础，提高猪场的生产水平和经济效益。

待配母猪的饲养管理要求就是要改善待配母猪体况，使其正常发情，保证排出卵子的数量与质量，做到适时配种，提高情期受胎率和受孕胚胎数。并合理饲养，不浪费饲料。

一、后备母猪发育

母猪性成熟的早晚随品种和营养等条件的不同而有一定的差

异，瘦肉型品种猪比地方品种晚，自由采食的小母猪比严格限制日粮的早，小母猪由于活动加强或放入一个新的环境，特别是公猪诱情，可在 165 日龄左右即能早期发情（利用此方法可以使小母猪在预定时间内发情）。但是达到性成熟的小母猪其身体仍处于生长发育阶段，性成熟只表明母猪的生殖器官开始具有正常的生殖机能，并不意味着身体发育完全，需经过一段时间以后才能达到体成熟。未发育成熟的母猪过早交配受孕，不仅生产的仔猪个体小，母猪在第一窝仔猪断奶后不发情的可能性增加，而且会影响母猪使用年限，降低种用价值。

二、母猪的发情与配种

（一）发情

母猪的发情周期在 16～25 天，平均为 21 天。母猪发情期间，一般食欲会减退，外阴部会发生一系列的变化（阴户红肿至消退，出现浓厚至淡薄的黏液等）；神经症状明显（烦躁不安、弓背及呆立反射等）。大部分后备母猪通常在 6～7 月龄出现发情表现，断奶母猪通常在断奶后 7 天内发情，一般在断奶后的 3～5 天，发情持续 1～3 天。从外阴部红肿到接受公猪爬跨这段时间为发情前期，母猪表现为对周围环境敏感、不安、四处张望等，但不接受公猪爬跨。发情中期母猪接受公猪爬跨并允许交配，此时母猪神经症状明显，其阴户颜色变浅，流出黏液。当公猪走近时，发情母猪或亲近公猪，或发呆、站立不动、两后腿跨开，可接受交配，少数后备母猪无反应并表现惊慌，但经公猪嗅闻和强制爬跨可接受交配。

排卵一般在开始发情后的 28～40 小时，发情后 60～70 小时受精卵进入子宫。

实践观察发现，有些母猪表现特殊，发情时间很短，发情持续时间仅 4～8 小时，其受配时间更短，非常容易漏配，需及时查情配种。

（二）配种

母猪配种的最佳时间是排卵前 2～3 小时。从表现看即当阴户红肿刚刚消退、黏液由厚变薄、有静立反射时即是排卵的时候。一般来说，地方品种母猪发情持续时间较长（3～5 天），可在发情开始后第二、第三天配种，培育品种和外来品种发情持续时间较短（2～3 天），应在发情开始的当天下午或第二天上午配种，杂种母猪则介于两者之间，应在发情开始后第二天配种最好，即容许公猪爬跨后 10～26 小时配种。

由于最佳配种时间较难掌握，可在出现静立反射即用手按压猪背部或臀部，猪站立不动时，配第一次，间隔 8～12 小时复配一次，配种次数以 1～2 次最好，次数过多，反而不利。对同一猪群应注意"老配早，少配晚，不老不少配中间"。

后备母猪发情时外阴部变化明显，极易观察，但其受配时间较难把握，用性欲旺盛的公猪试情可以取得很好的效果。

做好母猪配种记录。一方面为观察妊娠及返情做好准备，另一方面，也可跟踪公猪性能，及时发现并淘汰问题公猪。

（三）诱情

成年母猪一般在断奶后 3～5 天内发情，对于较长时间不发情的母猪可采用公猪诱情，调栏改变环境，改善营养，加强运动和药物催情等刺激。对成年母猪还可以采用按摩乳房等方法促使母猪正常发情和排卵。

1. 公猪诱情 用试情公猪或性欲旺盛的公猪追逐未发情的母猪，或将公猪和母猪关在一个栏内，每天 1 次，每次 15 分钟至半小时，可有效促进母猪发情和排卵。如用后备公猪则要适当控制接触时间，以免造成公猪对配种失去兴趣。

2. 激素催情 对体况良好的母猪可用外源性激素催情。常用的处理方法有：①孕马血清促性腺激素 1 000 国际单位＋绒毛膜促性腺激素 500 国际单位；②PG600 处理一次（1 头份）；③氯前列烯醇 0.2 毫克；④律胎素 2 毫升颈部肌内注射。对断奶后 1 个月以上不发情的初产母猪可用氯前列烯醇结合孕马血清进行处理，每头母猪一次肌内注射 0.3 毫克氯前列烯醇，24 小时后再注射 2 000 国际单位孕马血清促性腺激素，经 1～2 周基本可以发情配种。

对长期不发情的经产母猪用 0.1% 盐酸肾上腺素 2 毫升和 2% 硝酸毛果芸香碱 2 毫升，充分混合后，于母猪颈后凹处一次皮下注射，每天 1 次，连用 3 天，母猪很快即可发情。若母猪过于瘦弱，则应加强营养，待体况转好后，再催情。

3. 乳房按摩 对空怀或后备母猪在早晨喂料后，使母猪侧卧地面，用整个手掌由前往后反复按摩乳房，待母猪乳房皮肤微显红色及按摩者手掌有轻微发热感时即可，一般每天 1 次，每次 10 分钟左右，连续 3～5 天。

4. 改变环境 用调圈及合栏的方法，让不发情的母猪与正在发情的母猪合群饲养，通过发情母猪的爬跨等可促进未发情的母猪发情排卵。另外，在运动场驱赶，适当增加运动也有利于母猪发情。

5. 饥饿刺激 对较肥的母猪可限饲 3～7 天，日喂 1 千克左右，保证充足的饮水，然后再自由采食，也可刺激发情。

三、待配母猪的饲养与管理

母猪发情时表现出食欲下降，多数母猪在其发情时，采食很少，甚至不采食，此时应注意投料，不可多投，造成浪费。

（一）后备母猪

待配后备母猪可饲喂妊娠前期料，根据母猪体况，每头日限量 2～3 千克，控制其在六至七成膘，有条件的在 6 月龄后应每天投喂一定量的青绿饲料。配种前应加强营养，实行短期优饲，以促进后备猪排卵。

对后备母猪在 160 日龄后就应该进行跟踪观察，建立发情档案，从 7 月龄开始可根据母猪的发情情况将其划分为发情区和非发情区。8 月龄仍不发情的个体就要着手处理，综合处理后达 9

月龄仍不发情的应考虑淘汰。

对患有胃肠炎、肢蹄等疾病的后备母猪应隔离单独饲养在位于猪舍最后的栏内，加强管理并观察治疗2个疗程，若仍不见好转，则应及时淘汰。

当后备母猪达到6月龄以上时应在饲料中加入本场健康成年产仔母猪的新鲜粪便感染2～3天，每头每天200克左右，2周后重复1次。完成相关疫苗注射后，即可考虑配种。于计划配种前20天进行抗菌药物的添加（如每千克饲料中添加100毫克泰妙菌素），同时有计划地安排公猪进行诱情。

将1周内发情的后备母猪归于一栏或几栏，在其发情后限饲7～10天，每头日喂1.8～2.2千克。接着进行短期优饲10～14天，每头日喂3～3.5千克至发情配种，配种后再将日喂量立即降低到1.8～2.2千克，这样有利于提高初产母猪的排卵数。这种催情补饲对经产母猪则没有效果。但泌乳期及断奶后饲喂水平不足的母猪，其断奶至发情期间的饲喂水平对排卵数及窝产仔数是有影响的，这部分猪应进行催情补饲。

（二）成年母猪

应从隔离母、仔猪的前2～3天开始，减少母猪的饲料，特别是减除日粮中有催乳作用的饲料，3天内由原来的日喂5～6千克，减少到断奶时的2.5～3.0千克。配种前在其母猪日粮中适当添加抗生素，能增加母猪的窝产仔数。断奶母猪应根据母猪体况（强弱、肥瘦）分栏饲养，每栏4～6头，对过瘦的母猪应特别标记，饲养时加以照顾，适当多喂。

断奶后的母猪在冬天应进行限饲，夏天应自由采食，但在配种后都要立即减少喂量到1.8～2.2千克，这样可以充分发挥母猪的繁殖潜力。切不可高水平饲养，即使是膘情差的母猪，其补饲复膘也应安排在妊娠1个月以后再进行，尤其是炎热的夏季更应注意。

正常情况下母猪断奶后4～5天即可发情，1周内发情配种率可达 85% 以上。

对于流产后第一次发情的母猪应不予配种，有生殖道炎症的应彻底治疗后再配种。对曾患有子宫炎和阴道炎而配不上的经产母猪，可用 0.1% 的高锰酸钾溶液 1 000 毫升左右，输入母猪子宫内冲洗，连洗几次，直到排出的液体变得透明为止，然后再向子宫内注入青霉素 400 万单位、宫炎清 20～30 毫升，每天 1 次，连用 2～3 天，或清洗后用达力朗或宫炎净栓剂宫内投药一次。

对患有慢性子宫内膜炎的母猪可用强效阿莫西林进行治疗，肌内注射强效阿莫西林（每 50 千克体重 1 支）＋安乃近（20 毫升）＋地塞米松（3 支），并用 0.1% 的高锰酸钾溶液 1 000 毫升左右冲洗子宫，每天 2 次，连用 3 天。对体弱的母猪，同时用 5% 的葡萄糖 500 毫升＋维生素 C20 克进行补液。

第四节　妊娠母猪的饲养管理

饲养母猪的目的就是为了获取量多、体大且健康的仔猪。因此，必须根据胚胎发育的规律来决定妊娠母猪的饲养管理措施。妊娠母猪管理目标就是要改善母猪的体况，使其更适宜于繁殖，减少胚胎死亡数，防止流产，促进胎儿发育，产出强健整齐的仔猪。

一、妊娠期饲养管理

配种后至怀孕 80 天为妊娠前期。妊娠前期饲养管理的目标是改善母猪的体况，控制母猪膘情，减少胚胎死亡，促进胎儿发育，防止母猪流产。

（一）妊娠诊断

母猪配种以后，过 18～25 天如果不再有发情表现，可以判断为已经妊娠，但是配种后不再发情的母猪并不一定都已妊娠。可结合其外在表现加以判断，从眼及被毛看，受孕的母猪眼睛发亮，毛顺且有光泽；从性情看，母猪受孕后，举动轻缓，变得温驯，喜卧睡和休息，走路谨慎；从阴户看，母猪孕后阴户下联合紧闭或收缩，尚有明显的上翘；从食欲和体形看，食欲上升，槽内不再剩料，外观腹部显著增大，乳房开始膨胀；从指压反应看，母猪配种 20 天后，用手压母猪脊背两侧，不动且有屈凹现象时为已孕。

1. 尿检　取母猪晨尿 10 毫升放入透明的玻璃杯中，再加入数滴醋，然后滴入碘酒，在文火上加热煮开，如尿液呈红色即为怀孕。如为浅黄色或褐绿色，冷却后颜色很快消失，为未孕。

2. 激素鉴定　方法是于配种后 14～26 天的不同时期，在被检母猪颈部注射 700 国际单位的孕马血清促性腺激素（PMSG）制剂，5 天内不发情或发情微弱及不接受交配者判定为妊娠，5 天内出现正常发情，并接受公猪交配者判定为未妊娠。

3. 超声波诊断　快速而又准确的方法是用超声波妊娠诊断仪，用于 4 周龄以上的妊娠母猪，准确率可达到 100%。

（二）妊娠前期饲养管理

在配种后 18～24 天和 38～44 天时注意观察是否有返情母猪，通过妊娠诊断鉴别出未孕母猪，以便及时挑出返回配种猪舍。

对已确认妊娠的母猪，将体重和年龄基本相近，配种时间一致的母猪编组按顺序置于限位栏或小群同栏饲养，以便掌握适宜投料和控制猪的采食量。同时对确定妊娠的母猪要填写好繁殖卡片，并随母猪挂出。

妊娠期是母猪饲养管理的关键时期，死于胚胎期的仔猪数要远多于从受孕到断奶的任何其他时间，因而要确保母猪的健康，加强胚胎期母猪的饲养管理。配种后的 9～13 天，及第三周是胚胎死亡的两个高峰期。因此，在这段时间要尽可能减少应激，避免合群调栏等。

妊娠第三天的孕酮水平与胚胎成活率成正相关。因此，配种后必须立即减少饲喂量。母猪到排卵后 13 天时，至少有一半的受精卵在子宫内发育成为胎儿，妊娠早期高水平饲养可导致体增重和肝脏血循环紧张，从而降低孕酮水平，并提高胰岛素水平，胰岛素可促进营养物质从血液到母体细胞而不是到胚胎，这样就会影响胚胎着床和发育。因此，在胚胎期对母猪要限饲，不可让母猪摄入的能量太多，中等采食量可增加孕酮水平和降低胰岛素水平，从而可获得理想的胚胎成活率。母猪妊娠的前期即妊娠前 3 个月，饲喂前期料，推荐使用的营养水平为消化能 13.02 兆焦/千克，粗蛋白 14%，钙 0.75%，磷 0.65%，赖氨酸 0.7%，日采食量控制在 2.5 千克左右，冬季略高于夏季。但要根据妊娠母猪本身的体况，灵活掌握，注意看猪喂料，给瘦弱的母猪以特殊照顾，保证母猪良好的繁殖体况，妊娠前期的母猪保持六至七成膘为宜。妊娠日粮中应保持 6% 左右的粗纤维含量或喂以足量的青绿饲料。

妊娠前期也可分为前期（配种后至 25 天）和中期（配种后 25～80 天）两段进行管理。在配种后至 25 天采用低能量、低蛋白的妊娠日粮，消化能≤12.6 兆焦/千克，粗蛋白≤13%，钙 0.75%，磷 0.65%，但要注意氨基酸的平衡，及维生素的供应，且母猪不能过瘦。

（三）妊娠后期饲养管理

母猪妊娠的最后 4 周（或 1 个月）即为妊娠后期。其饲养管理的目标是：避免弱仔产生，使产出的仔猪健康、体大、整齐一致。

妊娠后期由于胎儿生长的营养需要，母猪也要储备能量用于哺乳，妊娠母猪建议采用专门的后期料（使用高能量＋蛋白＋脂肪＋亚油酸配方），其消化能≥12.72 兆焦/千克，粗蛋白≥16%，赖氨酸≥0.8%，脂肪添加量以 8% 为宜，不主张在妊娠后期使用泌乳母猪料。日喂料量也应逐步增加到 3～4 千克，但具体情况应据母猪的营养状况灵活掌握，看猪喂料。根据每头母猪的饲养状况不同，可以于怀孕后 60～80 天即开始逐渐增加日粮。妊娠后期的母猪以七至八成膘为宜。

妊娠母猪按预产期在临产前1周左右转入分娩舍待产，以熟悉产房环境，作好分娩的准备工作。妊娠母猪进产房时应进行体表消毒，以减少疾病的传播。

二、免疫及其他

对于后备猪必须完成猪瘟超剂量免疫及口蹄疫、猪链球菌病、猪伪狂犬病、日本乙型脑炎、猪细小病毒病和其他需要注射的疫苗后才能投入生产。成年种猪每年两次注射猪瘟和伪狂犬疫苗。口蹄疫则每间隔4个月注射1次，每年3次。每年蚊虫季节到来前注射一次乙脑和细小病毒二联苗或单苗。链球菌根据其猪场情况可以每半年注射1次。一般认为产前3～4周适合于大多数疫苗的预防注射。

对于妊娠母猪要减少应激，不可剧烈驱赶，防止冲撞，以免造成流产，临产前4周和2周应给母猪注射防止下痢的疫苗，疫苗的注射要根据具体情况而定，怀疑有伪狂犬危害的应在产前1个月加强伪狂犬的免疫。繁殖猪群必须保持尽可能高的健康水平和免疫力。

对母猪进行猪瘟预防注射的日期要安排在预产期前，并间隔相当的时间，以便使母猪有足够的时间产生和累积抗体。按胎次逐头免疫是最好的办法。对母猪和仔猪要求双重保护的，应考虑对母乳抗体水平的影响，仅要求重点保护母猪的，则应注意其应激对胚胎的影响，以保证母猪的最佳生产状况。

第五节 分娩及哺乳母猪的饲养管理

一、饲喂

（一）妊娠后期饲喂量

怀孕后期的母猪在临产前1周要逐渐减少精饲料的饲喂量，

日喂量可以减少到 2.0～2.5 千克或更少，但应根据母猪的具体状况区别对待。分娩的当天，一般不要喂常规饲料，但母猪很饥饿时可提供易于消化的饲料，分娩当天停料或喂麸皮盐水汤，也可以仅喂水，分娩的 2～4 天，饲喂易消化的精饲料 1.0～2.0 千克和适量的糠麸或适宜的多汁粗饲料。以免造成母猪消化不良或乳汁过浓，诱发母猪乳房炎和仔猪拉稀。但为避免母猪过瘦，产后无奶或少奶，在产后第 2 天即应加强营养。

（二）分娩前后饲喂量及饲料营养需求

可将分娩前母猪的饲料加以特殊调配，分娩前母猪不主张饲喂泌乳期日粮，因其含矿物质水平高。产前饲粮应有轻泻作用，可以把适量的泻药加入到饲料中，母猪分娩时肠道中不能含有太多的饲料。此阶段能量的来源应该是脂肪，尤其是多不饱和脂肪酸，主要是亚油酸。给每头母猪于分娩前饲喂 0.9～1.1 千克的脂肪添加剂（如猪油、牛油、黄豆油、玉米油等），所添加的脂肪会提高母猪的初乳及乳汁中脂肪的含量，这样有利于提高仔猪的存活率。在哺乳料中适量使用膨化大豆等可有效提高其日粮中脂肪的含量及能量水平，可促进仔猪生长，提高断奶重和育成率。

（三）哺乳阶段饲喂量

第 5～10 天可视母猪的健康和食欲情况逐渐增加饲料投喂量（每日递增 0.5 千克左右），分娩后 7～10 天实行自由采食，日喂次数增加到 4 餐，保证母猪充分自由采食，此时母猪的采食量大致达到 2.5 千克＋0.45 千克带仔头数（一般情况下多产 1 头仔猪需要额外增加精饲料 0.5 千克左右）。对于不同的母猪应根据其带仔哺乳情况进行适当控制，看猪喂料非常重要。到断奶前 2～3 天则可逐步减少喂料量，到断奶时日投喂量为 3 千克左右，但是夏天则不必限饲，在夏天让母猪自由采食有利于提高母猪的繁殖性能。对膘情过差的母猪断奶前则不应减料，反而可考虑适当加料。

二、分娩管理

（一）分娩安排

分娩猪舍最好实行全进全出制度。分娩舍和产栏必须有1周以上的时间用于维修设备和彻底的清洗消毒，产房干燥后方可进猪。临产前1周的妊娠母猪应调入分娩舍，为便于母猪分娩的管理，待产母猪应按预产期的先后安排产栏。进产床的母猪应进行严格的体表清洗与消毒，避免将病毒带入。

母猪临产时要有专人值班，做好接产、断脐、剪齿、断尾、检查胎衣和护理等工作。

（二）临产观察

产前5～6天，母猪阴户红肿，尾根两侧下陷，乳房膨胀。即将分娩的母猪表观症状更为明显，外阴松弛红肿，乳房膨胀具有光泽，产前1天最后一对乳房可挤出乳汁。产前6～8小时其神经症状较为明显，母猪有用嘴拱地或用前蹄扒地面的习性，卧立不安，频频排尿排粪等，说明临产。这类母猪当日内即要分娩，应加以注意。临产前应对其乳房及后躯体表用0.1%的高锰酸钾溶液清洗消毒。

（三）分娩

母猪分娩时一般侧卧，产程1～4小时，平均分娩时间约2小时30分钟，分娩速度一般情况下10～15分钟产出一头，初产略慢，妊娠期缺乏运动的母猪略慢，但一般每头仔猪的出生间隔都在30分钟之内。分娩时间过长（大于5小时）会使仔猪的死亡率增加，特别是增加死胎机会，发现难产时应及时处理。如遇母猪分娩过程时间较长（2小时以上），则应让先出生的仔猪吃奶，一方面仔猪不致受饿，另一方面有利于母猪继续分娩，可避免因仔猪叫唤声而不安。

母猪产仔时要在臀部周围放些垫草，防止胎衣落入漏缝下。产完后要清点胎衣数是否与产仔数相同，胎衣未尽的要及时处理。母猪产后 3 天内有少量恶露属正常现象。但量多、色暗红、恶臭，甚至伴有体温升高者，要及时治疗处理。

（四）接产

仔猪出产道后，接生人员应一手托住仔猪，一手将脐带缓缓拉出，立即清除仔猪口鼻中的黏液，然后用稻草或抹布等揩干仔猪全身后放入保温箱。在仔猪产下 5 分钟后断脐，在离脐基部 3～5 厘米处，用手指将其中的血液向上挤抹，并按捏断脐处，然后掐断脐带，并立即用 3‰的碘酒对脐带及周围进行消毒。对脐带流血不止的，可在脐带基部用手紧捏 2～3 分钟或用棉线结扎止血。断脐后应防止仔猪相互舔吮，防止感染发炎。对仔猪进行编号，并称取个体重。

（五）假死仔猪的处理

仔猪出生时有心跳但无呼吸的为假死。对假死仔猪首先要使其呼吸道畅通，除要彻底清除口鼻中的黏液外，还应特别注意咽喉部是否有胎粪被吸入而阻塞。其排出方法是将仔猪倒悬提起，用力拍打背部、挤压仔猪的胸部促使其排出异物。

在确认其呼吸道畅通后，可进行人工呼吸，方法是让仔猪仰卧在软物上，用手将两前肢有节律地张合对仔猪胸部施压，若已发生窒息，可将胶管插入气管，每隔数秒徐徐吹气 1 次，以使其呼吸。更有效的方法是采用口对口人工呼吸，即根据正常的呼吸节奏接产人员口对仔猪的口吹气，持续至恢复自主呼吸。紧急情况下可注射可刹米，或用 0.1‰肾上腺素 1 毫升直接向仔猪心脏注射。

对于假死时间长或出生时出血过多及弱小的仔猪，可能体温会低于正常体温并不会吸奶，宜将仔猪置于 40℃的温水中水浴，帮助其恢复正常体温。并用小碗挤取母猪乳汁 5～10 毫升温热后，间隔半小时一次灌哺，直至自行吮乳。

（六）难产

破水后半小时仍产不下仔猪，即可能为难产。产下几头仔猪后，如超过 1 小时还未产下一头仔猪，分娩终止，也应视为难产，应进行助产处理。母猪长时间剧烈努责，但不产仔，视为难产。妊娠期延长（超过 116 天，胎儿已部分或全部死亡。一般对维持妊娠很少影响，但将延长正常分娩的启动时间），阴门排出血色分泌物和胎粪，没有努责或努责微弱不产仔，则可能是死胎，需人工分娩。

难产的情况通常有子宫收缩无力、胎儿阻塞、阴道阻塞等。通过产道检查可以确定难产的原因，其方法是：将母猪保定，尾拉向一侧，用清水，肥皂水将阴门、尾根、臀部及肛门洗净，再用 1% 来苏儿或新洁尔灭冲洗消毒（也可用 0.1% 高锰酸钾溶液或 75% 的酒精），检查者剪去指甲并磨平，露出手臂消毒，涂上润滑油，五指并拢，慢慢伸入产道，感觉伸入是否困难，触诊子宫颈是否松软开张以及开张程度，骨盆腔是否狭窄及有无损伤，从而确定胎儿能否通过等，接着将手伸入子宫触摸胎猪大小、死活、姿势以及是否两胎猪同时楔入产道等。

对于子宫收缩无力而引起的难产（母猪努责无力，产仔间隔时间过长，或已无努责又不排出胎衣），可肌内或皮下注射垂体后叶素 10～50 国际单位或催产素 20～30 国际单位，间隔 30 分钟注射 1 次，部分猪还应同时注射强心剂。对于产道障碍，胎位不正形成的难产，还有母猪有强烈努责而产不出的难产，则忌用催产素，可徒手或用器械人工助产。另外注射催产素无效的，也应进行人工助产。助产时应注意清洁卫生并防止对产道造成损伤，助产后母猪应注射抗生素（如长效土霉素类，强效阿莫西林类，或肌内注射青霉素 320 万～400 万单位，链霉素 100 万单位，氨基比林 20 毫升）以防止感染。同时可口服或拌喂益母草，有助于预防子宫内膜炎和乳房炎的发生。

徒手人工助产时，助产者要剪短并磨平指甲，用 0.1% 高锰酸钾溶液或 75% 的酒精消毒手、手臂和母猪外阴，然后五指合拢，随着母猪的阵缩探入产道，待能用手指夹住仔猪的脚、头或阻塞产道的胎衣，再随着母猪的阵缩缓缓地拉出。要特别注意不能损伤母猪的产道。对膀胱膨胀的母猪可赶出产房运动10分钟左右。坚韧的阴道瓣可用手捅破。便秘的母猪可用肥皂水进行灌肠。

（七）母猪死胎的人工分娩

将无菌生理盐水加热至38～39℃。用消毒后的灌肠器胶管或输精管慢慢插入子宫内，注入温热后的生理盐水400～500毫升。一般经24小时左右，木乃伊胎会开始排出，此时皮下注射30～50国际单位合成催产素，等其全部排出后，用0.1%高锰酸钾洗涤子宫，同时肌内注射长效土霉素类、强效阿莫西林类，或肌内注射青、链霉素3～5天。处理后的母猪一般可在1个月左右发情。

三、产后管理

（一）母猪缺乳

产后的母猪间隔1.5小时以上不肯哺乳，放乳时间在10秒以下（产后3天以内），仔猪吃乳之后还不时乱抢，仔猪不能安心睡觉，非常警觉，外部一有动静即醒来吵闹。这些都是母猪缺乳的表现，必须尽快采取措施，进行治疗和催乳。要经常保持产床的干燥、清洁，防止无乳综合征的发生。

用健康无病，产后泌乳量多的母猪，取其初乳（1～3天），或本身的初乳3毫升，皮下注射，可治疗母猪产后无乳症。

对母猪产后1～2天出现缺乳，可用鸡蛋4枚，红糖100克，白酒100毫升与饲料少许催乳。其方法是先将鸡蛋打入容器内，再倒入白酒，放进红糖搅拌，而后与适量的饲料混匀，让母猪一次服下。一般3～5小时后即可泌乳。

（二）护理

母猪产后要加强护理，保持产房内环境的相对稳定。哺乳母猪的适宜温度为16～22℃，要及时开、关窗户以调节室内的温度和通风换气。外界气温低于 6℃时，要增加保暖措施，气温高于 30℃应加大通风量，高于 33℃时要采取淋水降温措施。不能人为劣性刺激和粗暴对待母猪。注意母猪是否有子宫炎、产后热、乳房炎等症状。

夏季生产时建议对母猪都进行产后 12 小时内注射一针，预防产期疾病。可用长效土霉素类，强效阿莫西林类，一次颈部肌内注射。也可用复方：青霉素 160 万～320 万单位，链霉素 100 万单位，氨基比林 10 毫升。产后注射一次，再用双抗注射 2～3 次。

（三）免疫与消毒

哺乳期间，应每周进行一次带猪消毒。泌乳期的第 2～3 周可按免疫程序，进行相关疫苗注射，过早会干扰母猪泌乳。

第六节 仔猪培育

仔猪是养猪生产的基础，是提高猪群质量，降低生产成本的关键。在猪的一生中，仔猪阶段是生长最快、发育最强烈、饲料利用率最高、生产成本最低且开发潜力最大的时期。仔猪饲养管理的目标是使每一头仔猪都吃上初乳，设法提高仔猪成活率。仔猪生产的关键是过好三关，即初生关、补料关和断奶关。

一、仔猪初生

（一）接产

死胎通常都是在分娩的过程中形成的。母猪分娩时必须有饲养员在旁照顾，协助母猪生产，避免难产或分娩时间过长而造成死胎的发生。

仔猪出产道后，接生人员应一手托住仔猪，一手将脐带缓缓拉出，立即清除仔猪口鼻中的黏液，然后用稻草或抹布等揩干仔猪全身后放入保温箱。

（二）断脐

在仔猪产下 5 分钟后断脐，断脐不当会使初生仔猪流血过多，影响仔猪的活力和以后的生长。正确的方法是在距脐根 3～5 厘米宽处，用手指将其中的血液向上挤抹，并按捏断脐处，然后剪断或捏扯断，并立即用 3％的碘酒对脐带及周围进行消毒。对脐带流血不止的，可在脐带基部用手紧捏 2～3 分钟或用棉线结扎止血，24 小时后再将绳线解开。断脐后应防止仔猪相互舐吮，防止感染发炎。仔猪出生后 1 小时内应吃到初乳，要协助初生仔猪吮吸初乳，必要时人工辅助固定乳头。

（三）超前免疫

对于需要作超前免疫的猪场，应在仔猪出生后吃初乳前半小时左右注射疫苗，而后再哺乳。

（四）假死急救

见分娩与哺乳母猪的饲养管理。

（五）剪齿、断尾和编号

仔猪上下颚两边有 8 颗尖锐的犬齿，应用消过毒的牙剪将每边两个犬齿剪短 1/2，但要小心，不要伤害到齿龈部位，也不能剪得太短。断尾则不能用非常锐利的工具，以免流血过多。断脐、剪齿、断尾必须在生后 24 小时内完成。编剪耳号则可在出生后 3 天内进行。编剪的耳号应易于辨认。

（六）仔猪护理

对于出生弱小的仔猪更要加强护理，同窝仔猪一般情况下先出生的仔猪体重较大，以后出生的仔猪体重渐小，而仔猪的存活率随出生体重的增加而提高，仔猪出生时体重低于 0.9 千克，一般情况下 60％的难以存活，对这些体重低于 0.9 千克的仔猪给予特殊护理是提高育成率的关键，对出生弱小，全身震颤发抖的仔猪，在第一天每头腹腔注射 10 毫升 10％葡萄糖＋5 万单位的链霉素，可增强仔猪体质，同时预防黄、白痢。对于初生仔猪的护理主要是保暖防寒，减少应激，哺喂初乳。

（七）保温

初生仔猪对寒冷十分敏感，必须做好保温工作，分娩舍内的温度一般应保持在 22℃左右，分娩舍内母猪（适宜温度为 16～22℃）与仔猪所需的温度是不同的。可以通过通风和建立护仔栏并设立保温小区来解决这一矛盾，同时通风也可以消除分娩舍内的湿气、气味及母猪身上的热量，但是，产仔房内必须杜绝贼风。原则上仔猪出生后保温在 30～34℃最好。如遇低温环境，体热迅速丧失，有时体温可下降 4～6℃，在暖舍中，2～3 小时仔猪可恢复正常体温。仔猪出生一周开始降低保温区温度，每周降低 2～3℃最为理想。为适应仔猪对温度的要求，在保温小区内设置仔猪保暖箱，保暖箱底放置电热板，或保暖箱上增设150～250 瓦红外线灯泡，可取得很好的保暖效果，另外，使用厚垫草也有一定的保暖作用。仔猪在保暖箱内均匀分散，说明温度适宜，仔猪远离保温区说明温度太高，仔猪堆挤在保温区内则温度太低。仔猪出生的前两周期间，调节体温的能力很差。因此，这段时间内环境温度的管理至关重要。

（八）哺喂初乳及固定乳头

母猪产后 3 日内分泌初乳，以后转为常乳，仔猪自身的抗体要在出生 10 天后才会产生，初乳不仅提供营养，而且提供抗体，抵御疾病，另外初乳中镁盐也较多，可以软化和促进胎便排出。仔猪生后 2 小时内吸收初乳抗体的能力最强，以后吸收能力减弱，所以仔猪开始吮食初乳的时间越早越好，一般应随生随哺。如果实行超前免疫，则必须在免疫后两小时喂乳。母猪如果分娩过程过长（2 小时以上），应让先出生的仔猪吃奶而不至受饿，另一方面母猪继续分娩时也可避免母猪因仔猪叫声而不安。

仔猪开始吮乳后，便发生乳头定位，仔猪出生 3～5 天内，应通过人工辅助固定乳头，每隔 1.5 小时左右放奶一次。自然定位时，仔猪先争抢前部乳头，然后是后部的，中间乳头留给较弱仔猪。而母猪各乳头的泌乳量是以中部偏前者最高，不进行人工辅助，容易发生抢奶。适当地管理和调节，对仔猪生长、提高育成率及窝内均匀度有利。

一般把初生重小的仔猪定位于第 1 或第 6 对乳头上，次小的定位于第 2 或第 5 对乳头上，其他仔猪任意定位。原则是弱小的仔猪固定在容易够得着且泌乳量与其需求量相适应的乳头上，并在其上部和下部不能有比它强壮很多的仔猪，扶弱控强是固定乳头的基本原则。仔猪出生后几天到两周时，就可以辨认自己要吮吸的乳头位置，在产后几天每次哺乳时都要辅助调整，直到建立起正常的次序。有时定位的乳头被其他仔猪占有，弱仔猪则可能卧在一旁停止吃奶，最后变得衰弱而死亡。因此，应格外注意观察护理。

（九）寄养

寄养对提高仔猪育成率和充分发挥母猪的繁殖潜能有着重要作用。初产母猪以哺乳 8～10 头为宜，经产母猪可以带仔 10～14 头。为了充分利用母猪功能正常的乳头或发挥母猪的泌乳能力，必要时应调整每窝仔猪数，将较大仔猪移入尚未建立位序的另一窝仔猪中。母猪分娩出现意外情况，如难产、泌乳量不足、乳房发炎、产仔头数过多以及仔猪原有乳头被抢夺而掉奶，仔猪因弱小或疾病（非传染病）与同窝仔猪相差悬殊而无法固定好乳头的，应进行寄养和并窝。寄养和并窝的两窝仔猪出生日期不宜超过 3 天，最好在分娩后两天内进行，仔猪体重也应接近，被寄养的仔猪一定要吃足初乳（生母或养母的均可）以增强其抗病力。被寄养仔猪新定位的乳头应尽可能和原来的相近，这样易于定位。并窝时间最好是在夜间进行。

由于母猪主要通过嗅觉辨认母仔关系，寄养初期要挡住养母的头部不让其闻嗅出被寄养仔猪的异味。寄养时可挤取养母乳汁涂抹于仔猪身上，也可以将母猪的胎衣、黏膜等涂抹于仔猪身上，或将母猪的尿液涂在仔猪身上，或将两窝仔猪关在一起 1 小时以上，使气味混淆，同时在母猪鼻子和仔猪身上擦些碘酒等，使母猪无法区别寄养仔猪，以防止养母攻击被寄养仔猪。

对于生母缺乳的仔猪，寄养初期要控制其吮乳量，以防一时猛吃而拉稀。

二、开食补料

哺乳仔猪生长发育很快，2周龄以后母乳就不能满足仔猪日益增长的营养需要，若不能及时补饲，弥补母乳营养的不足，就会影响仔猪的正常生长，提早补料还可以锻炼仔猪的消化器官及其机能，促进胃肠发育，防止下痢，缩短过渡到成年猪饲料的适应期，为安全断奶奠定基础。

仔猪开食的时间应在母猪乳汁变化和乳量下降的前3～5天开始。母猪的泌乳量在分娩后21天左右达到高峰而后逐渐下降，而3～4周龄时仔猪生长很快，此时仔猪补饲不仅可以提高仔猪存活率、断奶重，增强健康和整齐度，而且还为以后的肥育期打下了良好的基础。

仔猪开食诱料越早越好，可以从7日龄左右开始，用开食料诱食，经半个月左右的诱食，让仔猪在3～4周龄习惯吃料并进入旺食期。

仔猪喜食甜食，诱食可选择香甜、清脆、适口性好的饲料诱食。如用带甜味的南瓜、胡萝卜等切成小块或将少许切碎的青料与开食料拌匀诱食。诱食在仔猪活跃时进行，可取得最佳效果。每次哺乳之后，每天下午到傍晚是仔猪的活跃期。每次诱食补料要求饲料新鲜、少量，每天6次以上。放在仔猪经常游玩的地方任其自由采食。仔猪喜欢啃舔金属，可把诱食料撒在铁片上或放在金属浅盘内诱导仔猪吃料，还可以采用以大带小的方法，利用仔猪模仿和争食的习性诱食。

15日龄前仔猪的诱食料蛋白质水平不必太高，因为诱食阶段的仔猪消化吸收饲料蛋白质的能力很弱。但20日龄前后经诱食开料，仔猪已能较好地采食饲料，这时一般的诱食料已不能满足仔猪对蛋白质及其他营养物质的需要。因此,从15日龄开始就要逐渐向高水平的全价乳猪料过渡。

当母猪泌乳量高,仔猪恋乳而不愿提早采食时,则应强制诱食,将配合饲料加糖水调制成糊状,涂抹于仔猪嘴唇上,让其舔食,仔猪经过2~3天强制诱食后便会自行吃料。还可将母仔分开,让仔猪先吃料后吃乳,每次哺乳后将母猪与仔猪分隔开1~2小时。

仔猪补料可以获得很高的饲料报酬,对于5周龄的仔猪饲料报酬可以达到0.9以下,仔猪补料一定要少喂勤添,仔猪吃料具有料少则抢,料多而厌的特性。早晚也应注意合理补饲,既要保证仔猪充分的自由采食,又要求槽中无余料。

三、补铁和去势

初生仔猪体内储备的铁只有50毫克左右,每天从母乳中得到的不足1毫克,而仔猪生长每天约需要7毫克,不及时补铁就会造成仔猪缺铁性贫血,出现食欲减少、消化不良、下痢等。仔猪在3~5日龄和10~15日龄进行两次补铁(每次150毫克),如果拉稀时间较长还需要视情况随时加补。补铁时要注意不同补铁产品的用法用量,不可随意使用。如仔猪2~3日龄时,牲铁素用量为1毫升,用量过大会抑制肠内其他微量元素如锌、镁的吸收,造成缺锌,不仅会降低仔猪的免疫力,增加仔猪对细菌的易感性,而且会导致维生素E和硒的缺乏,同时还会引起仔猪的消化不良。

不作种用的小公猪应于2周龄左右去势,种猪场小母猪一般不阉割。

四、断奶

仔猪在28日龄左右断奶时,应以仔猪吃料进入旺食期为条件,减少应激和控制腹泻。对于4周龄断奶的仔猪最佳温度为

23℃，猪舍温度应为 12～20℃，搞好防寒保暖，为仔猪提供一个温暖、干燥、卫生的环境，可保证仔猪的健康生长，良好的早期生长，是对猪一生的投资。断奶后 1 周内日增重能达到 120 克以上，可有效地提早育肥出栏的时间。断奶后的负增重会消耗仔猪为数不多的脂肪，仔猪生长发育受阻所造成的时间损失是不能补回来的，将会推迟育肥猪的出栏时间。同时，生长越快，维持需要就越少，经济回报就越高。

（一）减少应激

应激主要来自于三个方面，即心理、环境和营养。其中最大的应激来自于营养。

心理应激主要是由于母仔分开形成的，仔猪失去母猪的爱抚和保护而且转栏后组群时争夺位次。可以通过在断奶前 2～3 天每天几次隔离母猪和仔猪一段时间来减少仔猪对母猪的依赖，转栏时在猪栏内投放少许破碎的小红砖块，分散仔猪的注意力，减少争位打架，降低应激。

环境应激是由于仔猪由产房进入保育栏时周围环境物体、温度、伙伴、群体变化等引起，为仔猪提供一个清洁、干燥、温暖而舒适的环境，可有效地降低环境应激。

营养应激是由于仔猪由吮食温暖流质、奶香味和营养全面的母乳转向采食饲料，而消化道酶系统和生理环境等均不相适应所致。只有通过提早教槽，科学补料，让仔猪提早进入旺食期，减少对母乳的营养依赖才能降低应激。同时要根据仔猪的生理发育和营养需要，配制营养适宜、易于消化的饲料。

（二）综合措施

1. 仔猪在哺乳阶段充分做好补料工作 仔猪在 7 日龄时开始补颗粒饲料，颗粒料中一定要加入诱食剂，如香味素、奶精等，奶味越浓诱食效果越好，仔猪断奶前采食量就大，胃肠机能就会充分地得到锻炼和适应，断奶后腹泻率和死亡率大大降低，这是早期断奶成败的关键所在。

2. 断奶前 2～3 天做好母猪的减料工作 适当减少母猪的哺乳次数，同时在断奶的前 3 天在仔猪料中加入一些抗生素或益生素类物质，以杀灭有害细菌。断奶后不要立即将仔猪转入培育舍，如条件许可，在原圈饲养 2～3 天后再转入培育舍。

3. 做好仔猪培育舍的熏蒸消毒工作 这是杜绝传染病发生的关键所在，同时又是减少断奶后腹泻发生的必要条件。

4. 在断奶仔猪料中加入抗生素 如土霉素、痢特灵、利高霉素等。

5. 适当控制仔猪的喂料 第一天只喂到日采食量的 70%。一般 5 天内不增加或稍微增加饲料量，以防止仔猪拉稀，日喂次数减少至 3～4 次，根据情况，前 3 天还可减少少许，3 天后视情况逐步增加投喂量。此间可模拟仔猪夜间吃奶的习惯，保持 3～7 天的夜间饲喂，以防止仔猪因过度饥饿后第二天过度采食，导致消化不良而拉稀。投料过程可以通过"三看"来限制。

（1）一看仔猪槽中余料 投喂第二餐时，槽中留有一点饲料粉末，无小堆粉料或粒料现象，则上顿喂量适中；槽中饲料舔光，槽底有唾液湿状感，则上顿喂量太少；槽中有明显余料，下顿只能投入上顿 1/2 的饲料。

（2）二看仔猪粪便色泽及软硬程度 断奶后 3 天内粪便变细、变黑是正常的。仔猪腹泻大多在第 4～5 天，观察粪便的最佳时间是 12：00～15：00。粪便变软，色泽正常，投料不变；圈栏内少量粪堆，且粪便呈黄色，内有饲料细粒，说明个别猪采食过多，投料量应减少至上顿的 80%，下顿再增至原量；仔猪粪便呈糊状，淡灰色，并有零星粪便呈黄色，内有饲料细粒，这是全窝仔猪下痢的预兆，这时应停喂一餐，第二餐也只能投喂常规量的 50%，第三餐则应视粪便的转归情况而定，若栏内只有少许糊状黄色粪便，其余粪堆已变黑、变细，喂料量可增至正常投料量的 80%，下餐可恢复正常；若糊状粪便呈胆绿色，粪便内附有脱落的肠黏膜，恶臭，说明病情严重，这时要停喂两餐，第三餐在槽内撒上少许饲料，以后渐增，经3天后逐步恢复到原量。

（3）三看仔猪动态 喂料前，仔猪蜂拥槽前，就可多喂些，过5～6分钟，槽内料已吃净，仔猪仍在槽前抬头张望，这时可再加入一些饲料，有些仔猪在喂料前，虽然拥至槽前，但叫声少而弱，则可少加料或不加料。

另外，断奶后仔猪限饲期间，要保证水质清洁，新鲜不断，最好能喂电解质糖盐水。4餐投料时间分别为：7：00、11：30、15：00—15：30、19：00—20：00，经过10天左右的限饲，以后可改为一天多餐，或自由采食。

断奶早期的仔猪料中还应加入一些代乳粉，同时加入1%的柠檬酸或1.5%的延胡索酸，也可再加入一些复合酶制剂或酵母。同时降低日粮中的蛋白质水平，使日粮蛋白质控制在19%～20%，但必须注意氨基酸的平衡。在调制日粮时尽可能使用熟化豆粕或膨化大豆。

五、仔猪腹泻控制

仔猪发生腹泻，主要发生于三个年龄段，一是出生后1～3日龄的仔猪，二是7～14日龄的仔猪，三是断奶后的仔猪。引起仔猪腹泻的原因多而复杂，但最易感染的就是当某种病原的母源抗体消退时又同时感染的这种病源，大量的病原感染超过乳中的抗体免疫控制力，即发生腹泻。高标准的卫生条件、适宜的环境、丰富而易于吸收的营养、较高的健康和抗病免疫力，加上预防性投药、及时准确的诊断和对症治疗，可保仔猪顺利渡过难关。另外，种猪场应间隔一段时间（0.5～1年）进行1次致病性大肠杆菌药敏试验，掌握细菌耐药性的变化，以减少用药的盲目性，或2～3个月根据用药效果合理安排有计划的轮换用药，可提高疗效，减少耐药菌株的产生。

（一）1～3 日龄

新生仔猪的腹泻主要由细菌引起，一般为红、黄痢。仔猪红痢即猪梭菌性肠炎、猪传染性坏死性肠炎，由 C 型或 A 型产气荚膜梭菌的外毒素所引起。主要发生于 3 日龄以内的新生仔猪。其特征是排红色粪便，肠黏膜坏死，病程短，病死率高，其病程长短差别很大。最急性病猪排血便，常于出生后当天或第二天死亡。急性病猪排浅红或红褐色水样粪便，多于出生后第三天死亡。亚急性开始排黄色软便，以后粪便呈淘米水样，含有灰色坏死组织碎片，仔猪有食欲，但逐渐消瘦，于 5～7 日龄死亡。慢性病例呈间歇性或持续性下痢，排灰黄色黏液状粪便，病程十几天，生长很慢，最后常死亡或被淘汰。本病治疗效果不好，或来不及治疗即死亡，主要靠预防。首先要做好猪舍和环境的清洁卫生并加强消毒，母猪于分娩前 20 天左右（初产母猪应 2 次）注射红黄痢二联苗可有效预防红痢的发生。如发现红痢，可于仔猪出生后、吃初乳前及以后的 3 天内，用青霉素或青链霉素并用进行防治，预防时每千克体重 8 万单位，治疗用 10 万单位，每天 2 次。

仔猪黄痢又称早发性大肠杆菌病，以排黄色稀便为其临床特征。发生于出生后 1 周以内，以 1～3 日龄最为常见，7 日龄以上的仔猪发病极少。发病率高，死亡率高，传染源主要是带菌母猪，猪场内一次流行之后，一般经久不断。最急性的看不到明显的症状，常于分娩后十多个小时死亡。2～3 天发病的仔猪，病程稍长，粪便黄色或黄白色糊状，严重的呈黄色水样腹泻，有的含有乳凝小块。肛门松弛，在捕捉时，由于挣扎和鸣叫等，肛门常可见稀便冒出。病仔猪精神沉郁，不吃奶，口渴，迅速消瘦，眼球下陷，全身衰弱，终因脱水、衰竭而死。

本病应以预防为主，合理调配母猪的饲料，保持高水平的环境、卫生条件，注意消毒。接产时用 0.1％高锰酸钾溶液消毒母猪乳头和乳房，并挤掉每个乳头中乳汁少许，使仔猪尽早吃到初乳，对母猪注射疫苗，可起到较好预防效果。此外，也可使用保健药物加以预防。

治疗时，发现一头病猪，应全窝进行预防性治疗，由于易产生抗药性，最好两种药物同时应用。有条件的应作细菌分离和药敏实验，选用敏感药物。氟喹诺酮类药物效果较好，常用药物有庆大霉素（每次每千克体重 4～7 毫克肌内注射，每天 1 次）、乙基环丙沙星（每次每千克体重 2.5～10 毫克肌内注射，每天 2 次）、硫酸新霉素（每千克体重 15～25 毫克口服，每天 2 次）、青链霉素（青霉素 8 万单位＋链霉素 80 毫克口服，每天 2 次）、磺胺脒 500 毫克加甲氧苄氨嘧啶 100 毫克研末（每次每千克体重 5～10 毫克，每天 2 次）、庆增安注射液（每千克体重 0.2 毫升口服，每天 2 次）以及土霉素、磺胺甲基嘧啶等。一般要求连用 3 天。

（二）7～14 日龄

主要是白痢，仔猪白痢又称迟发性大肠杆菌病。仔猪白痢是 10～30 日龄仔猪多发的一种急性肠道传染病，以 10～20 日龄的仔猪发病最多，一年四季均可发生。发病率高，死亡率低。发病仔猪以排灰白色、有腥臭味的糊糊样稀便为特征。病初即下痢，粪便呈乳白色、淡黄色或灰白色，其中常混有黏液而呈糊状，并含有气泡，有特殊的腥臭。肛门、尾部及周围常粘有粪便。病猪体温变化不大，病初尚有食欲，但日渐消瘦，精神不好，喜卧于垫草中，被毛变得粗乱无光，眼结膜及皮肤苍白，渴欲增加，常继发肺炎而死亡。发病与诱因有关，如阴雨潮湿、气候剧变、母猪乳汁过浓或栏舍污秽等，均可促进此病的发生和发展。一窝仔猪中有一头下痢，若不及时采取措施，就会很快传播。病程的长短和病死率的高低取决于饲养管理的好坏。

加强母猪的饲养管理，保持母猪平衡，仔猪提早补料开食，注射铁剂预防贫血，搞好清洁卫生与环境消毒可有效预防白痢。另外，仔猪口服碳酰苯砷酸钠（第一周 10 毫克，第二周 20 毫克，第三周 30 毫克）可防止本病的发生，并有增重效果。病猪应采取早期治疗，可利用磺胺类、抗生素及微生态制剂等。常用治疗方法有：①胼铋酶合剂（磺胺胼，次硝酸铋，含糖胃蛋白酶等量混合）内服，7 日龄的仔猪每次 0.3 克，14 日龄 0.5 克，21 日龄 0.7 克，30 日龄 1 克，重症每天 3 次，轻病每天 2 次，一般服药 1～2 天可愈；②强力霉素内服，每千克体重 2～3 毫克，每天 1 次；③土霉素内服，1 克土霉素加少许糖，溶于 60 毫升水中，每头每次 3 毫升，每天 2 次；④氟哌酸内服，每次 0.1～0.4 克，每天 3 次；⑤治疗仔猪黄痢的方法，对白痢基本上都有效。对脱水的应急时补液。

另外，轮状病毒一年四季都可发生，常以 6～7 日龄的仔猪感染发病最为严重，其严重受害主要发生在新产母猪。仔猪厌食，精神委顿，出现柠檬黄或奶酪样腹泻，粪便腥臭，呈酸性。若同时继发细菌感染，则死亡率大为增加。其防治应以补充水分和电解质，矫正脱水为主，用次氯酸钠对产栏进行彻底消毒。对头胎母猪在产前喂以腹泻仔猪的粪便或注射疫苗有很好的预防效果。

球虫引起的腹泻也多见于 6～10 日龄的哺乳仔猪，感染开始时，排黄褐色或黄白色至灰色糊状稀便，1～2 天后变成水样腹泻，腹泻持续 4～8 天至严重脱水，临床上很难与仔猪黄痢区别。病猪生长迟缓，发病率高，死亡率低，其发病情况与死亡率高低主要取决于继发感染的情况与环境因素。在球虫病流行的猪场要预先知道哪一天仔猪会发生腹泻，猪只开始时通常不活泼，大部分时间躺在靠近热源的地方，第 2 天就可发生腹泻，最有效控制球虫病的办法是严格的卫生措施。

（三）断奶

断奶仔猪的腹泻问题相当普遍，腹泻率一般在 20%～30%，死亡率在 2%～4%，有些猪场甚至高达 70%～80%，死亡率达到 15%～20%，损失极大。断奶仔猪的腹泻一般发生在断奶后的 3～10 天，第 7 天达到高潮，一般形成粥样或水样腹泻，内夹杂不消化的食物，如不及时发现和治疗，很快就会因脱水而死亡。

断奶仔猪腹泻的原因主要是：①仔猪断奶后，母源抗体急剧下降，造成抵抗力下降；②仔猪消化生理机能不健全，不适应植物蛋白高的饲料引起胃肠机能紊乱，加之胃肠道 pH 偏高，消化酶活性不能发挥应有的作用而诱发腹泻；③断奶应激，尤其是环境应激，当舍内昼夜温差超过 10℃时，腹泻率就会升高 25%～30%，湿度高的环境也会使腹泻数明显增加；④不适当的饲喂方式，如过度限饲及过度饲喂，易形成饥饿性和过食性腹泻；⑤免疫反应，尤其是在喂玉米—豆粕型日粮，且含有较多的抗营养因子的生豆饼或生豆粕时，易造成小肠上皮细胞的迟发型变态反应，引起水泻；⑥胃肠道菌群失调也易造成仔猪腹泻。必须采取综合措施过好断奶关。

断奶后下痢的治疗，可以应用抗生素，如硫酸新霉素＋东莨菪碱混合口服，庆大霉素，氟哌酸，诺氟沙星等。同时，使用收敛药物，如鞣酸蛋白，对严重下痢者还应辅以阿托品。治疗的关键是补水，最经济有效的方法是灌服补液盐（氯化钾 1.5 克，碳酸氢钠 2.5 克，氯化钠 3.5 克，加冷开水到 1 000 毫升，添加 20克葡萄糖效果更好），腹腔补液也是较为常用的一种方法。

第七节　保育猪培育

仔猪断奶进入保育期是猪一生中生活条件的第二次转变，由依靠母乳过渡到完全独立生活，不可避免要遭遇诸多应激反应。此阶段的仔猪消化生理机能不健全，胃肠道菌群失调，母源抗体水平降低甚至消失。因此，在断奶后很容易感染由母体传播的病源，如果饲养管理不当，就可能导致保育猪生长缓慢，甚至形成僵猪，患病率提高，死淘率增加。保育猪的生长性能对生长肥育阶段影响很大，保育猪的培育是种猪场生产的又一关键时期。

一、断奶

过好断奶关是养好保育猪的关键。在仔猪哺乳阶段就要采取综合措施，为其过好断奶关做准备。在断奶时尽可能做到"两维持，三过渡"，即维持在原栏管理和维持用原饲料饲养，逐渐做好饲料、饲养制度和生活环境的过渡。

二、保育猪的疾病防治

保育猪的疾病和死亡会造成猪场严重的经济损失。保育猪的疾病主要是大肠杆菌性腹泻、水肿病。链球菌（脑膜炎型和败血症型）病、蛔虫病、渗出性皮炎、支原体肺炎及猪繁殖与呼吸综合征（PRRSV）等也时有发生。近几年，由圆环病毒 2 型（PCV2）继发多种细菌混合感染引起的断奶仔猪多系统衰竭综合征（PMWS）、呼吸疾病综合征（PRDC）、副猪嗜血杆菌病及猪皮炎与肾病综合征（PDNS）等的发病比例越来越高，猪流感（H1N1）、沙门氏菌病、放线杆菌胸膜肺炎也渐趋普遍。

大肠杆菌性腹泻主要发生于断奶后 3～10 天，第 7 天达到高潮，一般形成粥样或水样腹泻，内夹杂不消化的食物，如不及时发现和治疗，很快就会因脱水而死亡。水肿病一般是零星散发，通常发生于断奶后 1～2 周，且都是膘情很好的仔猪，突然发病，如发现与处理不及时，很快就会死亡。对症治疗有一定的效果，采取综合措施帮助仔猪过好断奶关是解决问题的根本途径。

水肿病的治疗原则是标本兼治（消肿解毒＋抗菌消炎）。消肿解毒可口服硫酸钠 15 克，肌内注射速尿 10 毫升，每天 1～2 次，连用 3～5 天，或用 10%氯化钙 5 毫升，50%葡萄糖 50 毫升，25%甘露醇 30 毫升和维生素 C 注射液 4 毫升静脉注射，每天 1 次，连用 2～3 天，效果更好。抗菌消炎可用 2%水肿灵或左旋氧氟沙星注射液（每千克体重 0.1～0.2 毫升）、5%氟苯尼考注射液＋头孢、5％长效磺胺注射液＋头孢等联合用药，每天1～2次，连用3～5天。

圆环病毒危害越来越大，严重侵害猪的免疫系统，可形成免疫抑制，进而引起继发性免疫缺陷，在临床上表现出低致病性微生物或弱毒疫苗就可引发疾病，重复发病，对治疗无应答性，疫苗接种不能激发有效的免疫应答。极易继发感染其他疾病，造成巨大损失，继发感染的疾病主要发生在断奶后2～3周和5～8周。采取综合措施，做好基础免疫，加强饲养管理，防止继发感染是唯一有效的防治方法。

三、保育猪的饲养管理

（一）分群与调教

仔猪断奶时最好按大小分群饲养，一般每栏10～20头为宜，保证每头猪有适宜的栏位面积（0.4～0.8 米²/头），密度不可过大。过高的密度会导致猪的群居环境变差，争斗增加，也更容易发生疾病。将病弱猪饲养于病猪栏，加强护理，有条件的应设立病猪舍，以方便护理和控制疾病的水平传播。

转群后要立即开始猪只三点定位的调教。使猪群从进入新的环境开始就养成固定地点排泄、采食和休息的生活习性，尤其是固定地点排粪的习惯。

（二）管理

保育猪舍最好实行全进全出制度。猪舍内一直存在着生长缓慢的猪，甚至于病猪，这些猪往往携带病原，很容易将疾病传播给新进来的仔猪。全进全出可有效地切断疾病的垂直传播。

大部分的疾病都发生在断奶后混群的过程中，对病猪要及时隔离到病猪栏或病猪舍进行加强护理，以有效地控制疾病的水平传播，也有利于病猪的康复。通过饲料或饮水投药可降低健康猪的应激，增强对疾病的抵抗力。对感染严重的病猪坚决淘汰。

119

保育猪的应激除了营养因素外，最严重的应该是温度的变化。对于 4 周龄断奶的仔猪，最佳温度为 23℃，猪舍温度应为 12～20℃，昼夜温差不宜超过 2℃。要采用红外线灯、电热保温板及热风炉等加热保暖，传统猪场也可采用保温箱和厚垫料，或垫麻袋及木板等进行保温，每周可降低 2℃。一般情况下仔猪分散卧睡、四处活动，则温度适宜，若仔猪挤卧一起、很少活动，则说明温度过低。寒冷不仅使仔猪生长缓慢，而且导致其对疾病的抵抗力下降。保温的同时，必须注意保育舍的通风换气。否则，由于保育舍的特殊环境，很容易造成空气污浊，有害气体严重超标，空气中病原微生物浓度升高，也会导致仔猪发病。保证空气质量是控制呼吸道疾病的关键。

（三）饲养

保育猪应喂给全价优质饲料，饲料由哺乳期的开食料逐步过渡至保育料。断奶早期的仔猪料中还应加入一些代乳粉，同时加入 1％ 的柠檬酸或 1.5％ 的延胡索酸，也可再加入一些复合酶制剂或酵母。同时降低日粮中的蛋白质水平，使粗蛋白控制在 18％ 即可，但必须注意氨基酸的补充与平衡。在断奶 10 天后再将粗蛋白水平升高到 20％ 左右。在调制日粮时尽可能使用熟化豆粕或膨化大豆，尽量少用碱性饲料，不用小苏打等饲喂断奶仔猪，用磷酸二氢钙替代石粉作钙源等。

在早期饲料中加入抗生素（如土霉素、痢特灵、利高霉素等）、益生素等，同时要适当控制喂料量。第一天只喂到日采食量的 70％，一般 5 天内不增加或稍为增加饲料量，以防止仔猪拉稀，日喂次数减少至 3～4 次，根据情况，前 3 天还可减少少许，3 天后视情况逐步增加投喂量。此间可模拟仔猪夜间吃奶的习惯，保持 3～7 天的夜间饲喂，以防止仔猪因过度饥饿后第二天过度采食，导致消化不良而拉稀。

（四）保健

良好的基础免疫是保证保育猪健康的关键，但过于频繁的疫苗接种也会对其造成很大的应激，甚至会影响免疫应答。因此，要合理安排，不可在保育期内接种过多的疫苗，一般只安排猪瘟、口蹄疫及猪伪狂犬病等2～3种疫苗注射。

仔猪断奶后常发生病毒病与细菌病的混合感染，特别是链球菌、副猪嗜血杆菌病、水肿病及与支原体肺炎感染有关的呼吸道疾病。可在饲料或饮水中添加药物进行预防，如在每吨饲料中添加100克泰妙菌素和250克强力霉素，若混合感染有副猪嗜血杆菌病，则可另外添加300克阿莫西林。药物的添加应根据保育猪的采食量而调整。病猪栏的仔猪投药可通过饮水添加，添加量应是饲料用药水平的一半。

第八节　肥育猪饲养

保育猪达到30千克左右时，进入肥育舍育肥，种猪一般育肥至50～60千克左右出售或转入后备猪饲养管理。育肥猪的饲养管理相对来说比较简单，只需做到四个字：栏干食饱。

一、调教

从小猪进栏开始，必须用1周左右的时间认真调教猪群。猪是比较爱干净的动物，一般不在采食区附近排泄，而选择潮湿、较脏的地方排粪尿。因此，应在小猪进栏后经常清扫，将粪尿清理到墙角潮湿的地方，保证内栏，尤其是采食区附近的清洁卫生。由于猪的嗅觉和听觉非常灵敏，可在每天上、下午和傍晚时用声音驱赶，训练小猪定点排粪排尿，经3～7天的认真调教，小猪一般能养成定点排便的习惯。

二、饲养管理

调教好的猪群很容易管理，每天清扫猪栏1～2次就可以保持猪栏的清洁。肥育猪最好公母分群饲养，饲喂方式一般采用自由采食，但每次投料不宜太多，最好是吃完再加，将饲料整袋码放槽上。一次投满、从不空槽的办法并不能提高肥猪的采食量，肥猪也有料少则抢、料多则厌的情况。适当控制饲料的投喂量，增加投喂的次数，反而能提高育肥猪的采食量，使生长速度增快，缩短出栏时间，提高经济效益。

育肥猪的疾病较少，一旦生病，其排便情况、神经症状、精神和食欲的变化都很明显，容易观察，有条件最好隔离，进行单独饲养和护理。

育肥猪的采食量与其增重有很强的正相关：

前期：断奶至 30 千克体重，日均采食量 1.2～2.0 千克

中期：30～60 千克体重，日均采食量 1.8～2.5 千克

后期：60～90 千克体重，日均采食量 2.0～3.5 千克

三、病猪的护理

病猪体弱，兽医人员在进行对症治疗的同时，饲养员应加强护理，良好的护理可以有效促进病猪康复。

病猪在对症治疗的同时，应为其提供适宜的环境条件。小猪对寒冷敏感，大猪对热敏感，小猪生病时应给予更好的保暖防寒条件，不宜将病猪栏设于猪舍的两头，尤其是冬天。因为猪舍两头通常气温最低，并且极易形成贼风，将病猪置于此易加重病情。冬天病猪不宜直接卧于水泥地面，应给予垫草等。

腹泻是临床遇到最多的问题，对其治疗应从消毒、消炎、补充水分和电解质入手加以解决。对于消化不良造成的腹泻，从粪便的形状和色泽一般可以看出，应通过改善饲料、限食饲养加以改善。群体投药时，必须注意投药均匀。饲料投药时，投药的前一天应减少喂料量，让料槽空料。拌药时应先将药物用适量的饲料稀释，再放大到大量饲料中反复拌匀。

用药治疗疾病不是主要的，加强饲养管理、控制疾病的发生才是关键。

第九节　猪群管理与猪只淘汰标准

在种猪场的生产过程中，难免会出现一部分没有饲养价值的残次猪，同时也有部分种猪会失去种用价值或继续饲养并不经济，需要淘汰。通过及时清理可有效提高种猪场的整体生产水平，既可节约饲料、人工、药物等饲养成本的开支，提高栏舍的利用率，又可降低因久治不愈的病猪在场内长期滞留而传播疾病，同时部分无种用价值的种猪或饲养经济价值不高的猪折价出售，还可以减少一定的经济损失。因此，种猪场应加强猪群管理，建立残次猪和种猪淘汰标准及程序，及时清理猪群。

一、猪群管理

从种猪培育或引进开始就要建立起种猪群档案，记录清楚每头种猪的培育和生产情况。最好按品种、投入生产的批次或时间存档，对耳号不清的要重新编号，确保每头猪耳号清楚、不重复。记录每次的配种和每胎次产仔情况，最好还能记录每次断奶后的膘情。

对场内猪群要在产仔时即进行编号，简便易行的方法是打上耳缺号，一般要求1猪1号。详细做好产仔记录，要求有母猪号、与配公猪号、配种时间、产仔日期、产仔数、健活仔数及死胎、木乃伊胎等。

每天对每头猪的异常情况做好记录，每周对有特殊情况的进行一次清理（如疾病、残次、不发情的母猪及老弱猪等），每月对全场种猪群进行一次清理。对部分猪及时提出淘汰报告。

二、哺乳仔猪淘汰标准

（1）有锁肛、半致死基因等遗传缺陷的仔猪。

（2）肢蹄有严重缺陷或其他疾患不能治愈的仔猪。

（3）因营养不良等因素致使哺乳仔猪体重过低（如 28 日龄断奶体重还不到 3 千克的仔猪）。

三、保育及生长育肥猪的淘汰标准

（1）因各疾患久治不愈的病猪及残次猪。

（2）生长性能不好、体况极差、体重过低的僵猪。

（3）良种猪淘汰体重参考标准见表 4-1。

表 4-1　良种猪淘汰体重参考标准

日龄（天）	40	50	60	70	80	90	100	110	120
体重（千克）	6	8	10	11	13	15	16	18	20

仔猪及生长育肥猪在淘汰时体重低于 15 千克应作死亡处理，其他则作淘汰处理。

四、后备猪淘汰标准

（1）因育种需要而选留的后备公猪，如在生长发育的过程中表现出体型外貌差，或有遗传缺陷（如包皮严重积尿、X 型或 O 型腿等），或生长性能相对差而达不到育种要求的，要分阶段逐步淘汰。

（2）后备猪培育过程中，出现各类疾病没能及时治愈而使生长性能受到影响的、体质羸弱的、发育不良的，应予以淘汰。

（3）后备母猪超过 300 日龄（10 月龄）仍不发情，且经各种处理仍不能配种的，或后备母猪虽然发情，但 3 次配种不能怀孕的（非公猪因素所致），配上后连续两次流产的，要坚决淘汰。

（4）对 10 月龄以上无性欲（经数次调教仍不愿意爬跨），阴茎短小、畸形的公猪，参与配种后的 2 个月内连续 4 次以上检查精液，精液品质差、不合格的，也要坚决淘汰。

五、种母猪淘汰标准

（一）发情不正常的母猪

断奶后不发情，经处理超过 48 天仍不发情，虽发情但经 3 次配种仍不能怀孕（非公猪因素所致）的母猪，应予以淘汰。

（二）疾患

连续 2 次流产且治疗无效的母猪，出现产后瘫痪或肢蹄有严重疾患的母猪，因子宫内膜炎久治不愈或长期患其他病超过 15 天不能恢复的母猪。

（三）繁殖性能差

母性不好的母猪，连续两胎产仔数低于 8 头，且经证明与公猪无关的成年母猪，无效乳头较多或无乳少乳的母猪，产 8 胎以上，且繁殖力、泌乳力下降的母猪，产畸形后代（如脐疝、锁肛等）的母猪，后代生长速度过慢，胴体品质差的母猪，生产成绩后 10% 的母猪，种猪场排在后 20% 的母猪，过肥过瘦的母猪。

六、种公猪淘汰标准

（一）性行为

性欲差（如长期不愿意爬跨）的公猪，经药物治疗和加强饲养管理等措施处理仍无效的公猪，虐待狂式的公猪，攻击人的公猪。

（二）精液品质

精液质量差，经 1~2 个月连续 4 次以上检查仍为无精、死精或精子活力低于 0.6、精液密度极稀或精液量很少（每次采精量都低于 100 毫升）的公猪，配种返情率很高的公猪。

（三）其他

种猪场后代出现畸形或有遗传缺陷及后代性能表现差的公猪，年龄超过 3.5 岁、育种场有优秀后代替代的公猪，育种场适配母猪过少的公猪（亲缘系数高），有疾患，如肢蹄疾患严重的公猪、久病不愈的公猪等，体质羸弱或过肥的公猪。

七、全场猪群清理

（1）对患肠胃出血等严重急性疾病而无法治愈的种公猪、种母猪及中大猪应立即淘汰。

（2）对在猪群抗体水平检测中，发现抗体水平低，经补注疫苗后所产生的抗体依然不能达到有效保护水平的种猪、后备猪及有免疫缺陷的仔猪和生长猪都应予以淘汰。

第五章

繁殖与人工授精技术

第一节 猪的生殖生理

一、公猪

(一)公猪生殖器官及其解剖特点

1. 公猪的生殖器官

(1) 主性器官(性腺) 睾丸。

(2) 输精管道 附睾(分头、体、尾部)、输精管、尿生殖道(骨盆部和阴茎部)。

(3) 副性腺 精囊腺、前列腺、尿道球腺。

(4) 外生殖器及附属部分 由阴茎、包皮、阴囊三部分组成。

2. 公猪生殖器官解剖特点

(1) 睾丸 种公猪的睾丸是常见家畜中绝对重量最大的。中国地方猪种的睾丸重 500 克左右,国外育成品种 1 000～1 200克。其生精机能强于其他动物,每克睾丸组织每天可产生精子2 400 万～3 100 万个。

(2) 输精管 绝大多数家畜输精管末端在进入尿生殖道骨盆部前有输精管壶腹部(可在射精前暂贮精子,又有一定分泌功能),猪则没有壶腹部,射精时精子持续不断由附睾尾收缩挤压直接进入尿生殖道。

(3) 副性腺 猪的三组副性腺比其他家畜都发达,尤以精囊腺和尿道球腺最为发达。因此,猪射精量远远高于其他动物。

（4）**包皮及包皮腔**　包皮腔特长，且背侧有盲囊，称为包皮憩室。室内常常聚集带异味的浓稠液体，是精液的重要传染源。

（5）**阴囊**　位置紧靠两股间的会阴区，且皮肤的伸缩力低于其他家畜。位置更靠近腹部，在气温高的季节，不利于调节睾丸的温度。

（二）公猪生殖机能发育阶段

1. 初情期　指公猪出现爬跨行为，阴茎能部分伸出包皮鞘，能首次射出少量精液。就射出的精液而言，其以射精量小，精子稀薄，畸形率高等为特点。不同品种初情期早迟差异很大，中国优良地方种猪，如内江猪、荣昌猪、太湖猪等，初情期大约在72～90日龄，而引进品种，如大约克、长白、汉普夏，初情期为150～180日龄。

2. 性成熟　指公猪生殖器官发育完善，具备典型的第二特征，性机能成熟，能产生正常的精液（成熟的精液）一旦与母猪交配能使母猪正常受孕。性成熟是一渐进的发育过程，可以把初情期视为性成熟的起点，经过一定的时间逐渐达到性成熟。中国地方猪种3～4月龄，引进品种一般为6～7月龄。

3. 初配年龄　又称适配年龄。性成熟的公猪，不宜立即用于采精或自然交配。过早配种会影响种公猪的生长发育，缩短利用年限。因此，宜在性成熟后的一定时期初配，中国地方品种7～8月龄，体重50～60千克，引进品种10～12月龄，体重120千克以上为宜。初配年龄是人们实践中总结提出的，一般认为是家畜性成熟后，体成熟前的一定时期，并非家畜生殖机能的发育阶段。

4. 繁殖机能衰退期　公猪1.5～4岁时繁殖机能最强、性欲旺盛、射精量大。随着年龄的增大繁殖机能逐渐减衰，其有效利用年限较母猪短，一般6～8岁以后宜淘汰。

（三）公猪的精子发生

同其他常年发情哺乳动物一样，公猪一旦性成熟，其精子发生便连续不断，直至性机能衰退。在睾丸的曲精细管内，活动型精原细胞经有丝分裂增数，形成初级精母细胞，初级精母细胞经减数分裂Ⅰ成为次级精母细胞，次级精母细胞经减数分裂Ⅱ，成为单倍体的精细胞，单倍体精细胞经过变态，成为头尾分明形似蝌蚪的精子，这一过程称为精子的发生。一个精子发生的全过程需要44～45天。在精细管内形成的精子通过直细精管和睾丸网到睾丸输出管进入附睾，在附睾中脱去原生质小滴，完善膜结构，获得负电荷，贮存于附睾尾中，这个过程需要9～12天。同一批精子从发生到交配，最后射出体外，需要2个月左右。在生产实践中，采用外环境条件（包括温度、光照、营养等）来改善精液品质和生精能力，需要2个月后才能见到效果。同样，公猪精液品质的某些突然变化，也应追溯到2个月前的某些影响因素。

（四）公猪的精液特性

1. 射精量与精子密度 公猪睾丸大，精子发生周期短，每天每克睾丸组织产生的精子数量多（2 400万～3 100万个/克），加之副性腺发达，所以每次射精量特别大。中国地方猪种每次射精量为80～150毫升，引进猪种为180～250毫升，个别可达500毫升以上。精子密度为每毫升2.5亿个，总精子数达600亿个以上。

2. pH及钠、钾离子含量 猪精液pH呈弱碱性，平均为7.5。钠、钾离子含量平均高于其他家畜。

3. 果糖、三梨醇 是精子代谢的主要能量物质，其在猪精液中的含量比其他家畜低。

4. 猪在同一次射精不同阶段的精液特性 猪射精量大，射精持续时间特长，可达10～20分钟，一次射精中有2～3次间隙。各阶段射出的精液组成也不相同，第一部分为含精子少的水样液体，主要来自尿道球腺，有清洗尿生殖道的作用，占总射精量的5%～10%。第二部分称为浓精部分，精子密度大，常呈乳白色，占总射精量的30%～50%。第三部分以后精子密度呈递减趋势，且白色胶状凝块增多，占总射精量的 30%～40%，在自然交配时起阻塞阴道口和防止精液倒流的作用。

二、母猪

（一）母猪的生殖器官及其解剖特点

1. 母猪的生殖器官

（1）主性器官（性腺）　卵巢。

（2）生殖管道　输卵管（分伞部、漏斗部、壶腹部和峡部）、子宫（分子宫角、子宫体和子宫颈）、阴道。

（3）外生殖器官　尿生殖前庭、阴唇和阴蒂。

2. 母猪生殖器官解剖特点

（1）卵巢　母猪卵巢形态和大小随年龄和繁殖生理状态有很大变化。初生仔猪似肾形，表面光滑。性成熟后，由于有多个卵泡发育，形似桑葚，排卵后的间情期或妊娠期由于有多个黄体突出于卵巢表面而凹凸不平，又像一串葡萄。

（2）输卵管　猪输卵管卵巢端的伞部发达，被覆于卵巢表面，包藏于卵巢囊内。输卵管子宫端与子宫角连接开口处有乳头状黏膜突起，起控制进入输卵管精子数的作用。

（3）子宫角与子宫体　猪是多胎动物，胎儿主要孕育在子宫角中。所以母猪的子宫角比其他任何一种家畜都长，经产母猪可达 1.5～1.8 厘米。子宫黏膜形成纵襞，充塞于子宫腔中。

（4）子宫颈　母猪子宫颈较长，可达 10～18 厘米。壁厚而软，内壁有半月状突起，彼此交错。子宫颈中部的较大，两端较小，逐渐过渡到阴道或子宫体，因而与阴道部没有明显界限。发情时子宫颈开口放度大，分泌物增多而稀薄，所以猪人工授精可用橡皮胶或塑料软管作输精管，且易于插入到子宫体内。

（5）阴道和外生殖器　母猪阴道较短，约 10 厘米，既是交配器官，又是胎儿分娩的通道。阴道的生化和微生物环境随生殖机能阶段不同而变化，起到保护子宫内环境不遭受微生物侵害的作用。而前庭部（从尿道开口处起到阴门裂）前高后低。黏膜下层有大小前庭腺，发情时分泌物增多而显得湿润，对阴道以内的生殖道也起保护作用。阴蒂相当于公畜的阴茎，在胚胎起源上一致，含有勃起组织，血管、神经分布丰富。母猪发情时充血肿胀，黏膜发红，十分敏感，是母猪发情鉴定的重要部位。

（二）母猪生殖机能发育阶段

1. 初情期　母猪首次出现发情或排卵称为初情期。从外观特征看，表现出性兴奋，外阴部红肿，出现爬跨等行为。从卵巢变化看，第一次有卵泡成熟和排卵。但整个生殖器官尚未发育完善，尚不具备受孕的条件。中国地方猪种初情期出现比引进品种要早 67～75 天，引进品种为 5～6 月龄。

2. 性成熟　母猪初情期以后，生殖器官逐渐发育完善，能产生正常的生殖细胞，一旦与公猪交配能正常受孕，这个时期称为性成熟。中国地方猪种性成熟早，一般为 3～4 月龄，引进品种性成熟较晚，一般为 6～7 月龄。

3. 初配年龄　中国地方品种初配年龄为 6～7 月龄，体重 50～60 千克，引进品种为 8～10 月龄，体重 90～110 千克。

（三）母猪的发情与发情周期

1. 母猪的发情与发情期　性成熟后的空怀母猪会周期性的出现性兴奋（鸣叫、减食、不安、对环境敏感等现象）、性欲（安静接受公猪爬跨交配）、生殖道充血肿胀、黏膜发红、黏液分泌增多、卵巢上有卵泡发育成熟和排卵现象。这种现象称之为发情。通常情况下，人们把发情外观特征的出现到外观特征的消失称为发情期（或发情持续期）。以此为标准，猪的发情期为 2～4 天，范围 1～7 天。若以母猪安静接受公猪爬跨为标准，则从安静接受爬跨至拒绝爬跨所持续的时间为发情期。以此为标准，猪发情持续期为 48～72 小时。初产母猪发情期较长，老龄母猪发情期较短。

根据母猪发情期内的外观特征，可以把发情期分为 4 个时期：发情初期、高潮期、适配期、低潮期。

（1）**发情初期**　表现鸣叫不安、爬圈、食欲减退、阴户肿胀、黏膜粉红、微湿润等。

（2）**高潮期**　表现更兴奋不安、鸣叫、食欲下降甚至拒食（培育品种不明显）、在圈内起卧不安、爬圈或爬跨同圈母猪、接受其他母猪爬跨、阴户及阴蒂肿胀更加明显、黏膜潮红或鲜红、前庭更湿润、有透明黏膜、排尿频繁。

（3）**适配期**　神情表现呆滞，接受公猪或同圈母猪爬跨，阴户肿胀度减退，出现皱褶，黏膜颜色紫红或暗红，黏液变稠，按压母猪腰荐部时，安静不动（又称静止反射），这就是适配期。

（4）**低潮期**　行为、食欲恢复正常，阴户收缩，红肿消失，拒绝公（母）猪爬跨，发情逐渐终止。

2. 发情周期　性成熟后的空怀母猪会周期性的出现发情。从母猪这次发情开始，到下次发情开始所间隔的时间称为一个发情周期。母猪的发情周期约为 21 天（范围为 18～23 天）。

通常可以把发情周期分为两个阶段，即卵泡期和黄体期。卵泡期相当于母猪发情期的整个过程。从一批卵泡开始加快发育至卵泡成熟排卵为止。黄体期相当于上次发情结束至下次发情开始前这一段母猪表现安静的时期。母猪的发情周期受神经和生殖内分泌的调节和控制。

3. 发情排卵　排卵是指卵泡发育成熟后破裂释放卵子。母猪排卵是在高潮期稍后的一段时间内实现的。即性欲出现后24～36 小时开始排卵。一次发情期排卵数可达 20～30 枚。排卵是一个连续的过程，从第一枚卵子排出到所有卵子排完需要 2～7小时。

4. 母猪的异常发情与产后发情

（1）**母猪的异常发情**　由于饲养管理不当或环境条件异常，以及某些微量元素、维生素不足等原因，常导致出现异常发情，主要有以下几种表现：

①静默发情，母猪发情无明显的外观特征，但卵巢上有卵泡发育成熟和排卵，这种现象称静默发情。对这种母猪要认真仔细观察，尤其是前庭部黏膜颜色变化、阴蒂的肿胀度变化等。其次，是母猪对试情公猪的反应，一旦出现发情特征，应及时输精配种，防止漏配。

②断续发情，母猪发情时断时续，无固定周期和稳定持续期。出现断续发情直接原因是卵巢机能障碍，导致卵泡交替发育，当发育到一定程度又萎缩退化。一般通过改善饲养管理，辅以激素治疗可以恢复正常。

③慕雄狂，表现为持续、强烈的发情行为。长期经常爬跨其他母猪，多次配种也难受孕。其原因多与卵泡囊肿有关。

④孕后发情，少数母猪受孕后仍有发情现象。出现在配种妊娠后 20～30 天内。常常是因为黄体分泌的孕酮水平偏低，胎盘产生的雌激素过多所致。但其发情的外观表现不及正常发情明显，也不排卵。应注意鉴别诊断，防止误配导致流产。

（2）产后发情　母猪的产后发情是指母猪分娩后的首次正常发情。体况良好的母猪，分娩后 1 周左右有 1 次发情过程。但这次发情仅有外观表现而无卵泡成熟和排卵，由于母猪产后均为自然哺乳，影响了促性腺激素的正常分泌，只有在断奶后 1 周左右出现的发情才是正常发情。因此，为了缩短产子间隔，增加母猪的年产窝数，提早断奶是十分必要的。

第二节　配种方式

猪是常年发情的多胎牲畜，一年四季均可配种受胎产仔。配种是提高母猪繁殖力的主要环节，是增加窝产仔数，提高仔猪健壮性，降低生产成本的第一关口。猪的配种方式主要有本交和人工授精两种方式。

一、本交

观察到母猪发情后，将其赶至交配场所，赶入与配公猪与之交配，必要时实施人工辅助。与配的公、母猪体格最好大小相仿，如遇个体大小悬殊时，为保证顺利交配，应设置配种架或采取其他措施。

二、人工授精

人工授精则是用人工的方法，把公猪的精液采出来，经过处理，再把它输入到发情母猪的子宫内，使母猪受胎的一种配种技术。目前，猪人工授精已是一项成熟的、易于推广的、效益显著的实用技术，在欧美等养猪发达国家推广应用率达95％以上，在我国大型养猪企业和部分养猪发达地区也被广泛推广应用。采用人工授精技术可把优秀公猪的最佳遗传效应最大化地体现到繁殖种猪群和商品猪群，并可有效减少公猪与母猪接触，切断疫病的传染链。通过准确的发情鉴定，适时输精，合理有效地管理猪群，可有效地提高母猪的繁殖性能，提升猪场的生产水平和经济效益。

采用人工授精，可大量减少公猪的饲养头数，本交公母饲养比例为1：20～25，而人工授精至少为1：100。在大型种猪场采用人工授精的方式配种可将优秀公猪的遗传潜能发挥到最大，不仅能大量减少公猪的饲养头数，降低直接成本，而且可以通过充分利用高性能的公猪，全面提升种猪场的生产性能水平，有效提高经济效益。通过测算比较，利用优秀公猪与普通公猪，其后代商品猪生产性能的变化，可提高育肥期料重比0.2～0.4，对于一个万头猪场，料重比如果降低0.2，则可以节省饲料成本20余万元。

第三节　发情鉴定

发情鉴定是母猪繁殖配种过程中的一个关键环节，目的是为了预测母猪排卵的时间，并根据排卵时间而准确确定输精或者交配的时间。

绝大部分的母猪发情表现明显，对公猪的接触、气味、声音都很敏感，出现明显的静立反射。但不同品种，甚至于同一品种内的不同种群差异很大。特别是高瘦肉率的品种，部分母猪发情没有明显的症状，表现为隐性发情，或发情表征表现时间很短，很难观察，但也有排卵。一般采用直接观察法，或采用有经验的试情公猪进行试情，如果发现母猪呆立不动，可对该母猪的阴门进行检查并根据压背反射的情况确定其是否真正发情。

外激素法是近年来发达国家养猪场用来进行母猪发情鉴定的一种新方法。采用人工合成的公猪性外激素，直接喷洒在被测母猪鼻子上，如果母猪出现呆立、压背反射等发情特征，则确定为发情，这种方法简单，避免了驱赶试情公猪的麻烦，特别适用于规模化养猪场使用。

此外，还可以采用播放公猪鸣叫录音，观察母猪对声音的反应等。在工业化程度较高的国家广泛采用了计算机的繁殖管理，根据每天可能出现发情的母猪进行重点观察，不仅大大降低了管理人员的劳动强度，同时也提高了发情鉴定的准确程度。

母猪在发情期间会出现以下症状。

（1）母猪爬跨其他母猪通常是其即将发情的表现。

（2）断奶或后备母猪食欲减退或不食。

（3）当其他母猪休息时，发情母猪烦躁不安，表现出找公猪的表情。

（4）对试情或经过的公猪很敏感，发情母猪眼睛失去注意力，出现一种渴望的表情，耳朵竖起或身体颤抖。

（5）出现静立反射，即用手按压背部时站立不动。

（6）阴户红肿，阴道有黏液流出。

（7）把手指放在阴唇间有潮湿、温暖的感觉。用手指接触黏液有黏稠感。

第四节　人工授精

一、人工授精公猪的选择、调教与饲养

（一）人工授精公猪的选择

人工授精的最大效益是把优秀公猪的最佳遗传效应最大化地体现到繁殖种猪群和商品猪群。但是其前提条件是必须选择优秀公猪，如果使用劣质公猪，则必然带来重大损失。做人工授精用的公猪最好选择经过测定、具有优秀遗传性能的公猪，同时其外形要有明显的雄性及品种特征，性欲强，四肢强健，睾丸对称且发育良好。作为人工授精使用的公猪，最好不要再进行本交，采精与本交交替进行，会影响公猪采精的效果。

（二）人工授精公猪的调教

调教前要先花时间管理公猪，并有规律的与其进行交流和接触，使之与人相互熟悉。多数后备公猪都有交配的本能欲望，但是缺乏经验，可允许其与老母猪间有鼻对鼻的接触，一般在2～3次接触后，像青年公猪就会乐意靠近并跨爬假台畜。首先应在假台畜上覆盖麻袋等，使其更像母猪，并在其上保留以前公猪留下的气味或涂抹发情母猪的尿液。当成年公猪采精时可以让后备公猪在采精栏旁观察学习，并在采精后将后备公猪赶入采精栏内调教。公猪的气味会刺激青年公猪产生爬跨假台畜的兴趣。

（三）人工授精公猪的饲养

对人工授精的公猪必须加强管理，保持良好的种用体况，维持七八成膘为宜，要加强运动，可在场内运动800～1 000米或0.5～1小时。运动和配种均要在喂食半小时后进行。要为其提供干净舒适的生活环境，应激和气温过高，会影响公猪精子的生成，并明显的降低其授精能力。同时，高品质的饲料

是生产高质量和高产量精液的一个关键因素，必须为公猪配制专用日粮。

二、采精与精液的处理

（一）采精前的准备工作

进行人工授精须有专门的人工授精实验室，在实验室内完成其相关的准备工作。实验室工作人员必须穿上干净的工作服，保持所有工作台的干净，且要保持室内没有灰尘，最好将实验室的室温保持在22～24℃。在采精前要准备好集精杯（或瓶）、过滤纸（或纱布）、一次性采精用乳胶手套，用于精液检查的载玻片、滴管、显微镜，用于精液保存与运输的保湿箱、量筒、温度计（2支）、恒温冰箱、保温柜，及精液稀释液与器皿，对相关器物进行清洁消毒并干燥保存。将恒温水槽预热到37℃，准备好足够的稀释液，放入恒温水槽预热至相应温度。实验室的准备工作至少要在采精前1小时进行。

（二）采精

采精前将采精杯预热至37℃（多配合使用一次性的采精袋，将其放入杯中并用过滤纸覆盖杯口，以皮筋固定），放入精液运送箱中，送到采精的地方，临采精时置于一个安全且容易拿到的地方。当公猪进入采精室时，戴上双层手套，一旦公猪爬到假台畜上，开始抽动时，先挤出包皮中的积尿，并用纸巾擦干净包皮及周围，脱掉外层手套，用手握住阴茎，引诱公猪将阴茎全部伸出来。在紧紧抓住阴茎前，应让其在手中伸缩几次，以便找到锁定位置。对最先射出的液体不采集，当呈奶油状的白色液体开始流出时，就开始用准备好的集精杯采集精液，直到公猪完全停止射精。立即将采好精液的采精杯放入保温箱中（注意先不要拿掉过滤纸），送到实验室或精液处理处。公猪采完精后，不要急着让它下来，更不要催它或推它，要让公猪自己从假母猪上下来。

（三）精液的稀释与分装

在过去，人工授精很难获得满意效果，主要是对污染不能进行有效控制。近年来随着人工授精技术的成熟，开发出了很多适用的一次性用品，简单实用，严格操作可有效控制污染，使人工授精的效果明显提高。商业稀释粉的使用可使稀释液保持适宜的渗透压和 pH，稀释液的质量更有保障。

根据不同要求，可选用短效（精液稀释好后 24 小时内使用）、中效（4 天内使用）、长效（8 天内使用）三种不同类型的稀释粉按比例进行稀释，稀释用水最好用蒸馏水（没有蒸馏水时可用纯净的凉开水代替，但切不可使用自来水）。稀释液至少要在使用前 1 小时配好，并静置一段时间。稀释液的温度在使用前需保持在 37℃。

精液采集好后要尽快送到实验室或精液处理处，实验室的温度在 22～24℃为宜。采集与处理之间的时间间隔越长，精液质量受损的危险性就越大。

进行精液处理前必须先检查精液的质量，将载玻片置恒温载物台上预热，用滴管取一滴精液在预热的载玻片上，将载玻片移至显微镜下观察精子的形状、活力与密度。有条件的要计算精子的活力与密度，没有相关设备的可根据经验进行估测，并做好镜检记录。计算本次采集精液所能分装的头份，要保证每头份至少含有 30 亿个的活精子数。在精液的稀释过程中，要尽可能地减少稀释液与精液之间的温度、渗透压和 pH 的差异，通常其温差要求不超过 1℃（最好完全一致）。根据精液的品质决定稀释倍数和稀释液的用量。

在精液的稀释过程中要注意温度的变化，精液的温度只能缓慢的降温至 34～37℃，下降速度不能超过每 5 分钟 1℃（精液降温的时间一般需要 15～20 分钟）。

当精液与稀释液的温度完全一致时，把稀释液慢慢地倒入精液中进行稀释。首先在 2～5 分钟的时间内向精液中缓慢地加入等量的稀释液，待其稳定后（一般需要 5～10 分钟），再将剩下的稀释液缓慢加入。这样可有效使精子慢慢地适应两者的温度和渗透压的变化，从而减少混合过程中的不良影响。稀释完成、检验合格后再将稀释好的精液分装于事先准备好的输精瓶中，每头份稀释精液约 100 毫升，注意装满后瓶内不要留空气，在每瓶精液上贴上标签。

（四）精液的保存与运输

分装好的精液应保存在 17℃的恒温冰箱中，每间隔 24 小时左右把输精瓶轻轻转动 1 次，以保持精子的悬浮状态，要小心冰箱门开关过程中冰箱内温度的变化，应保持其恒温状态。运输途中宜用小瓶装满封严，棉纱布包好，以免在运输途中因剧烈振荡使精子受损伤。如果运输过程所需时间少于 30 分钟，可以用保温的运送箱，但箱内必须放入可升/降温的温水袋/冰袋以调节温度。若运输过程所需时间过长，最好用可移动的恒温冰箱。精液在送出前应抽样检查精液样品，只有合格的才能送出使用。

精液及所用仪器、器械等的清洁与消毒非常重要，精液的每一步处理及输精前都要检查活力，只有合格的精液才能用于输精，发现活力下降必须查明原因，并加以解决。

三、人工授精

（一）适时输精

由于卵子排出后在输卵管内维持受精能力的时间为 8～10 小时，精子维持受精能力的时间为 24～48 小时，精子从子宫颈到达输卵管的时间为 2～3 小时，且精子在受精之前还需要 6～8 小时的时间才能获能，而断奶母猪的发情持续时间及排卵时间并不完全一致，断奶后出现发情越早，发情持续时间越长，从发情开始到排卵的时间也越长。否则，相反。一般情况下当阴户红肿刚刚开始消退，黏液由厚变薄且有黏性，静立反应明显时，正是排卵的时间。实践中可采用以下方法：

（1）对于断奶后 7 天之内正常发情且有明显静立反射的经产母猪，采用试情公猪在通道走动查情，观察表现症状，确定有静立反射后 8～12 小时进行首次输精，间隔 6～12 小时再进行第二次输精。

（2）对没有明显静立反射的经产母猪，应选择平时与母猪隔离饲养、行动缓慢、唾液分泌多、性欲旺盛的老年公猪担任试情公猪。对于后备母猪、返情母猪、发情不稳定的母猪和断奶后 7 天以上不发情的母猪，最好采用公猪爬跨的鉴定方法。对部分高瘦肉率品种的后备母猪要增加查情次数，对此类母猪只要出现静立反射，要立即输精，间隔 6～12 小时再进行第二次输精。

无论何种情况，其输精的次数都要根据不同的母猪及具体情况区别对待。如果第二次输精后间隔 8～12 小时，其母猪的静立反射仍非常明显，则需进行第三次输精。否则，只输精两次即可。

（二）输精的方法

1. 输精员的选择　　不同的输精员输精的效果差异很大，要选择责任心强、有一定文化基础、经过培训、技术水平高、悟性好且有耐心的人来担任输精配种工作。

2. 输精管插入方法　　输精时，先将母猪外阴及周围用高锰酸钾水溶液清洗，而后洗去消毒液，再用柔软的纸巾擦拭干净，以减少污染的机会。然后打开阴户，将输精管斜向上 45°左右仔细而坚定地旋转着插入阴道。可在输精管头部事先涂上润滑液，以方便插入。不能向下插入，否则易插入尿道及膀胱。要注意插入时的手感，不能硬插，否则会损伤母猪阴道。如果插入正确。输精管就会进入子宫颈，发情的母猪的子宫颈皱褶肿胀，逆时针转动时会将输精管锁定。锁定可避免输精时精液回流，同时可刺激子宫收缩来运送精子到输卵管。若逆时针转动时，输精管很容易从子宫颈内旋转出来，则锁定不正确，应取出再试。正确锁定时，输精管逆时针转动或回拉都会感觉到明显的阻力。

3. 输精方法 正确插入后，将输精瓶口插入输精管的尾部，向上弯曲输精管，保持输精管在子宫颈的锁定，然后再慢慢地挤压输精瓶，但不可用力强行挤压，最好是让其随重力流入子宫，让母猪自然吸纳。当输入部分精液后，瓶内出现一定空间时，可将倒立的瓶底剪一个小孔，让空气进入输精瓶，以便所有的精液都流入子宫。应注意其输精管中不能留有太多的空气。输精速度不宜太快，一般要持续 5~10 分钟，有些后备母猪输精时间更长。

输精时，可慢慢地按摩母猪敏感的背部、肋部、乳房或阴户等部位，以使母猪安静下来并促进子宫收缩，甚至于输精人员可以倒骑在母猪的背上输精，这样可提高输精效果。

输精结束时，将输精管尾部折叠，插入输精瓶内，可防止空气进入子宫或精液倒流。不要让母猪马上卧下，应继续按摩母猪一分钟左右，让精液充分吸收。严禁拍打或使母猪产生应激而导致精液倒流。

4. 输精量 瘦肉型母猪的经产母猪每次 100~120 毫升，后备母猪 80~100 毫升，地方品种母猪 60~80 毫升。要求精子含量为 30 亿个左右，精子密度在每毫升 0.5 亿个左右，活力在 0.65 以上，畸形率低于 18%。

第五节　提高猪繁殖力的技术措施

一、加强对公猪的综合管理，提高繁殖效率

夏季对公猪要做好防暑降温工作，为其提供一个相对舒适的环境。当环境温度高于 30℃时，精液质量会明显下降，恢复正常则需要较长的一段时间。

二、对母猪进行保健投药和诱导分娩技术的应用

对临产母猪按预产期推算，在其产期前后各一周用抗生素或磺胺类药物对母猪进行保健投药，可有效预防产后疾病，保证其离乳后正常发情。利用诱导分娩技术可缩短产程，降低死胎率，提高母猪的年平均分娩胎次。可根据情况在母猪妊娠 112～114 天时注射 0.1 毫克氯前列稀醇，一般在注射后 24 小时左右分娩，分娩后再注射一针，可有效降低母猪子宫内膜炎的发生和缩短断奶—发情的时间间隔。

三、对不发情母猪的处理

断奶后天 7 天以上不发情的母猪和超过适配月龄而仍不发情的母猪，可先采用调换栏舍、重新组群、增加运动等改变环境条件，配合加强营养和公猪诱情等方法促进其发情。通过以上处理后仍不发情的母猪可注射氯前列稀醇、PG600 等激素类药物进行催情。要尽可能地减少空怀母猪的饲养天数。

四、短期优饲和管理

对后备母猪于配种前实行短期优饲，可增加排卵数。从初情期即对后备母猪建立发情档案，计划配种时，将 1 周内发情的后备母猪归于一栏或几栏，在其发情后限饲 7～10 天，接着进行短期优饲 10～14 天，至发情配种。配种后再将日喂量立即降低。短期优饲对经产母猪效果较差，但对哺乳期掉膘严重的瘦母猪有一定的效果。断奶后的母猪冬天采取限饲，夏天自由采食，这样可以充分发挥母猪的繁殖潜力，夏季限饲会影响母猪下胎产仔数。配种后必须立即降低母猪的采食量，可有效预防原因不明的早期胚胎死亡，同时必须减少配种后 40 天内的各种刺激。

随着种猪选育程度和胴体瘦肉率的不断提高，越来越多的后备母猪初情期推迟，有的达到 7.5～8 月龄以上。可在配种前3～

4周对后备母猪采取运动、改变环境、公猪诱情等方法让其发情，同时建立一个完善的后备母猪发情记录，确保其在第二、三次发情时配上种，这样可有效地提高产仔数。

五、激素的运用

为提高受胎率及产仔数，可给每份输入的精液在输精前沿精液瓶壁徐徐加入5国际单位的催产素，轻轻摇匀后输入。

第六节　猪的繁殖技术新进展

一、猪冷冻精液人工授精

猪精液冷冻技术是指利用干冰（－79℃）、液氮（－196℃）、液氦（－269℃）等作冷却源，将精液经特殊处理后，保存在超低温状态下，使精子细胞的代谢完全停止，达到长期保存精液的目的。需要使用时经解冻便可用于输精。

使用冷冻—解冻精子与液态保存精子相比，胚胎透明带附着的精子数量少10倍左右，输精的精子数量前者比后者要多2倍。而且在最好的繁育管理条件下也只有大约70%的受孕率。这就限制了冷冻精液在养猪业世界范围内的商业化应用。目前，冷冻精液在世界范围内的人工授精中应用不到1%。

猪精液冷冻技术的研究还处于试验阶段，主要集中在以下几个方面：①精细胞冷却和冷冻的保护剂；②精子表面膜的变化与外周环境（保护剂浓度、冷却速度、解冻速率等）的关系；③精液冷冻的剂型与解冻后精子活力和受胎率的关系；④对精子染色体结构分析，以便准确判断精液品质与受胎关系；⑤简便、易行、廉价且受胎率高的冷冻工艺流程与解冻方法。

二、猪子宫内人工授精（IUI）

猪子宫内人工授精（IUI），是利用特制的输精导管将精子驻留于距子宫颈 15～20 厘米子宫腔内的一种输精技术，其精液需要量只需保证每份精液总精子数不少于 10 亿个精子，即可达到与传统猪人工授精技术相当的效果。德国（Rath 等，1999）和西班牙（Martinez 等，2001）已在实验室研究出 IUI 授精程序。2001 年，法国的一些公司发明了专用输精管，并在人工授精中心实施成功。包括子宫颈后（子宫体）授精（IUBI）和子宫角深部输精（DIUHI）。

与子宫颈内授精相比，子宫颈后授精和子宫深部授精方式都可以减少每次对冷藏精子数目的需要。每次输精 10 亿～15 亿个精子（子宫颈后授精）或 6 亿个精子（子宫深部授精），即可达到子宫颈内授精（每次 30 亿个精子）的效果。因此，这两种方式都可以被视为在生产条件下使用冷藏精液的实用、有效的授精方式。特别是在精源有限或者需要尽可能有效地使用高质量的种公猪精液的情况之下。但该技术中，如何将输精管准确地插入到子宫及子宫深部需要进行培训和练习。授精后，母猪阴户或者阴道内膜可能会由于摩擦出现外伤，应该是对装置的不正确操作所致。同时，利用该技术给初配猪授精要慎重，因为初配母猪子宫颈比较狭小，装置通过比较困难。

三、猪的性控精液人工授精

在猪的生产中，需要后代为单一性别的母猪或者公猪以利于管理和销售。目前，在欧洲已经开始讨论制定法律禁止进行公猪的阉割，而在猪的育种中，则需要控制后代的性别。因此，对于猪性别控制的要求十分迫切。

获得性控后代的唯一方法就是在受精之前，将带 X 染色体的精子从精子中分离出来。至今被证明有效控制后代性别的方法是贝尔兹维精子性别鉴定技术（BSST）。

综合分析其成本以及可能带来的经济效益，这些技术有着广泛的应用前景。近年来经过改进的子宫体内输精和子宫角深部输精技术结合精液冷冻和精液性别鉴定技术，还将继续推动人工授精技术在猪的育种、畜群管理和特殊商品猪生产领域的应用。此外，一些新的繁殖生物技术如精子为载体的转基因、精子胶囊和精子冻干技术的研究都将会得到发展，然而其在生产中的应用与推广，最终还是取决于它们的实际利用效率，这一点则依赖于有效的输精方式。

第六章

猪的营养与饲料配制

第一节　猪的营养需要

猪场管理者必须通过饲料合理地为猪提供蛋白质、脂肪、碳水化合物、维生素、矿物质和水等各种营养物质，以满足猪维持生命、生长发育、繁殖和泌乳等各种生理活动的需要。

一、能量

猪全部的生命过程和进行的所有活动都需要能量。猪所需要的能量来自于饲料中的有机物——碳水化合物、脂肪和蛋白质。食入的这三种营养物质在猪体内经过一系列复杂的生物氧化过程后，释放出热能用来维持生命和进行生产。猪的能量来源主要依靠碳水化合物，当热能原料过剩时，会把它转变成脂肪储存于体内。相反，如热能原料供应不足时，猪体内储备的脂肪甚至蛋白质也可被动用来作为热能供应。能量在猪营养中非常重要，在各种家畜的饲养标准中，其他各种养分的需要量都建立在能量需要的基础上，并随着日粮能量浓度的变化而变化。

日粮能量水平低时会多采食，造成蛋白质的过剩而浪费，能量过高易肥，造成浪费，而且肉质差，卖价低，带来不应有的经济损失。脂肪的供能效率最高，日粮中脂肪的含量过多会引起猪消化不良、腹泻，过少则妨碍脂溶性维生素的溶解和吸收，使猪生长受阻、皮肤发炎、生殖机能衰退等。

二、蛋白质

蛋白质是猪体内除水分以外含量最多的物质，它不仅是猪体组织的主要组成成分，而且还为机体提供各种各样具有特殊生物学功能的物质，如酶、某些激素、血红蛋白、免疫球蛋白等，广泛地参与机体的各种生理机能和代谢过程，生命的一切基本现象都是通过蛋白质的活动来体现的。蛋白质也是猪体组织更新所需的原料，无论处于生长还是维持状态，体组织蛋白都在不断地进行着合成和降解，在这一过程中不可避免地有一部分氨基酸损失，因而需要从外界摄入蛋白质以进行补充。

动物没有贮存蛋白质原料的功能，当摄入的蛋白质超过维持需要时，过量摄入的蛋白质可转化成糖元或体脂作为能量贮备。由于蛋白质的生理功能不能由脂类、碳水化合物或其他营养物质代替，猪要维持正常的生命、生长发育和繁殖就必须从饲料中获取一定数量的蛋白质，以满足机体的需要。因此，当猪日粮中蛋白质缺乏时，会引起猪生理功能的紊乱，影响生长发育和繁殖，幼猪贫血、抗病力下降，公猪性欲衰退、精子畸形、活力不足，母猪发情、受胎失常，排卵数减少，出现死胎、流产、泌乳力下降等，时间过长时甚至死亡。蛋白质摄入过多，则引起饲料资源的浪费，增加成本，同时还会造成肾脏负担过重而受损害。

氨基酸是组成蛋白质的基本单位。饲料中的蛋白质在猪体内消化后，分解为氨基酸被猪体吸收，消化率为 $75\% \sim 90\%$。氨基酸分为必需氨基酸（猪体内不能合成或合成量不够，必须从饲料中获取的氨基酸）和非必需氨基酸两大类。猪的必需氨基酸包括赖氨酸、蛋氨酸、色氨酸、精氨酸、组氨酸、苏氨酸、缬氨酸、亮氨酸、异亮氨酸、苯丙氨酸共 10 种，前两者最需要，被称为限制性氨基酸。所谓理想蛋白质就是指这种蛋白质的氨基酸在组成和比例上与动物所需蛋白质的氨基酸的组成和比例一致，包括必需氨基酸之间以及必需氨基酸和非必需氨基酸之间的组成和比例，动物对该种蛋白质的利用率应为 100％。

三、矿物质

矿物质是构成猪体组织的重要成分。一些元素不仅在骨骼中大量存在，在其他体组织中含量也较高。在动物体组织中一些矿物元素含量较为稳定，它们广泛地参与动物体内多种代谢活动，是多种酶的激活剂或组成成分。对于维持正常的组织细胞的渗透性和组织兴奋性，机体内的酸碱平衡具有重要作用。所有矿物质元素在日粮中的含量极大地超过猪的需要量时，对猪会有不利的影响。如果必需矿物质元素缺乏时，可引起特异的生理功能障碍和组织结构异常，影响猪的健康和生产性能。根据矿物质在动物体内的需要量可分常量元素（占 0.01％以上）和微量元素（占 0.01％以下）。常量元素包括钙、磷、硫、钾、钠、氯和镁，微量元素包括铁、锌、铜、碘、锰、钴、硒和铬等元素。

一般猪日粮中钙的含量占 0.8％～0.9％。钙量过高，影响镁、锰、锌的吸收，一般谷类饲料和糠麸中含钙很少。因此，日粮中应添加石粉、骨粉、磷酸氢钙等钙质饲料。猪日粮中磷的含量占 0.6％～0.7％，谷物和糠麸类含磷较多，但主要以植酸磷形式存在，利用率很低，配合日粮要以有效磷为指标。钙和磷的比例为 1.5～1.2：1。

四、维生素

维生素是维持猪的正常生理机能和生命活动所必需的，但需要量极少的低分子有机化合物。猪体内一般不能合成，必须由饲粮提供，或者提供其先体物。维生素不是形成机体各种组织器官的原料，也不是能源物质。它们主要以辅酶和催化剂的形式广泛参与体内代谢的多种化学反应，从而保证机体组织器官的细胞结构和功能正常。

猪对维生素的需要量甚微，但其作用非其他营养物质所能替代。维生素缺乏可引起机体代谢紊乱，会导致发育迟缓、生产力下降、疾病增多，严重时可导致动物死亡。维生素可分为两大类，即脂溶性维生素和水溶性维生素。脂溶性维生素是指能溶于脂肪的维生素，包括维生素 A、维生素 D、维生素 E、维生素 K，水溶性维生素是指能溶于水中的维生素，包括 B 族维生素和维生素 C。

五、水

水是重要的营养物质，参与机体内的每个化学反应。水具有多重功能，它是体液的组成成分，是营养物质的溶剂和传输媒介。此外，水在体温调节、维持体液的离子平衡、排泄废物、润滑关节等方面起着重要作用。猪所需的水来自饮水、饲料水及体内代谢水，饮水是最重要的来源。如供水不足，会严重影响猪只的采食与代谢，如不供水，可在数天内造成猪只死亡。

第二节　猪常用饲料原料与添加剂

猪的饲料原料来源于植物性饲料如玉米、稻谷、麦麸、饼粕、秸秆、干草粉、野草、南瓜、番薯藤叶等；动物性饲料如鱼粉、血粉、蚕蛹和骨肉粉等；矿物质饲料如骨粉、石粉、贝壳粉、蛋壳粉、食盐和微量元素制剂等。按照饲料原料的营养来划分，可分为八大类：①蛋白质饲料；②能量饲料；③粗饲料；④青饲料；⑤青贮饲料；⑥矿物质饲料；⑦维生素饲料；⑧添加剂饲料。下面介绍几种猪主要饲料原料的营养特点与使用方法。

一、能量饲料

能量饲料是饲料的绝对干物质中粗纤维少于 18％、粗蛋白少于 20％的饲料。主要有谷实类，如玉米、麦类、高粱、稻谷与糙米等；粮食加工副产品，如米糠、麸皮、玉米种皮等；淀粉质块根、块茎，瓜果类饲料干制品；饲用油脂（包括植物油和动物脂肪）及其他。

（一）玉米

玉米的可利用能值是谷类籽实中最高的，享有饲料之王的美誉。玉米有早熟和晚熟两种，早熟的玉米呈圆形，顶部平滑，光亮质硬，富有角质，含大量蛋白质；晚熟的玉米粒呈扁平形，顶部凹陷，光亮度差，蛋白质含量较低。玉米因所含淀粉丰富，粗脂肪含量高，是养猪所需的最重要的高能量原料。

1. 使用玉米时应注意的问题

（1）水分　含水量高的玉米，不仅养分含量降低，而且容易滋生霉菌，引起腐败变质，甚至导致动物霉菌毒素中毒。成熟期收获的玉米水分含量仍可达30％以上，且玉米籽实外壳有一层蜡质，能阻止籽实内水分的散发，难以干燥。在高温高湿和温差变化大的地方，玉米容易变质。一般情况下，在贮藏过程中，玉米的水分应控制在14％以下，且注意防虫，才能避免发霉。

（2）贮藏时间　随贮存期延长，玉米的品质相应变差，特别是脂溶性维生素A、维生素E和色素含量下降，有效能值降低。

（3）破碎粒　玉米破碎后即失去天然保护作用，极易吸水、结块、霉变并引起脂肪酸的氧化酸败。贮藏玉米中破碎粒比例越高，越易变质。饲喂前要粉碎，但不易久贮，1周内喂完为好。

（4）霉变情况　霉菌及其毒素对玉米品质影响极大，其主要是降低适口性和畜禽的增重，并使畜禽产生特异性中毒症状，如产生玉米赤霉烯酮，可造成母猪假发情等现象，严重影响猪只生长。

2. 霉变玉米鉴别方法

（1）发霉后的玉米表现玉米皮特别容易分离。

（2）观察胚芽，玉米胚芽内部有较大的黑色或深灰色区域为发霉的玉米，在底部只有一小点黑色为优质的玉米。

（3）在口感上，好玉米越嚼越甜，霉玉米放在口中咀嚼味道却很苦。

（4）在饱满度上，霉玉米比重低，籽粒不饱满，取一把放在水中有漂浮的颗粒。

另外，我们还要警惕不法商贩用口水油抛光已经发霉的玉米并进行烘干处理，以及将已经发芽的玉米用除草剂喷洒，再进行烘干销售。

（二）小麦

小麦对各种动物都具有较高的营养价值，我国小麦的粗纤维含量和玉米相当，粗脂肪含量低于玉米，但蛋白质含量高于玉米，是谷类籽实中蛋白质含量较高者，小麦的能值也较高，仅次于玉米。小麦蛋白质含量依产地及品种而异，高的可超过16%，低的在11%左右，但其氨基酸结构不佳，尤其赖氨酸等必需氨基酸含量较低。全小麦的饲喂价值基本上等同于玉米。按饲用小麦的国家标准质量指标，一级小麦的粗蛋白质＞14.0%、粗纤维＜1.0%、粗灰分＜2.0%；二级小麦的粗蛋白质＞12.0%、粗纤维＜3.0%、粗灰分＜2.0%；三级小麦的粗蛋白质＞10.0%、粗纤维＜3.5%、粗灰分＜3.0%。

小麦中淀粉性胚乳细胞壁的主要成分为一种可溶性多糖——阿拉伯木聚糖，该物质能增加消化食糜的黏稠度，从而降低养分消化率和饲料利用率，导致小麦作为猪饲料时，实际能值变异很大。在日粮中添加阿拉伯木聚糖酶，可降低猪消化道食糜的黏稠度，有效地提高养分消化率和饲料利用率。

（三）大麦

大麦因用途的不同而有很多品种，如酿造大麦与饲料大麦就有很大的不同。大麦的适口性比较好，粗纤维含量相对来说比较高一些，总体来说它的营养价值只相当于玉米的90%左右，大麦的蛋白质含量可以达到11%～12%，赖氨酸和色氨酸的含量比玉米高，大麦是能量饲料中蛋白质品质比较好的一种饲料，在日粮中的添加量可达30%。大麦的脂肪含量比较低一些，喂肥育猪的效果会比较好，用大麦喂的猪，体脂肪洁白硬实。

大麦主要是因其纤维含量较高、能量含量较低而使其营养价值受到限制。大麦因有硬壳，必须经粉碎之后才能用来喂猪，这样可提高利用率18％。但现已证实，大麦磨得过细会造成胃黏膜临床异常，易使猪发生胃溃疡。大麦的细胞壁含有称为β-葡聚糖的碳水化合物，饲喂β-葡聚糖酶可以提高大麦的干物质消化率，从而提高其日粮的能量值。

（四）小麦麸

小麦麸是小麦加工成面粉时的副产品，主要由麦种皮、糊粉层、少量胚芽和胚乳组成。小麦麸的粗纤维含量较高，能量价值较低，蛋白质含量较高，一般均超出14％，但品质较差。其维生素含量丰富，特别富含B族维生素和维生素E，但烟酸利用率仅为35％。其磷含量高，但主要是植酸磷，利用率低。在新鲜的小麦麸中存在着较高活性的植酸酶，对植酸磷的利用有帮助。小麦麸物理结构比较疏松，在调节猪日粮的营养浓度和改变大量精料的沉重性质方面，具有重要作用。另外，麸皮还含有适量的粗纤维和硫酸盐类，有轻泻作用，产后的母猪给予适量的麸皮可调节消化道的机能。按饲用小麦麸的国家标准质量指标，一级小麦麸的粗蛋白质≥15.0％、粗纤维＜9.0％、粗灰分＜6.0％；二级小麦麸的粗蛋白质≥13.0％、粗纤维＜10.0％、粗灰分＜6.0％；三级小麦麸的粗蛋白质≥11.0％、粗纤维＜11.0％、粗灰分＜6.0％。

1. 使用小麦麸时注意的问题 小麦在加工成面粉前，有一个润麦阶段，生产出的麦麸如未充分干燥，则不能长期贮存。麦麸水分必须降至13％以下贮藏。水分多的麦麸在温暖季节易发霉生虫，腐败变质，降低麦麸的品质。麸皮变质后，不能饲喂猪群，因为变质的饲料会影响猪的消化机能，严重时造成拉稀等，影响猪的生长发育。因其吸水性强，配合饲料中不能添加太多的麸皮，太多的麸皮可造成猪只便秘，应根据猪只大小适量添加。通常生长肥育猪日粮中麸皮占 15%～25%，断奶仔猪日粮中麸皮用量大会引起拉稀，一般不超过 10%，妊娠母猪日粮中麸皮可占 25%～30%。

2. 麸皮品质鉴别　经常发现在麸皮中掺滑石粉、稻谷糠等现象。将手插入一堆麸皮中然后抽出，如果手指上粘有白色粉末，且不易抖落则说明掺有滑石粉；用手抓起一把麸皮使劲握，如果麸皮很易成团，则为纯正麸皮；用手抓起一把麸皮使劲搓，搓时手有胀的感觉，则掺有稻谷糠。

（五）米糠

米糠是稻米加工过程中的副产品，它由糙米皮层、胚和少量胚乳构成。米糠的蛋白质含量高于玉米，赖氨酸含量也高于玉米。米糠含脂肪高，且大多属不饱和脂肪酸，油酸及亚油酸占 79.2%，含有 2%～5% 的维生素 E。米糠的粗纤维含量不高，有效能值较高。米糠含钙偏低，而含磷高，但主要是植酸磷，利用率不高。米糠的适口性较好，一般畜禽饲料均可使用。新鲜米糠用量过多，可能使猪体脂变软，胴体品质变差，所以用量宜控制在 15% 以下。按饲用米糠的国家标准质量指标，一级米糠的粗蛋白质≥13.0%、粗纤维＜6.0%、粗灰分＜8.0%；二级米糠的粗蛋白质≥12.0%、粗纤维＜7.0%、粗灰分＜9.0%；三级米糠的粗蛋白质≥11.0%、粗纤维＜8.0%、粗灰分＜10.0%。

使用米糠时应注意的问题是：①米糠中含有胰蛋白酶抑制因子，且活性较高。大量饲喂未经失活处理的米糠，可引起动物蛋白质消化障碍；②米糠中植酸含量高，可能会影响矿物元素和某些养分的利用率，从而抑制猪的生长；③米糠的油脂含量高，且主要是不饱和脂肪酸，容易发生氧化酸败、发热和霉变。氧化变质的米糠适口性变差，可导致动物严重腹泻，甚至死亡。喂量超过 30% 时，会产生低品质的软肉脂，还导致猪群发生皮炎。榨油剩余的脱脂米糠，蛋白质含量相对提高，且不会产生软肉脂或使种猪过肥，饲喂量可占日粮的 40%。

二、蛋白质饲料

蛋白质饲料是指绝对干物质中粗蛋白质含量在 20% 以上、粗纤维含量少于 18% 的一类饲料。一般说来，蛋白质饲料可分为两大类，一类是油籽经提取油脂后产生的饼粕，另一类则是屠宰厂或鱼类制罐厂下脚料经油脂提取后产生的残留物。

（一）大豆粕（饼）

大豆粕（饼）是大豆榨油后的副产物，通常将大豆经压榨法或夯榨法取油后的副产物称为豆饼，而将用浸提法或预压浸提法取油后的副产物称为豆粕。豆粕是畜禽饲料应用最广的蛋白质饲料，在所有饼粕类蛋白质饲料中被公认为质量最好。其蛋白质含量为 40%～50%，赖氨酸含量是所有饼、粕类饲料中最高者，为 2.45%～2.70%，但蛋氨酸含量少，适口性好。粗纤维含量为 5% 左右，能值较高，富含烟酸与核黄素，胡萝卜素与维生素 D 含量少，钙不足。根据饲用大豆粕的国家标准质量指标，一级大豆粕的粗蛋白质≥44.0%、粗纤维＜5.0%、粗灰分＜6.0%；二级大豆粕的粗蛋白质≥42.0%、粗纤维＜6.0%、粗灰分＜7.0%；三级大豆粕的粗蛋白质≥40.0%、粗纤维＜7.0%、粗灰分＜8.0%。

1. 使用豆粕时应注意的问题　大豆中存在着多种抗营养因子，主要有胰蛋白酶抑制因子、脲酶、抗血凝集素、胃肠胀气因子以及大豆抗原等，其中胰蛋白酶抑制因子是主要的有害物质。大豆中的抗营养因子多不耐热，通过加热可使其变性失活，提高蛋白质的利用率。因此，大豆去毒方法一般多采用 3 分钟 110℃ 的热处理。豆粕是大豆经加工处理后的产品，其抗营养因子的活性大大降低，但在加工过程中，加热不足或过度均会降低蛋白质生物学效率，用脲酶活性测定法可判断大豆的热处理是否适当。

2. 问题豆粕的鉴别

（1）外观鉴别法　对饲料的形状、颗粒大小、颜色、气味、质地等指标进行鉴别。豆粕呈片状或粉状，有豆香味。纯豆粕呈不规则碎片状，浅黄色到淡褐色，色泽一致，偶有少量结块，闻有豆粕固有豆香味。反之，如果颜色灰暗、颗粒不均、有霉变气味的，不是好豆粕。而掺入了沸石粉、玉米等杂质后，颜色浅淡，色泽不一，结块多，可见白色粉末状物，闻之稍有豆香味，掺杂量大的则无豆香味。如果把样品粉碎后，再与纯豆粕比较，色差更是显而易见。在粉碎过程中，假豆粕粉尘大，装入玻璃瓶中粉尘会黏附于瓶壁，而纯豆粕无此现象。

（2）外包装检查法　颗粒细、容量大、价格廉，这是绝大多数掺杂物所共同的特点。饲料中掺杂了这类物质后，必定使包装体积小，而重量增加。豆粕通常以 60 千克包装，而掺入了大量沸石之类物质后，包装体积比正常小。

（3）水浸法　取需检验的豆粕（饼）25 克，放入盛有 250 毫升水的玻璃杯中浸泡 2～3 小时，然后用手轻轻摇晃则可看出豆粕（碎饼）与泥沙分层，上层为豆粕，下层为泥沙。

（4）显微镜检查法　取待检样品和纯豆粕样品各一份，置于培养皿中，并使之分散均匀，分别放于显微镜下观察。在显微镜下可观察到：纯豆粕外壳内外表面光滑，有光泽，并有被针刺时的印记，豆仁颗粒无光泽，不透明，呈奶油色；玉米粒皮层光滑，并半透明，并带有似指甲纹路和条纹，这是玉米粒区别于豆仁的显著特点。另外，玉米粒的颜色也比豆仁深，呈橘红色。

（5）碘酒鉴别法　取少许豆粕（饼）放在干净的瓷盘中，铺薄铺平，在其上面滴几滴碘酒，1 分钟后，其中若有物质变成蓝黑色，说明掺有玉米、麸皮、稻壳等。

（6）容重测量鉴别法　饲料原料都有一定的容重，如果有掺杂物，容重就会发生改变。因此，测定容重也是判断豆粕是否掺假的方法之一。具体方法为用四分法取样，然后将样品非常轻而仔细地放入1 000毫升的量筒内,使之正好到1 000毫升刻度处,用匙子调整好容积,然后将样品从量筒内倒出,并称量,每一样品重复做3次,取其平均值为容量,单位为克/升,一般纯大豆粕容重为594.1~610.2克/升,将所测样品容重与之相比,若超出较多,说明该豆粕掺假。

(7)生熟豆粕检查法 饲料应用熟豆粕做原料,而不用生豆粕,因生豆粕含有抗胰蛋白酶、皂角素等物质,影响畜禽适口性及消化率。方法是取尿素0.1克置于250毫升三角瓶中,加入被测豆粕粉0.1克,加蒸馏水至100毫升,盖上瓶塞于45℃水中温热1小时。取红色石蕊试纸一条浸入此溶液中,如石蕊试纸变蓝色,表示豆粕是生的,如试纸不变色,则豆粕是熟的。

(二)全脂膨化大豆

全脂膨化大豆是大豆经过适当的膨化加工处理以后,所得到的优质高能高蛋白饲料产品。粗蛋白含量一般在32%~40%,氨基酸的组成也非常好,但唯一的缺点是蛋氨酸的含量稍偏低,粗脂肪含量非常高,可以达到17%~20%,粗纤维含量低,一般只有5%左右,粗灰分含量也不高。大豆经过膨化以后,可以破坏大豆细胞壁,这样可以使得细胞内的营养物质被释放出来,可以增加大豆的可消化性,降低了抗营养因子的含量,膨化加工后的大豆,水分显著减少,粗纤维也减少,其他组成成分有不同程度增加。无氮浸出物基本上不受加工影响。膨化过程的损耗主要是水分,其他营养物质的损耗不到1%。与普通及膨化豆粕相比大豆抗原水平更低,减轻了断奶仔猪对日粮抗原的过敏反应,增加了肠绒毛长度,提高消化吸收能力,降低未消化养分进入后肠的比例,减少有害菌底物的数量,提高仔猪生产性能。因此,膨化大豆粉的使用越来越广泛,尤其在仔猪的日粮中,用量可达5%~15%。

使用全脂膨化大豆时应注意的问题是全脂膨化大豆的生熟和掺假问题,鉴别方法可参考豆粕。

（三）菜籽粕（饼）

菜籽粕的粗纤维含量较高，可利用能量水平较低，其代谢能值仅 9.36 兆焦/千克，适口性也差，不宜作为单胃动物的唯一蛋白质饲料。菜籽粕的蛋白质含量为 36% 左右，其氨基酸组成的特点是蛋氨酸含量较高，精氨酸含量较低，硒的含量在植物性饲料中最高。菜籽粕与棉籽粕配合使用可改善某些氨基酸的平衡。按菜籽粕的国家标准质量指标，一级菜籽粕的粗蛋白质≥40.0%、粗纤维＜14.0%、粗灰分＜8.0%；二级菜籽粕的粗蛋白质≥37.0、粗纤维＜14.0%、粗灰分＜8.0%；三级菜籽粕的粗蛋白蛋≥33.0%、粗纤维＜14.0%、粗灰分＜8.0%。

1. 使用菜籽粕时应注意的问题

（1）油菜籽实中含有硫葡萄糖甙类化合物，这类化合物本身无毒，但当籽实被加工破碎后，在一定水分和温度条件下，经芥子酶的酶解作用等一系列反应，可生成异硫氰酸酯、硫氰酸酯等毒性物质，可引起畜禽的甲状腺肿大，采食量下降，生产性能降低。

（2）菜籽粕本身所含的芥子碱具有苦味，适口性差。有些菜籽粕中还含有较高含量的单宁，具有苦涩味，并在中性或碱性条件下发生氧化聚合作用，使菜籽粕颜色变黑，伴有不良气味并干扰蛋白质的消化利用。

（3）由于菜籽粕含有这些抗营养因子，只有限量使用才能合理利用菜籽粕，一般妊娠母猪、哺乳母猪日粮中菜籽饼尽量不用，用量一般不超过 3%，生长肥育猪日粮中菜籽粕不超过5%～8%。

2. 菜籽粕的掺假识别

（1）感官检查　正常的菜籽粕为黄色或浅褐色，具有浓厚的油香味，这种油香味较特殊，其他原料不具备。同时菜籽粕有一定的油光性，用手抓时，有疏松感觉。而掺假菜籽粕油香味淡，颜色也暗淡，无油光性，用手抓时，感觉较沉。

(2) 盐酸检查　正常的菜籽粕加入适量的10％的盐酸，没有气泡产生，而掺假的菜籽粕加入10％的盐酸，则有大量气泡产生。

(3) 粗蛋白质的检查　正常的菜籽粕粗蛋白含量一般都在33％以上，而掺假的菜籽粕粗蛋白含量较低。

(4) 四氯化碳检查　四氯化碳的相对密度为1.59，菜籽相对密度比四氯化碳小，所以菜籽可以漂浮在四氯化碳表面，其方法是取一梨形分液漏斗或小烧杯，加入5～10克的菜籽粕，将其加入100毫升四氯化碳的表面，用玻璃棒搅拌一下，静置10～20分钟，菜籽粕应飘浮在四氯化碳的表面，而矿砂、泥土等由于相对密度大，故下沉底部。将下沉的沉淀物分离开，放入已知重量的称量瓶中，然后将称量瓶连同下层物放入110℃烘箱中烘15分钟，取出置于干燥器中冷却、称重，算出粗略的土砂含量，正常的菜籽粕土砂含量在1％以下，而掺假的菜籽粕中土砂含量高达5％～15％。

(5) 灰分检查　正常的菜籽粕灰分含量≤14％，而掺假的菜籽粕灰分含量高达20％以上。

(四) 棉籽粕 (饼)

棉籽粕是棉籽脱壳取油后的副产物。棉籽粕的蛋白质含量较高，达34％以上，但赖氨酸含量较低 (1.3％～1.5％)，只相当于豆粕的50％～60％，精氨酸含量高达3.67％～4.14％，是饼粕饲料中精氨酸含量较高的饲料。棉籽粕的粗纤维含量主要取决于制油过程中棉籽脱壳的程度，有的棉籽粕的粗纤维含量高达13％以上，因而有效能值低于大豆粕。按饲用棉籽粕的国家标准质量指标，一级棉籽粕的粗蛋白质≥40.0％、粗纤维＜10.0％、粗灰分＜6.0％；二级棉籽粕的粗蛋白质≥36.0％、粗纤维＜12.0％、粗灰分＜7.0％；三级棉籽粕的粗蛋白质≥32.0％、粗纤维＜14.0％、粗灰分＜8.0％。

使用棉籽粕时应注意的问题有：棉籽的棉仁色素腺体中含有

有毒物质棉酚。在脱油加工过程中，一部分棉酚转入油内，一部分与蛋白质、氨基酸结合变成无毒的结合棉酚，但仍有一部分棉酚以游离棉酚的形式存在于饼粕和油中。动物棉酚中毒后，生长受阻，繁殖能力下降，甚至不育，有时会发生死亡。因此，在种猪生产过程中，不予采用。

（五）花生粕（饼）

花生粕是指花生剥壳后经脱油而得的副产物，花生粕的粗纤维含量一般在 5.3％左右，有效能值比大豆粕略高，蛋白质含量比豆粕高 3％～5％，但其蛋白质品质低于豆粕，氨基酸组成不佳。花生粕的粗纤维、粗脂肪较高，但脂肪熔点低，脂肪酸以油酸为主，易发生酸败。花生粕适口性很好，有香味。按饲用花生粕的国家标准质量指标，一级花生粕的粗蛋白质≥51.0％、粗纤维＜7.0％、粗灰分＜6.0％；二级花生粕的粗蛋白质≥42.0％、粗纤维＜9.0％、粗灰分＜7.0；三级花生粕的粗蛋白质≥37.0％、粗纤维＜11.0％、粗灰分＜8.0％。

使用花生粕时应注意的问题有：①生花生中含有胰蛋白酶抑制因子，但可在榨油过程中经加热除去；②花生粕易发霉，不宜久贮，极易感染黄曲霉而产生黄曲霉毒素，其种类有黄曲霉毒素 B1、B2、G1、G2、M1、M2 等，以黄曲霉素 B1 的毒性最强。黄曲霉毒素可引起畜禽中毒；③用花生粕喂猪时，用量不宜过多，以不超过 10％为宜，否则会使猪的肉质变差、脂肪软化，哺乳猪最好不用。

（六）鱼粉

鱼粉是以全鱼或鱼下脚料（鱼头、尾、鳍、内脏等）为原料，经过蒸煮、压榨、干燥、粉碎加工之后的粉状物。鱼粉营养价值高，是动物饲料的优质蛋白质来源。鱼粉的营养价值因鱼的品种、加工方法和贮存条件不同而有较大差异。鱼粉含水量变异幅度在 4％～15％，鱼粉含水量以低为好，但含水量太低，说明加热过度，影响消化利用率。鱼粉蛋白质含量为 40％～70％，进口鱼粉一般在 60％以上，国产鱼粉约 50％。鱼粉蛋白质品质好，氨基酸平衡佳、含量高，含粗脂肪 5％～12％。鱼粉的粗灰分含量较高，含钙、磷多，且利用率高，微量元素铁、锌、硒、碘等都较为丰富。鱼粉中的大部分脂溶性维生素在加工时被破坏，但仍保留有相当高的 B 族维生素。此外，鱼粉含有的未知生长因子也是常被应用的原因。但由于鱼粉价格昂贵，使用量受到限制，通常在配合饲料中的使用量低于 10％。

1. 使用鱼粉时应注意的问题

（1）鱼粉中所含脂肪酸为多不饱和脂肪酸，易酸败，久贮不用或少用，易引起幼猪腹泻，生长育肥猪后期不用或少用，因为易产生软脂，屠宰前 1 月停喂，以防肉质出现异味。饲料中鱼粉用量为 2％～8％，不超过 10％，最好控制在 3％以内。

（2）避免食盐中毒。

（3）注意鱼粉掺假。

（4）慎用生鱼粉或生鱼，以防维生素 B_1 缺乏。

2. 鱼粉品质鉴别

（1）**肉眼鉴别**　优质鱼粉颜色一致（烘干的色深，自然风干的色浅）且颗粒均匀。劣质鱼粉为浅黄色、青白色或黑褐色，细度和均匀度较差。如果鱼粉中有棕色碎屑，可能是棉籽壳的外皮，如有白色及灰色或淡黄色丝条，可能是掺有羽毛粉或制革工业的下脚料粉。如果鱼粉颜色偏黑，有焦味，则可能是烧焦鱼粉。

（2）**鼻闻鉴别**　优质鱼粉有浓郁的咸腥味，劣质鱼粉有腥臭、腐臭或哈喇味，掺假鱼粉有淡腥味、油腥味或氨味。如果掺假物数量较多，则容易识别。掺入棉粕和菜粕的鱼粉，有棉粕和菜粕的味道，掺入尿素的鱼粉略有氨味。

（3）**手摸鉴别**　优质鱼粉用手抓摸感到质地松软，呈疏松状。掺假鱼粉质地粗糙，有扎手感觉。通过手捻并仔细观察，时而可发现掺入的黄沙及羽毛粉等碎片。

（4）水泡法　取少许样品放入洁净的玻璃杯子中，加入5倍体积的水，充分搅拌后，静置，观察水面漂浮物和水底沉淀物。如果水面有羽毛碎片或植物性物质（稻壳粉、花生壳粉、麦麸等）或水底有沙石等矿物质，说明鱼粉中掺入该类物质。

（5）鱼粉中掺入尿素的检验　部分进口及国产鱼粉中有掺入尿素的情况，以提高化验结果的蛋白质含量，冒充高档鱼粉。鉴别方法可用灼烧试验，即将20克左右鱼粉放在干净的铁片上，用电炉加热至70℃后，如散发出刺鼻的氨味则极可能掺入尿素。

（七）肉骨粉

肉骨粉是以动物屠宰副产品中除去可食部分之后的残骨、皮、脂肪、内脏、碎肉等为主要原料，经过熬油后再干燥粉碎而得的混合物。肉骨粉的营养成分和品质取决于原料种类、成分、加工方法、脱脂程度及贮藏期。肉骨粉的蛋白品质不好，氨基酸结构不佳，赖氨酸含量同豆粕的水平相似，而且氨基酸的消化利用率不高，但肉骨粉是良好的钙、磷来源，不仅钙、磷含量高（钙10%、磷5%左右），且比例平衡。普通肉骨粉的一般含量为粗蛋白质48%～53%，脂肪8%～12%，灰分22%～35%，水分3%～8%，钙8%～12%，有效磷3%～6%，钠0.4%～0.6%。

使用肉骨粉应注意的问题有：①生产肉骨粉原料的品质直接影响到肉骨粉产品的质量。肉骨粉最易感染沙门氏杆菌，以腐败原料制成的产品，不仅品质差，而且有中毒的危险；②肉骨粉在畜禽日粮中的用量应受限制，幼龄畜禽最好不用，一般猪日粮在5%以下为宜；③近年来，有些国家和地区因疯牛病而禁止肉骨粉的使用。

三、矿物质饲料

（一）食盐

在植物性饲料中钠和氯含量都很少。食盐是补充钠、氯的最简单、价廉和有效的添加物。食盐中含氯 60％、含钠 39％。饲料用食盐多属工业用盐，含氯化钠 95％以上。食盐在畜禽配合饲料中用量一般为 0.25％～0.5％。食盐不足，畜禽食欲下降，采食量降低，生产成绩不佳，并导致异食癖。食盐过量，只要有充足饮水，一般对动物健康无不良影响，但若饮水不足，可能导致畜禽食盐中毒。使用食盐量高的鱼粉等饲料时应特别注意。

（二）钙、磷

单纯补钙的矿物质饲料种类不多，单纯补磷的矿物饲料也有限，生产中，同时提供钙、磷的矿物饲料居多。

1. 碳酸钙　碳酸钙为优质石灰石制品，沉淀碳酸钙是石灰石锻炼成的氧化钙，经水调和成石灰乳，再经二氧化碳作用而合成的产品。石灰粉俗称钙粉，主要成分为碳酸钙，含钙不低于33％。一般而言，碳酸钙颗粒越细，吸收率越好。

2. 磷酸氢钙　磷酸氢钙为白色或灰白色粉末，磷酸氢钙的生产大多以磷矿石为原料，采用湿法磷酸及石灰乳脱氟工艺，含钙量不低于 21％，含磷量不低于 16％，铅含量不超过 50 毫克/千克，氟与磷之比不超过 1∶100。化工部制定的饲料级磷酸氢钙产品质量标准规定：钙含量≥21.0％，磷含量≥16.0％，氟含量≤0.18％，重金属（以铅计）含量≤0.003％，砷含量≤0.004％。磷酸氢钙的钙、磷利用率高，是优质钙、磷补充料，在畜禽饲料中使用较普遍。使用时应特别注意产品的含氟量不能超标，否则将对畜禽生产造成不良影响。

四、饲料添加剂

饲料添加剂指调制配合饲料时加入的各种少量或微量物质，如抗生素、生长促进剂，氨基酸等，添加量甚少，但作用极为显著。使用饲料添加剂是为了完善饲料营养全价性，提高饲料利用率，改善饲料适口性，提高采食量，保健防病，促进畜禽生长，改善饲料加工性能，减少饲料加工及贮藏中养分损失，合理利用饲料资源，改善畜产品品质，提高经济效益。

（一）饲料添加剂的分类

1. 营养性添加剂

（1）维生素添加剂　添加量甚少，仅占万分之几，但作用极为显著。常用单维或多维。

（2）微量元素添加剂　容易缺乏的主要有铁、铜、锌、锰、碘、硒等。给猪配合饲料时，需另外添加微量元素。常用的原料主要有无机矿物质、有机酸矿物盐、氨基酸矿物盐。

（3）氨基酸添加剂　主要包括赖氨酸、蛋氨酸、色氨酸和苏氨酸。赖氨酸为猪饲料第一限制性氨基酸，主要使用 L - 赖氨酸盐酸盐。蛋氨酸主要使用 DL - 型蛋氨酸，猪的需要常用蛋氨酸＋胱氨酸计算。

2. 非营养性添加剂　包括抗氧化剂、防霉剂、促生长添加剂、驱虫和抗球虫添加剂、其他饲料添加剂等

（二）饲料添加剂的应用

饲料添加剂的选用要遵循安全性、经济性和使用方便的原则，根据不同畜禽的生理特点和饲料加工与配方需要，合理选用添加剂，以达到最佳的养殖效果和最佳的经济效益。用前要考虑添加剂的质量效价和有效期，还要注意限用、禁用、用量、用法、配合禁忌等国家有关规定，注意弄清添加剂的有效成分、有效含量、稳定性及有效期，注意产品的生产日期或出厂日期，正确使用饲料添加剂，不可盲目使用，否则会造成不必要的生产损失或对食品安全造成危害，进而影响人的身体健康。

1. 维生素添加剂　维生素是最常用也是最重要的一类饲料添加剂。维生素添加剂种类很多，按其溶解性可分为脂溶性维生素和水溶性维生素制剂两种。维生素添加剂主要用于天然饲料中某种维生素的营养补充、提高动物抗病或抗应激能力、促

进生长以及改善畜产品的产量和质量等。目前，列入饲料添加剂的维生素种类在 15 种以上。在玉米—豆粕型日粮中，通常需要添加维生素 A、维生素 D、维生素 E、维生素 K、维生素 B_2、烟酸、泛酸、胆碱及维生素 B_{12}。在各维生素添加剂中，胆碱、维生素 A、维生素 K 及烟酸的使用量所占的比例较大。对猪而言，常用谷物及其副产品中的烟酸几乎不能被利用，其需要量主要依靠添加外源维生素供给。生产设计时可参考美国 NRC 标准，并在某些维生素单体的供给量上以 2～5 倍超量添加，由于品种、生产性能、饲养条件以及生产目的等方面的差异，在不同企业生产的预混料中，含有各单体维生素活性单位范围的差异相当大。

使用维生素添加剂应注意的问题：①维生素制剂对氧化、还原、水分、热、光、金属离子、酸碱度等因素具有不同程度的敏感性，易被破坏；②饲料存放时间长久，维生素制剂会氧化失效；③在配制猪日粮时，通常把饲料中维生素含量视为零，而按猪的需要拌入维生素添加剂，以确保不致患维生素缺乏症；④常用单维或多维，多维即复合维生素，通常指维生素浓缩制剂，在每吨全价饲料中，维生素浓缩制剂的添加量是 100～250 克。复合维生素的特点是易于流动、没有粉尘、没有静电作用，不吸潮、不结块、不分离，有特定的颗粒粒度以保证均匀分布，所含成分必须是相互间没有化学禁忌。

2. 微量元素添加剂　容易缺乏的微量元素主要有铁、铜、锌、锰、碘、硒等。给猪配合饲料时，需另外添加微量元素。常用的原料主要有无机矿物质、有机酸矿物盐、氨基酸矿物盐。不同的化学形式、产品类型、规格以及原料细度，所含的微量元素的生物学利用率与销售价格差异很大。

微量元素的需要量与最高限量之间差距较大，故少量或超量供给一般不易引起严重后果。我国当前生产和使用微量元素添加剂的主要品种大部分为硫酸盐、碳酸盐。硫酸盐含结晶水较高，易使设备腐蚀。应注意的是，在使用时不可使用工业级硫酸盐，因其重金属含量高，可造成畜产品中的重金属残留并危害人的健康。碘盐常使用碘化钾，其虽可被动物充分利用，但很不稳定，碘酸钙利用率高且稳定性好。

有机态的微量元素近年来已经开始在生产中应用，主要的有机形态有络合、螯合以及与蛋白质结合。由于动物体组织及天然饲料中存在的微量元素，以有机络合物或螯合物形态存在为多。因此，认为有机态微量元素的利用率高于无机态微量元素。目前，常用的有机态微量元素有蛋氨酸锌、蛋氨酸锰、蛋氨酸铁、赖氨酸锌及赖氨酸铜等。

3. 氨基酸添加剂　目前作为饲料添加剂使用的合成氨基酸主要是赖氨酸和蛋氨酸，色氨酸、甘氨酸和苏氨酸等也有使用。

（1）赖氨酸　一般饲料用添加剂为 L-赖氨酸的盐酸盐，（以干基计）含量≥98.5%。由于在促进生长有明显作用，所以具有生长氨基酸之称。在饲料中的添加量为 0.03%～0.05%。日粮中赖氨酸添加剂可以节省蛋白质饲料（降低饲料蛋白质水平的 2%～3%），增进食欲，促进生长发育和骨骼钙化，提高对疾病的抵抗力。

（2）蛋氨酸　产品外观为白色或淡黄色结晶或结晶粉末。我国 DL-蛋氨酸进口检测标准为产品含 DL-蛋氨酸（以干基计）≥98.5%。其作用是促进幼畜生长，提高饲料利用率，一般添加剂量为 0.05%～0.2%。蛋氨酸在畜体内能转变为胱氨酸和半胱氨酸，猪体内的胱氨酸约 30% 是由蛋氨酸转变而来。因此，计算时以两者综合含量与饲养标准比较。

4. 药物性添加剂　抗生素的促生长效果与卫生、密度、通风等环境条件，尤其是环境卫生条件密切相关。

发病率越高的猪场，使用抗生素的效果越好，亚临床症状的猪越多，使用抗生素的效果越明显。配种时适量使用抗生素可提高受胎率、产仔率和窝产仔数。分娩前后在母猪日粮中补充抗生素特别有益。哺乳期仔猪补料和开食料中肯定要用抗生素强化。仔猪出生后的最初几个星期是抗生素作用最大的时期，因为这一时期仔猪免疫力最弱，且肠道屏障发育不全。

使用抗生素添加剂应注意的问题是：①谨慎选用抗生素品种，注意各种抗生素的配伍禁忌，科学使用；②同一地区不能长期使用同一类抗生素；③严格控制添加量，减少不良影响；④为避免产生抗药性和畜产品中残留量过高，应间隔使用，屠宰前应有相应的停药期；⑤使用与贮存中避免与强酸、强碱类接触。

5. 猪生长激素　在畜禽体内，存在一系列促进生长的激素，主要有胰岛素、生长激素、甲状腺素、类固醇、类激素、雌激素、雄激素和各种多肽化合物等，这些激素统称生长因子，能明显改善畜禽的生长速度和饲料转化效率，但需正确使用。

（1）猪生长激素（PST）　PST是猪脑下垂体前叶分泌的一种蛋白质激素，它通过促进肝脏内一些小肽的合成，增加骨骼和肌肉细胞的代谢速度，促进猪的生长。PST还能改变饲料营养物质在猪体内的分配，增加机体蛋白质的合成，降低脂肪的沉积，从而提高猪的瘦肉率。PST不在体内沉积，即使它沉积于畜体组织中，通过蒸煮或消化也会将其破坏。PST在血液中的半衰期只有8～9分钟，没有停药期，可以直接使用到出栏。目前主要采用注射法，此法需要劳动力太多，生产者接受很困难。

（2）免疫制剂（对生长激素抑制因子的免疫）　畜禽生长激素的产生，受下丘脑分泌的生长激素释放因子（GHRF）和生长激素抑制因子（SRIF）的调控，将SRIF与体外载体蛋白偶联，制成生长激素抑制因子的免疫制剂，注射给动物，产生抗原，从而将SRIF从血液中除去，这样，动物就会分泌更多的生长激素。在实际生产中，生长激素需要每天注射，而SRIF疫苗只需注射2次。

6. 微生态饲用添加剂 指能够对动物胃肠道微生态内环境产生明显作用的几种典型的营养型饲料添加剂。可以被改变的环境因素包括胃肠道 pH、气体、碳源（糖类）、氮源等，针对这些环境因素已经开发的微生态饲料添加剂有寡糖、酸化剂、芽孢杆菌、中草药等，另一类产品包括活菌制剂和微生物培养物，主要作用是改变胃肠道微生物群组成，使有益或无害微生物占据种群优势，通过竞争抑制病原或有害微生物的增殖，调节肠道微生态平衡。

（1）活菌制剂 比较常用的活菌制剂主要有乳酸菌类、芽孢杆菌类和酵母类等。

（2）微生物培养物 微生物培养物是微生物和培养基的混合物，其中含有活菌、菌体和微生物代谢产物。有些代谢产物有类抗生素作用，有些则是维生素和氨基酸等营养成分。常见的微生物培养物是酵母培养物，是指活体酵母细胞及其生产基质，主要是指兼性厌氧菌酿酒酵母。给母猪补饲酵母培养物，能够刺激后肠的发酵，导致挥发性脂肪酸产量和细菌发酵终产物增加，这样就可为母猪多提供 30% 的能量，结果提高了母猪的养分利用率和产奶量，乳脂含量显著提高，γ-球蛋白含量也有所提高，仔猪断奶体重、日增重也较对照高。

（3）寡糖 目前，寡糖在我国的研究和应用越来越广泛，寡糖也称低聚糖，是由 2～10 个单糖分子组成的一簇糖的总称。常见的寡糖有果寡糖（FOS）、α-寡葡萄糖（异麦芽寡糖 α-GOS）、β-寡葡萄糖（β-GOS）、甘露寡糖（MOS）、大豆寡糖（α-半乳糖苷）、寡木糖、寡乳糖（GAS）等。寡糖通常作为动物消化道微生态平衡调节剂使用。寡糖的主要生理功能有：①作为动物肠道微生物增殖因子；②吸附肠道病原菌，阻断病原菌在肠道的定植；③作为免疫刺激辅助因子。

7. 酶制剂 常用酶制剂有淀粉酶、蛋白酶、纤维素酶、果胶酶和脂肪酶等。分为两大类，一类是动物体内能合成分泌的一系列消化酶，如淀粉酶、蛋白酶和脂肪酶等；另一类是动物自身通常不能合成而来源于微生物的非消化酶，多用微生物发酵或从植物中提取的方法生产。

酶制剂的作用：①最大限度地提高饲料原料的利用，降低饲料成本；②提高饲料的消化率；③补充内源酶不足，促进营养物质的消化和吸收，促进断奶仔猪的生长，减少疾病发生；④减少动物体内矿物质的排泄量，从而减轻对环境的污染。

8. 饲料酸化剂　饲料酸化剂主要应用的是有机酸类，如柠檬酸、延胡索酸、苹果酸、甲酸、乳酸等。

酸化剂的作用为防止饲料污染，降低胃肠道 pH，增强胃蛋白酶的活性，促进蛋白质消化吸收，有助于仔猪料中一些原料如大豆等的利用，提高生长速度和饲料消化率，抑制有害微生物繁殖，促进有益菌增殖，维持消化道内正常微生物区系，降低断奶前后痢疾的发病率，使死亡率降到正常范围，可以替代部分抗生素的功能。在关注食品安全、人类健康的今天，由于酸化剂具有无抗药性、无残留、无毒害等特点，如今已成为继抗生素之后与益生素、酶制剂等并列的重要添加剂，在饲料养殖业中的应用前景十分广阔。

第三节　猪的饲养标准

科学饲养标准的提出及其在生产实践中的正确运用，是迅速提高我国养猪生产和经济、合理利用饲料的依据，是保证生产、提高生产的重要技术措施，是科学技术用于实践的具体化，在生产实践中具有重要作用。

合理的饲养标准是实际饲养工作的技术标准，它由国家的主管部门颁布。对生产具有指导作用，是指导猪群饲养的重要依据，它能促进实际饲养工作的标准化和科学化。饲养标准的用处主要是作为核计日粮（配合日粮、检查日粮）及产品质量检验的依据。通过核计日粮这个基本环节，对饲料生产计划、饲养计划的拟制和审核起着重要作用。它是计划生产和组织生产以及发展配合饲料生产，提高配合饲料产品质量的依据。无数的生产实践和科学实践证明，饲养标准对于提高饲料利用效率和提高生产力有着极大的作用。

一、国外猪的营养需要和饲养标准

美国 NRC、英国 ARC 猪的营养需要和饲养标准，是世界上影响最大的两个猪饲养标准，被很多国家和地区采用或借鉴。

（一）美国 NRC 猪的营养需要

美国国家研究委员会（NRC）下设猪营养分会，由 6 名专家组成，专门负责猪营养需要的制定修订。1994 年发表第一版《猪的营养需要》，只有 11 页内容。以后又进行多次修订，1998 年发表了第十版 NRC 猪的营养需要（附录 3）。

（二）英国 ARC 猪的营养需要量

在英国，由政府出版猪的营养需要可追溯到 1921 年，当时以政府公报形式出版了《家畜日粮》第一版。而《猪的营养需要》专著直到 1967 年才正式出版，即 ARC 第一版《猪的营养需要》。1974 年 ARC 建立了工作委员会，共有 19 名专家，专司评鉴猪的营养需要量的职责。1981 年该委员会发表了《猪的营养需要》第二版，此版一直沿用至今。

与 NRC 比较，ARC 的主要特点是：它强调养猪生产是一个动态过程，必须弄清为什么需要该养分及影响需要的因素。因此，该标准是在广泛评鉴全世界研究报告基础上，将研究结果进行析因分析和总结，并以析因法总结为主要依据，结合本国情况，详细阐述各养分需要量及其影响因素。

二、中国猪的饲养标准

新中国成立以前我国曾沿用德国 Kellner 饲养标准和美国

Morrison 的饲养标准。新中国成立后改用苏联饲养标准，对我国影响较大，在我国流行很广。70 年代初又用美国 NRC 的营养需要。因此，长期以来没有我国国家自己的饲养标准。1978 年我国把制订畜禽饲养标准列入国家重点科研计划，组织全国的科技力量参加，开展了大规模的试验研究。

我国肉脂型猪饲养标准的制订，经历了三个阶段，1978 年提出饲养标准草案，1978—1980 年拟订试行标准，1980—1982年开展大规模试验研究工作，课题主攻重点是能量与蛋白质两项。综合 1980 年与 1983 年两次修订工作，经过几年努力，1982年制订了我国《南方猪的饲养标准》，1983 年正式制订了我国《肉脂型猪的饲养标准》，1987 年由国家标准局正式颁布了《瘦肉型生长肥育猪饲养标准》。2004 年又颁布了《猪饲养标准》(NY/T 65—2004) 代替 NY/T 65—1987《瘦肉型猪饲养标准》。新标准规定了瘦肉型、肉脂型和地方猪种对能量、蛋白质、氨基酸、矿物元素和维生素等的营养需要量。

任何饲养标准的产生，既是当时、当地科学技术发展水平的反映，又都来源于饲养实践，反过来又指导新的实践，为畜牧生产实践服务，使畜牧生产者有了科学饲养的依据。

第四节　猪饲料的配制技术

一、配合饲料分类

(一) 按营养成分和用途分类

1. 全价配合饲料　指科学配比，除水分外能全部满足猪营养需要，直接用来饲喂猪的饲料。严格来讲因不可能营养到全面，所以学术上、书面上称配合料，即科学配比而成的饲料。其主要组成为：

(1) 能量饲料原料（玉米、麦麸、米糠、DDGS、油脂等）。

(2) 蛋白饲料原料（鱼粉、肉粉、肉骨粉、豆粕、棉粕、菜粕、花生粕、玉米胚芽粕、血浆蛋白粉、酵母等）。

（3）矿物质原料（用来补充常量元素的，如食盐、磷酸氢钙、石粉、骨粉、小苏打、硫酸镁等）。

（4）氨基酸原料（赖氨酸、蛋氨酸、苏氨酸等）。

（5）微量元素原料（常用七种，铜、铁、锌、锰、硒、碘、钴）。

（6）维生素原料（维生素 A、维生素 D、维生素 E、维生素 K、B 族维生素、胆碱等）。

（7）促生长保健药物（抗生素、抗球虫药、中草药、酶制剂等）。

（8）其他功能性添加剂（香味剂、甜味剂、着色剂、防腐剂等）。

2. 浓缩料 通常指全价饲料去掉能量饲料原料而成的料，且添加比例在 $10\%\sim40\%$，即浓缩了的意思，也称为精料。它不能直接用来喂猪，必须再掺入一定比例的能量饲料，才可用来喂猪。采用浓缩饲料，可减少能量饲料的往返运输费用，使用方便。其主要组成为蛋白饲料原料、矿物原料、氨基酸、微量元素、维生素、促生长保健药物、功能性添加剂。

为了改善外观并适当提升质量（也是为方便用户），浓缩料中一般要添加油脂。

3. 预混料 是用一种或多种微量的添加剂原料，或加入常量矿物质饲料，与载体及稀释剂一起配制而成的。它可生产浓缩料和配合饲料。预混料用量很少，在配合饲料中添加量一般为 $0.25\%\sim6\%$（以 1% 和 4% 最常见），但作用却很大，具有补充营养、强化基础日粮、促进生长、防治疫病、保护饲料品质、改善产品质量等作用。其主要组成为矿物原料、氨基酸、微量元素、维生素、促生长保健药物、功能性添加剂。

4. 微量元素预混剂 通常将饲料中动物所需的各种微量元

素成分进行预先混合，即成我们所说的预混剂，一般添加比例在0.2%~0.5%。其主要组成为铜、铁、锌、锰、硒、碘、钴，及铬、镁、钾等。

5. 复合多维　将一般动物所需的四种脂溶性维生素维生素A、维生素 D、维生素 E、维生素 K，及水溶性的 B 族维生素（维生素 B_1、维生素 B_2、烟酸、泛酸、维生素 B_6、叶酸、生物素、维生素 B_{12}）等事先进行混合的混合物。

6. 药物预混剂　我国目前允许使用的抗生素主要有 10 种，如杆菌肽锌、硫酸黏杆菌素（抗敌素）、黄霉素、北里霉素、恩拉霉素、维吉尼霉素、磷酸泰乐菌素、土霉素、喹乙醇。

7. 市场上常见的饲料组成及之间的关联

（1）预混料（1%）　即微量元素预混剂＋复合多维＋氨基酸＋促生长保健药＋载体。

（2）预混料（4%）　即预混料（1%）＋矿物原料（常量元素添加剂）＋载体。

（3）浓缩料　即预混料（4%）＋蛋白饲料原料。

（4）配合料（全价料）　即浓缩料＋能量饲料原料。

浓缩料与预混料按国家标准一般以添加量 10% 为界，10%以下为预混料，但市场中通常把 10%、12%、20% 等的乳猪浓缩料称之为预混料。

（二）按饲料物理形态分类

按饲料物理形态分为粉料、湿拌料、颗粒料、膨化料等。

1. 粉料　优点为加工容易，投喂方便。缺点为粉尘大，损失多，加工运输过程易造成不同原料分离，适口性差，猪的生长速度和饲料报酬要差些。

2. 颗粒料　优点为由于经过加热膨化，消化率比粉料高6%~7%，适口性好，猪采食后生长速度、饲料报酬比粉料好，经过加热，可杀死有害细菌。经过压粒，加工、运输方面不会造成原料分离。缺点为加工成本比粉料高。

（三）按饲喂对象分类

按饲喂对象分为乳猪料、断奶仔猪料、生长猪料、育肥猪料、妊娠母猪料、泌乳母猪料、公猪料等。

二、猪日粮配合的注意事项

（一）灵活应用饲养标准，科学确定饲料配方

猪的饲养标准是根据大量饲养实验结果和养猪生产实践的经验总结，是对各种生产阶段（不同性别、年龄、体重、生理状态、生产性能、环境条件等）的猪所需能量和营养物质的定额规定，这种系统的营养定额及有关资料统称为饲养标准，它是饲料配合的重要依据。

在我国养猪生产中，参考价值较高的饲养标准有中国瘦肉型猪饲养标准、美国 NRC 猪的饲养标准及各大育种公司猪的饲养标准。不但由于试验畜禽的品种、供试饲料品质、试验环境条件等因素的制约，导致饲养标准存在着明显的时间滞后性、静态性、地区性。而且存在最佳生产性能非最佳经济效益的矛盾，加之由于各国和各地的饲养环境、条件、动物的品种、生产水平的差异，决定着饲养标准也只能是相对合理。

同时，配方中营养指标的质量要求也在不断更新，如蛋白质指标从粗蛋白质含量演变为可消化蛋白质、氨基酸、可利用氨基酸等深层次的内在质量。在矿物质微量元素方面，不仅要满足安全用量，同时还要充分调配不同元素之间的颉颃规律，对一些含有有毒有害物质或抗营养因子的原料，还必须考虑其加工工艺对营养物质的破坏、毒素的残留等因素。

因此，在饲料配方设计时不能生搬硬套饲养标准，要在国家标准允许的范围内，根据不同的饲喂对象，从以下几方面灵活应用饲养标准。

1. 不同的品种选用不同的营养水平 猪的遗传基础，饲粮的养分含量和各养分之间的比例关系以及猪与饲粮因素的互作效

应，都会对饲粮营养物质的利用产生影响。

脂肪型、瘦肉型与兼用型猪之间对饲粮的干物质、能量和蛋白质消化率方面存在着显著差异。一般认为，在相同的条件下，瘦肉型猪较肉脂型猪需要更多的蛋白质，三元杂交瘦肉型比二元杂交瘦肉型猪又需要更多的蛋白质。因此，配制猪的饲粮时，不仅要根据不同经济类型猪的饲养标准和所提供的饲料养分，而且要根据不同品种特有的生物特点、生产方向及生产性能，并参考形成该品种所提供的营养需要的历史，综合考虑不同品种的特性和饲粮原料的组成情况，对猪体和饲粮之间营养物质转化的数量关系，以及可能发生的变化作出估计后，科学地设计配方中养分的含量，使饲料所含养分得以充分利用。

2. 不同生产阶段选用不同的营养水平　猪在不同的生理阶段，对养分的需要量各有差异。

虽然，猪的饲养标准中已规定出各种猪的营养需要量，是配方设计的依据，但在配方设计时，既要充分考虑到不同生理阶段的特殊养分需要，进行科学的阶段性配方，又要注意配合后饲料的适口性、体积和消化率等因素，以达到既提高饲料的利用率，又充分发挥猪的生产性能的效果。如早期断奶仔猪具有代谢旺盛、生长发育迅速、饲料利用率高的生理特点，但其消化器官容积小、消化机能仍不健全，在配方设计时，既要考虑其营养需要，又要注意饲料的消化率、适口性、体积等因素。

3. 不同性别采用不同的营养水平　据美国 NRC 猪营养委员会进行的一项包括 9 个试验站的综合研究阉公猪和小母猪蛋白质需要量的结果表明，日粮中蛋白质含量从 13% 提高到 16%，并不影响公猪增重和饲料利用率，胴体成分也未变化，而小母猪日粮中蛋白质含量从 13% 提高到 16%，增重和饲料利用率都有所提高，眼肌面积和瘦肉率呈线性下降。得出结论为，当饲料中蛋白质含量最小为 16%，小母猪的各项生产性能达到最佳水平，而阉公猪日粮中蛋白质含量为 13%～14%时，即可达最佳水平。

4. 不同的季节选用不同的营养水平 温度每升高 1℃的热应激，使猪每天采食量下降约 40 克，若环境温度超出最佳温度5～10℃，则每天采食量将下降 200～400 克。由于采食量的减少，导致营养不良，改变生化作用，使酶的活性和代谢过程发生紊乱，从而影响了生产性能的表现。为此，在不同的季节，应配制营养浓度不同的日粮，以满足其生理需要。对于炎热的夏季，为保证猪的营养需要，应注意调整饲料配方，增加营养浓度，特别是提高日粮中油脂、氨基酸、维生素和微量元素的含量，降低饲料的单位体积，并适当添加氯化钾、碳酸氢钠等电解质，以保证养分的供给，减缓其生产性能的下降。

(二)注意饲料原料的质量，日粮组成要符合猪对饲料利用的生理特性

1. 原料的营养含量 同一种饲料，由于产地、品种、加工方法和质量等级不同，其营养成分含量也有差异。因此，配方设计时一定注意原料养分含量的取值，尽量让原料的营养含量取值相对合理或接近，使配制的饲料既能充分满是猪的生理需要，又能生产出符合产品质量标准，同时也不浪费饲料原料。

2. 控制粗纤维的含量 猪是杂食性动物，消化粗纤维的能力很弱，饲料的组成中含纤维质的粗饲料不能过多，否则不仅影响饲料的吸收利用，而且影响猪的健康和生产性能的发挥。各类猪日粮粗纤维含量限额为幼猪不超过 4%，生长肉猪不超过 6%～8%，种猪不超过 10%。

3. 在配制饲料时，一定要注意猪的采食量与饲料体积大小的关系 由于猪的胃肠容积有限，如配合饲料体积过大，吃不了那么多，营养物质得不到满足。反之，如饲料体积过小，猪多吃了浪费，按标准饲喂达不到饱腹感，还会影响饲料利用率的提高。妊娠母猪饲粮如果全部由谷物、油饼和动物性饲料构成，缺乏大体积饲料（青粗料、糠麸、糟渣类等），猪吃后虽有足够营养，却无饱腹感，往往出现不安静状态。

4. 注意饲料的适口性和消化率 注意考虑猪的消化生理特点，选用适宜的饲料原料，适口性好，易消化，可刺激食欲，增加采食量。反之，则降低采食量，影响生产性能。

5. 原料营养成分之间适宜配比 营养物质之间的相互关系，可以归纳为协同和颉颃两个方面。具有协同作用就能使饲料营养的利用率提高，改善饲料报酬，降低饲养成本。不合理的配比或具有颉颃作用，就会降低使用效果，甚至产生副作用。力求多样化合理搭配，多种饲料之间的营养物质相互补充，以保证日粮营养全面充足。

（三）应用先进技术，设计经济高效配方

1. 按照理想蛋白质模式理论，以可消化氨基酸为基础，设计配方 以理想蛋白质模式为基础，补充合成氨基酸进行日粮配方设计，在不影响猪的生产性能的同时，可节省天然蛋白质饲料资源，减少粪尿中氨的排泄量，减轻集约化畜牧业生产对环境的氨污染问题。在不影响猪的生产性能的前提下，日粮中添加赖氨酸，可使断奶仔猪（体重 10~20 千克）日粮蛋白质水平从 18%降低到 16%，再添加色氨酸，可进一步从 16%下降到 14%，生长猪（体重 20~50 千克）日粮蛋白水平从 16%降到 14%，再添加色氨酸，可进一步从 14%下降到 12%。粗蛋白为 10%的育肥猪日粮中添加赖氨酸和色氨酸后，生长效果与粗蛋白为 13%的日粮没有差异。

2. 组合应用非营养性添加剂 益生素、酶制剂、酸化剂、低聚糖、抗生素等饲料添加剂，不仅单独添加对提高饲料利用率、促进动物生产性能的充分发挥有良好的作用，而且它们之间科学组合使用可具有加性效果，是目前国内外为提高养殖经济效益而采用的一种有效、经济和简捷的途径。在 28 日龄断奶猪基础日粮中添加 0.15%的酸化剂和 0.10%的酶制剂，可提高日增重 18.61％，饲料利用率提高 13.50％，腹泻率降低 28.58％，降低料肉比 10.90％。

3. 应用配方软件技术提高配方设计的科学性和准确性 计算机配方软件能够较全面地考虑营养、成本和效益，克服了手工配方的缺点，大大提高了配方设计效率，可实现成本最小化、收益最大化的目标。

（四）注意饲料的安全性和合法性

配合饲料的质量安全问题不仅是关系到畜牧生产的问题，而且同人类的健康与生态环境保护密切关联。因此，饲料的配制必须遵循国家的《产品质量法》、《饲料和饲料添加制管理条例》、《兽药管理条例》、《饲料标签》、《饲料卫生标准》、《饲料药物添加剂使用规范》、《禁止在饲料和动物饮用水中使用的药物品种目录》等有关饲料生产的法律法规，决不违禁违规使用药物添加剂，不超量使用微量元素和有毒有害原料，正确使用允许使用的饲料原料和添加剂，不使用含有致病因子的原料，如含有致病因子的动物源性饲料，铅、砷、汞、镉、铬等重金属超标的原料。在生产加工、运输贮存过程中避免微生物、二噁英和农药残留等污染，确保饲料产品的安全性和合法性。

（五）科学合理的加工

（1）任何饲料原料都必须新鲜，无发霉、变质现象。

（2）原料粉碎时颗粒不能过大或过小。过大时，猪只难以消化，造成下痢，过小时，长期饲喂可造成猪胃溃疡或容易引起呼吸道疾病。一般来说，除了特制的颗粒料或破碎料外，配合饲料的粒径大小依次为小猪＜中猪＜大猪、种公猪、母猪。

（3）配合饲料混合时要保证足够的时间，一般混合时间为卧式混合机 5 分钟左右，立式混合机 15 分钟左右。时间太短，各种添加剂等与原料混合不均匀，平衡失调，时间过长，浪费人力、物力，还会造成原料分级现象，影响产品质量。

（4）配方中最小组分应≥1％，<1％则难混合均匀。

（5）配合饲料在猪舍内不宜停放太长时间。猪舍内一般空气流通性差，氨气过浓，蚊蝇较多，容易引起一定程度的污染。因此，运到猪舍内的饲料最好当天用完，若需保存，在饲料加工厂或仓库保存效果会比较好。

三、不同阶段猪饲料配制与使用技术要点

（一）乳猪饲料的配制与使用

乳猪料是在仔猪出生 7～10 天开始诱食到断奶后 5～7 周龄，体重约 15 千克使用的饲料，也称仔猪前期料。仔猪的营养需要变幅较大，主要受仔猪生长潜力、年龄、体重、断奶日龄、饲粮原料组成、健康、环境等影响。

1. 设计仔猪日粮时的注意事项

（1）营养方案的制定必须与断奶仔猪的日龄与体重相适应。应考虑原料的适口性和消化性，添加油脂以提高日粮的能值和适口性，在我国目前饲养条件下，乳猪饲料的蛋白含量为 19％～21％、消化能 14.28 兆焦/千克比较合适。

（2）由于仔猪胃肠道尚未发育成熟，应选择易消化、生物学价值高的动物蛋白质饲料原料。优质鱼粉、乳清粉、血浆蛋白质、膨化大豆、大豆浓缩蛋白等原料适于乳猪料。豆粕含有抗原性物质，易损伤小肠绒毛，引起腹泻，应尽量减少豆粕的使用量，一般在饲粮中不应超过 15％，且还要考虑氨基酸含量及比例，特别要注重赖氨酸、蛋氨酸、色氨酸、苏氨酸的添加。玉米是普通乳猪料中使用最多的原料，如能采用膨化玉米，效果更佳。

（3）猪至少需要 13 种矿物质元素，包括常量元素和微量元素。特别要注意钙磷比例及铁、铜、锌、硒、碘、锰等的添加，石粉结合酸的能力强，可中和胃内的酸，乳猪料中不可大量使用。饲养标准中的维生素推荐量大多是防止维生素临

床缺乏症的，由于维生素本身的不稳定性和饲料中维生素状况的变异性，实践中添加量大都要超量。在玉米—豆粕型日粮中，最易缺乏或不足的维生素主要有维生素 A、维生素 D、维生素 E、核黄素、烟酸、泛酸和维生素 B_{12}，有时还会出现维生素 K 和胆碱不足，生产上有时添加维生素 B_6 和生物素来预防其缺乏。

（4）仔猪抵抗疾病的能力弱，饲粮中应添加高效的药物组合。乳猪料中添加酸化剂和酶制剂有利于提高饲料养分的消化率，降低腹泻率。

2. 使用乳猪料时的注意事项

（1）仔猪在吃母乳的同时，要及早补料。补料应循序渐进，由少到多，逐步过渡。仔猪出生后 3～4 天，可在保温板上撒一小部分教槽料，开始学嗅，并逐步吃一些教槽料时，再增加量，10 日龄左右将料放入补料槽中进行补料。

（2）仔猪补料每次不宜过多，过多时容易被仔猪拱出来，造成不必要的浪费，也易使其香味散失，从而引不起仔猪的兴趣。一般每隔 2 小时加 1 次，防止暴饮暴食，及造成消化不良。

（3）补料要选择适口性好的教槽料。目前，生产销售教槽料的厂家很多，特点各有不同，但针对自己场的仔猪而言一定要选择稳定性强、信誉好的厂家固定下来。

（4）每次加料时要将混有仔猪粪尿的旧料清走，以免影响饲料的适口性。

（二）生长肥育猪料

生长肥育阶段消耗了猪一生所需饲料的 75%～80%，占养猪总成本的 50%～60%，因而这一阶段的饲料效率对养猪整体效益至关重要。设计生长肥育猪日粮时应注意以下几点。

（1）按不同品种、不同性别配制多阶段日粮，从而充分发挥各阶段的遗传生长潜能。一般应采用三阶段日粮，第一阶段为小猪（20～35 千克体重，参考营养水平为消化能 13.39 兆焦、粗蛋白 18％、钙 0.6％、磷 0.5％）；第二阶段为中猪（35～60 千克体重，参考营养水平为消化能 12.6～13 兆焦、粗蛋白 15％～16％、钙 0.5％、磷 0.45％）；第三阶段为大猪（60 千克体重到出栏，参考营养水平为消化能 12.6 兆焦，粗蛋白 14％、钙 0.5％、磷 0.4％）。

（2）体重在 60 千克以下的生长肥育猪，能量摄入量通常是增重和瘦肉生长的限制因素，我国的猪日粮能量普遍偏低，如在满足氨基酸需要、成本允许的前提下，尽可能采用高能日粮，以便提高增重和饲料转化率。

采用高能日粮，饲养周期可缩短 20～25 天。但刚转入肥育舍时，仍要喂 10～15 天的乳猪料，然后逐步过渡到小猪料，以增强小猪消化功能的适应性。饲喂次数上，前期日饲喂 4 次，中期喂 3 次，后期喂 2～3 次。饲喂潮拌料，有利于提高采食量。

（3）由于品种不断改良，肉猪的蛋白质沉积能力大幅度提高，即使猪的体重在 60 千克以上，只要日粮供给充足的能量和氨基酸，照样生长较多的瘦肉。因此，为了提高胴体的质量必须提高日粮营养水平。

（4）通过在日粮中添加人工合成氨基酸以满足猪对氨基酸的需要，可以降低日粮中 1％～2％的蛋白质而不影响增重，但必须实行多次饲喂或自由采食。除力求氨基酸平衡外，需补充充足的维生素及微量元素。

（5）任何饲料原料都必须新鲜，无发霉、变质现象。注意某些原料的用量限制，控制日粮的粗纤维含量。尽量避免或减少因适口性、消化率、抗营养因子的不良影响，保证日粮的饲养效果。

（三）种公猪料

种公猪的营养需要与妊娠母猪相近，要根据品种、体重大小、配种强度、圈舍、环境条件等进行适当的调整，既要保证一定的能量水平，又要保证蛋白质、矿物质、维生素等的充足供给。一般种公猪饲料中消化能 12.2～12.6 兆焦/千克，粗蛋白水平为体重 90 千克以下 17.5%，90 千克以上 15%，赖氨酸 0.5%，钙 0.95%，总磷 0.80%。

由于公猪精液中干物质的成分主要是蛋白质。因此，饲料中蛋白质不足或摄入蛋白质量不足时，可降低种公猪的性欲、精液浓度、精液量和精液品质。另外，色氨酸的缺乏可引起公猪睾丸萎缩，从而影响其正常生理机能。能量太低或采食量太少，公猪容易消瘦，性欲降低，随之而来的是其精液品质的下降，造成使用年限缩短，能量太高或采食量太大，配种或采精困难，从而导致性欲下降、精液品质差等。饲料中缺乏硒、锌、碘、钴、锰等时可影响公猪的繁殖机能，有的可造成公猪睾丸萎缩，影响精液的生成和精液的品质，坚持饲喂配合饲料的同时，每天添加 0.5～1 千克的青绿多汁饲料，可保持公猪良好的食欲和性欲，一定程度上提高了精液的质量。

饲养种公猪能够保持其生长和原有体况即可，不能过肥。体况过于肥胖会使公猪性欲下降，还会产生肢蹄疾病。一般根据种公猪的体况，每天饲喂 2.3～2.5 千克。

（四）母猪饲料

根据母猪的生理特点，可将母猪饲料分成后备母猪饲料、妊娠母猪饲料及哺乳期母猪料。

1. 后备母猪料　后备母猪达 30 千克体重后饲料配制要注意与生长肥育猪不同。不要使用商品猪日粮，高铜、高锌育肥料可能导致后备猪不发情。要给予充足的维生素、微量元素及较高钙磷水平，增强猪骨骼发育，以健壮肢蹄。一般后备母猪饲料在 30～60 千克体重阶段，消化能为 13.23 兆焦/千克，粗蛋白 16%，赖氨酸 0.8%，钙 0.75%，磷 0.65%。经自由采食后备母猪体重达 60 千克以后，饲料中消化能应达到 12.6～

13.0 兆焦/千克，粗蛋白 16％，赖氨酸 0.85％，钙 0.75％～
0.9％，总磷 0.80％。依膘情适当限饲，并增加一定量的青粗
饲料，以防止后备母猪贪食贪睡而过肥，但配种前 2 周必须自
由采食。

2. 妊娠母猪料　妊娠母猪料指母猪在妊娠前期 85 天内所采
食的饲料。由于妊娠期高能量水平的饲养会造成母猪产仔和泌乳
等方面的不良影响，妊娠母猪宜饲喂低能量、较高蛋白的日粮。
同时，应适当增加日粮的粗纤维水平，以减少母猪的饥饿感。妊
娠母猪采用限制饲喂主要是限制母猪对能量的采食，因而要保证
蛋白质、矿物质和维生素的采食量。在夏季调整采食量时要对日
粮的蛋白质、氨基酸、矿物质和维生素的浓度作相应的提高。妊
娠母猪日粮营养水平为消化能 12.2～12.6 兆焦/千克，粗蛋白
14％，赖氨酸 0.55％，钙 0.85％，总磷 0.6％。妊娠母猪料中
合成和天然氨基酸的吸收和利用不同步。因此，妊娠母猪料中不
推荐使用合成赖氨酸。

怀孕前期日平均饲喂量不宜太大。一般情况下，怀孕期的前
1 个月，喂量 1.8～2.0 千克/天。通常情况下，妊娠期间胚胎的
死亡率为 20％～45％，且大多数死亡发生在妊娠的头 25 天。因
此，妊娠前期的主要目的就是保证胚胎存活率最大及分娩时窝产
仔数较多。胚胎存活率受母猪妊娠早期采食量的影响，妊娠前期
（第一个月）的高水平饲喂可降低胚胎存活率，其中配种后 1～3
天的胚胎死亡率最高，配种后的 24～48 小时内的高水平饲喂对
窝产仔数非常不利。

妊娠中期（20～85 天）的营养水平对初生仔猪肌纤维的
生长及出生后的生长发育十分重要，采食量应稍有增加，采
食量加倍对胎儿数量、胎盘重量和胎儿重量及饲料利用率可
能无任何影响。一般这个时期喂料 2～2.5 千克/天。切忌一
刀切现象，即每头每天的饲喂量都相同。要根据母猪自身体
况看猪喂料，肥则减料，瘦则加料，因怀孕期太瘦的母猪会

表现出断奶后发情延迟、受胎率降低、弱仔多、乳汁差、仔猪死亡率高等现象

3. 哺乳母猪料　哺乳母猪料主要适用于妊娠后期（85天至分娩）、哺乳期、空怀期母猪。哺乳母猪日粮应分初产母猪日粮和经产母猪日粮，因初产母猪的生理发育未成熟，其营养需要量明显大于较成熟的母猪。初产哺乳母猪日粮营养水平为消化能13.23兆焦/千克，粗蛋白17％，赖氨酸1％，钙0.85％～0.9％，总磷0.6％。经产哺乳母猪日粮营养水平为消化能13.10～13.20兆焦/千克，粗蛋白16％，赖氨酸0.85％，钙0.85％，总磷0.6％。

怀孕后期可对母猪饲喂一定的青绿多汁饲料，一方面可促进母猪食欲的提高，缓解便秘现象，另一方面可促进胎儿发育及提高产仔率。饲喂量为3～3.5千克，保持适当体况，不可饲喂过量，以避免因猪仔过大而造成母猪难产，甚至母猪被淘汰，但最后两周适当提高饲喂量可提高仔猪初生重和抗病力，使母猪消化道扩张，提高哺乳早期的采食量。预产期前1天把母猪的饲喂量调整为2～2.5千克，以利母猪生产。

母猪产仔后到断奶前喂料量不易平均化，一般分娩当天不喂料，每2天喂1千克左右，以后增加0.5千克/天，1周后自由采食，直到断奶为止。饲喂全价饲料的同时，适当喂一些青绿多汁饲料，一可提高母猪的食欲，增加乳汁的分泌，二可减少母猪便秘的发生。

哺乳期母猪容易发生采食量过低，而造成母猪泌乳期失重加大、泌乳量减少、仔猪生长速度降低、母猪断奶—发情间隔延长等不良后果。提高母猪采食量的方法有：①妊娠期不要过食；②饲喂次数由每天2次增加到3～4次，采食量可增长10％～15％；③喂湿拌料（料水比2∶1）或喂颗粒饲料；④提高日粮营养浓度，适宜能量水平，哺乳期饲喂高蛋白水平饲料（粗蛋白16％～17％），能提高采食量，添加脂肪、膨化大豆和鱼粉；

⑤选用适口性好的饲料，无霉变；⑥控制产房温度（15～25℃）；⑦热应激期在夜间和清晨饲喂；⑧青饲料在母猪吃饱精料后饲喂；⑨保证足够饮水。

第七章

种猪场的生产经营管理

影响养猪效益的因素包括管理、市场、品种、营养和防疫等，其中管理应在第一位，在猪病防治上，管理也是在第一位。科学养猪技术应以种、料、养、管、防为五要素。随着养猪生产向工厂化、规模化发展，种猪场日常管理的要求不断提高，其重要性也更加突出，科学管理受到了普遍重视。

第一节　规章制度

养猪生产是一个每日都不可间断，畜牧、兽医与饲养等几个方面相互协作、同时进行的生产过程。种猪生产对各方面的要求更为严格，为了在现有条件下实行最大规模的生产，取得最高的生产效率，就必须建立健全猪场的规章制度，明确各生产过程的操作规程，要让制度管人，而不是人管人，保证各种技术措施落到实处，提高工作效率，以获取最大的利润。

在制定规章制度时必须考虑员工守则及奖罚条例、员工休请假考勤制度、各岗位责任制度、各部门管理制度、人力资源管理制度、工资福利制度等等。每个岗位、每个员工都要有明确的岗位职责，所有的工作岗位都应有书面的描述，讲明该岗位工作的要求及特点。

一、组织架构、岗位定编及责任分工

猪场组织架构要精干明了，岗位定编也要科学合理。一般来

说，一个万头规模猪场定编 20 人，一条万头生产线生产人员定编 16 人（其中配种妊娠车间 4 人、分娩保育车间 6 人、生长育肥车间 6 人），后勤及管理人员 4 人。

岗位设置应倾向于生产第一线，尽可能地减少管理及后勤人员。工资报酬应根据当时当地的实际情况设立岗位计件及效益工资，岗位计件及产量必须合理，略留余地，鼓励超产与多劳多得，但应避免超负荷生产。母猪饲养员应以断奶育成头数计件，育肥猪饲养员及保育员应以出栏头数计件，兽医、畜牧及管理人员必须以全程出栏指标计件，配种员则可以考虑产健活仔指标。生产与销售分开管理。

（一）种猪饲养

以核定基础母猪头数为基础，一般每 60 头母猪需设母猪饲养员 1 人，育肥猪饲养员、管理及勤杂人员等与母猪饲养员形成 1∶1∶1。若分组生产或分车间生产以 4～6 人形成一个生产小组为宜，实行技术员领导下的组长负责制，组长可设岗位津贴。

（二）育肥猪饲养员

保育员与育肥猪饲养员可按 1∶2 的比例设置。

（三）管理及勤杂人员

正副场长、技术员，统计、维修、保管、饲料加工以及保安、门卫等人员设置，应根据猪场规模合理设置。其总人数应不超过母猪饲养员人数。种猪场可设专职销售人员。

二、确立岗位责任

明确岗位职责和技术操作规程，建立必要的奖惩制度。

（一）生产指标及工资核算

1. 种猪生产 以年初核定的母猪群为基础，每头母猪提供断奶仔猪 19 头，超出部分作为超产给予奖励，超欠根据实际设定基数以 2∶1 结算奖赔。仔猪 28 日龄左右断奶，35 日龄左右转栏，转栏均重为 8 千克，低于 7 千克的原栏寄养至 7 千克以上方能转入保育间，可按重量结算工资，均重超过 9 千克的部分按保育猪结算工资。母猪死亡率为 1％，超欠则根据实际设定基数以 2：1 结算奖赔（一般以 50 为基数，则每头奖赔为 100 元：50元）。母猪残次率 10％，淘汰率 20％。母猪饲料耗用为每年每头 1 200 千克，可以上升 10％，仔猪料重比为 0.6：1，只赔不奖，超用料赔价以市场价为基础（如母猪料 1.60 元/千克，仔猪料为 2.00 元/千克）。医药费按母猪头数计算（如 6.5 元/头）包干，节超按 10％：6％结算奖赔，夜班补助和工具费以断奶仔猪头数计算（如 0.65 元/头）。

2. 保育猪生产　以断奶进栏仔猪头数计算，要求育成率 97％，超欠根据实际设定基数以 2：1 结算奖赔（如每头 40 元：20 元）。残次率 1％，超欠根据实际设定基数以 2：1 结算奖赔。工资以保育期净增重计算（如每增重 1 千克 0.08 元），出栏均重 25 千克，低于 22.5 千克不准出栏，超过 27.5 千克部分按肥猪增重结算工资。工具费以出栏头数计算（如每头 0.003 元）。医药费按转入头数计算（如每头 1.20 元），超支节约以 10％：6％结算奖赔，饲料耗用按料重比 2.5：1 结算，节约不奖，超用赔 3％，饲料赔价以市场价为基础（如 2.00 元/千克）。

3. 育肥猪生产　育肥猪育成率 99％，超欠设定基数按 5：2（如每头 50 元：20 元）结算奖赔，每处理一头次品猪（既残次或不足 85 千克的非正品猪）赔 10 元。以出栏净增重计算工资（如每增重 1 千克 0.06 元）。工具费以出栏正品猪头数计算（如每头 0.25 元）。药费按转入头数计算（如每头 1.50 元）包干，节约超用按 10％：6％结算奖赔。饲料耗用按料重比 3.5：1 计算，节约不奖，超用赔 1％，料价以市场价为基础（如每千克 1.60 元）。

4. 猪群的管理与销售　设断奶力资、保育猪转栏力资费用开支，以重量或头数计算。肥猪出栏力资按头数计算，加班销售力资费翻一倍。无特殊情况，转栏、出猪及集体活动不到场参加的每次给以适当罚款。猪栏洗栏消毒费用按限位栏与保育间每栏次 0.5 元，其他栏每栏次 1.00 元。

后勤人员待遇为一线工人的 80%。技术员工资高于母猪饲养员 10%，参与饲养员奖赔，与出栏头数和育成率两项指标考核挂钩，上下浮动工资。副场长高于技术员 20%，正场长高于副场长 20%。

（二）岗位职责

1. 场长及管理人员 场长的职责为负责猪场的全面工作，制定和完善本场的各项管理制度、技术操作规程，负责后勤保障工作的管理，及时协调各部门之间的工作关系，制定具体的实施措施，落实和完成公司各项任务，监控本场的生产情况、员工工作情况和卫生防疫，及时解决出现的问题，编排全场的经营生产计划，物资需求计划，全场的生产报表，并督促做好月结工作、周上报工作，全场直接成本费用的监控与管理，落实和完成公司下达的全场经济指标，直接管辖生产线主管，通过生产线主管管理生产线员工，负责全场生产线员工的技术培训工作，每周或每月主持召开生产例会。

2. 种猪生产岗位 包括配种、公猪饲养、待配猪饲养、妊娠猪饲养、哺乳母猪饲养几个环节，应根据生产规模和生产工艺流程设置岗位。

3. 配种员 认真做好发情及适配鉴定工作，严格按配种计划进行配种，记录并管理好"母猪配种记录表"和母猪栏上的"母猪繁殖卡片"。对配种后的母猪进行连续 2 个情期的观察，检查是否返情，测孕结果要记录在配种记录表和繁殖卡片上。对乏情、发情不正常、有生殖道炎症的母猪及时治疗，经多次治疗无效的及时提出淘汰。严格按"配种员操作规程"进行操作。保证后备猪配种产仔率 90%，成年母猪配种产仔率 95%。

4. 公猪饲养员 按"种公猪饲养管理规程"对公猪进行饲养管理，注意公猪的健康状况，尤其是公猪睾丸的异常变化，有病及时报告并请兽医诊治，按要求做好护理工作，配合兽医完成驱虫与免疫工作。

5. 母猪饲养员 对待配母猪建立发情记录，后备母猪于配种前 20 天左右转入待配栏。按"待配母猪饲养管理规程"进行饲养管理。对妊娠母猪按"妊娠母猪饲养管理规程"进行饲养管理，确保胎儿正常发育和母猪的良好繁殖膘情。对哺乳母猪及仔猪按哺乳母猪饲养管理规程进行饲养管理，生产出合要求的断奶仔猪。

6. 保育猪生产岗位 按"保育猪饲养管理规程"完成断奶仔猪的保育工作。

7. 育肥猪生产岗位 按"生长育肥猪饲养管理规程"进行饲养管理，生产合格的肥猪。

8. 管理岗位 场长负责日常工作及后勤保证。技术员负责生产线正常生产。猪群调动与调栏由饲养员与技术员协作完成。

9. 后勤岗位 后勤人员负责耳号编剪，猪群调动，销售出栏，兽药发放与保管及生产与兽药的月报表，各项补助的造表与发放，原材料和饲料的消耗、出入库记录与报表。场内水电及栏舍的维修等设专职或兼职人员负责。其他集体活动及临时工作，由场统一安排，全场人员按要求参加并及时完成。

10. 门卫岗位 严格控制人员的进出与管理，在员工思想上建立起主动防疫的意识。

三、规章制度

猪场规章制度（员工守则及奖罚条例、员工休请假考勤制度、各岗位责任制度、各部门管理制度、卫生防疫制度、生物安全、岗位职责等）的制定必须由场长召集本场管理人员根据本场实际情况商讨后形成文字初稿，再经全体员工开会讨论、修改后通过，并以文字形式公布。场长是猪场的最高管理者，所有员工都应服从场长的绝对领导。制度一旦制定，必须严格遵守。

各场情况不一，具体的内容也不尽相同，应该根据实际情况具体制定。

第二节　种猪场生产管理

一、种猪场生产计划

种猪场要进行良好的管理，应该始于良好的计划。种猪场生产计划可分为长期计划、年度计划和阶段计划，这三种计划彼此联系，形成一个完整的计划体系。长期计划，又称远景规划或生产规划，是种猪场3～5年或更长时间的发展纲要和年度计划安排的依据，对种猪场的发展具有方向性的指导作用。包括发展方向与任务、生产建设规模与速度、自然资源的开发与利用、产品的产量与产值、投入产出比与经济效益的估算、职工人员的培训与科技水平的提高等。

年度生产计划主要是确定全年产品的生产任务，以及完成这些任务的组织措施和技术措施。并规定物质消耗和资金使用限额，以便合理安排全年生产活动，是长期计划的具体化，是在总结上一年度生产活动的基础上制定的，是指导当年生产经营活动的总体方案。其内容包括配种分娩计划、猪群周转计划、饲料供应计划和卫生防疫计划等。在各种生产计划中，最主要的是猪的配种分娩计划和猪群周转计划。

（一）配种分娩计划

配种分娩计划是阐明计划年内全场所有繁殖母猪各月交配的头数、分娩胎数和产仔数，它是各项生产计划的基础，也是猪群周转与生产指标考核的依据。这一计划应能保证充分合理地利用全部公母猪，提高产仔数和育成率，对饲料、劳力、猪舍与设备等，也都能得到充分合理的利用。在具体编制配种分娩计划时，除了根据种猪场的经营方向和生产任务外，还必须掌握年初猪群结构、配种分娩的方式和时间、上年度最后4个月母猪的配种情况、母猪年分娩胎次、每胎产仔头数和仔猪的育成率、计划年内预计淘汰的母猪头数和时间等。

根据这些资料，可具体安排配种和分娩的母猪头数和时间，以及预计产仔头数和时间。猪的配种分娩计划表参见表7-1。

表7-1 _____年度猪群配种分娩计划表

交配				分娩							育成数（头）
		交配母猪数（头）				分娩窝数			活产仔数（头）		
年度	月份	基础母猪	检定母猪	合计	月份	基础母猪	检定母猪	合计	基础母猪	检定母猪	合计	
上年度	9											
	10											
	11											
	12											
计划年度	1				1							
	2				2							
	3				3							
	4				4							
	5				5							
	6				6							
	7				7							
	8				8							
	9				9							
	10				10							
	11				11							
	12				12							
全年					全年							

（二）猪群周转计划

按照猪的性别年龄、用途和生理状态等可将猪群划分为各种类别，主要有哺乳仔猪、断乳仔猪、育成猪、后备公猪、后备母猪、检定公猪、检定母猪、成年公猪、成年母猪、生长育肥猪等，各类猪在猪群中所占的比例则称为猪群的结构。猪群的周转计划，主要是确定全年每个月份各类猪群的头数，了解猪群的增减变化，使猪场在全年中保持合理的猪群结构，它是制定产品计划的基础，也是计算产品产量的依据之一。

制定猪群周转计划要有技术上和经济上的依据。在具体编制时，必须全面考虑各类猪群的组成和变动情况，计划年初各种性别、年龄猪的实有头数，计划年末各个猪群按任务要求应达到的头数，以母猪的配种分娩计划为基础，计划年内各月份（周）出生的仔猪头数、出售和购入种猪的头数，计划年内淘汰种猪的数量和时间以及由一个猪群转入另一个猪群的头数。此外，还要确定几项主要的猪群周转定额，如种猪的淘汰率、母猪的分娩率、仔猪的成活率，以及各月份产品出售的比例等。猪群周转计划表参见表 7 - 2。

表 7 - 2　　　　　年度猪群周转计划表

猪群类别		计划年度月份												计划年度末结存数
		1	2	3	4	5	6	7	8	9	10	11	12	
哺乳仔猪	0～1 月龄													
	1～2 月龄													
后备猪（公/母）	月初头数													
	转入													
	转出													
	淘汰													
检定母猪	月初头数													
	转入													
	转出													
	淘汰													

（续）

猪群类别		计划年度月份												计划年度末结存数
		1	2	3	4	5	6	7	8	9	10	11	12	
检定公猪	月初头数													
	转入													
	转出													
	淘汰													
基础母猪	月初头数													
	转入													
	淘汰													
基础公猪	月初头数													
	转入													
	淘汰													
生长肥育猪	2～3 月龄													
	3～4 月龄													
	4～5 月龄													
	5～6 月龄													
	6～7 月龄													
月末结存														
出售种猪														
出售肥育用仔猪														
交售仔猪														

（三）饲料供应计划

根据饲料消耗指标和各类猪的计划饲养数量，计算饲料供应量，根据生产计划，所需的饲料品种和饲料消耗定额，编制年度、季度和每月的饲料需求计划，各月份的饲料供应量应与同期猪群饲料需要量基本一致，并注意留有充分的余地，一般在总需要量的基础上，增加 $10\%\sim15\%$ 的贮备量。

1. 饲料消耗指标　按猪不同的生产阶段制定饲料消耗指标，如表7-3所示。

表7-3　饲料消耗指标表

阶段	饲喂时间（天）	饲料类型	喂料量（千克/头·天）
后备	90千克体重至配种		2.3～2.5
妊娠前期	0～28天		1.8～2.2
妊娠中期	29～85天		2.0～2.5
妊娠后期	86～107天		2.8～3.5
产前7天	107～114天		3.0
哺乳期	0～21天		4.5以上
空怀期	断奶至配种		2.5～3.0
种公猪	配种期		2.5～3.0
乳猪	出生至28天		0.18
小猪	29～60天		0.50
小猪	60～77天		1.10
中猪	78～119天		1.90
大猪	120～168天		2.25

2. 饲料供应量　根据饲料消耗指标和各类猪的饲养数量（即猪群结构），计算饲料供应量。表7-4为500头母猪规模种猪场年饲料用量。

表7-4　500头母猪规模种猪场年饲料用量表

猪群类别	每头耗料量（千克）	头数	饲料量（千克）	所占比例（%）
哺乳母猪	250	500	125 000	4.3
空怀母猪	80	500	40 000	1.4
妊娠母猪	620	500	310 000	10.6
哺乳仔猪	2	10 700	21 400	0.7

（续）

猪群类别	每头耗料量（千克）	头数	饲料量（千克）	所占比例（%）
保育仔猪	12	10 300	123 600	4.2
小猪	33	10 100	333 300	11.4
中猪	80	10 100	808 000	27.5
大猪	115	10 000	1 150 000	39.2
公猪	900	20	18 000	0.6
后备	240	160	4 800	0.2
合计			2 934 100	100

（四）卫生防疫计划

根据卫生防疫要求和生产工艺流程制定。其主要内容包括防疫对象、防疫时间、防疫药品和数量等。防治的对象是影响猪体健康的疾病，防疫时间分定时和不定时两种，定时防疫为每年春、秋季节的全场性防疫，不定时防疫是指随猪群日龄增长和猪群的调动，在日粮中添加不同的抗生素、注射各种疫苗和消毒等等。

二、日常工作安排

种猪场的日常工作一般根据阶段性计划来安排实施，也就是根据年度计划生产任务的要求，结合本阶段的实际情况，提出本阶段的具体任务，合理组织劳动，组织物质供应，使全部作业在规定的时间内按质按量地进行，以保证年度计划的实现。

（一）每周工作安排

现代规模化种猪场，其周期性和规律性相当强，生产过程环环相扣。因此，要求全场员工对自己所做的工作内容和特点要非常清晰明了。

由于规模化种猪场的猪群周转按小群（或按单元）连续进行，所以对整个猪群来说，每周都有部分小群发生转移。因此，

1万~3万头规模猪场以周为生产节律（或周期）安排生产是最为适宜的。在均衡生产的情况下，从理论上说各周猪群的转移基本上是一致的。因此，在连续流水式作业的情况下，每周都有一定的转群任务，也应该做出相应的转猪和防疫安排。例如：

（1）星期一　妊娠猪舍产前1周的临产母猪调到分娩舍。分娩舍于前两天做好准备工作。

（2）星期二　配种舍将通过鉴定的妊娠母猪调到妊娠猪舍，妊娠猪舍于前一天做好准备工作。

（3）星期三　分娩舍将断奶母猪调到配种舍，配种舍于前一天做好准备工作。

（4）星期四　将上1周断奶留栏饲养1周的断奶仔猪调到仔培舍，仔培舍于前两天做好准备工作。

（5）星期五　将在仔培舍饲养5周的仔猪调到生长育肥舍，生长育肥舍于前一天做好准备工作。

（6）星期六　生长育肥舍肉猪出栏。

应该注意，在转移每一群猪时，都应该随带本身的原始档案资料。为及时掌握猪群每周的周转存栏动态情况，可采用与之相适应的生猪每周调动存栏表。本表的特点是按猪的生产流程将猪群分为配种舍、妊娠舍、分娩舍、仔培舍、生长育肥舍，每种猪舍有一个分表，按各舍实际需要设计具体项目。将各分表联系起来，便成为企业猪群每周的周转存栏动态总表。这一总表既能反映出各类猪的周内变动情况，也便于与周作业计划对比。猪场每周猪群周转表参见表7-5。

表7-5　猪场每周猪群周转表

猪舍类别	存栏猪群情况	周	周	周	周
配种舍	周始存栏数（公/母）				
	断奶母猪转入				
	空怀/流产转入				

（续）

猪舍类别	存栏猪群情况	周	周	周	周
配种舍	非断奶母猪转入				
	后备母猪转入				
	第一次配种/复配				
	死亡（公/母）				
	淘汰（公/母）				
	周末存栏数（公/母）				
	转入妊娠舍				
妊娠舍	周始存栏母猪数				
	从配种舍转入				
	转入分娩舍				
	空怀/流产				
	死亡/淘汰				
	周末存栏母猪数				
分娩舍	周始存栏母猪数				
	从妊娠舍转入				
	空怀/未断奶母猪				
	母猪死亡/淘汰				
	分娩母猪数				
	出生活存栏数/死胎				
	断奶母猪/断奶仔猪				
	转入仔猪舍				
	周始哺乳仔猪/哺乳死亡				
	周末存栏母猪/仔猪				
仔培舍	周始存栏数				
	从分娩舍转入				
	转入生长育肥舍				

（续）

猪舍类别	存栏猪群情况	周	周	周	周
仔培舍	死亡/淘汰				
	周末存栏数				
育肥舍	周始存栏数				
	从仔培舍转入				
	出售肉猪/种猪				
	死亡/淘汰				
	周末存栏数				

（二）日常工作安排

1. 配种舍日常工作安排　猪场配种舍的日常工作安排参见表7-6。

表7-6　配种舍日常工作安排表

时间	工作内容	操作程序及要求
8：00	清扫及饲喂	清扫栏圈，根据公母猪体况合理喂料。观察猪群状况
8：30	查情	观察母猪是否有叫噪、减食、阴户红肿及流黏液等发情征状（包括返情），有征状的，进行压背或公猪试情，并做好查情记录。根据配种计划安排与配公猪。同时检查母猪是否有流产、早产的先兆和是否有阴道炎、子宫炎等
9：00	配种	自然交配或人工授精（包括复配），做好配种记录。配种后对使用的器械、用具等进行消毒
10：00	运动	在天气允许的情况下，每天轮流驱赶公猪或在运动场放牧运动1小时
11：00	检查	检查各项记录，发现记录不全或不清的立即查清补上
14：00	清扫及饲喂	清扫栏圈，根据公母猪体况合理喂料。观察猪群状况
14：00	测孕查情	对没有返情和配种30天以上的母猪用超声波测孕仪测孕，并综合其他表现做出怀孕或可疑判断。对可疑者在10天后再次测孕。重复上午的查情工作，注意观察发情症状上下午之间的变化

（续）

时间	工作内容	操作程序及要求
15：00	治疗	对乏情、发情不正常、有阴道炎、子宫内膜炎等的母猪和有异常状况的公猪进行治疗，经多次治疗无效的向场长提出淘汰报告
15：40	配种	与上午配种的操作方式相同
17：00	检查	检查各项记录，发现记录不全或不清的立即查清补上

注：夏季自然交配上午在8：30完成配种，下午在17：00进行配种，注意可用公猪的情况，及时与技术人员联系，让断奶母猪适量。

2. 妊娠舍日常工作安排 猪场妊娠舍日常工作安排参见表7-7。

表7-7 妊娠舍日常工作安排表

时间	工作内容	操作程序及要求
8：00	通风	视舍内外气候情况和空气质量确定窗门的开启程度，进行通风换气
8：10	饲喂	喂料前应将料槽清理干净，每餐喂料分两次投喂，第一次投喂当餐总料量（怀孕30～84天，总料量为1.25千克，怀孕84～110天，总料量为1.5千克，瘦弱母猪和肥胖母猪每次增加或减少0.25～0.5千克）的2/3，间隔10分钟左右进行第二次投料，视母猪的膘情和采食情况作适量添加，对未吃完的剩料要收集起来喂给其他母猪。同时，观察母猪精神状态和采食情况
8：50	清扫除粪	喂料后立即清扫母猪躺卧区的粉尘、粪便，并收集运至堆粪场。栏内要清扫干净。同时，留心观察母猪的健康状况、外阴变化及是否有流产先兆。发现异常及时报告兽医和技术员处理
10：30	清洗	清洗粪车、锹及扫把等工具。清洗较脏的漏缝板等，避免将猪躺卧区淋湿。粪道用水冲洗干净。除夏天外，平时尽量少用水冲洗栏面
11：00	检查	检查配种后38～44天的母猪是否有返情症状。检查每个猪栏的水嘴、栏舍及漏缝板等，及时保养、维修或更换

（续）

时间	工作内容	操作程序及要求
14：00	其他	配合场内母猪转群、空栏清洗消毒及带猪消毒等工作
16：00	喂料	喂料前将料槽清理干净，按上午的方式喂料并注意观察猪群状况
16：30	清扫	喂完料后立即清扫母猪躺卧区及栏面，同时留心观察母猪的分健康状况、外阴变化及是否有无流产先兆。发现异常及时报告兽医和技术员
16：50	检查	检查母猪繁殖卡片是否完整正常，发现不全及时补上。一天工作结束后，检查一遍窗户的开启程度，关好大门

注：夏季当气温高于33℃时，应开启通风设备，并在11：00和14：00用水冲洗猪栏、猪体降温。在非常的高温天气应在晚上增加一次降温，降温效果应以猪的呼吸频率正常为度。夜间气温降低后应注意关闭通风设备并开启窗户。夏季高温时喂料，上下午喂料时间应分别提早和推迟1小时。冬季通风推迟至8：40，先喂料后通风。

3. 分娩舍日常工作安排

（1）分娩舍内要24小时有人值班看管，不能随意离开，夜班人员在有母猪分娩或放奶时不能睡觉。

（2）日班与夜班应有效的衔接好，饲养员应将自己当班时所发生的事情，如已分娩的母猪及仔猪情况，即将分娩有或正在分娩母猪的情况，母猪、仔猪的健康状态及治疗情况等，详细告知接班人员，提醒对方应注意的事项。交班时间大致为7：30和17：30。

（3）注意即将分娩母猪的动静，随时准备接产。接生工作要按要求操作，做好接产记录，仔猪的寄出与寄入在母猪的产仔记录上都要有记载。

（4）分娩舍饲养员一旦听到准备放奶的哺乳母猪和仔猪的叫唤声，应立即查看其哺乳情况，辅助弱仔吮乳，帮助固定奶头，防止抢奶。尤其要注意对出生一周龄内仔猪的护理。听到仔猪连续的尖叫声，应立即前去查看，仔猪可能被压。母猪侧躺时，要防止仔猪被压，特别要注意对有些头部被母猪压在身下，叫不出声的仔猪的抢救。

（5）待产母猪进入产房后即饲喂哺乳母猪料。为减少难产，预防产后恶露不畅及无乳综合征的发生，在产前 2～3 天适当减料，有临产症状的母猪分娩当天只饲喂 1.0～2.0 千克饲料或停喂，有条件可喂适量的麸皮水。母猪分娩后视健康和食欲情况，每天递增 0.5 千克，到分娩 7 天后实行自由采食。此时母猪的采食量大致为 2.5 千克＋0.45 千克×带仔头数。哺乳母猪在分娩 3 天后日喂 4 餐，饲喂时间为 8：00—8：30、11：30—12：00、16：30—17：00、21：30—22：00。

（6）仔猪补料时间为 5：00、10：00、16：00、20：00。期间根据仔猪的采食情况再增加补料次数。15 日龄后增加到每天 6 次以上。每次诱食补料要求饲料新鲜、少量，放在仔猪经常游玩的地方任其自由采食。

（7）保持产房的清洁卫生，日班每天上下午至少打扫 1 次，及时清除粪便及其他脏物，对母猪的胎衣及死胎等应集中于桶内。收集的粪便、胎衣、死胎及其他污物要拉入堆粪场。注意检查保温箱内的仔猪状况和保持箱内的干燥清洁。保持饮水清洁和饮水器的畅通，损坏的饮水器要及时维修或更换。夜班在 5：00 进行猪栏的清扫工作。

（8）晚上分娩舍内母猪发生紧急情况时，应马上报告场内值班人员并配合做好处置。

4. 保育舍日常工作安排　猪场保育舍日常工作安排参见表 7-8。

表 7-8　保育舍日常工作安排表

时间	工作内容	操作程序及要求
8：00	通风	通过控制门窗的开启程度来调节环境温度，并保持其相对稳定。当外界气温低于 15℃时，启用保温设备，注意适当的通风换气。冬季通风推迟至 8：40，先喂料后通风

（续）

时间	工作内容	操作程序及要求
8：10	喂料	仔猪断奶后5天后可根据情况采取自由采食方式饲喂。将上午的料量投入自动料槽，宁少勿多，应在16：00喂料时，槽内基本无余料。前天的剩料一般要清出后才能投料。在喂料时要注意观察仔猪的精神、呼吸、皮肤、粪便形态和采食情况。发现异常及时报告兽医，并配合兽医做好治疗和护理
8：40	清扫	清扫过道上的污物。打扫猪栏内的卫生，将漏缝内的粪便等清入粪沟
10：30	清粪	清除栏下及粪沟内的粪便，冲走或运至堆粪场
11：00	冲洗	对漏缝上较脏的地方、栏下地面、粪沟等进行冲洗。应避免淋湿猪的躺卧区和采食区。完成后清洗工具等
14：00	其他	适时进行带猪消毒，配合兽医进行治疗和免疫注射。配合场内猪群的调动等工作
15：00	清扫	将栏内猪粪等污物清理干净
16：00	饲喂	投料应保证喂料量能在次日早晨前吃完，基本无余料，也无明显舔槽情况（即槽内舔成湿润状）
16：40	记录	记录猪只动态，分料种记录全天的采食量

注：断奶后5天内要适当限饲，具体做法是第二天饲喂断奶前一天采食量的80%，以后每天增加3%～5%，每天5餐投喂，时间为7：00—7：30、11：00—11：30、14：00—14：30、17：00—17：30、21：00—21：30，做到每餐基本上吃尽，尚有食欲为宜。并要保证饲料的新鲜。饲喂一定的时间后按规定换料，换料时要有3～4天的过渡期，掺入比例逐天提高。当保育舍内有刚转入5天内的仔猪时，保育舍饲养员上午上班应提前1小时，参照上述工作程序进行操作。

5. 生长育肥舍日常工作安排　猪场生长育肥舍日常工作安排参见表7-9。

表7-9　生长育肥舍日常工作安排表

时间	工作内容	操作程序及要求
8：00	通风	根据气温情况确定窗户的开启程度，防止污浊空气浓度过高

（续）

时间	工作内容	操作程序及要求
8：10	喂料	生长肥育猪一般采用自由采食方式饲喂，投料前应清理饲槽，投料量约为日采食量的1/2。在喂料时要留心观察猪只的精神状态和采食情况，以及呼吸、皮肤、粪便形态等有无异常，发现异常及时报告兽医，并配合做好治疗和护理
8：30	清扫	清扫猪舍及猪栏内污物。清扫后的栏面除排泄区外，应无积粪、积尘，墙角、窗户及房梁等无蛛网，内外走道无污物
10：00	清粪	将猪栏及粪沟内的粪便清除干净，收集并运到堆粪场
14：00	其他	检查料槽内的饲料，并将槽外的干净饲料回收投喂，检查饮水器是否正常。进行常规的带猪消毒，配合兽医进行治疗和免疫注射。配合场内的猪群调动等工作
15：00	扫栏	同上午，夏季应增加一次清粪工作
16：30	添料	与上午投料的方式相同，并注意观察猪群状况
16：50	记录	记录猪群动态和全天的采食量（分料种记录）

注：夏季气温高于33℃时，应对猪体进行冲水降温，11：00和14：00各1次，同时冲洗干净猪体表。当气温低于12℃时，给猪只垫草保温，并注意门窗的开启程度，尤其是在晚间和雨雪天气。同时，也要注意通风换气，通风推迟至8：30。先喂料后通风。

6. 兽医工作人员日常工作安排 猪场兽医工作人员日常工作安排参见表7-10。

表7-10 兽医工作人员日常工作安排表

时间	工作内容	备 注
8：00	巡视所负责的各栋猪舍，认真观察并向饲养员询问了解猪只的健康状况，如有紧急情况，马上进行初步处理	上一天处理过的猪只作为重点视察
8：40	回兽医室准备注射器、药品、碘酒、棉花等临诊所需的各种物品和器械	检查针筒、器械的可用性，以及药品是否过期

（续）

时 间	工作内容	备　　注
9：00	按产房、公母猪舍、保育舍、生长育肥舍的顺序进行临床诊断和治疗，做好兽医日志	分娩舍视情况可进行补铁及某些疫苗的注射
11：00	整理药箱，将用完的瓶、盒分开弃于指定处，将用过的器械、针筒等清洗消毒，重新补充药品等	如有宽裕的时间，应配合场长处理其他工作
11：30	中午必要时安排兽医人员轮流值班	若猪只出现紧急情况，应及时赶往诊治
14：00	查看猪只免疫记录表，需要进行疫苗注射，则配制疫苗进行注射，并仔细作好注射记录。否则巡视猪舍，认真观察和了解猪只健康状况，如遇紧急情况马上处理。进行仔猪阉割及一般的外科手术等	如需饲养员协助的，应提前约定。上午处理过的猪只应重点视察。如时间宽裕，应配合场长进行其他工作
15：30	按产房、公母猪舍、保育舍、生长育肥舍的顺序进行临床诊断和治疗，做好兽医日志	若猪群还未喂料，可先对上午治疗过的猪进行诊治
17：00	整理药箱，将用完的瓶、盒分开弃于指定处，将用过的器械、针筒等清洗消毒，重新补充药品及器械等。最后整理和打扫兽医室	有需要夜班饲养员注意或处理的事项以书面形式告知
17：30	下班后，必要时安排兽医人员值班	若猪只出现紧急情况，应及时赶往诊治

注：在夏季，上下班时间有变动时，日常工作时间也应相应提前。如遇猪群调动、群体免疫、大消毒等集体行动及某些特殊情况，应适时做出调整安排。

三、种猪淘汰原则与更新计划

（一）种猪淘汰原则

（1）后备母猪超过 8 月龄以上不发情的。断奶母猪两个情期（42 天）以上或 2 个月不发情的。

（2）母猪连续 2 次、累计 3 次妊娠期习惯性流产的。

（3）母猪配种后复发情连续 2 次以上的。

（4）青年母猪第一、第二胎活产仔猪窝均 7 头以下的。

（5）经产母猪累计 3 产次活产仔猪窝均 7 头以下的。

（6）经产母猪连续 2 产次、累计 3 产次哺乳仔猪成活率低于 60％，以及泌乳能力差、咬仔、经常难产的母猪。

（7）经产母猪 7 胎次以上且累计胎均活产仔数低于 9 头的。

（8）后备公猪超过 10 月龄以上不能使用的。

（9）公猪连续两个月精液检查（有问题的每周精检 1 次）不合格的。

（10）后备猪有先天性生殖器官疾病的。

（11）发生普通病连续治疗两个疗程而不能康复的种猪。

（12）发生严重传染病的种猪。

（13）由于其他原因而失去使用价值的种猪。

种猪淘汰应严格遵守淘汰标准，现场控制与检定，分周/月有计划地均衡淘汰，最好是每批断奶猪检定一次，保持合理的母猪年龄及胎龄结构。

（二）种猪淘汰计划

（1）母猪年淘汰率为 25％～33％，公猪年淘汰率为 40％～50％。

（2）后备猪使用前淘汰率为母猪 10％，公猪 20％。

（三）后备猪引入计划

1. 老场　后备猪年引入数＝基础成年猪数×年淘汰率÷后备猪合格率。

2. 新场　后备猪引入数＝基础成年猪数÷后备猪合格率。或后备母猪引入数＝满负荷生产每周计划配种母猪数×20 周

（四）品种的选用

根据种猪场发展规划选择。

四、记录和报表管理

一个规模化的种猪场，必须做好各项生产记录，并及时对它

进行整理与分析，以有利于总结经验，评价每头猪的生产性能和每群猪的生产状况，不断提高生产水平和改进猪群的管理工作。

（一）生产记录与记录的保存

每群生猪都应有相关的资料记录，日常生产记录内容包括引种、配种、产仔、哺乳、断奶、转群、饲料消耗等，种猪要有来源、特征、主要生产性能记录，饲料要有饲料来源、配方及各种添加剂使用情况的记录，兽医人员应做好免疫接种、用药、发病率、发病及治疗情况、死亡原因、死亡率、实验室检查及其结果、无害化处理情况等记录，每批出场的生猪应有出场猪号、销售地及免疫记录等，以备查询。这些记录形成猪场内部管理的基础，资料应尽可能长期保存，所有记录应保存2年以上。其中重要的生产记录有配种记录、母猪产仔哺乳记录、种猪生长发育记录、配种繁殖记录、种猪系谱记录等。

1. 耳号及免疫标识　在能够得到有效的动物生产记录之前，必须先设置一套系统来准确地识别哪个记录与哪个动物相对应，有了识别方法才能进行记录保存。目前的识别方法有打耳号、上耳标、刺标和电子识别。打耳号是其中最简单的一种，是用一种有规律的方式在猪的耳朵上剪一个或一系列的缺口以区别各个猪号，各场各有其特有的打耳号方式，常用的打耳号方式有1—3、1—3—5耳号识别和个体群识别法。

目前，全国境内对动物重大疫病实行强制免疫，每头猪均应佩带免疫耳标，免疫耳标和免疫档案一同组成免疫标识，免疫档案以县级动物防疫监督机构为基本防疫单元建立的，内容包括畜（禽）主姓名、动物种类、年（月、日）龄、免疫日期、疫苗名称、疫苗批号、疫苗厂家、疫苗销售商、免疫耳标号、防疫员签字等。

2. 手工记录　生产记录是猪场第一手的原始材料，是各种统计报表的基础，猪舍中的每件事都应该记录在笔记本或者舍志上，在场内发生的每件事都必须记录在笔记本或永久保存的记录卡片上，种猪场应有专人负责生产记录的收集和保管。这些记录包括产仔哺育记录表、配种记录单、猪舍周报卡片、公猪记录单、母猪记录单和精液的品质检查记录、仔猪培育记录、生长肥育猪记录等。

（1）产仔哺育记录表 记录分娩母猪与产仔情况，补铁、免疫和死亡情况，从初生重到断奶重、从仔猪寄养到仔猪脱离寄养的情况。

（2）配种记录单 登记配种公、母猪的品种、耳号、预产期、返情状况等。

（3）猪舍周报卡片 记录在1周内配种、分娩和断奶区域发生的所有情况，全部数字经汇总后，可以用来与指标相比较，从而估测全场的性能，猪舍周卡片也记录日盘点情况。

（4）公猪登记卡 记录公猪来源、血统、品种、出生日期及配种情况。

（5）母猪繁殖记录单 记录母猪来源、品种、配种和分娩日期及产仔、断奶情况，是母猪个体生活的历史记录。

（6）饲料消耗记录表 记录每天、周饲料领用及饲料药物添加剂使用情况。

（7）猪只移动登记表 登记场内各阶段猪只迁移、转群信息。

（8）防疫记录表 登记疫苗名称、来源、批号、接种对象、日期、执行人。

（9）疾病死亡记录表 登记时间、栋号、临床症状、处理意见、执行人。

3. 计算机化记录 随着计算机的应用越来越普遍，对于任何大型的猪场来讲，计算机化的记录对于有效的管理都是最重要的。像手工记录一样，每件事的原始记录还是记在猪舍志上，或者通过不同的程序记录的信息直接进入电脑的指定存储位置。计算机化记录程序有很多报告形式和功能清单，报告可覆盖所有时期的内容或者综合要求的任何时段的信息，如1份报告可以覆盖整整1年，可以分割成12个月，同时又有整年的统计。

（二）生产统计报表

报表是反映猪场生产管理情况的有效手段，是上级领导检查工作的途径之一，也是统计分析、指导生产的依据。各生产车间要做好各种生产记录，并准确、如实地填写周报表，交到上一级主管，查对核实后，及时送到场办并及时输入电脑。报表的目的不仅仅是统计，更重要的是分析，及时发现生产上存在的问题并及时解决问题。要想提高科学管理水平，应该要建立一套完整的科学的生产线报表体系，并用先进的电脑管理软件系统进行统计、汇总及分析。

猪场主要的生产报表有种猪配种情况周报表、分娩母猪及产仔情况周报表、断奶母猪及仔猪生产情况周报表、种猪死亡淘汰情况周报表、猪转栏情况周报表、猪死亡及上市情况周报表、妊检空怀及流产母猪情况周报表、猪群盘点月报表、种猪场生产情况汇总周报表、配种妊娠舍周报表、分娩保育舍周报表、生长育肥舍周报表、公猪配种登记月报表（公猪使用频率月报表）、猪舍内饲料进销存周报表、人工授精周报表等。

（三）记录分析

所有的记录和生产报表做来并不是为了保存，而是用来作每天或长期的生产管理决策。一个好的记录能够显示出在这个场内过去、现在的生产情况，甚至能描绘出短期或长期的发展状况。每周或者每天对场内记录进行分析，就可以得知生产参数将会做怎么样的变化，并找到变化的原因，从而做出正确的决策。

1. 生产统计分析　根据生产数据统计并分析猪场生产情况，做出任意时间段统计分析和生产指导。包括生产成绩统计分析（配种、分娩、饲料消耗、育成情况统计、疫病监测等情况）、生猪存栏统计、生产效益分析等。

2. 生产计划管理　根据猪群生产性能制定短期和长期的生产、销售、消耗计划，并进行实际生产的监督分析。

3. 生产成本分析　按实际生产的消耗、销售、存栏、产出情况，得出猪只分群核算的基本成本分析数据，决定如何降低成本获得最大效益。

4. 育种数据的分析 根据实际育种测定数据和生产数据，利用方差组分剖分（计算测定性状遗传力、重复力、遗传相关等）、多性状 BLUP 育种值的计算等育种数据分析方法，进行育种分析，以决定种猪的选留、计算遗传进展和进行选留种猪近交情况分析等。

五、猪场记录及报表体系

猪场主要的生产报表参见表 7 - 11 至表 7 - 40。

表 7 - 11　生产汇总周报表

报表日期＿＿＿年＿＿月＿＿日　周号＿＿＿＿　　　　报表人＿＿＿＿

项目			本周	累计	备注
配种妊娠舍	配种情况	断奶母猪			断奶母猪周配率 本周＿＿＿% 累计＿＿＿%
		返情母猪			
		后备母猪			
		小　计			
	变动及存栏情况	公猪 转入			完成周配计划 本周＿＿＿% 累均＿＿＿%
		公猪 转出			
		公猪 死淘			
		公猪 存栏			
		空怀母猪 转入			流产 本周＿＿＿头 累计＿＿＿头
		空怀母猪 转出			
		空怀母猪 死淘			
		空怀母猪 存栏			
		后备母猪 转入			返情 本周＿＿＿头 累计＿＿＿头
		后备母猪 转出			
		后备母猪 死淘			
		后备母猪 存栏			
		妊娠母猪 转入			妊检空怀 本周＿＿＿头 累计＿＿＿头
		妊娠母猪 转出			
		妊娠母猪 死淘			
		妊娠母猪 存栏			

（续）

项目			本周	累计	备注
分娩舍	产仔情况	预产胎数			分娩率 本周＿＿％ 累均＿＿％ 胎均活仔 本周＿＿头 累均＿＿头
		繁殖胎数			
		活 产 仔			
		死 胎			
		木乃伊胎			
		畸 形			
		总 产 仔			
	断奶	断奶仔猪数			28日龄转出均重 本周＿＿千克 累均＿＿千克 仔猪周耗料＿＿千克 头日均＿＿千克 母猪周耗料＿＿千克 头日均耗料＿＿千克
	变动存栏情况	转入母猪			
		转出 母			
		转出 仔			
		死淘 母			
		死亡 仔			
		存 栏 母			
		存 栏 仔			
本周末基母存栏：	保育舍	转入			49日龄转出均重 本周＿＿千克 累均＿＿千克 仔猪周耗料＿＿千克 头日均耗料＿＿千克
		转出			
		死亡			
		存栏			
本周末总存栏：	育肥舍	转入			154日龄出栏均重 本周＿＿千克 累均＿＿千克 料肉比＿＿
		出栏			
		死亡			
		存栏			

表 7-12 配种舍周报表

项目 星期	配种情况				变动及存栏情况							
					公　猪				空怀母猪			
	断母	返母	后母	小计	转入	转出	死淘	存栏	转入	转出	死淘	存栏
一												
二												
三												

（续）

项目\星期	配种情况				变动及存栏情况							
					公 猪				空怀母猪			
	断母	返母	后母	小计	转入	转出	死淘	存栏	转入	转出	死淘	存栏
四												
五												
六												
日												
合计												

注：(1) 本周断奶_____头，周配率_____%。

(2) 本周配种计划_____头，完成周配计划_____%。

报表人_____ 报表日期___年___月___日 周号_____

表7-13 妊娠舍周报表

项目\星期	妊娠情况				变动及存栏情况							
					妊娠母猪				后备母猪			
	流产	返情	空怀	合计	转入	转出	死淘	存栏	转入	转出	死淘	存栏
一												
二												
三												
四												
五												
六												
日												
合计												

表7-14 分娩舍周报表

项目\星期	产仔情况						断奶仔猪数	变动及存栏情况					
	胎数	活产仔	死胎	木乃伊胎	畸形	总产仔		转入母	转出		死淘		存栏	
									母	仔	母	仔	母	仔
一														

211

(续)

项目\星期	产仔情况						断奶仔猪数	变动及存栏情况						
	胎数	活产仔	死胎	木乃伊胎	畸形	总产仔		转入母	转出		死淘		存栏	
									母	仔	母	仔	母	仔
二														
三														
四														
五														
六														
日														
合计														

注：(1) 本周胎均活产仔＿＿头，断奶平均日龄＿＿天，本周预产＿＿胎，分娩率＿＿％。

(2) 产房转出平均日龄＿＿天，均重＿＿千克。

(3) 仔猪周耗料＿＿千克，头日均耗料＿＿千克；母猪周耗料＿＿千克，头日均耗料＿＿千克。

报表人＿＿＿＿＿ 报表日期＿＿＿年＿＿月＿＿日 周号＿＿＿＿＿

表 7-15 配种基础周报表

配种员＿＿＿＿＿ 周号＿＿＿＿＿ 报表日期＿＿＿年＿＿月＿＿日

序号	母猪耳号	首配		二配		三配		预产期	备注(返、流、后备)
		时间	公猪	时间	公猪	时间	公猪		
1									
2									
3									
4									

表 7-16 产仔基础周报表

技术员＿＿＿＿＿ 周号＿＿＿＿＿ 报表日期＿＿＿年＿＿月＿＿日

序号	母猪情况				产仔情况				处理情况				接产员	饲养员
	耳号	棚号	栏号	日期	胎次	产出	产活	健猪	弱猪	窝重	弱弱	畸形	乃伊胎	死胎
1														

(续)

序号	母猪情况					产仔情况					处理情况				接产员	饲养员
	耳号	棚号	栏号	日期	胎次	产出	产活	健猪	弱猪	窝重	弱弱	畸形	乃伊	死胎		
2																
3																
4																
5																
合计：胎均活产仔_____头 出生均重_____千克																

表7-17 育肥猪死亡基础周报表

技术员_____ 周号_____ 报表日期____年____月____日

周 棚号	一		二		三		四		五		六		七		存栏	饲养员
	日龄	头数	日龄	头数	日龄	头数	日龄	头数	日龄	头数	日龄	头数	日龄	头数		
1																
2																
合计																

表7-18 种猪死亡淘汰基础周报表

技术员_____ 周号_____ 报表日期____年____月____日

序号	耳号	猪别	棚舍	死亡或淘汰原因	年龄胎次	饲养员
1						
2						
3						
合计：经产母猪_____头 后备母猪_____头 成年公猪_____头 后备公猪_____头						

表7-19 公猪使用频率基础周报表

序号\ 星期\ 公猪号	一	二	三	四	五	六	七	合计	精检	备注
1										
2										
3										
4										

注：（1）公猪使用频率标准为成年公猪3～4次/周，后备公猪（9～12月龄）1～2次/周。

（2）公猪精检次数为春、秋、冬季1次/月，夏季2次/月。

配种员_____ 报表日期___年___月___日 周号_____

表7-20 妊检空怀及流产母猪情况周报表

配种员_____ 周号_____ 报表日期___年___月___日

母猪耳号	与配公猪	配种日期	妊检空怀日期	目前情况

表7-21 种猪淘汰报告表

耳号	猪别	棚舍	淘汰原因	备注

技术员：___年___月___日 | 场长：___年___月___日

表7-22　饲料发放表

技术员＿＿＿＿＿＿　　　　　　　　　　　　　　＿＿＿年＿＿＿月＿＿＿日

棚号	猪别	料别	标准	头数	总量	棚号	猪别	料别	标准	头数	总量
1						1					
2						2					
3						3					
合计						合计					

表7-23　产仔分单元记录表

单元号	窝数	产仔日期	产仔头数	平均日龄	23日龄断奶	28日龄转出	备注
1							
2							

表7-24　全场转群计划表

临产母猪转群日期							
头数							
妊娠舍号							
分娩舍号及单元							
妊娠饲养员							
分娩饲养员							
断奶母猪转群日期							
头数							
分娩舍号及单元							
配种舍号							
分娩饲养员							
配种饲养员							
断奶仔猪转群日期							

（续）

栏数						
分娩舍号及单元						
保育舍单元						
分娩饲养员						
保育饲养员						
保育仔猪转群日期						
头数						
保育舍单元						
育肥舍号						
保育饲养员						
育肥饲养员						

注：临产母猪提前1周上产床，母猪21日龄断奶，断奶仔猪28天转出，保育仔猪49天转出。

表 7-25　育肥猪上市计划表

棚号	饲养员	转入头数	转入日期	转入日龄	转入均重	计划上市日期	实际上市头数	实际上市日期	实际上市日龄	实际上市均重	备注

填报人：　　　上报日期＿＿＿年＿＿＿月＿＿＿日　　　计划上市：

表 7-26　药品需求计划月报表

序号	品　　名	规格	单位	数量	单价	金额	备注
1	青霉素						
2	链霉素						
3	盐酸土霉素						
4	长效土霉素						
5	卡那霉素						丁胺卡那

（续）

序号	品　名	规格	单位	数量	单价	金额	备注
6	庆大霉素						
7	痢菌净						
8	磺胺6甲氧						
9	恩诺沙星（百清）						
10	氟哌酸						
11	环丙沙星						
12	阿莫西林						
13	地塞米松						
14	安乃近						
15	安痛定						
16	安钠加						
17	肾上腺素						
18	亚硒酸钠维生素 E						
19	复合维生素 B						
20	维生素 C						
21	5%葡萄糖						
22	50%葡萄糖						
23	碳酸氢钠注射液						
24	生理盐水						
25	维丁胶原钙						
26	鱼腥草						
27	阿托品						
28	宫得康						
29	缩宫素						
30	律胎素						
31	氯前列烯醇						

(续)

序号	品　　名	规格	单位	数量	单价	金额	备注
32	绒促素						
33	血促素						
34	PG600						
35	丙酸睾丸酮						
36	黄体酮						
37	胆汁注射液						
38	肌苷注射液						
39	安咯血						
40	富铁力						
41	紫药水						
42	红药水						
43	碘酒						
44	敌百虫						
45	小苏打						
46	人工盐						
47	螨净						
48	通灭						
49	酒精						
50	菌毒敌						
51	消毒威						
52	百毒杀						
53	过氧乙酸						
54	土霉素粉						
55	强力霉素粉						
56	除病杀粉						
57	支原净粉						

（续）

序号	品　　名	规格	单位	数量	单价	金额	备注
58	阿散酸粉						
59	伊维菌素粉						
60	泰妙菌素粉						
61	5甲氧粉						
62	增效剂粉						
63	阿莫西林粉						
64	二甲硝基咪唑粉						
65	5号病苗						
66	蓝耳病苗						
67	5号苗						
68	伪狂犬疫苗						
69	细小苗						
70	乙脑苗						
71	链球菌						
72	猪瘟苗						
73	腹泻二联苗						
74	注射器	10毫升					
75	注射器	20毫升					
76	针头	9号					
77	针头	12号					
78	针头	16号					
79	针盒	小型					
80	持针钳						
81	止血钳						
82	解剖刀片						
83	解剖刀柄						

（续）

序号	品　名	规格	单位	数量	单价	金额	备注
84	脱脂棉						
85	镊子						
86	方盘						
87	肛门体温计						
88	医用手套						
89	酸碱手套						
90	一次性输液器						
91	胃导管						
92	缝合针						
93	缝合线						
94	一次性采血器						

表 7 - 27　生产工具办公用品需求计划月报表

1	圆珠笔					
2	油性笔					
3	5 色粉笔					
4	夹子					
5	写字板					
6	打印纸					
7	稿纸					
8	塑料水管					
9	扫帚					
10	喷雾器					
11	铁锹					

表 7 - 28 饲料需求计划月报表

名称	数量（吨）		
玉米			
豆粕			
麸皮			
大麦			
小麦粉			
菜籽粕			
磷酸氢钙			
石粉			
膨化大豆			
鱼粉			
全价料			
公猪全价料			
浓缩料			

表 7 - 29 配种评分报表

_____线 _____周

序号	与配母猪	日期	首配公猪	评分	二配公猪	评分	三配公猪	评分	输精员	备注
1										
2										
3										
4										

表 7-30　后备猪免疫计划表

批次	进场日期	头数	平均日龄	平均体重	154日龄 细小	168日龄 乙脑	175日龄 猪瘟	182日龄 5号病	189日龄 伪狂犬	196日龄 蓝耳苗	203日龄 细小	210日龄 乙脑	备注
1													
2													
3													
4													

表 7-31　保育育肥猪免疫计划表

批次	栋号	进猪日期	进猪日龄	头数	56天猪瘟	63日龄 5号苗	84日龄 5号苗	备注
1								
2								
3								
4								

表 7-32　哺乳母猪及仔猪免疫计划表

批次	分娩日期	单元	母猪数	乳苗猪数	14天母仔蓝耳病	14天母5号苗	21天母仔链球菌	21天母仔猪瘟	备注
1									
2									
3									
4									

表 7-33　妊娠猪免疫计划表

预产阶段	妊娠头数	产前28天伪狂犬疫苗	产前21天5价苗	产前14天5价苗	预产阶段	妊娠头数	产前28天伪狂犬疫苗	产前21天5价苗	产前14天5价苗	备注

表 7-34　哺乳仔猪免疫登记表

蓝耳病（产后14日龄）					猪瘟（产后21日龄）					链球菌（产后21日龄）				
栋号	日期	头数	耗量	批号	栋号	日期	头数	耗量	批号	栋号	日期	头数	耗量	批号

操作兽医：　　　　　　　　　　　　　年　　月　　日

表 7-35　生长育肥猪免疫登记表

猪瘟（56日龄）					5号苗（首免63日龄）					5号苗（二免84日龄）				
栋号	日期	头数	耗量	批号	栋号	日期	头数	耗量	批号	栋号	日期	头数	耗量	批号

操作兽医：　　　　　　　　　　　　　年　　月　　日

表7-36 妊娠母猪免疫登记表

伪狂犬（产前28天）					5价苗（产前14～21天）					腹泻二联苗（产前14天）				
栋号	日期	头数	耗量	批号	栋号	日期	头数	耗量	批号	栋号	日期	头数	耗量	批号

操作兽医：　　　　　　　　　　年　　月　　日

表7-37 哺乳母猪免疫登记表

5号苗（产后14天）					蓝耳病（产后14天）					猪瘟（产后21天）				
栋号	日期	头数	耗量	批号	栋号	日期	头数	耗量	批号	栋号	日期	头数	耗量	批号

操作兽医：　　　　　　　　　　年　　月　　日

表7-38 后备母猪免疫登记表（一）

细小病毒(154日龄)					乙脑（168日龄）					猪瘟（175日龄）					5号病（182日龄）				
栋号	日期	头数	耗量	批号	栋号	日期	头数	耗量	批号	栋号	日期	头数	耗量	批号	栋号	日期	头数	耗量	批号

操作兽医：　　　　　　　　　　年　　月　　日

表 7-39 后备母猪免疫登记表（二）

伪狂犬（189 日龄）					蓝耳病（196 日龄）					细小病毒（203 日龄）					乙脑（210 日龄）				
栋号	日期	头数	耗量	批号	栋号	日期	头数	耗量	批号	栋号	日期	头数	耗量	批号	栋号	日期	头数	耗量	批号

操作兽医：　　　　　　　　　　　年　　月　　日

表 7-40 死亡及原因基础周报表

技术员＿＿＿＿＿　　周号＿＿＿＿＿　　报表日期＿＿＿年＿＿月＿＿日

舍栏号	一		二		三		四		五		六		日	
	日龄	原因	日龄	原因	日龄	原因	日龄	原因	日龄	原因	日龄	原因	日龄	原因

第三节　种猪场财务管理

种猪场作为经营性经济实体，生产目的是为获取最大经济效益。种猪生产过程环节多，每个环节技术指标都与经济效益紧密相关，任一生产环节都可能影响到种猪场整体经济效益。因此，种猪场财务管理具有一定特殊性，不仅需要归纳、小结、核算生产过程的劳动、经济、物资消耗及其取得的成果，以尽可能少的消耗生产出量多、质优的种猪产品。更重要的是将核算效果及时反馈至生产部门，对生产环节进行严谨评价，辅助提高生产技术水平，并进一步预报、化解养殖风险。

一、种猪场财务管理步骤

（一）财务规划与动态预测

针对种猪场规模制订明确的财务计划，统一筹集和使用资金，保证生产计划的顺利执行，并做到开源节流，对经济效益进行合理预测。

种猪场财务规划主要是针对种猪场近期、远景计划进行规划，包括经营方针和任务、生产建设规模、发展速度、现代化进程、生产比例、资源的合理利用、产品数量、质量和经济指标提高的措施，以及人工指标、职工福利等。

结合种猪场生产计划、市场等因素确定种猪场总任务。主要任务指标和生产指标如下：

（1）种猪场饲养规模，饲养基础母猪、公猪的比例与数量。种猪场公母猪比例一般为本交1∶20，人工授精1∶100。

（2）年度产仔窝数、活仔头数、断奶头数，成活与育成头数。确定断奶日龄。

（3）自留后备种猪的数量占猪群的比例。一般后备母猪的选留数是：2月龄时为淘汰母猪的4倍，4月龄时为淘汰母猪的3倍，6月龄时为淘汰母猪的2倍，8月龄时为淘汰母猪的1.5倍。

（4）出售种猪、商品肥猪的数量。

（5）基础母猪、公猪淘汰率一般分别控制在25％和20％。

（6）育肥猪育肥周期。瘦肉型猪一般6月龄内出栏，种猪4月龄出栏，肥育淘汰猪2月龄内出栏。

（7）合理利用种猪、猪舍、饲料条件，调配配种计划，实行全年均衡或季节分娩。

（8）根据当期和上年度生产、销售、生长猪群数据，合理预测猪群结构、规模，使猪群周转获得技术、经济支持。

（9）根据猪群的生长阶段、数量、生产量、饲料供应定额确定饲料供应与储备。

（二）财务预算与成本控制

从资金、存货、信息、账务四个方面保障种猪场内部安全，将生产环节作为控制点，实行大宗、固定性开支标准化控制，合理调配、控制费用。可以利用上年度财务效果进行预算。

1. 工资单价预算　工资单价预算的方式为实际支付工人的工资福利总额除以实际投入生产工数。

2. 物资消耗核算

（1）饲料消耗　包括各种饲料的消耗总量和总金额，一般占总成本70%以上。

（2）药费　包括预防和治疗所消耗的疫苗、药品、器械和检测等费用。

（3）水电费用　包括照明、降温、供暖用电，饮用、冲洗用水的费用。

（4）折旧费　指房舍和设备的折旧费用。

（5）其他　维修、种猪平摊的费用，垫草和青料的费用等。

（6）初期存栏价值　指全部存栏猪群的估计价值和购入种猪或肥猪价值。

（7）副产品收入　主要有猪粪销售收入。

3. 成本核算　包括猪的活重成本核算、猪的增重成本核算和仔猪成本核算。

（三）财务分析，科学评估

对种猪场面临的市场竞争及内部信息进行比较分析，以支持各种决策。如果缺乏这种信息的支持，决策将无法进行或决策错误的风险很大，如基于财务分析的战略选择、业务组合、业绩管理、投融资决策、运营效率的改善、全面预算的实行等。这些都将阻碍种猪场市场份额的扩大和利润的增长。

财务分析也是对种猪场经济活动的分析，根据经济核算所反应的生产情况，对种猪场的劳动生产率、猪群生产利用情况、饲料物资供应程度、产品成本、产品销售、盈利和财务情况，进行全面、系统的分析，检查生产计划完成情况，以及影响计划完成的各种有利和不利因素，对种猪场的经济活动做出正确评价。利于制订下一阶段生产任务和保障任务完成。

经济分析不仅要作年度内分析，还需作不同年度的纵向比较分析，同时也需要作横向的不同猪场的比较分析，找差距，借鉴经验，推动技术进步，提高生产水平。

种猪场规模有大小，生产性质与类型有差别，因而不可能采用一致的分析方法，但可以遵循一般的原则，即结合实际制订计划，分析具体生产指标，总结经验、纠正缺点；综合分析影响经济指标的因素，区分主要、次要矛盾；分析职工劳动态度与生产过程和生产组织的关系；全面、实事求是地分析、核算。

分析的主要项目有完成生产计划，扩大在生产的分析；产品率分析，指育成率、平均日增重、饲料利用率等的完成情况；饲料保证程度分析；成本分析。

（四）财务管理进一步发展到资本运作

种猪场运用资本手段进行较大规模的快速扩张，进入多元化扩张和发展，种猪场通过上市募集资金，或进行其他战略性、财务性融资。同时，采取并购等手段进行扩张。这一阶段的财务重在资金运作，对投融资进行直接运作和管理，以及所涉及的资本结构优化、利润分配事宜。

（五）财务管理达到实现财务效益

这时的种猪场具有较复杂的资本结构、法人结构，营运资本量大，有税务谈判的筹码。这个阶段的财务主要是通过税务优化、营运资本的管理，直接为种猪场产生效益，以避免不必要的多纳税和资金闲置，造成损失。

二、猪场财务管理方法与内容

（一）数据采集

财务管理首要的是对生产数据的采集，包括物资消耗、采购与销售以及各项生产记录数据等，并保证数据的完整性与真实性。数据采集并且应该配合数据控制，以对支出、消耗、生产指标进行预算与控制。

（二）成本核算与成本控制

1. 猪场成本核算　猪场成本核算包括生产费用核算和猪群成本核算。

（1）生产费用主要包含劳动与物质消耗，即人员工资与福利开支、饲料消耗、水电费用、折旧费用、药费等。

（2）猪群成本主要包含猪活重成本、猪增重成本、成年猪成本、仔猪成本。

①猪活重成本指年末存栏猪和本年度内离群猪的总活重每单位重量的成本，不包含死亡猪损失的重量。计算公式为：

$$猪活重总成本＝年初存栏猪的价值＋购转入猪价值$$
$$＋年饲养费－年粪肥价值$$

$$猪每千克活重成本＝猪活重总成本÷猪总活重$$

这样还可以分别计算出存栏、离群猪的总成本。

②猪增重成本是指每增重一单位重量的成本，先测算猪群的总增重（包括死亡猪增重），再计算每增重一单位重量的成本。计算公式为：

$$猪群总增重＝存栏猪活重＋离群猪活重－$$
$$购转猪活重－上期结转猪活重$$

$$猪群每千克增重成本＝（全群饲养费用－副产品收入）÷$$
$$猪群总增重$$

③成年猪成本核算，计算方法如下：

生产总成本＝直接费＋共同生产费＋管理费

产品总成本＝生产总成本－副产品收入

猪群单位成本＝产品总成本÷产品数量

④仔猪成本包括基础母猪和种公猪的饲养费用，以断奶仔猪活重总量除以基础猪群的饲养总费用（扣除副产品收入），即仔猪单位活重成本。计算公式为：

仔猪单位活重成本＝（年初结存未断奶仔猪价值＋当年基础猪群费用－副产品价值）÷（当年断奶仔猪转群总重量＋年初结存未断奶仔猪总重量）

2. 猪场成本控制 种猪场产品成本是衡量生产经营管理水平与质量的一个综合性经济指标。因此，成本控制也成为财务管理的一项重要工作，是财务管理的根本手段，也是增加种猪场效益的重要途径。种猪场财务管理人员应该具有强烈成本意识，在猪场生产过程中把握事前规划和事中控制，并及时对生产过程的波动进行分析反馈，发现问题及时反映，所有消耗损耗率、生产指标数据都不能偏离正常范围，否则应及时找出漏洞，予以解决。

（三）收入核算

猪场收入主要有猪销售和猪粪销售的收入。

（四）业绩评价与激励

根据生产技术指标的完成状况对岗位进行客观评价，以此为根据进行岗位激励，同时为生产计划管理提供可靠依据。规模化猪场基础群年度主要生产技术指标与分级见表7-41。

表7-41 规模化猪场基础群年度主要生产技术指标（分级）

分级	产仔窝数	产活仔数（头）	断奶仔猪育成率（％）	保育仔猪育成率（％）	出栏猪头数	肥育期料重比	全群料重比	达100千克体重日龄
一	2.2	22	95	98	20	3.0	3.5	160
二	2.0	20	92	96	18	3.2	3.7	170

（续）

分级	产仔窝数	产活仔数（头）	断奶仔猪育成率（%）	保育仔猪育成率（%）	出栏猪头数	肥育期料重比	全群料重比	达100千克体重日龄
三	1.8	18	89	94	16	3.5	4.0	180
四	1.6	16	86	92	14	4.0	4.3	190

猪场部分生产指标及干预水平见表7-42。

表7-42 猪场部分生产指标及干预水平

项　　目	正常范围	干预水平
返情率（%）	8	15
流产率（%）	<3	≥3
空怀率（%）	1	4
死胎率（%）	<3	≥3
木乃伊胎率（%）	1	1.5
母猪死亡率（%）	4	6
仔猪死亡率（%）	6	10
保育猪死亡率（%）	3	5
生长育肥猪死亡率（%）	2	3
断奶配种间隔天数（%）	6	9
母猪头均年产仔数（头）	22	18
达100千克体重日龄	160	180
达100千克体重育肥期料重比	2.8~3.0	3.2

猪场生产基本参数见表7-43。

表7-43 猪场生产基本参数

项　　目	基本	优秀
情期受胎率（%）	85	90
分娩率（%）	90	95
胎间间隔天数	158	148

（续）

项　目		基本	优秀
断奶—配种间隔（天）		9	6
窝产仔数（头）		11	12
窝产活仔数（头）		10	11
不同阶段	0～28 日龄	8	5
	28～70 日龄	4	2
死亡率（%）	70 日龄至出栏	2	1
不同生长阶段	初生重	1.25	1.4
体重（千克）	20 日龄	5	6
	28 日龄	6.5	8
	60 日龄	20	22
	120 日龄	60	65
	160 日龄	90	100

仔猪日采食量与饲料消耗见表 7 - 44。

表 7 - 44　仔猪日采食量与饲料消耗

日龄段	5～7 日龄	7～10 日龄	11～20 日龄	21～30 日龄	31～45 日龄	合计
日采食量（千克）	引料	0.05	0.1～0.2	0.2～0.4	0.4～0.5	
累计消耗（千克）	—	0.3	1.7	4	7	13

育肥猪及种猪的日采食量与饲料消耗见表 7 - 45。

表 7 - 45　育肥猪及种猪的日采食量与饲料消耗

类　别	仔猪	小猪	中猪	大猪	母猪	公猪
日采食量（千克）	0.4～0.5	0.8～1	1.8～2	2～2.1	2.5～6	2.5～3
累计消耗（千克）	10	40	80	150	1 200	1 100

第四节 计算机在猪场管理中的应用

近年来，随着计算机的普及，养猪生产管理者主要依靠大量的手工记录统计生产信息来组织管理生产、评价生产水平的时代已经成为过去。大多数规模化种猪场采用计算机来记录各类生产数据，进行生产和育种管理。

一、计算机在猪场管理中的应用范围

（一）在饲料配方设计中的应用

饲料生产是集约化种猪场生产中的重要组成部分，是决定养猪成本高低的主要因素，在配制饲料时，必须根据原料的品种、价格、各类猪群的营养需要来进行配制，不仅要计算最低成本，还要符合营养需要，计算机设计饲料配方，大多用线性规划的方法，全部计算工作可由计算机完成。

（二）记录和档案管理

采用计算机可以进行无纸化记录和档案管理，即时进行生产统计分析与育种分析，规模化种猪场有较大的猪群，每天都能产生大量的数据资料，通过计算机可及时分析这些数据，随时了解猪群状态。

（三）在生产管理中的应用

规模化种猪场生产的计算机管理即是对猪场种猪档案、猪群生产和变动情况等资料组成的各类数据库进行处理、动态管理并自动更新的过程。根据生产需要，可对已经建立的数据库及所包含的生产数据资料进行综合管理、有效加工、分析统计，对生产流程进行仿真、监督和控制，处理、生成并打印各类报表，随时向有关人员报告实际生产情况。

（四）在猪育种管理中的应用

1. BLUP 育种值估计 种猪的遗传评估是选种的基础，而选种则是实现遗传改良最重要的育种措施。生产性能测定得到的仅是性状的表型值，是由育种值和环境效应所构成的函数。育种值估计的可靠性取决于可利用的信息量、先进的分析方法以及数据处理系统。目前，育种值估计一般采用BLUP（最佳线性无偏预测）方法，BLUP法是通过解线性方程组来获得各因素效应的估计值。对于猪的资料，在BLUP法中所涉及的线性方程组一般都很大，只能利用计算机强大的计算功能来解决。

2. 联合育种　随着计算机与信息网络技术的发展，计算机在猪育种中的应用范围也越来越广。发达国家多在种猪遗传评估体系中采用了这些现代技术，并极大地提高了育种效率。现在，我国开展区域性乃至全国性的遗传评估和联合育种的工作也正在进行之中。首先是建立区域性、全国性的种猪场电脑网络系统，各场按统一方法进行场内测定，测定结果按标准数据库格式输入计算机并通过猪场电脑网络传送到网络中心，中心采用多性状动物模型BLUP法进行种猪的育种值估计，评定个体的种用价值和各场的生产管理水平，评定结果再通过计算机网络传送到各场，逐步建立以场内为主的遗传评估体系和良种登记簿。提高选择效率，逐步降低引种数量，进而培育出我国实际需要的优良种猪。

二、猪场常用的计算机软件

（一）猪场生产管理系统

可以将猪场内所有管理工作系统地建立完整资料库，如生产过程中猪配种、配种受胎情况检查、种猪分娩、断奶数据，生长猪转群、销售、购买、死淘和生产饲料使用数据，种猪、肉猪的免疫情况，种猪育种测定数据等等实际猪场在生产和育种过程中发生的数据信息。进行生产性能分析、种猪淘汰管理、猪群评价等，还能进行猪群报告、猪群评估、遗传分析、猪群比较、质量控制等。目前，猪场生产管理系统在大中型猪场应用较为普遍。使用得较多的生产管理系统除了有国外的PIGWIN 和 PIGCHAMP 外，国内自己研制的有 GPS、PIG-MAP、金牧牧场管理软件、飞天工厂化养猪计算机管理系统等，多数猪场认为这些软件使他们的管理更科学，对生产是有益的。

（二）猪场繁殖效率诊断系统

可利用猪场生产管理所建立的资料库，提供各项繁殖效率的诊断功能，使猪场经营者更进一步了解猪只状况，以期早发现繁殖性能的问题，尽快改善。

（三）猪场财务管理系统

可将猪场各项投资详细记录，用以分析猪场各项经营效率，了解盈亏状况，有助于经营者建立一套良好的管理模式，另外对猪场各项成本的分析，可获得直接成本的比率，提供猪场经营者最佳的投资指标。一般猪场生产管理系统中均含有繁殖效率诊断和财务管理模块。

（四）猪场猪病诊断专家系统

包括由北京佑格科技发展有限公司与农业部饲料工业中心、中国科学院动物研究所研发的计算机软件，和由中国农业大学动物科技学院畜牧生产系统教研组与北京今日网讯信息科技发展有限公司联合研发的猪病诊断与防治专家系统（SDE）。

《猪病诊断专家系统》采用现代计量医学的研究成果，应用概率统计的方法，如最大似然法、逐步判别法和聚类分析法等，通过对兽医临床诊断的大量样本、专家经验和书本知识对疾病信息和症状信息进行分值计量定义，找出症状与疾病之间的统计规律，确定出经验公式，然后根据对这些症状信息的统计处理而得出诊断结果。

《猪病诊断与防治专家系统 SDE》则收编了相应动物各种

疾病的症状、图片，根据兽医专家的诊断思维设计计算机程序，能快速、准确地帮助诊断疾病，并提供了治疗的参考处方。用户还能根据自己的经验编辑症状、录入图片、设计处方。

第八章

种猪场环境控制与粪污处理

中国是生猪生产、消费大国，是畜牧业的主体和重点。养猪业已成为我国农业和农村经济的支柱产业。养猪业为保障食物安全、改善人民生活、农业增效、农民增收等都做出了重大贡献，然而同时也带来了能源与环境问题。一个万头猪场需用地面积3.33～6.67公顷，日耗水100～150吨，年排粪量3 000吨左右，日污水排放量80～100吨，废弃物的排放量相当于一个11万～13万人口城镇的排放量。粪污和臭气排放量大，严重造成空气和水体污染，对人畜生活环境造成严重危害。随着人口增长与资源环境之间的矛盾日益加剧，我国养猪业快速发展和饲养规模增大，养殖业产生的环境污染对人类和其他生物所造成的威胁将愈来愈严重。而随着我国养殖业的不断发展和养殖规模的不断扩大，生猪生产与资源、环境之间的矛盾将长期存在。如何建立循环可持续的资源化利用方式，有效改善畜禽粪便造成的对农村环境污染压力，切实推进资源节约、环境友好的现代农业发展和新农村建设，已成为当前亟待研究和解决的重大课题。

第一节　种猪场环境的基本要求

养猪环境是指影响猪群繁殖、生长、发育等方面的生活条件，它是由猪舍内空气的温度、湿度、光照、气流、声音、微生

237

物、设施、设备等因素组成的特定环境。在养猪生产过程中需要人为地进行调节和控制，让猪群生活在符合其生理要求和便于发挥高生产性能的气候环境内，从而达到高产的目的。

一、猪场温度

温度是环境条件中最主要的作用因素，对猪的影响最大，尤其是仔猪。猪只在生长各阶段对舍内环境温度的要求不同。配种妊娠舍一般温度控制在 15～25℃，冬季最低 10℃，夏季最高 30℃。母猪较耐冷，在北方冬季只要把猪舍的窗户密封好，温度一般很好控制，夏季一般采用湿帘风机降温系统，条件不好的就采用喷雾降温、自然通风，但是要注意喷雾降温要有时间间隔，于上午 10 时至下午 3 时开 30 分钟停 30 分钟，也可以开 1 小时停 1 小时。另外，夏天尽量减少母猪的活动，给予一些青绿饲料改善一下食欲。分娩保育舍舍温控制在 20～25℃，保温箱 30～35℃，冬季要求舍内安装暖气片或者锅炉暖风机提高舍内温度，仔猪出生 7 天内要求加保温箱、保温灯、电热板等。生长舍舍内温度要求为 20～25℃，最低 15℃，最高 35℃，夏天可通过喷雾降温，冬天可通过增加密度增温，但要注意通风，也可添加取暖设备增温。育肥舍舍内温度要求为 15～25℃，最低 10℃，最高 30℃，夏季最好采用湿帘风机降温或者喷雾降温，并且要降低饲养密度，冬季可增加饲养密度以保温。

二、猪场湿度

猪场湿度是指舍内空气中含水汽量的多少，一般以相对湿度来表示。猪舍的湿度要求在 65% 左右。湿度过大对各种猪只都是不利的，特别是在低温高湿的条件下，更容易引起仔猪感冒、呼吸道和消化道疾病，以及皮肤病和关节炎等。降低舍内湿度的主要措施是尽量减少水汽来源，合理设置通风装置。哺乳母猪舍和仔猪舍对湿度要求较严格，采用取暖设备结合通风换气是降低舍内湿度的有效措施。

三、猪场空气质量

在猪舍内，猪呼出的二氧化碳，加上粪尿分解产生的氨气、硫化氢等有害气体，会使猪舍内空气变的污浊。当含氧量不足时，猪呼吸困难、心跳加快，当有害气体含量超标时，不但使猪群的健康和生产力受到不利影响，而且会引起猪的多种中毒疾病。因此，在密闭的猪舍内一定要注意通风换气，及时清理粪尿，减少空气中的有害气体含量。猪舍空气中有害气体的允许最大含量为二氧化碳（CO_2）$\leqslant 15\%$，氨气（NH_3）$\leqslant 20$ 毫克/米^3，硫化氢（H_2S）$\leqslant 10$ 毫克/米^3。改善空气质量主要依靠通风换气。

四、光照

一般来讲，仔猪需要光照较多，成年种猪需要适当的自然光照，育肥猪对光照需要较低。在开放式猪舍、半开放式猪舍和一般有窗猪舍，主要靠自然光照，必要时辅以人工光照，在封闭式猪舍则主要靠人工光照。各类猪舍的采光要求如表 8-1 所示。

表 8-1　各类猪舍的采光要求

类　　别	种猪舍	分娩猪舍	仔猪舍	生长猪舍	育肥猪舍
照度	110	110	110	80	80
采光占地面积	1/10	1/10	1/10	1/10~1/12	1/20~1/25

五、噪音

猪舍内噪音不宜超过 80 分贝。

六、灰尘及微生物

猪舍内由于饲养管理人员的操作和猪的活动、采食、排泄等因素，会有大量的微生物和灰尘产生。在密闭式猪舍内若采用干粉料喂猪，容易形成很多的粉尘，灰尘落到猪体体表，影响皮肤的散热和健康，常常出现皮肤发痒甚至发炎。灰尘被猪吸入呼吸道，刺激鼻黏膜，对猪不利，灰尘上还常带有病原微生物，使猪感染其他疾病。因此，应注意绿化猪舍周围环境，加强舍内通风换气，改善猪舍空气质量，定期消毒，保证猪体健康。

第二节　养猪业污染物排放标准

随着公众对环境污染的关注日益强烈，养猪生产者不得不考虑某些措施，尽可能减少猪粪尿所造成的环境污染，氮和磷是猪粪尿中造成环境污染的主要物质。据初步测算，一个万头猪场的常年存栏量约为 6 000 头，每天排放粪尿约 29 吨，全年约为 10 585 吨。猪群排泄过程及粪便分解时产生的气体也是环境污染源之一。养猪业应积极通过废水和粪便的还田或其他措施对所排放的污染物进行综合利用，实现污染物的资源化。

根据中华人民共和国《畜禽养殖业污染物排放标准》（GB 18596—2001），养猪业污染物的排放标准按水污染物、废渣和恶臭气体的排放分为以下三部分。

一、养猪业水污染物排放标准

（1）畜禽养殖业废水不得排入敏感水域和有特殊功能的水域。排放去向应符合国家和地方的有关规定。

（2）标准适用于规模范围内的畜禽养殖业水污染物排放，分别执行表 8-2、表 8-3 的规定。

表 8-2　集约化养猪业最高允许排水量

种类	水冲工艺		干清粪工艺	
季节	冬季	夏季	冬季	夏季

（续）

种类	水冲工艺		干清粪工艺	
标准值［米³/（百头·天）］	2.5	3.5	1.2	1.8

注：废水最高允许排放量的单位中，百头、千只均指存栏数。春、秋季废水最高允许排放量按冬、夏两季的平均值计算。

表 8-3 集约化养猪业水污染物最高允许日均排放浓度

控制项目	五日生化需氧量（毫克/升）	化学需氧量（毫克/升）	悬浮物（毫克/升）	氨氮（毫克/升）	总磷（以P计）（毫克/升）	粪大肠杆菌群数（个/毫升）	蛔虫卵（个/升）
标准值	150	400	200	80	8.0	10 000	2.0

二、畜禽养殖业废渣无害化环境标准

（1）畜禽养殖业必须设置废渣的固定储存设施和场所，储存场所要有防止粪液渗漏、溢流措施。

（2）用于直接还田的畜禽粪便，必须进行无害化处理。

（3）禁止直接将废渣倾倒入地表水体或其他环境中。畜禽粪便还田时，不能超过当地的最大农田负荷量，避免造成面源污染和地下水污染。

（4）经无害化处理后的废渣，应符合表 8-4 的规定。

表 8-4 养猪业废渣无害化环境标准

控制项目	指标
蛔虫卵	死亡率≥95%
粪大肠杆菌群数	≤10^5 个/千克

三、畜禽养殖业恶臭污染物排放标准

集约化畜禽养殖业恶臭污染物的排放执行表 8-5 的规定。

表 8 - 5　集约化畜禽养殖业恶臭污染物排放标准

控制项目	标准值
臭气浓度（无量纲）	70

四、监测

污染物项目监测的采样点和采样频率应符合国家环境监测技术规范的要求。污染物项目的监测方法按表 8 - 6 执行。

表 8 - 6　畜禽养殖业污染物排放配套监测方法

序号	项目	监测方法	方法来源
1	生化需氧（BOD_5）	稀释与接种法	GB 7488—87
2	化学需氧（COD_{cr}）	重铬酸钾法	GB 11914—89
3	悬浮物（SS）	重量法	GB 11901—89
4	氨氮（$NH_3 - N$）	钠氏试剂比色法 水杨酸分光光度法	GB 7479—87 GB 7481—87
5	总磷（以 P 计）	钼蓝比色法	（1）
6	粪大肠杆菌群数	多管发酵法	GB 5750—85
7	蛔虫卵	吐温-80 柠檬酸缓冲液离 心沉淀集卵法	（2）
8	蛔虫卵死亡率	堆肥蛔虫卵检查法	GB 7959—87
9	寄生虫卵沉降率	粪稀蛔虫卵检查法	GB 7959—87
10	臭气浓度	三点式比较臭袋法	GB 14675

注：分析方法中，未列出国家标准的暂时采用下列方法，待国家标准方法颁布后执行国家标准。

（1）《水和废水监测分析方法》（第三版）。

（2）《卫生防疫检验》。

第三节　控制种猪场环境卫生的措施

保持良好的猪场环境和舍内环境环境，是保证猪群健康和预防疾病的重要措施之一，它对增强猪群体质和抗病能力同样起着重要作用。控制种猪场环境卫生可从以下几个方面着手。

一、规划与布局

详见第一章猪场规划与建设。

二、种猪场及周围环境

种猪场及周围环境的合理绿化，不仅可以美化环境、净化空气、防暑防寒，改善猪场气候，同时对猪场的防疫也有重要作用。猪场同周围的防护林和场区内的绿化植被，可以使风速降低，使场区空气中有害气体、臭气、尘埃减少。这都在很大程度上改善了猪群的生活环境，阻止了疫病的发生和传播。树种除要适合当地的水土环境以外，尚应具有抗污染、吸收有害气体等功能，如槐树、梧桐、小叶白杨、垂柳、榆树、泡桐等。常绿绿篱可用榆树、鼠李、紫穗槐等，花篱可用连翘、丁香等，刺篱可用黄刺梅、红玫瑰、野蔷薇等，蔓篱可用地锦、金银花、葡萄等。

三、场内环境控制

为猪群创造适宜的生活和生产环境，可通过猪舍的合理设计来完成。温度、湿度通风、光照等因素综合形成猪舍的气候环境，设计猪舍必须充分考虑这些因素，任何环节出现问题，都会给猪舍环境带来干扰，对猪群产生不良应激，从而影响猪群的生长发育和对疾病的易感性。

（一）防寒保温

在冬季比较寒冷的地区。应做好猪舍的防寒保温工作，特别是对分娩哺育舍、幼猪舍，做好防寒保温工作更为重要。

1. 做好猪舍的保温隔热设计 详见第一章猪场规划与建设第三节猪舍的设计与建筑。

2. 加强冬季防寒管理　冬季常采取的防寒管理措施有入冬前做好封窗、窗外敷加透光性能好的塑料膜、门外包防寒毡等工作，通风换气时尽量降低气流速度，防止舍内潮湿，铺设厚垫草，适当加大饲养密度等。

3. 猪舍的供暖　在采取以上各种防寒保温措施后仍不能达到要求的舍温时，需采取供暖措施。猪舍的供暖保温可采用集中供热、分散供热和局部保温等办法。集中供热就是猪舍用热和生活用热都由中心锅炉提供，各类猪舍的温差由散热片多少来调节，这种供热方式可节约能源，但投资大，灵活性也较差。分散供热就是在需供热的猪舍内，安装一个或几个民用取暖炉来提高舍温，这种供热方式灵活性大，便于控制舍温，投资少，但管理不便。局部保温可采用红外线灯、电热板等，这种方法简便、灵活，只需有电源即可。

（二）防暑降温

环境炎热的因素有气温高、太阳辐射强、气流速度小和空气湿度大等。在炎热情况下，通过降低空气温度，从而增加猪的非蒸发散热，技术上虽可以办到，但经济上往往行不通。所以生产中一般采用保护猪免受太阳辐射、增强猪的传导散热（与冷物体接触）、对流散热（充分利用天然气流或强制通风）和蒸发散热（水浴或向猪体喷淋水）等措施。

1. 遮阳和设置凉棚　详见第一章猪场规划与建设第三节猪舍的设计与建筑。

2. 做好隔热设计　详见第一章猪场规划与建设第三节猪舍的设计与建筑。

3. 猪舍的通风　加强猪舍通风的目的在于驱散舍内产生的热能，不使热在舍内积累而导致舍温升高，同时在猪体周围形成适宜的气流促进猪的散热。加强通风的措施有在自然通风猪舍设置地脚窗、大窗、通风屋脊等，应使进气口均匀布置，使各处猪均能享受到凉爽的气流，缩小猪舍跨度，使舍内易形成穿堂风。

在自然通风不足时，应增设机械通风。

4. 猪舍的降温　猪舍采用制冷设备降温在经济上一般不划算，故在生产中多采用使水蒸发降温的设备措施，但这种措施只适于干热地区。有条件可让猪进行水浴。也可向猪体或猪舍喷水，借助水的汽化吸热而达到降温的目的。

（三）通风换气

猪舍通风换气的目的有两个，一是在气温高时加大气流使猪感到舒适，从而缓和高温对猪的不良影响；二是在猪舍封闭的情况下，通风可排出舍内的污浊空气，引进舍外的新鲜空气，从而改善舍内的空气环境。猪舍的通风可分为自然通风和机械通风两种。

1. 猪舍的自然通风　自然通风是指不需要机械设备，而借自然界的风压或热压，使猪舍内平气流动。自然通风又分为无管道自然通风系统和有管道自然通风系统两种形式，无管道通风是指经开着的门窗所进行的通风透气，适于温暖地区和寒冷地区的温暖季节。而在寒冷季节里的封闭猪舍，由于门窗紧闭，故需专用的通风管道进行换气，有管道通风系统包括进气管和排气管。进气管均匀排在纵墙上，在南方，进气管通常设在墙下方，以利通风降温，在北方，进气管宜设在墙体上方，以避免冷气流直接吹到猪体。进气管在墙外的部分应向下弯或设挡板，以防冷空气或降水直接侵入。排风管沿猪舍屋脊两侧交错会在安装在屋顶上，下端自天棚开始，上端高出屋脊 50～70 厘米。排气管应制成双层，内夹保温材料，管上端设风帽，以防降水落入舍内。进气管和排气管内均应设调节板，以控制风量。

2. 机械通风　机械通风是指利用风机强制进行舍内外的空气交换，常用的机械通风有正压通风、负压通风和联合通风。正压通风是用风机将舍外新鲜空气强制送入舍内使舍内气压增高，舍内污浊空气经排气口（管）自然排走的换气方式。负压通风是用风机抽出舍内的污浊空气、使舍内气压相对小于舍外，新鲜空气通过进气口（管）流入舍内而形成舍内外的空气交换。联合通风则同时进行机械送风和机械排风的通风换气方式。在高寒地区的冬季，通风换气与防寒保温存在着很大的矛盾，在进行通风换气时应认真考虑解决好这一矛盾。

（四）光照

光照不仅影响猪的健康和生产力，而且影响管理人员的工作条件。猪舍的光照一般以自然光照为主，辅之以人工光照。

1. 自然光照　猪舍自然光照时，光线主要是通过窗户进入舍内的。因此，自然光照的关键是通过合理设计窗户的位置、形状、数量和面积，以保证猪舍的光照标准，并尽量使舍内光照均匀。在生产中通常根据采光系数（窗户的有效采光面积与猪舍地面面积之比）来设计猪舍的窗户，种猪舍的采光系数要求为1：10～12，肥猪舍为1：12～15。猪舍窗户的数量、形状和布置应根据当地的气候条件、猪舍的结构特点，综合考虑防寒、防暑、通风等因素后确定。

2. 人工光照　自然光照不足时，应考虑补充人工光照，人工光照一般选用40～50瓦白炽灯、荧光灯等，灯距地面2米，按大约3米灯距均匀布置。猪舍跨度大时，应装设两排以上的灯泡，并使两排灯泡交错排列，以使舍内各处光照均匀。

（五）排污

猪舍内的主要污物为猪排泄的粪尿及生产污水等，猪每天排出的粪尿数量很大，而且日常管理所产生的污水也很多。因此，合理设置排污系统，及时排出这些污物，是防止舍内潮湿、保持良好的空气卫生状况的重要措施。

猪舍的排污方式一般有两种，一是粪便和污水分别清除，一般多为人工清除固形的鲜粪便，另设排水管道将污水（含尿液）排出至舍外污水池。这种方法比较适于北方寒冷地区。要求尽量随时清除粪便，否则会使得粪便与污水混合而难于清除，或排入排污管道而易造成排水管道的阻塞。另一种方式是粪便和污水同时清除，这种清除方式又分为水冲清除和机械清除。水冲清除应在舍内建造漏缝地板、粪沟，在舍外建粪水池。漏缝地板可用钢筋水泥或金属、竹板条等制成，当粪尿落在漏缝地板上时，液体物从缝隙流入地面下的粪沟，固形的粪便被猪踩入沟内。粪沟位于漏缝地板下方，倾向粪水地方向的坡度为 0.5%～1.0%，用水将粪污冲入舍外的粪水池。这种方式不宜在北方寒冷地区采用，因其用水量较大，会造成舍内潮湿，又会产生大量污水而难于处理。机械清除方式基本是将水冲清除方式中的水冲环节用刮板等机械将粪污清至猪舍的一端或直接清至舍外。

（六）垫料的使用

垫料也叫垫草或褥草，是指在猪栏内一定部位（一般为猪床）铺设的材料，垫料具有保暖、吸潮、吸收有害气体、增强猪的舒适感和保持猪体清洁等作用。所用的垫料应具备导热性小、柔软、无毒、对皮肤无刺激等特性，同时要求来源充足、成本低等。常用的垫料有麦秸、稻草、锯末等。垫料应经常更换，保持垫料的清洁、干燥。

四、营养措施

猪粪尿中氮和磷是造成环境污染的主要物质。降低养猪生产中的粪尿污染可以从营养方面着手，一是降低日粮中营养物质的浓度，二是提高日粮中营养物质的消化利用率，三是减少或禁止使用有害添加物。

（一）降低日粮的蛋白质浓度，减少氮的排泄

将日粮蛋白质含量从 18% 降到 16%，这将使育肥猪的氮排泄量减少 15%，而如果将日粮蛋白质含量增加至 24%，则使氮排出量提高 47%。研究显示，降低日粮蛋白质水平 2%，可使生长肥育猪氮排出量减少约 20%。蛋白质过量（或者日粮的能量不足），导致一部分蛋白质被降解作为能量使用，蛋白质降解所产生的氮以尿素的形式随尿排出。为了保证畜禽的生长性能，在

降低蛋白质的同时，必须考虑日粮氨基酸的水平和氨基酸平衡，特别是注意补充重要的限制性氨基酸。综合考虑到猪的生长性能、氨基酸添加剂来源和价格等因素，一般认为，把生长肥育猪日粮蛋白质水平降低 2%～4%是可行的，如果再降低蛋白水平，可能会得不偿失。

（二）提高日粮蛋白质的消化和利用，减少氮的排泄

有多种途径可以提高猪对日粮蛋白质的消化和利用，减少氮排放到环境中。应用纤维素酶、木聚糖酶、β-葡聚糖酶、蛋白酶等可提高饲料中粗纤维和蛋白质的利用率，这样就可有较高比例的氨基酸被用于动物的生长，而不会被动物排泄出体外。应用理想蛋白质的原理配制猪的日粮，通过氨基酸平衡使蛋白质能够得到充分的利用，减少多余的氨基酸被用于作能量来源，特别是在氨基酸不平衡的日粮中使用赖氨酸、苏氨酸、蛋氨酸和色氨酸，这样可以大大改善氮的利用。对饲料原料进行适当的加工可以减少营养的代谢性浪费，制粒和膨化等加工工艺可以消除许多抗营养因子，提高蛋白质的消化率和利用率。

（三）采用阶段饲喂法，减少营养排出所造成的污染

阶段饲养可以满足动物不同生长阶段的不同营养需要，避免出现营养过剩或不足。据报道，多阶段饲养法不仅可提高饲料转化率，而且还可降低氮排泄量。饲喂阶段分得越细，不同营养水平日粮种类分得越多，越有利于减少氮的排泄。

（四）猪饲料使用丝兰属植物提取物，减少猪舍的臭气

在饲料中添加丝兰提取物（100～120 克/吨饲料）可减少动物排泄物中 30%左右的氨气含量。还可在贮粪池内、冲粪沟中和猪舍内等直接使用。沸石是天然矿物除臭剂，对畜禽消化道产生的氨气、硫化氢等有害气体也有很强的吸附作用。在猪日粮中添加 5%的沸石，可使排泄物中氨气含量下降 21%。日粮中添加硫酸钙、氯化钙和苯甲酸钙能降低粪便的 pH，从而减少氨气的挥发。

（五）猪日粮中使用植酸酶，减少磷的排泄

在饲料中添加植酸酶，可水解植酸盐，释放出无机磷盐为动物吸收利用，从而降低动物排泄物中磷的含量。使用 $200\sim1\,000$ 个单位的植酸酶可以减少粪中磷排出量的 $25\%\sim50\%$。日粮中添加植酸酶还能提高其他矿物元素的利用率。

（六）使用其他添加剂，减少高铜、高锌造成的环境污染

当前，日粮中铜和锌的添加量多数超出其适宜需要量，造成过多的铜排放于土壤和水源中，使土壤中的微生物减少，造成土壤板结、土壤肥力下降。目前可以考虑的添加剂包括卵黄抗体、益生素、寡糖、酸化剂等，其中卵黄抗体是应用于乳猪和仔猪日粮中，防止猪下痢和促生长的一种新型添加剂。

总之，要做好规模化种猪场的环境控制工作，必须从猪场的内外环境和营养因素、管理措施等方面进行综合考虑，才能最大限度地发挥猪只的生产性能，增加种猪场的经济效益。

第四节 猪场粪污处理与资源化利用

一、猪场清粪方式

养猪场清粪指一般的粪污收集劳动，即利用通用工具对猪场内的角落、隔离带表面、猪栏内进行粪便收集、冲洗、消毒和清理。常见的清粪方式一般为干清粪、水泡清粪和水冲清粪。

（一）水冲清粪、水泡清粪工艺

水冲清粪和水泡清粪工艺也称为粪尿舍内混合法。这种工艺是采用高压水枪、漏缝地板，在猪舍内将粪尿混合，冲入排污沟，进入集污池，然后，用固液分离机将猪粪残渣与液体污水分开，残渣运去专门加工厂，加工成肥料，污水通过厌氧发酵、好氧发酵处理，或直接排放到农田。在猪舍设计上的特点是地面采用漏缝地板，深排水沟，舍外建有大容量的污水处理设备。

这种方案在我国 20 世纪 80 年代、90 年代特别是南方广州、

深圳较为普遍，是我国学习国外集约化养猪经验的第一阶段。虽然可以节省人工劳力，但它的缺点也很明显，主要是：①用水量大，一个 600 头生产母猪群的大型猪场，其每天耗水在 100～150 吨，年排污水量 5 万～7 万吨；②排出的污水 COD、BOD 值较高，由于粪尿在猪舍中先混合，再用固液分离机分离，其污水的 COD（化学耗氧量）为 13 000～14 000 毫克/升，BOD_5（生化需氧量）为 8 000～9 600 毫克/升，SS（悬浮物）达 134 640～140 000 毫克/升，污水难以处理；③处理污水的日常维持费用大，污水泵要昼夜工作，而且要有备用；④污水处理池面积大，通常需要有 7～10 天的污水排放储存量；⑤投资费用也相对较大，污水处理投资通常达到猪场投资的 40%～70%。显然，这个技术路线不适合目前的节水、节能的要求，特别对我国中部和北方地区养猪很不适合。

（二）干清粪工艺

干清粪工艺也称为粪尿舍内分离法，这种方法是在猪舍内先把粪和尿分开，采用人工清粪，用手推车把粪集中运至堆粪场，加工处理，猪舍地面不用漏缝地板，改用水泥浅排污沟，减少冲洗地面用水。这种方案虽然增加了人工费用，但它克服了粪尿舍内混合法的缺点，表现在：①猪场每天用水量可大大减少，一般可比粪尿舍内混合法减少 2/3；②排出污水的 COD 值只有前者的 25% 左右，BOD 值只有前者的 40%～50%，SS 只有前者的 50%～70%，污水更容易处理；③用本方法生产的有机肥质量更高，有机肥的收入可以相当于支付清粪工人的工资；④污水池的投资节省，占地面积小，日常维持费用低。

二、猪场粪便处理技术

由于生猪粪便中含有大量的病原体，所以必须进行无害化处理。各地自然条件、经济条件千差万别，环境容量有大有小，养猪场的规模也大小不一，粪污处置处理的方式也不尽相同，猪场的粪便处理不可能采取一种技术、一种模式。粪污处理不管采用什么工艺、技术，目的只有一个，就是用经济、有效、实用的方法和技术，减轻或消除养殖业粪污对环境造成的不良影响。

对于周围有种植业、养殖业和有广阔土地的种猪场，采用综合利用是解决粪便污染的最佳途径，也是生物质能多层次利用、保证农业可持续发展的最好出路。

（一）固体粪污处理技术

通过干清粪或固液分离出来的粪便中含有大量的有机质和氮、磷、钾等植物必需的营养元素，但也含有大量的微生物（包括正常的微生物群和病原微生物群）和寄生虫（卵）。因此，只有经过无害化处理，消灭病原微生物和寄生虫（卵），才能加以应用。

常见的处理方法有生物发酵法、干燥法及焚烧法等。但焚烧法在燃烧处理时不仅使一些有利用价值的营养元素被烧掉，造成资源浪费，而且容易产生二次污染，不宜提倡。

1. 生物发酵法 生物发酵法的原理是微生物利用粪便中的营养物质在适宜的碳氮比、温度、湿度、通气量和 pH 等条件下大量生长繁殖，降解有机物，同时达到脱水、灭菌的目的。在好氧发酵过程中，好氧菌会消耗大量的碳源和氮源，同时产生大量的热能使堆肥形成高温。在厌氧发酵过程中，厌氧菌也会消耗碳源和氮源，但有机质的矿化程度不及好氧发酵，粪堆不易产生高温，杀灭病原菌和寄生虫（卵）以及脱水效果不及好氧发酵。

（1）自然堆肥发酵 这是一种比较传统的生物发酵法。将经过预处理的物料堆成堆，在 15～20 天的腐熟期内，翻堆一到两次，起供氧、散热和发酵均匀的作用，此后静置 2～4 个月即可完全腐熟。此法成本低，但占地面积大、处理时间长、易受天气影响，对地表及地下水易造成污染。

（2）**好氧高温发酵**　好氧高温发酵对有机质分解快、降解彻底、发酵均匀。此法发酵温度高，一般在 55～65℃，高时可达 70℃以上，脱水速度快、脱水率高、发酵周期短，一般经 15～20 天即可发酵腐熟，杀灭病菌、寄生虫（卵）和杂草种子，除臭效果好。

（3）**好氧低温发酵**　其加工原理是用电脑控制低温堆肥过程，使发酵在密闭的反应器中进行，发酵温度控制在 28～45℃，发酵结束前，短期内使物料温度升至 66℃以杀灭物料中的有害细菌。好氧低温发酵过程短，只需 2 天，对环境无污染，废气经无害化处理，产品无毒无臭。

（4）**厌氧发酵**　利用厌氧微生物或兼性厌氧微生物以粪中的糖和氨基酸为养料生长繁殖，进行乳酸发酵，乙醇发酵或沼气发酵，粪料含水量较低的（60%～70%）以乳酸发酵为主，粪料含水量高于 80%则以沼气发酵为主。其优点是无需通气，也不需要翻堆，能耗低，运行费用低，但发酵周期长，占地面积大，脱水干燥效果差。

（5）**沼气发酵**　沼气发酵是由多种微生物在没有氧气存在的条件下分解有机物来完成的。不同的发酵原料和条件下沼气微生物的种类会有所不同。主要有发酵细菌、产氢产乙酸菌和产甲烷菌三大类。猪粪是沼气发酵的主要原料，分解速度相对较快，产气效果好。沼气发酵适宜的粪便污水固体浓度为 5%～8%，适合于高水分粪污的处理。与好氧高温发酵相结合，基本上能用生物发酵方式减量化、无害化处理养猪场的粪便污水。

（6）**湿式厌氧发酵**　这是近几年来开发出的一种新型厌氧处理技术，已在欧洲得到应用和发展。该技术要求粪便含水量在 85%，在热水保温中厌氧发酵，发酵周期为 18～20 天，有机物分解率为 75%左右。进行高温厌氧发酵，发酵周期可缩短到 15 天，有机物的分解率达 80%以上。该技术具有自动化资源化程度高，对环境污染小等优点，但投资、运行费用、工艺控制要求高，适合大型养殖场。

2. 干燥法 干燥处理法是利用燃料、太阳能、风能等，对粪便进行处理。干燥的目的不仅在于减少粪便中的水分，而且还要达到除臭和灭菌的效果。因此，干燥的粪便大大降低了对环境的污染。干燥后的粪便可加工成颗粒肥料。

3. 焚烧法 焚烧法也是一种固体粪便的处理技术。由于粪便的主要固体物质是有机物，其中含有机碳高达 25％～30％，借用垃圾焚烧处理技术，在焚烧炉内充分燃烧成为灰渣，产生的热量可用于发电、取暖等。这种方法可使粪便在短时间内减少90％以上，并杀灭粪便中的有害病菌和虫卵。但投资大、处理费用高，燃烧时释放的二氧化碳和其他有害气体对大气环境有不良影响，故一般只在处理病死猪尸体时采用。

（二）固体粪污处理最佳方案

在我国，对猪场捡来的干粪和由粪水分离出的干物质进行高温好氧堆肥处理是最佳的固体粪污处置方式。因为高温好氧堆肥法比干燥法具有节省燃料、低成本、粪污处理过程中养分损失少等优点，且可达到除臭、灭菌的目的，处理的最终产物较干燥法易包装。

对没有充足土地消化利用粪肥的大中型种猪场，应建立集中处理畜禽粪便的有机肥厂，采用好氧集中堆肥发酵方法处理粪便。

三、养猪场污水处理技术

（一）污水处理总体思路

养猪场污水处理总体上要求建设处理工程的一次性投资低、处理过程中的运行成本低、处理的效率高、废水资源化利用的程度高，根据此原则要求，畜禽粪便污水处理的基本原则有以下几点。

（1）采用用水量少的清粪工艺，如干清粪工艺，使干粪与尿污水分流，最大限度地保持粪的肥效，减少污水量及污水中污染物的浓度，减低废水处理难度及成本。

（2）走种养结合的道路。要从根本上解决猪场粪便的污染问题，必须与种植业相结合。污水经净化处理后可灌溉农田、果树、蔬菜、草地及养鱼等，多余的污水经消毒处理后用于冲洗猪舍。

（3）对于养殖规模小、有土地的偏远山区，尽量采用自然生物法。实行干清粪后，其污水处理可充分利用当地的自然条件和地理优势，利用附近废弃的沟塘、滩涂，采用投资少、运行费用低的自然生物处理法，同时应避免二次污染。

（4）对于大中型养猪场，特别是水冲粪养猪场，以厌氧消化为主，配合好氧处理和其他生物处理方法。此类养猪场废水浓度高，单纯采用好氧法处理必须要稀释和曝气，否则耗能多且运行费用高。采用厌氧消化处理后水可用于灌溉，多余的废水再经氧化塘好氧处理，基本上可达到排放标准。

总之，污水经厌氧、好氧、土壤、生物、植物处理后达标排放，或厌氧处理后用于蔬菜、果林地的灌溉水的处理方法，运行成本低、投资少，可还肥于田，并为有机农业、高效农业的发展奠定了基础，是目前最有使用价值、值得推广的处理方法。

（二）对污水处理的具体要求

养殖过程中产生的污水应坚持农牧结合的原则，经处理后尽量充分还田，实现污水的资源化利用。污水作为灌溉用水排入农田之前，必须采取有效的措施进行净化处理，达到《农田灌溉水质标准》（GB 5084—1992）的要求，在养猪场与还田利用的农田之间建立有效的污水输送网络，通过车载或管道的形式将处理后的污水送至农田，严格控制污水输送沿途的跑、漏现象，污水排入农田后应在田间配套设置贮存池，以解决农田在非施肥期的污水出路问题，田间贮存池的容积不低于当地农田作物生产用肥的最大间隔时间内养猪场排放污水的总量。

对没有充足土地消化污水的养猪场，可根据当地实际情况选用下列综合利用措施。

（1）经生物发酵后，制成商品液体有机肥。

（2）进行沼气发酵，对沼渣、沼液应尽可能实现综合利用，同时要避免产生新的污染，将沼渣及时清运至粪便贮存场所，与粪便集中处理，沼液尽可能进行还田利用，排放的部分要进行净化处理，达到排放标准，沼气发酵产物应符合《粪便无害化卫生标准》（GB 7959—1987）。

污水的净化处理应根据养殖规模、清粪方式和当地的自然地理条件，选择合理、实用的污水净化处理工艺路线和技术，达到回用标准和排放标准。养猪业废水不得排入敏感水域和特殊功能水域。排放去向应符合国家和地方的有关规定。

（三）养猪场污水处理方法

1. 厌氧处理法　处理养猪场高浓度的有机废水，厌氧技术是最为常用的处理技术。因为厌氧消化可将大量的可溶性有机物去除（去除效率达 85%～90%），且运行成本低。目前用于处理养猪场粪污的厌氧工艺很多，其中较为成熟且常用的厌氧工艺有厌氧消化池处理、厌氧滤器处理、上流式厌氧污泥床处理、厌氧复合床反应器处理、两段厌氧消化法处理、升流式污泥床反应器处理等。国内猪场主要采用厌氧消化池处理、上流式厌氧污泥床处理及升流式污泥床反应器处理作为养殖场粪水处理核心工艺。

2. 厌氧—好氧联合处理法　一般来说，活性污泥等好氧处理法，其 COD 去除率较高，可达排放标准，但工程投资大、运行费用高。自然处理方法成本低，但占地面积太大、周期太长，且依赖于环境温度，在土地紧缺或冬季气温较低的地方难以推广。厌氧生物法可处理高浓度有机质的污水，自身耗能少、运行费用低，且产生能源，但高浓度有机污水经厌氧处理后难以达到现行的排放标准，此外在厌氧处理过程中，有机氮转化为氨氮、硫化物转化为硫化氢使处理后的污水仍具有一定的臭味，要求进一步做好氧生物处理。

采用厌氧—好氧联合处理工艺，既克服了好氧处理耗能大和自然处理需要大量土地面积的不足，有又克服了厌氧处理达不到要求的技术缺陷，具有投资少、运行费用低、净化效果好、能源环境综合效益高等优点，特别适合于产生高浓度有机废水的养猪场污水处理。

四、猪场粪污处理模式

目前，我国养猪场常见的粪污处理模式有两种，即能源生态型和能源环保型。不管那种途径都需要经过沼气过程转化和生物有机肥利用。

（一）能源生态型

能源生态型技术路线可产生大量的沼气，根据沼气转化率与停留时间的理论关系，厌氧发酵系统要求水力停留时间至少有30天，沼气原料才能充分降解转化为沼气。根据国家有关卫生标准要求，厌氧发酵30天后病原菌才能被充分杀尽。1万头规模的猪场每天排出粪污水 $80 \sim 100$ 吨；厌氧发酵消化器的容积在 $2\,500$ 米^3 左右，每天可产生 $2\,000 \sim 2\,500$ 米^3 沼气，可装配 150 千瓦的沼气发电机组，产生的电能可供猪场工业园自用或者通过国家优惠政策上网。

原料经过 30 天以上的厌氧发酵以后，由于能量转化充分，沼渣产量小，沼液中的 COD 只有 $2\,000$ 毫克/升以下，使沼液容易净化处理。能源生态模式中，污水作为灌溉用水排入农田前，必须采用有效措施进行净化处理（包括机械的、物理的、化学的和生物学的），并需符合《农田灌溉水质标准》（GB 5084—1992）的要求。可通过以生物技术为主的污水处理组合工艺对沼液进行处理，达到灌溉标准。猪场能源生态型粪污处理工艺流程如图8-1所示。

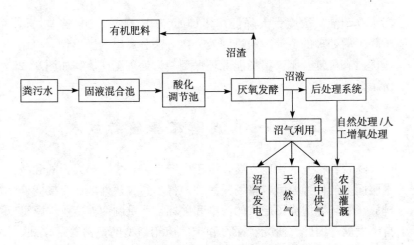

图 8-1　猪场能源生态型粪污处理工艺流程

（二）能源环保型

能源环保型技术路线粪污经干清粪、隔栅沉淀等固液分离环节后，污水中 COD 从原来的 20 000 毫克/升降至 5 000～7 000 毫克/升，此粪污水厌氧发酵可产生 100～150 米³ 沼气，处理过程中厌氧发酵及后处理的造价和运行成本大大降低。厌氧发酵后，

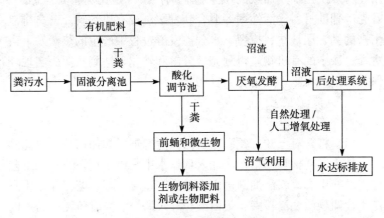

图 8-2　猪场能源环保型粪污处理工艺流程

污水（沼液）浓度大大降低，其COD为1 000～2 000毫克/升，减轻了后处理的负荷。通过固液分离方法分离出的固形物，可制成优质有机复合肥。猪场能源环保型粪污处理工艺流程如图8-2所示。

第五节　生物发酵床养猪新技术

随着养猪业的快速发展，由于生产工艺和成本等人为的和技术层面上的种种原因，猪场粪污大多得不到有效处理而直接向外排放，对环境造成了严重的污染和破坏，严重制约养猪业健康可持续发展。因此，研究、探讨和推广应用新型的畜禽养殖模式、工艺，以及低成本、减量化、无害化、资源化的粪污处理新技术成为当前畜禽养殖业普遍迫切需要解决的难点问题。零排放养殖技术就是在这种背景下逐步发展起来的一种养猪新工艺模式，它的产生较好地消除了畜禽养殖场废弃物对环境造成的有害影响。

畜禽零排放养殖技术是根据微生态理论和生物发酵理论，利用经特殊工艺加工而成的微生物制剂，按一定比例将其与锯末、谷壳等辅助材料、活性剂等混合和发酵制成有机垫料。畜禽排泄出来的粪、尿被垫料掩埋，水分被发酵过程中产生的热蒸发，畜禽粪、尿中的有机物质得到充分分解和转化，达到从源头实现环保、无臭、无味、无害化的目的。

一、技术原理

（1）将含有已知有益微生物的微生态饲料添加剂按一定比例均匀拌入饲料饲喂生猪，或加入到饮水中供给生猪，经特殊工艺加工的微生态饲料添加剂进入生猪的肠道时，好氧菌相互作用而产生代谢物质和淀粉酶、蛋白酶、纤维酶等，同时还耗去肠道内的氧气，给乳酸菌的繁殖创造了良好的生长环境。其代谢物质本身不但具有抗生物质功能，而且还是乳酸菌繁殖时很好的饲料，促成生猪肠道的乳酸菌（厌气菌）大量繁殖，从而改善了生猪肠道的微生态平衡，增强抗病能力，提高代谢以及饲料的吸收利用率，从而达到防治消化道疾病和促进生长等多重作用，大大减少生猪粪尿的臭味。

（2）将发酵菌剂、锯末、谷壳、米糠、生猪粪按一定比例掺拌均匀并调整水分堆积发酵，使有益微生物菌群繁殖，经充分发酵后，铺垫猪舍（50～100厘米），在垫料中形成以有益菌为强势菌的生物发酵垫料，使猪舍中病原菌得以抑制，保证了生猪的健康生长。该生物发酵垫料中的有益菌以生猪粪尿为营养保持运行，调节养殖密度，使生猪粪尿得到充分分解并转化为水分挥发，达到猪舍无臭、无排放的环保要求，猪舍垫料一次投入，可连续使用2～3年不用更换。畜禽排泄出来的粪、尿被垫料掩埋，水分被发酵过程中产生的热蒸发，使畜禽粪、尿中的有机物质得到充分的分解和转化，达到无臭、无味、无害化的目的，是一种无污染、无排放、无臭气的环保型畜禽养殖技术。

二、技术优点

（一）节省饲料、节省人力

在饲料中按一定比例加入的微生态饲料添加剂，可相互作用产生代谢物质和淀粉酶、蛋白酶、纤维酶等，同时耗去肠道内的氧气，给乳酸菌的繁殖创造了良好的生长环境，改善猪的肠道功能，提高饲料转化率，一般可以节省饲料10％左右。同时，生猪在垫料上生活，从而免除了传统的日常扫栏、清洗等繁重的管理工作，与传统养猪工艺模式相比，可节约劳动力50％左右。

（二）零排放、无污染、环境得到优化

采用生物发酵舍零排放养猪技术后，由于有机垫料里含有相当活性的特殊有益微生物，能够迅速有效地降解、消化猪的粪尿

排泄物。不需要每天清扫、冲洗猪栏，从而没有任何废弃物、排泄物排出养猪场，可以实现污染物的零排放，大大减轻了养猪业对环境的污染。

（三）节约水和能源

常规养猪，需大量的水来冲洗，而发酵床养殖技术只需提供猪只的饮用水，不需要每天清除猪粪，可节水 90% 以上，在规模养猪场应用这项技术，经济效益十分明显。生物发酵床自行发酵产热，猪舍冬季无需耗煤耗电加温，可节省大量的能源，降低了生产成本，提高了劳动效率及经济效益。

（四）提高了猪的抵抗力，改善了肉质

生物发酵床中的生物菌剂通过参与肠道的营养消化作用，保持肠道的 pH，并参与部分免疫作用，提高猪对低温、断奶、环境卫生差、饲料改变、外源菌入侵等应激的抵抗力，减少抗菌药物使用，降低药物残留和耐药性菌株的产生。猪饲养在垫料上，满足了猪只拱掘的生物学习性，运动量增加，符合动物福利要求，猪生长发育健康，提高了猪肉品质，生产出真正意义上的有机猪肉。

（五）变废为宝

在发酵制作有机垫料时，锯末、稻壳、玉米秸秆等农业废弃物均可作为垫料原料加以利用，通过有益微生物的发酵变废为宝，也为禁烧秸秆、美化城乡生态环境提供了另一条比较好的解决途径。垫料在使用 2～3 年后，形成可直接用于果树、农作物的生物有机肥，达到循环利用效果。

三、垫料制作及发酵床养护

（一）垫料配方及用量

根据猪舍面积大小、垫料厚度计算出所需要的谷壳、锯末、鲜猪粪、米糠以及发酵菌剂的使用数量，具体用量见表8-7。

表 8-7　垫料原料用量

原料	谷壳	锯末	鲜猪粪	米　糠	发酵菌剂
冬季	50%	50%	5千克/米³	3.0千克/米³	200～300克/米³
夏季	60%	40%	0	3.0千克/米³	200～300克/米³

其中，锯末和谷壳可以使用花生壳、玉米秸秆、棉花秸秆、玉米芯、树枝、树叶、稻草等替代。

（二）垫料的制作过程

1. 确定垫料厚度

（1）育肥猪舍垫料层高度冬天为70～100厘米，夏季为60～80厘米；

（2）保育猪舍垫料层高度冬季为60～80厘米，夏季为50～70厘米。

2. 酵母糠的制作　将所需的米糠与适量的发酵菌剂逐级混合搅拌均匀备用。

3. 原料混合　将谷壳、锯末各取10%备用，将其余谷壳和锯末倒入垫料场内，在上面倒入生猪粪及米糠和发酵菌剂混合物，用铲车等机械或人工充分混合搅拌均匀。

4. 垫料堆积发酵　各原料在搅拌过程中需调节水分，使垫料水分保持在45%。现场实践可用手抓来判断，手抓成团，松手即散，指缝无水渗出即合适。垫料混合均匀堆积成梯形状后，用麻袋或编织袋覆盖周围保温。

5. 垫料的铺设　垫料经发酵，温度达60～70℃时，保持3天以上，垫料彻底翻堆1次，堆积发酵，等垫料温度下降到50℃以下时，垫料摊开，气味清爽，没有粪臭味时即可摊开到每个栏舍。高度根据不同季节、不同猪群而定。垫料在栏舍摊开铺平后，用预留的10%未经发酵的谷壳、锯末覆盖，厚度为5～10厘米，间隔24小时后才可进猪饲养。

（三）垫料质量标准

垫料是否符合要求，通常通过以下标准判断：

（1）发酵堆体物料疏松，水分含量在40%左右。

（2）发酵料散发出香或清香味，无臭味或其他异味。

（3）发酵结束时，堆体温度下降到40℃左右。

（四）注意事项

（1）调整水分，要特别注意不要过量。

（2）制作垫料时原材料的混合以高效、均匀为原则。

（3）堆积后表面应稍微按压。特别是在冬季里，周围应该使用通气性的东西如麻袋等覆盖，使它能够升温并保温。

（4）所堆积的物料散开的时候，气味应很清爽，不能有恶臭的情况出现。

（5）如散开物料时出现氨臭，且温度很高、水分充足时，让它继续发酵。

（五）发酵垫料日常维护

发酵床维护的目的主要是两方面，一是保持发酵床正常微生态平衡，使有益微生物菌落始终处于优势地位，抑制病原微生物的繁殖和病害发生，为猪生长发育提供健康环境；二是确保发酵床对猪粪的消化分解能力始终保持在较高的水平，同时为生猪的生长提供一个舒适的环境。发酵床的维护主要涉及垫料的通透性管理、水分调节、垫料补充、疏粪管理、补菌、垫料更新等多个环节。

1. 垫料的通透性管理　　长期保持垫料的适当通透性，即垫料中的含氧量始终保持在正常水平，是发酵床保持较高分解粪尿能力的关键因素之一，同时也是抑制病原微生物繁殖，减少疾病的重要手段。通常比较简单的方式就是将垫料经常翻动，翻动的深度为15～30厘米，通常可以结合疏粪或补水将垫料翻匀，另外每隔一段时间（60～70天）要彻底翻动一次，并且将垫料层上下混合均匀。

2. 水分调节 由于发酵垫料中垫料水分的自然挥发，垫料水分会逐渐降低，垫料水分降到一定水平后，微生物的繁殖就会受阻或停止，定期视垫料水分状况适时补充水分，是保持微生物正常繁殖、维持垫料粪尿分解能力的又一关键因素，垫料合适的水分含量为38%～45%，因季节或空气的湿度不同而略有差异，常规补水方式可采用加湿喷雾补水，也可在补菌时补水。

3. 疏粪管理 由于生猪具有集中定点排泄粪尿的特性，所以发酵床上会出现粪尿分布不均，粪尿集中的地方湿度大，消化分解速度慢，只有将粪尿分散地洒在垫料上，并与垫料混合均匀，才能保持发酵床水分的均匀一致，并在较短的时间内将粪尿消化分解干净。通常保育猪2～3天疏粪一次，中大猪1～2天疏粪一次。

4. 垫料补充与更新 发酵床在消化分解粪尿的同时，垫料也会逐步消耗，及时补充垫料是发酵床性能稳定的重要措施。通常垫料减少量达10%后就要及时补充，补充的垫料要与发酵床上的垫料混合均匀并调节好水分。

四、日常饲养管理及注意事项

（一）发酵舍养猪饲养管理

（1）与传统养猪一样，首先要做好免疫，控制疾病的发生。

（2）进入发酵舍前必须做好驱虫工作。

（3）进入发酵舍的猪，大小必须较为均衡，要身体健康。

（4）保持适当的密度，即7～30千克体重的猪0.4～1.0米^2/头，30～100千克体重的猪1.0～1.5米^2/头。

（5）在猪饲料中添加0.1%～0.2%的微生态饲料添加剂。

（6）猪体重30千克以下按0.1%、30～60千克时按0.15%、60千克以上时按0.2%的比例添加微生态饲料添加剂。

（7）猪舍卷帘通常是敞开的，以利于通风，带走发酵舍中的水分。

（8）在天气闷热，尤其是盛夏时节，开启风机强制通风系统及滴水系统，以达到防暑降温目的。

（9）经常检查猪群生长情况，把过小的猪挑出来，单独饲养。

（二）垫料消毒

当一个饲养阶段结束转入下一饲养阶段（转栏），或育成猪出栏后，垫料应做消毒处理，处理模式采用高温好氧堆肥模式，即在垫料表面补充新鲜锯末、谷壳或秸秆粉，并加入适量的垫料发酵菌剂，混合均匀并调节水分至 45％ 左右后，堆积起来，堆体温度上升到 50℃ 以上后保持 24 小时，就可以重新使用了。

（三）盛夏的管理重点

（1）夏季使用的垫料一定要经过完全发酵。

（2）饲养过程中，垫料不要去翻动，猪粪区扩大时，就地往后堆积即可。

（3）要加强通风，一般采用负压式或轴流式进行猪舍内外的空气交换。

（4）在非排粪区每天适当补充水分，抑制垫料发酵。

（5）为了生猪的健康，特别强调饲料中一定按规定添足微生态添加剂。

（四）管理的注意事项

（1）微生物添加剂需严格按比例添加。

（2）强猪与弱猪需分开饲养。

（3）控制养殖密度。

（4）垫料表面不能起粉尘。

（5）夏天的时候垫料不要去翻动。

（6）盛夏时节，需开启风机强制通风系统及滴水系统。

（7）猪的饮用水温度不能过高。

第九章

种猪场的生物安全措施

第一节　卫生消毒

随着畜牧业的迅速发展，各地种猪交流与生猪的运输非常频繁，尤其是引种控制不严，使我国的猪病已呈现出非常复杂的形势，给养猪业带来了很大的压力，如何安全生产成为种猪场的头等大事。为有效地将各种疫病拒之门外，保证种猪场的正常生产，就必须建立起严格有效的消毒措施。

一、用具消毒

对铁锹、粪车、扫把等用具在使用后要及时清除附着物，再用清水冲洗干净。对饲料车、料勺、接生箱、仔猪保温箱及料槽等不易污染物品，也要每周消毒一次，一般情况下可与带猪消毒同时进行。可采用阳光下曝晒消毒，当条件不允许时进行每周一次的药物喷洒消毒。

二、器械消毒

对牙剪、耳缺钳、耳牌钳、断尾器、手术剪、手术刀柄、持针钳、注射器、针头、消毒盘（合）及体温计等器械和用具，在使用后要及时去除污物，用清水洗刷干净，然后按器具的不同性质、用途及材料选择适宜的方法进行消毒。其方法有 70％～

75%酒精擦拭消毒，开水煮沸消毒，高温消毒柜消毒，消毒液浸泡消毒等。

三、猪体消毒

(一) 随时消毒

仔猪断脐、剪号、断尾、阉割等术部及猪只注射、手术等操作部位的消毒。可用 2%～5% 的碘酊或 70%～75% 的酒精。

(二) 带猪消毒

一般情况下应每周进行一次带猪消毒，消毒时要考虑天气、温度及猪群健康状况等因素灵活安排。消毒时应认真小心，喷头压力不能过大，喷雾消毒时，小猪要做到让猪体的每个部位都充分接触到消毒液。冬季天冷，应适当加强空气喷雾消毒。

猪舍的内部，地面（特别是漏缝地板下的地面）、用具也应一并消毒，消毒液的用量应保证每平方米不少于 300 毫升。在猪场转群时要视情况进行消毒。

四、猪舍消毒

对空猪舍、空猪栏及售猪栏舍等应及时进行消毒，使用后应先清理栏舍内用具，扫清并清除污物，然后洒水浸泡，再用高压清洗机对地面、栏舍、门窗、墙壁、天花板、用具等彻底清洗，做到不留污物。最后对地面、栏舍喷洒指定浓度的高效消毒剂，消毒液的喷洒量要保证每个部位的充分接触，并积液浸泡，不留死角（常用药物为 3%～5% 的烧碱液），1～2 天后再用清水彻底冲洗干净。对猪舍的门窗、墙壁及周边道路等可用 1∶300 的复合酚溶液喷洒。待地面较干后可选择对猪只皮肤刺激较小的温和性消毒剂再次进行消毒，消毒液用量以被喷洒处挂珠，且有少量积液为宜。必要时可以进行熏蒸及火焰消毒。猪舍必须干燥 2 天后才能进猪。

五、环境消毒

猪舍内过道、舍外通道、运粪走道、管理房走廊、解剖台、售猪台、主要道路及路旁植被等一般情况下应每周消毒一次，通常与带猪消毒同时进行，即我们常说的大消毒。消毒前对这些地方要清扫干净，消毒液的喷洒应用高压清洗机进行。售猪台及赶猪通道在每次售猪后都要进行消毒。消毒液用量以被喷洒处挂珠，且有少量积液为宜。

六、门卫消毒

（1）场内员工进出生产区应更换工作服和胶鞋并洗手消毒，再通过消毒池进场。工作服在下班后置更衣间，用紫外线照射消毒，每周进行一次熏蒸消毒（每立方米用福尔马林42毫升＋21克高锰酸钾）。消毒池用3％～5％的烧碱液。

工作人员外出后回场进入生产区净道或猪舍要经过洗澡、更衣和紫外线消毒。

（2）严格控制外来人员参观等，需进入生产区时，要洗澡、洗头并更换场区工作服和工作鞋，遵守场内防疫制度，在场技术人员的陪同下按指定路线行走。

（3）种猪场严禁饲养禽、犬、猫及其他动物，场内食堂不准外购猪肉等，职工家中不得养猪，也不得外购猪肉自食。所有进场物品必须经紫外线长时间照射，彻底消毒。

七、注意事项

（1）复合酚类不适宜作带猪消毒用，因其对猪的皮肤刺激很大，用后易出现猪只耳根溃乱、脱皮等情况，会影响猪的生长发育。但其对病毒有较好的消毒效果，可用于地面、消毒池及车辆等的消毒。

（2）碘制剂对细菌有较好的杀灭作用，但遇粪便易分解而降低灭菌效果，使用中应加以注意。

（3）同名消毒剂由于生产厂家不同，其有效浓度可能存在差异，使用时应加以注意。

（4）环境中大量有机物的存在，能使消毒药的消毒效果大打折扣。因此，消毒前一定要做好清扫工作。

（5）为达到消毒的最佳效果，一方面要保证消毒液的浓度和单位面积上的消毒液的用量，另一方面要认真仔细，面面俱到，不留死角，且重点加以突出，真正做到彻底消毒。

（6）消毒时要注意选择适宜的时机，不同的消毒药应轮换使用，特殊情况下要增加消毒的力度。

（7）消毒和免疫是重要的防疫手段，最理想的防疫是将各种疫病阻挡于场外，猪场工作人员，尤其是管理人员的防疫意识至关重要，防疫首先要从思想上做起。

第二节　兽药使用

在实际生产中，很多猪场依赖长期、大剂量使用药物来预防和治疗疾病，使兽药成本居高不下，成为养猪成本中仅次于饲料的第二大支出。每头出栏猪的兽药成本由过去的5～10元而跃升到30元甚至更高。还不仅降低了养猪的经济效益和社会效益，还诱导病原菌产生耐药性，致使许多药物在临床应用中失效，同时为社会提供了大量不安全的肉食品，危及人类健康。鉴于此，要做好种猪场的兽药应用与管理技术，规范用药，确保动物产品安全，不浪费，用最少的药，起到最大的防治效果。

一、要坚持预防为主治疗为辅的原则

需要治疗时，在治疗过程中，要做到合理用药、科学用药、对症下药、适度用药，只能使用通过认证的兽药和饲料厂生产的产品，避免产生药物残留和中毒等不良反应。尽量使用高效、低

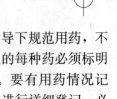

毒、无公害、无残留的绿色兽药，要在兽医指导下规范用药，不得私自用药。用药必须有兽医的处方，处方上的每种药必须标明休药期，饲养过程的用药必须有详细的记录。要有用药情况记录。要对免疫情况、用药情况及饲养管理情况进行详细登记，必须按照兽药的使用对象、使用期限、使用剂量以及休药期等规定严格使用兽药。遵守用药规定，及时停药。必须填写用药登记，其内容至少包括用药名称、用药方式、剂量、停药日期，并将处方保留5年。

二、要遵守药物的休药期规定

要按照有关规定要求，根据药物及其停药期的不同，在生猪出栏或屠宰前，或其产品上市前及时停药，以避免残留药物污染畜禽及其产品，进而影响人体健康。

三、切勿使用禁用药物

猪群饲养过程中要严格用药管理，要严格执行国家有关饲料、兽药管理的规定，严禁在饲养过程中使用国家明令禁止、国际卫生组织禁止使用的所有药物，如己烯雌酚、盐酸克伦特罗和氯霉素等。不得将人畜共用的抗菌药物作饲料添加剂使用，宰前按规定停药。对允许使用的药物要按要求使用，并严格遵守休药期的规定。在实际生产中要做到免疫注射灭活苗7天后无并发症才能屠宰食用，免疫注射活苗21天后无并发症才能屠宰食用，应用抗生素、磺胺类药治疗疾病的畜禽，其肉、奶在停药7天以上才能食用。

四、定期进行药残监测

在饲养的整个过程中，要定期对水样、饲料、畜禽粪便、血样及有关样品进行药物残留监测，及时掌握用药情况，以便正确采取措施，控制药物残留。

五、合理用药

改变过去传统的兽医防治模式，由应用临床兽医学向预防兽医学和生产兽医学转变。猪一旦发病，应及时把已死亡或重症猪进行剖检、检验并作出诊断，找出病因，制定合理的用药措施，切忌乱做主张或凭经验盲目用药。在明确病因的情况下，应根据药物的使用范围来选择有效的抗菌药物。如果有条件，可以定期对本场的病原菌分离后进行药敏试验，根据药敏试验结果，选用高敏药物，在高敏药物中应首选价廉、易得、使用方便的抗菌药物。在选择高敏抗生素时，应注意窄谱抗生素可以解决的就不选广谱抗生素，一种抗生素可达到治疗作用时，不要用两种药物联合应用，必须应用两种抗生素时，应选择联合应用具有协同作用的药物。没有条件进行药敏试验的猪场发生细菌性疾病时，应尽量选用本场甚至本地区不常使用的药物，不仅可达到治疗效果，而且可为临床用药提供经验。

药物选择是否合适，应以治疗效果为依据，发病猪群用药1~2天后，死亡应明显减少，或动物精神、食欲好转，或新发病例不再出现，均反映了药物治疗效果。同时必须认识到，对于病毒性疾病，一般抗菌药都无效，目前应用的抗病毒药大多效果也不确实，应用疫苗预防仍是目前控制动物病毒性疾病最有效的方法。

用药时选择信誉好、质量有保证的兽药产品，并仔细阅读产品说明书，在给药前应先了解所选药物的有效成分，同时应注意药物的有效含量，避免治疗效果较差或发生中毒。在剂量方面，尤其是对于一些有毒副作用的抗菌药一定要弄清楚其应用剂量后再用，切不可想当然，或随意加大剂量应用。对容易中毒的药物，应严格按说明书使用，其他药物应按推荐剂量使用。同时，考虑动物对药物的敏感性、年龄、怀孕及病理状态（肝、肾功能状态）等因素，适当调整药物品种、剂量和疗程。一般来说，危重病症应以肌内注射或静脉注射给药，消化道感染应以内服为主，严重消化道感染与并发败血症、菌血症应内服，并配合注射给药。使用兽药前仔细阅读产品说明书，了解使用方法，不要擅自改变给药途径，不要直接应用原料药治疗疾病，这方面国家已有相关规定。注射用药适宜逐只治疗，尤其是紧急治疗，效果确实，要求注射部位准确，操作技术熟练。一些药物不能内服只能注射给药，如青霉素能被胃酸破坏，成年猪不能内服给药。

肠道感染时，应选用肠道吸收率较低或不吸收的药物混饲或饮水给药，全身感染时，则应选用肠道吸收较高的药物混饲或饮水给药。猪群发病期间，一般食欲下降，饮水给药可获得有效药量，不溶于水或微溶于水的药物，以及在水中易分解降效或不耐酸、不耐酶的药物则禁止以饮水方式给药。混饲给药多适宜长期预防性投药，饮水用药适宜短期投药、群体性紧急性治疗。混饲时应准确掌握饲料中药物浓度，特别是一些混饲浓度较低或有一定毒性的药物，如喹乙醇，拌料时一定要充分混匀，保证让所有动物吃到足够量的药，又要防止一些个体吃太多导致中毒。大多数的水溶性粉或口服液均应现配现用，配多少用多少，不能图方便而一次配很多。投药时必须控制混饮水量，限时饮完药液，以防药物失效或增加药物毒性，还可以根据不同的季节气候、疾病发生过程及动物采食量和饮水量，适当调整药物浓度。

总之，科学、安全、高效地使用兽药，不但能及时预防和治疗动物疾病，提高畜牧业经济效益，而且对积极控制和减少药物残留、提高动物产品品质、提供绿色食品等具有重要战略意义。猪场常用药物与临床使用参见表9-1。

表9-1　猪场常用药物临床使用一览表

药物名称	给药途径	给药剂量
磺胺嘧啶	内服	70～100毫克/千克，1天2次
磺二甲嘧啶	内服	70～100毫克/千克，1天2次
磺胺甲基异噁唑	内服	25～250毫克/千克，1天2次

（续）

药物名称	给药途径	给药剂量
磺胺对甲氧嘧啶	内服	25～50 毫克/千克，1 天 1～2 次
磺胺间甲氧嘧啶	内服	25～50 毫克/千克，1 天 1～2 次
磺胺脒	内服	70～100 毫克/千克，1 天 2～3 次
三甲氧苄氨嘧啶	内服	10 毫克/千克
复方磺胺嘧啶注射液	肌内注射或静脉注射	20～25 毫克/千克，1 天 2 次
复方磺胺对甲氧嘧啶注射液	肌内注射或静脉注射	20～25 毫克/千克，1 天 2 次
复方磺胺间甲氧嘧啶注射液	肌内注射或静脉注射	20～25 毫克/千克，1 天 2 次
卡巴氧预混剂	饲料添加	混饲浓度 50 毫克/千克
痢菌净预混剂	饲料添加	混饲浓度 200 毫克/千克（连续喂用不超过 3 天）
喹乙醇预混剂	饲料添加	混饲浓度 50～100 毫克/千克
诺氟沙星	内服	10～12 毫克/千克，1 天 2 次
	肌内注射	10～12 毫克/千克，1 天 2 次
环丙沙星	肌内注射	2.5～5 毫克/千克，1 天 2 次
	静脉注射	2 毫克/千克，1 天 2 次
恩诺沙星	内服	预防用量为 1.25 毫克/千克，治疗用量为 5 毫克/千克
	肌内注射	2.5 毫克/千克
青霉素 G 钠（钾）	肌内注射	1 万～1.5 万单位/千克，1 天 2 次
氨苄青霉素	内服	4～14 毫克/千克，1 天 2 次
	肌内注射	2～7 毫克/千克，1 天 2 次
头孢噻吩钠	肌内注射	10～20 毫克/千克，1 天 2 次
头孢噻啶	肌内注射	10～20 毫克/千克，1 天 3 次
红霉素	内服	20～40 毫克/千克，1 天 2 次
	肌内注射或静脉注射	1～3 毫克/千克，1 天 2 次

（续）

药物名称	给药途径	给药剂量
泰乐菌素	内服	100～110毫克/千克，1天2次
	肌内注射	2～10毫克/千克，1天2次
盐酸林可霉素	内服	10～15毫克/千克，1天3次
	肌内注射或静脉注射	10毫克/千克，1天2次
氯林可霉素	内服或肌内注射	5～10毫克/千克，1天3次
硫酸链霉素	内服	0.5～1g/千克，1天2次
	肌内注射	10毫克/千克，1天2次
硫酸庆大霉素	内服	1～1.5毫克/千克，1天3～4次
	肌内注射	1万～1.5万单位，1天2次
硫酸卡那霉素	内服	3～6毫克/千克，1天2次
	肌内注射	10～15毫克/千克，1天2次
硫酸新霉素	内服	仔猪0.75～1克/天，1天2～4次
	肌内注射	5～10毫克/千克，1天2次
硫酸多黏菌素B	内服	仔猪2 000～4 000单位/千克，1天2次
	肌内注射	1万单位/千克，1天2次
硫酸多黏菌素E	内服	1.5万～5万单位/千克
	肌内注射	1万单位/千克，1天2次
	乳腺炎乳管内注入	5万～10万单位/千克
四环素	饮水添加	110～280毫克/千克
	饲料添加	混饲浓度200～500毫克/千克
	静脉注射	2.5～5毫克/千克，1天2次
	内服	10～20毫克/千克，1天2～3次

（续）

药物名称	给药途径	给药剂量
土霉素	饮水添加	110～280 毫克/千克
	饲料添加	混饲浓度 200～500 毫克/千克
	肌内注射或静脉注射	2.5～5 毫克/千克，1 天 2 次
	内服	10～20 毫克/千克，1 天 3 次
泰牧菌素（泰妙菌素，泰姆林）	饮水添加	0.004%预防，连用 3 天 0.008%治疗，连用 10 天
	饲料添加	10～35 克/吨
制菌素	内服	50 万～100 万单位，1 天 3 次
克霉唑	内服	1～1.5 克，1 天 2 次
精制敌百虫	内服	80～100 毫克/千克
盐酸左旋咪唑	内服	7.5 毫克/千克
	肌内注射	7.5 毫克/千克
磷酸左旋咪唑	内服	8 毫克/千克
	肌内注射	8 毫克/千克
伊维菌素	内服	0.3～0.5 毫克/千克
	皮下注射	0.3 毫克/千克
丙硫咪唑	内服	10～20 毫克/千克
安乃近	内服	2～5 克
	肌内注射	3～10 毫升
安钠咖	内服	0.3～2.0 克
	肌内注射	0.3～2.0 克
	静脉注射	0.3～1.0 克
复方氨基比林	肌内注射	5.0～10 毫升/次
肾上腺素	肌内注射	0.2～10 毫升
	静脉注射	（10 倍稀释）

猪场常用药物配伍效果见表9-2。

表9-2 常用药物配伍效果表

分类	药物	配伍药物	配伍使用结果
青霉素类	青霉素钠、钾盐，氨苄西林类，阿莫西林类	喹诺酮类、氨基糖苷类（庆大霉素除外）、多黏菌素	效果增强
		四环素类、头孢菌素类、大环内酯类、庆大霉素、培氟沙星	颉颃、疗效相抵或产生副作用，应分别使用、间隔给药
		维生素C、罗红霉素、维生素C多聚磷酸酯、磺胺类、氨茶碱、高锰酸钾、B族维生素、过氧化氢	沉淀、分解、失效
头孢菌素类	头孢系列	氨基糖苷类、喹诺酮类	疗效、毒性增强
		青霉素类、洁霉素类、四环素类、磺胺类	颉颃、疗效相抵或产生副作用，应分别使用、间隔给药
		维生素C、B族维生素、磺胺类、罗红霉素、氨茶碱、氟苯尼考、甲砜霉素、盐酸强力霉素	沉淀、分解、失效
		强利尿药、含钙制剂	增加毒副作用
氨基糖苷类	卡那霉素、阿米卡星、核糖霉素、妥布霉素、庆大霉素、大观霉素、新霉素、巴龙霉素、链霉素等	抗生素类	增加毒性或降低疗效
		青霉素类、头孢菌素类、洁霉素类、TMP	疗效增强
		碱性药物（如碳酸氢钠、氨茶碱等）、硼砂	疗效增强，但毒性也同时增强
		维生素C、B族维生素	疗效减弱
		氨基糖苷同类药物、头孢菌素类、万古霉素	毒性增强
	大观霉素	四环素	颉颃作用，疗效抵消
	卡那霉素、庆大霉素	其他抗菌药物	不可同时使用

（续）

分类	药物	配伍药物	配伍使用结果
大环内酯类	红霉素、罗红霉素、硫氰酸红霉素、替米考星、吉他霉素（北里霉素）、泰乐菌素、替米考星、乙酰螺旋霉素、阿齐霉素	洁霉素类、麦迪素霉、螺旋霉素、阿司匹林	降低疗效
		青霉素类、无机盐类、四环素类	沉淀、降低疗效
		碱性物质	增强稳定性、增强疗效
		酸性物质	不稳定、易分解失效
四环素类	土霉素、四环素（盐酸四环素）、强力霉素（盐酸多西环素、脱氧土霉素）、米诺环素（二甲胺四环素）	甲氧苄啶、三黄粉	疗效增强
		含钙、镁、铝、铁的中药如石米、壳贝类、骨类、矾类、脂类等，含碱类、含鞣质的中成药，含消化酶的中药如神曲、麦芽、豆豉等，含碱性成分较多的中药如硼砂等	不宜同用，如需联用应至少间隔2小时
		其他药物	大多数不宜混合使用
喹诺酮类	砒哌酸、沙星系列	青霉素类、链霉素、新霉素、庆大霉素	疗效增强
		洁霉素类、氨茶碱、金属离子（如钙、镁、铝、铁等）	沉淀、失效
		四环素类、罗红霉素、利福平	疗效降低
		头孢菌素类	毒性增强
磺胺类	磺胺嘧啶、磺胺二甲嘧啶、磺胺甲恶唑、磺胺对甲氧嘧啶、磺胺间甲氧嘧啶、磺胺噻唑	青霉素类	沉淀、分解、失效
		头孢菌素类	疗效降低
		罗红霉素	毒性增强
		TMP、新霉素、庆大霉素、卡那霉素	疗效增强
	磺胺嘧啶	阿米卡星、头孢菌素类、氨基糖苷类、利卡多因、林可霉素、普鲁卡因、四环素类、青霉素类、红霉素	疗效降低或抵消，产生沉淀

（续）

分类	药物	配伍药物	配伍使用结果
抗菌增效剂	二甲氧苄啶、甲氧苄啶（三甲氧苄啶、TMP）	参照磺胺类药物的配伍说明	参照磺胺类药物的配伍说明
		磺胺类、四环素类、红霉素、庆大霉素、黏菌素	疗效增强
		青霉素类	沉淀、分解、失效
		其他抗菌药物	多数可起增效或协同作用，其作用明显程度不一，不可盲目合用
洁霉素类	盐酸林可霉素（盐酸洁霉素）、盐酸克林霉素（盐酸氯洁霉素）	氨基糖苷类	协同作用
		大环内酯类	疗效降低
		喹诺酮类	沉淀、失效
多黏菌素类	多黏菌素	磺胺类、甲氧苄啶、利福平	疗效增强
	杆菌肽	青霉素类、链霉素、新霉素、多黏菌素	协同作用、疗效增强
		喹乙醇、吉他霉素、恩拉霉素	颉颃作用，疗效抵消，禁止并用
	恩拉霉素	四环素、吉他霉素、杆菌肽	
抗病毒类	阿糖腺苷、阿昔洛韦、吗啉胍、干扰素	抗菌类	无明显禁忌，无协同、增效作用。合用时主要用于防治病毒感染后再引起继发性细菌类感染，但有可能增加毒性，应防止滥用
		其他药物	无明显禁忌记载
抗寄生虫药	苯并咪唑类（达唑类）	长期使用	易产生耐药性
		联合使用	易产生交叉耐药性并可能增加毒性，一般情况下应避免同时使用

（续）

分类	药物	配伍药物	配伍使用结果
抗寄生虫药	其他抗寄生虫药	长期使用	毒性较强，应避免长期使用
		同类药物	毒性增强，应间隔用药，需同用时应减低用量
		其他药物	容易增加毒性或产生颉颃，应尽量避免合用
助消化与健胃药	乳酶生	酊剂、抗菌剂、鞣酸蛋白、铋制剂	疗效减弱
	胃蛋白酶	中药	许多中药能降低胃蛋白酶的疗效，应避免合用，确需与中药合用时应注意观察效果
		强酸、碱性、重金属盐、鞣酸溶液及高温	沉淀、灭活、失效
	干酵母	磺胺类	颉颃、降低疗效
	稀盐酸、稀醋酸	碱类、盐类、有机酸及洋地黄	沉淀、失效
	人工盐	酸类	中和、疗效减弱
	胰酶	强酸、碱性、重金属盐溶液及高温	沉淀、灭活、失效
	碳酸氢钠（小苏打）	镁盐、钙盐、鞣酸类、生物碱类等	疗效降低、分解、沉淀或失效
		酸性溶液	中和失效
平喘药	茶碱类（氨茶碱）	其他茶碱类、洁霉素类、四环素类、喹诺酮类、大环内酯类、呋喃妥因、利福平	毒副作用增强或失效
		药物酸碱度	酸性药物可增加氨茶碱排泄，碱性药物可减少氨茶碱排泄

（续）

分类	药物	配伍药物	配伍使用结果
维生素类	所有维生素	长期使用、大剂量使用	易中毒甚至致死
	B族维生素	碱性溶液	沉淀、破坏、失效
		氧化剂、还原剂、高温	分解、失效
		青霉素类、头孢菌素类、四环素类、多黏菌素、氨基糖苷类、洁霉素类	灭活、失效
	维生素C	碱性溶液、氧化剂	氧化、破坏、失效
		青霉素类、头孢菌素类、四环素类、多黏菌素、氨基糖苷类、洁霉素类	灭活、失效
消毒防腐类	漂白粉	酸类	分解、失效
	酒精（乙醇）	氯化剂、无机盐等	氧化、失效
	硼酸	碱性物质、鞣酸	疗效降低
	碘类制剂	氨水、铵盐类	生成爆炸性的碘化氮
		重金属盐	沉淀、失效
		生物碱类	析出生物碱沉淀
		淀粉类	溶液变蓝
		龙胆紫	疗效减弱
		挥发油	分解、失效
	高锰酸钾	氨及其制剂	沉淀
		甘油、酒精（乙醇）	失效
	过氧化氢（双氧水）	碘类制剂、高锰酸钾、碱类、药用炭	分解、失效
	过氧乙酸	碱类如氢氧化钠、氨溶液等	中和失效
	碱类（生石灰、氢氧化钠等）	酸性溶液	中和失效
	氨溶液	酸性溶液	中和失效
		碘类溶液	生成爆炸性的碘化氮

第三节　猪群保健

猪病防治应在加强饲养管理的基础上，预防为主，防重于治。药物保健是猪病控制三要素之一。通过生物安全措施，将疫病拒之于猪场之外，加强种猪生产各个环节的消毒卫生工作，降低和消除猪场内污染的病原微生物，坚持自繁自养，以减少或杜绝猪群的外源继发感染机会。对传染性疾病，应根据本地流行的规律或实验室诊断结果，有针对性选择敏感性较高的药物，添加在不同阶段的猪群中，适时进行预防。对预防性药物应有计划地进行定期轮换使用，防止耐药菌株的产生，达到减少用药甚至不用药。

一、后备母猪保健

后备母猪保健的目的是控制其呼吸道疾病的发生，预防细菌或病毒性疾病的出现。清除后备母猪体内病原菌及内毒素，抑制体内病毒数量及活性，用药物对猪场内的常见病进行净化。增强后备母猪的体质，提高机体免疫力，促进发情，获得最佳配种率。

（一）后备猪引入第一周

为降低应激，促使后备猪迅速恢复体质，保证其群体健康，可根据条件，采用饮水或拌料的方式进行保健投药。

（1）电解多维 150 毫克/千克＋阿莫西林 250 毫克/千克饮水。

（2）磺胺五甲氧嘧啶 600 毫克/千克＋小苏打 1 000 毫克/千克＋阿散酸 120 毫克/千克拌料。

（3）10％黄芪多糖维生素 C 粉 500 毫克/千克拌料。

（二）后备种猪培育期

主要是减少呼吸道、肠道疾病和附红细胞体的发生，提高机体的抗病力。保健用药应视猪场及周边的情况选择或轮换投药，每月连用 7 天，直到配种。在配种前一周还可在相关方案基础上添加保健药物。

（1）强力霉素 500 毫克/千克＋阿散酸 120 毫克/千克＋甲氧苄氨嘧啶（TMP）120 毫克/千克。

（2）10％氟苯尼考 500～1 000 毫克/千克＋磺胺二甲氧嘧啶 120 毫克/千克＋TMP50 毫克/千克。

（3）呼原净（25％替米考星）250 毫克/千克＋土霉素 1 000 毫克/千克（或强力霉素 100 毫克/千克）。

（4）金泰妙 500～1 000 毫克/千克＋亚硒酸钠维生素 E 500～1 000 毫克/千克。

（5）10％黄芪多糖维生素 C 粉 500 毫克/千克＋10％阿奇霉素 180～360 毫克/千克。

（6）枝原净（80％泰妙菌素）125 毫克/千克＋强力霉素 100 毫克/千克。

（7）猪场周围若有蓝耳病、圆环病毒的存在，或者发生过传染性胸膜肺炎，可用金泰妙 100 毫克/千克＋氟苯尼考 60 毫克/千克。

（8）猪场可能有巴氏杆菌、沙门氏菌、副猪嗜血杆菌等病原菌存在，可用金泰妙 100 毫克/千克＋头孢菌素 60 毫克/千克。

二、母猪保健

清除体内毒素，疏通肠道，增强体质，提高免疫力。预防各种疫病通过胎盘垂直传播给胎儿，提高妊娠质量。

（一）空怀及断奶母猪

为增强机体对疾病的抵抗力，提高配种受胎率，饲料中可适当添加一些抗生素药物，但要视猪群的健康状况和现场决定。或在配种前肌内注射一次长效阿莫西林、长效土霉素等，使用复方效果更佳。

（1）强力霉素 500 毫克/千克＋阿散酸 120 毫克/千克＋TMP120 毫克/千克。

（2）10％氟苯尼考 500～1 000 毫克/千克＋磺胺二甲氧嘧啶120 毫克/千克＋TMP50 毫克/千克。

（3）呼原净（25％替米考星）250 毫克/千克＋土霉素 1 000 毫克/千克（或强力霉素 100 毫克/千克）。

（4）枝原净（80％泰妙菌素）125 毫克/千克＋强力霉素 100 毫克/千克。

（二）妊娠母猪

主要是预防衣原体和附红细胞体感染，预防蓝耳病和圆环病毒等引起母猪繁殖障碍。可在妊娠的前期第一周和后期饲料中适当添加一些抗生素药物，同时饲料添加亚硒酸钠维生素 E，并视情况在妊娠全期饲料添加防治霉菌毒素药物。可用以下复方方案。

（1）四环素 400 毫克/千克＋阿散酸 120 毫克/千克＋TMP100 毫克/千克。

（2）强力霉素 500 毫克/千克＋阿散酸 120 毫克/千克＋TMP120 毫克/千克。

（3）10％黄芪多糖维生素 C 粉 500 毫克/千克＋10％阿奇霉素 180～360 毫克/千克。

（4）多效氟苯黄芪预混剂 500 毫克/千克。

（三）围产期保健

主要是净化母体环境、减少呼吸道及其他疾病的垂直传播，增强母猪的抵抗力和抗应激能力。产前产后 2 周在饲料中适当添加一些抗生素药物，或在产前肌内注射一次长效土霉素、长效阿莫西林等。可视保健的重点选择或轮换使用以下复方方案。

（1）强力霉素 500 毫克/千克＋TMP120 毫克/千克。

（2）10％黄芪多糖维生素 C 粉 500 毫克/千克＋10％阿奇霉素 180～360 毫克/千克。

（3）呼原净（25％替米考星）250 毫克/千克＋土霉素 1 000 毫克/千克（或强力霉素 100 毫克/千克）。

（4）10％氟苯尼考 500～1 000 毫克/千克＋磺胺二甲氧嘧啶 120 毫克/千克＋TMP50 毫克/千克。

（5）枝原净（80％泰妙菌素）125 毫克/千克＋强力霉素 100 毫克/千克。

（6）枝原净（80％泰妙菌素）125 毫克/千克＋阿莫西林 200 毫克/千克＋磺胺二甲氧嘧啶 120 毫克/千克＋TMP50 毫克/千克。

（7）金泰妙 500～1 000 毫克/千克＋齐鲁速治 350 毫克/千克。

（8）杆菌净 500～1 000 毫克/千克＋佐康 350 毫克/千克。

三、种公猪保健

增强机体对疾病的抵抗力，提高公猪配种力。根据季节和猪场的实际情况，间隔一段时间或每月轮换投药一次。可使用土霉素预混剂、呼诺芬、支原泰妙、泰灭净、泰舒平等抗生素，每次连用 1 周。可用以下复方方案。

（1）强力霉素 500 毫克/千克＋阿散酸 120 毫克/千克＋TMP120 毫克/千克。

（2）10％氟苯尼考 500～1 000 毫克/千克＋磺胺二甲氧嘧啶 120 毫克/千克＋TMP50 毫克/千克。

（3）呼原净（25％替米考星）250 毫克/千克＋土霉素 1 000 毫克/千克（或强力霉素 100 毫克/千克）。

（4）枝原净（80％泰妙菌素）125 毫克/千克＋强力霉素 100 毫克/千克。

（5）金泰妙 500～1 000 毫克/千克＋齐鲁速治 350 毫克/千克。

（6）杆菌净 500～1 000 毫克/千克＋佐康 350 毫克/千克。

四、哺乳仔猪

(一)初生仔猪保健

预防初生乳猪腹泻,增强仔猪体质,提高仔猪成活率,预防细菌、病毒性的疾病发生。可选用以下方案。

(1)仔猪肌内注射长效土霉素或长效阿莫西林,即三针保健计划(仔猪在 3 日龄、7 日龄、21 日龄分别肌内注射 0.5 毫升、0.5 毫升和 1 毫升)。

(2)仔猪吃初乳前口服庆大霉素、氟哌酸、兽友一针 1~2 毫升或土霉素半片。3 日龄注射仔痢康 1~2 毫升。

(3)仔猪出生后每公斤体重注射 5%头孢畜健 0.1 毫升。

(二)补铁

3 日龄仔猪补铁(如血康、牲血素等)、补硒(亚硒酸钠维生素 E),用血康则不用再补硒。

(三)饲料用药

7 日龄左右开食补料前后及断奶前后饲料中适当添加一些抗应激药物如维力康、开食补盐、维生素 C、电解多维等。哺乳全期饲料中适当添加一些抗生素药物如菌消清、泰舒平、呼诺酚、呼肠舒、泰灭净等。

五、保育猪

通常在断奶前一周至断奶后两周,对仔猪进行保健投药。以减少断奶时仔猪的各种应激,增强体质,提高仔猪免疫力和成活率。预防仔猪断奶后腹泻、呼吸系统疾病及水肿病,减少断奶仔猪多系统衰竭综合征(PMWS)的发病率。可选用以下保健方案。

(1)仔猪健 1 000 毫克/千克。

(2)呼原净(25%替米考星)250 毫克/千克+土霉素 1 000 毫克/千克(或强力霉素 100 毫克/千克)。

（3）10％氟苯尼考 500～1 000 毫克/千克＋磺胺二甲氧嘧啶 110 毫克/千克＋TMP50 毫克/千克。

（4）10％氟苯尼考 500～1 000 毫克/千克＋阿莫西林 200 毫克/千克。

（5）10％黄芪多糖维生素 C 粉 500 毫克/千克＋10％阿奇霉素 180～360 毫克/千克。

（6）多效氟苯黄芪预混剂 500 毫克/千克。

（7）电解多维 150 毫克/千克＋阿莫西林 200 毫克/千克饮水。

六、生长育肥猪

预防圆环病毒病、猪瘟、蓝耳病等疾病的发生，抑制病毒繁殖，减少附红细胞体的发生，预防呼吸道疾病的发生。增强体质，提高免疫力，缩短出栏时间，提高料肉比。一般在前期连用药物 6～8 天，后期连用 5～7 天，各猪场因情况不同，投药时间与重点有较大差别，要区别对待，并注意停药期。

（1）强力霉素 500 毫克/千克＋阿散酸 180 毫克/千克＋TMP120 毫克/千克。

（2）10％氟苯尼考 1 000 毫克/千克＋磺胺二甲氧嘧啶 110 毫克/千克＋TMP50 毫克/千克。

（3）多效氟苯黄芪预混剂 500 毫克/千克。

（4）10％氟苯尼考 1 000 毫克/千克＋磺胺二甲氧嘧啶 500 毫克/千克＋小苏打 1 000 毫克/千克＋维生素 C200 毫克/千克。

（5）10％黄芪多糖维生素 C 粉 500 毫克/千克＋10％阿奇霉素 180～360 毫克/千克。

七、驱虫

选好时间，全群覆盖驱虫。经常阶段性、预防性用药，防止再感染，将寄生虫消灭于幼虫状态。母猪在分娩前 14～21 天进行一次驱虫，使母猪在产仔后身体不带虫。且仔猪不带虫。母猪在配种前 14 天驱虫一次，公猪每年春秋各驱虫一次。育肥猪最经济的办法是在 35～40 日龄时驱虫一次，一直到出栏基本不会出现寄生虫病。对所有引进的猪，首先要进行隔离，然后进行驱虫，最后进行合群，如果猪场虱较多，可以在间隔 10 天左右用第二次药，对于感染疥螨严重的病猪，可以再用药 1 次。

驱虫药最好选用功能全面的复方药。猪场主要寄生虫是疥螨、虱和线虫，比较适用的剂型是针剂、预混剂。

第四节　免疫预防

随着养猪业的迅速发展，种猪的交流，商品猪的频繁调动，使猪场的病源体增多，疾病变得繁杂而严重。尤其是引种，极易带入潜伏在新种猪中的病原。防疫是种猪场的第一生命线。目前，猪病的发生呈现出一种非典型化的趋势，该趋势给兽医诊断带来很大的困难，疾病流行谱也发生了巨大的变化，混合感染与继发感染的病例逐渐增多，繁殖障碍疾病的危害仍极为严重。而且，某些猪病的病原出现一些变异，导致原有疫苗的保护效力下降或根本没有作用。由于抗原的漂流、超强毒株的出现、母源抗体的干扰以及弱毒疫苗毒力返强的潜在危险，使合格的疫苗产品出现接种失败，达不到防病效果。

为有效提高养猪效益，必须树立防重于治的观念，预防某些传染病的发生和流行。有目的、有计划地给猪按免疫程序进行免疫接种，以防患于未然。

一、猪的免疫力

（一）天然免疫力

1. 天然被动免疫力　新生仔猪通过吸吮初乳直接吸收母源抗体，可获得对某种疾病的抵抗力，此抗体会对相应疫病的免疫产生影响，如猪瘟等。超免必须在吃初乳之前 1～2 小时进行，而仔猪阶段的猪瘟免疫必须考虑在其母乳抗体水平开始下降时进行，以避免产生免疫干扰，影响其免疫力。

2. 天然主动免疫力 在猪只感染某种病源微生物耐过后，产生对该病原体的抵抗力，如对引入的新种猪及后备种猪，在经过一定时间的隔离和观察处理后，用本场成年产仔母猪的新鲜粪便进行有计划的投喂等。

（二）人工免疫力

1. 人工被动免疫力 将免疫血清或自然发病的康复猪取血清，人工输入到末免疫的猪，使其获得的对某种病原的抵抗力，如猪场内发现烈性传染病或受到烈性传染病的严重威胁时，为保护种猪，特别是待产母猪，应及时制取血清备用或对需保护猪群进行注射。

2. 人工主动免疫力 通过对猪接种抗原物质（如疫苗等）刺激机体免疫系统发生免疫应答反应，从而产生对某种病原体的特异性抵抗力。

通过人工主动免疫使猪群对主要疫病及对本场威胁较大的疾病建立起有效的抵抗力，是制定和实施免疫程序的宗旨。

二、免疫程序

（一）免疫程序的制定

应针对目前规模化猪场疫病的复杂性，依据疫病的流行特点及规律，猪的用途、年龄、母源抗体以及疫苗的种类、性质、免疫途径等方面的具体情况制定。尤其是仔猪的初次免疫，应按母源抗体的消长情况选择适宜的时机，如果接种过早则受到母源抗体的干扰而影响免疫效果，过晚则没有保护力的空白期过长，猪群的危险性增大。免疫时机最好是通过免疫监测，依抗体的水平来确定。

在什么时间接种何种疫苗，是猪场免疫最为关键的问题。免疫程序是否科学合理至关重要。最好的做法是根据本场的实际情况，考虑本地区的疫病流行特点，结合本猪场的饲养管理、母源抗体的干扰以及疫苗的性质、类型等各方面因素和免疫监测结果，制定适合本场的免疫程序，其中下列几点需要重点考虑。

1. 猪场发病史　在制定免疫程序时必须考虑本地区猪病疫情和本猪场已发生过什么病、发病日龄、发病频率及发病程度，结合临床发病情况和实验室诊断，摸清本场猪群所存在的疫病和所受到的威胁，依此确定疫苗的种类和免疫时间，有针对性地制定免疫程序，选择高质量的疫苗，做好猪群的免疫工作。在制定免疫计划时，要有的放矢，对本地区、本场尚未证实发生的疾病，必须证明确实已受到严重威胁时才计划接种。对于过去从未发生过，也没有从外地传入猪群的传染病，可不接种，对从外地引进的猪要及时补种。

2. 母源抗体干扰　母源抗体的被动免疫对新生仔猪来说十分重要，但其也给疫苗的接种也带来一定的影响，尤其是弱毒活疫苗在接种新生仔猪时，如果仔猪存在较高水平的母源抗体，则会极大地影响疫苗的免疫效果。因此，在母源抗体水平高时不宜接种弱毒疫苗。

3. 不同疫苗之间的干扰与接种时间的科学安排　同时免疫接种两种或多种弱毒苗往往会产生干扰现象。产生干扰的原因可能有两个方面，一是两种病毒感染的受体相似或相同，产生竞争作用；二是一种病毒感染细胞后产生干扰素，影响另一种病毒的复制。一般两种疫苗之间至少间隔一周以上再进行预防接种。

4. 季节性预防的疾病　如夏季预防日本乙型脑炎，秋冬季预防传染性胃肠炎和流行性腹泻等。而且南方、中部、北方有一定的差异。

根据本场的实际情况，制定相应的免疫程序，选择可靠和适合本猪场的疫苗及相应的血清型后，还必须根据实际防疫的监测结果定期作适当调整。

（二）免疫接种

接种前要全面了解和检查猪群的情况，如猪的年龄、胎次、健康状况、怀孕情况、饲养管理状况及有无其他疾病等。如果年龄不适宜，体质弱，或有其他疾病，正在怀孕及饲养管理状况很差时最好暂时不要接种，否则不会产生很好的免疫应答或会引起流产、死胎、畸形胎等。而且还要注意猪群中有无疫情，如果有疫情应先对疫情进行紧急接种或作适当处理，待情况稳定后再进行免疫接种。

对疫苗要进行逐瓶检查，不能用无瓶签、保存不当及失效的疫苗，疫苗用法、用量严格按说明书进行，备齐足够的器械、消毒药品，并做好人员的组织。观察疫苗注射后猪只的反应，及时处理。

如果同一时间需要接种两种以上疫苗时，要考虑疫苗之间的相互影响。只有两种疫苗在引起免疫反应时互不干扰或有相互促进作用时，才能同时接种。如果相互间有抑制作用，则不能同时使用，以免影响免疫效果。能够联合使用的疫苗最常见的是猪瘟、猪丹毒、猪肺疫三联苗。

在注射免疫时最好做到一头不漏，每接种一头都应有免疫记录。记录包括免疫猪的编号，疫苗生产厂家、日期，接种剂量、方法等，以备查证。注射时要确保足够的免疫剂量。

免疫接种时应严格消毒注射部位，而且尽可能做到一头猪一个针头，以避免经针头传播某些疾病。

（三）紧急接种

当猪场发生传染病时，应进行应急性的紧急接种，迅速控制和扑灭疫病的流行，以减少或消除对尚未发病猪群的威胁。紧急接种使用免疫血清较为安全，但是由于用量大、价格昂贵、免疫期短而常不被采用，只有对价值较高的种猪和母猪才适量使用。在生产中使用疫苗进行紧急接种是切实可行的，如猪瘟、口蹄疫等。严格来说紧急接种只适合于正常无病的猪只，对发病和已感染处于潜伏期的猪只，只能在严格消毒的情况下隔离，不能再接种疫苗，因为已感染，接种后不仅不会获得保护，反而会促使其更快发病。但是临床上，因很难将隐性感染的病猪分开，为了缩短处理过程，对感染猪群常采用一些特殊的处理方法，如猪场发生猪瘟时，可使用大剂量的猪瘟弱毒疫苗（15～20头份），进行紧急免疫，促使隐性感染者发病，形成群体分离，以便进行隔离，针对性地采取措施，缩短病程。紧急接种后可很快产生抵抗力，使发病数降低，阻止其流行。

三、疫苗的选择、使用及注意事项

（一）疫苗类型及其选用

疫苗是指具有良好免疫原性的病原微生物经繁殖和处理后制成的生物制品，接种动物后能产生相应的特异性免疫效果。动物用的疫苗（生物制品），是用微生物（细菌、病毒、支原体、衣原体、钩端螺旋体等）、微生物代谢产物、原虫、动物血液或组织等，经加工而制成的，是预防、治疗、诊断特定传染病或其他有关疾病的免疫制剂。疫苗质量是免疫成败的关键因素，保证疫苗质量必须具备的条件是安全和有效。

1. 传统疫苗 以传统的方法，用细菌、病毒培养液或含毒组织制成的疫苗。目前使用的主要是传统疫苗。

（1）**灭活疫苗** 用含有细菌或病毒的材料通过物理或化学的方法处理，使其丧失感染性或毒性而保持良好的免疫原性，接种动物后能产生主动免疫。因生产比较容易，有私下生产的，其质量稳定性不是很好。对质量的控制非常重要，曾使用较多自家苗的，就常因其质量而难达到免疫效果。因此，在选择制备者时要特别注意。

（2）**弱毒疫苗** 又称活疫苗，是指对自然强毒的微生物通过物理、化学方法处理和生物的连续传代，使其对原宿主动物丧失致病力或只引起轻微的亚临床反应，但仍保持有良好的免疫原性的毒株所制备的疫苗（如猪丹毒弱毒疫苗、猪瘟兔化弱毒疫苗等）。

（3）单价疫苗 利用同一种微生物菌（毒）株或一种微生物中的单一血清型菌（毒）株的增殖培养物所制备的疫苗称为单价疫苗。单价疫苗对相应的单一血清型微生物所致的疫病有良好的免疫保护功能。

（4）多价疫苗 指由同一种微生物中若干血清型菌（毒）株的增殖培养物制备的疫苗。多价疫苗能使免疫动物获得完全的保护（如猪多价副伤寒死菌苗）。目前，猪瘟、猪丹毒二联苗（或加猪肺疫的三联苗）使用效果不错，可以选用。

（5）混合疫苗 即多联苗，指利用不同微生物的增殖培养物，根据病性特点，按免疫学原理和方法，组配而成。

（6）同源疫苗 指利用同种、同型或同源微生物制备的而又应用于同种类动物免疫预防的疫苗（如猪瘟兔化弱毒疫苗、猪流行性腹泻疫苗），可用于预防各品种猪的猪瘟和猪流行性腹泻症。

（7）异源疫苗 指利用不同种微生物菌（毒）株制备的疫苗，接种后能使其获得对疫苗中不含有的病原体产生抵抗力。

（8）细胞苗与组织苗 细胞苗是由种毒接种犊牛睾丸细胞后收获而得，其本身仅有病毒的特异性免疫作用。组织苗是用兔体组织制成，除具有病毒引起的特异性免疫外，这些组织中有许多是属于免疫器官，具有许多细胞因子，可起到非特异的免疫增强作用。组织苗中非特异性的免疫作用可能是造成组织苗免疫力比细胞苗强的原因之一。细胞苗免疫效果明显不如组织苗，但若用正常的兔脾淋组织液稀释1头份细胞苗再与1头份组织苗做对比试验，结果两者免疫效果相当，组织苗中非特异的免疫增强作用是值得进一步研究的。但细胞苗有许多优点，如价廉、能长久保存、使用方便等。但在几年的调查中发现，一些条件较好，管理水平较高的猪场，多年使用细胞苗很难将疫情控制下来。因此，猪场应根据自己的实际情况来合理地选用疫苗。

2. 基因工程苗　利用基因工程技术制取的疫苗，包括亚单位疫苗、活载体疫苗、基因缺失疫苗及核酸疫苗。目前，猪伪狂犬病基因缺失苗有比较好的使用效果，但许多国产苗不同生产批次的差异性较大，质量不稳定。

3. 抗独特型疫苗　根据免疫系统内部调节的网络学说原理，利用第一抗体分子中的独特型抗原决定位（簇）制备的疫苗。此疫苗目前还处在实验室阶段，应慎重选用。

（二）影响免疫效果的因素

免疫应答是一个生物学过程，不可能提供绝对的保护，同时在一个免疫群体中，免疫水平也不会相等，这是因为免疫反应受到遗传和环境等诸多因素的影响。对猪群免疫力产生影响的主要因素有以下几点。

1. 遗传因素　动物机体对接种抗原有免疫应答在一定程度上是受遗传控制的，猪的品种繁多，免疫应答各有差异，即使同一品种不同个体的猪只，对同一疫苗的免疫反应，其强弱也不一致。

2. 环境因素　猪体内免疫功能在一定程度上受到神经、体液和内分泌的调节。当环境过冷、过热、湿度过大、通风不良时，都会引起猪体不同程度的应激反应。应激反应可导致猪体对抗原免疫应答能力下降，接种疫苗后不能达到相应的免疫效果，表现为抗体水平低，细胞免疫应答减弱。

3. 营养状况　机体缺乏维生素 A，能导致淋巴器官的萎缩，影响淋巴细胞的分化、增殖、受体表达与活化，可使体内的 T 细胞、NK 细胞数量减少，吞噬细胞的吞噬能力下降，B 细胞的抗体产生能力下降。此外，其他维生素及微量元素、氨基酸的缺乏，都会严重影响机体的免疫功能。因此，营养状况是免疫机制中不可忽略的因素。

4. 疫苗的质量　疫苗质量是免疫成败的关键因素，保证疫苗质量必须具备的条件是安全和有效。

5. 血清型　有些病原含有多个血清型，如猪大肠杆菌病等，其病原的血清型多，会给防疫造成一定的困难。因此，选择适当的疫苗株是取得理想免疫效果的关键。在血清型多又不了解为何种血清型的情况下，应选用多价苗。

6. 其他因素　包括母源抗体的干扰，患慢性病、寄生虫病，接种人员的业务水平等，都可能影响疫苗的免疫效果。

（三）使用方法及注意事项

1. 疫苗的正确使用

（1）各类疫苗要有专人采购和专人保管，以确保疫苗的质量。

（2）各类疫苗在运输、保存过程中要注意不要受热，活疫苗必须低温冷冻保存，灭活疫苗要求在 $4\sim8℃$ 条件下保存。

（3）疫苗的使用应按免疫程序有计划地进行，接种疫苗必须由技术人员操作，其他人员协助。

（4）疫苗使用前要逐瓶检查其名称、厂家、批号、有效期、物理性状、贮存条件等是否与说明书相符。明确其使用方法及有关注意事项，并严格遵守。观察疫苗瓶有无破损、封口是否严密、瓶签是否完整、是否在有效期内、剂量记载是否清楚、稀释液是否清晰等，并记下疫苗生产厂家、批号等，以备案便查。对过期、瓶塞松动、无批号、无详细说明书、油乳剂破乳、失真空及颜色异常或不明来源的疫苗均禁止使用。

（5）疫苗接种前，应检查猪群的健康状况，并清点猪头数，确保每头猪都进行了免疫。病猪应暂缓接种。接种疫苗用的器械（如注射器、针头、镊子等）都要事先消毒好。根据猪场情况，一头猪换一个注射针头或一圈猪换一个注射针头。防止交叉感染。吸苗时，绝不能用已给猪只注射过的针头吸取，可用一个灭菌针头，插在瓶塞上不拔出、裹以挤干的酒精棉球专供吸药用，吸出的药液不应再回注瓶内，可注入专用空瓶内进行消毒处理。

（6）接种疫苗时，不能同时使用抗血清。在免疫接种过程中，必须注意消毒剂不能与疫苗直接接触。

（7）使用疫苗最好在早晨。在使用过程中，避免阳光下曝晒和高温高热，应置于阴凉处且应有冷链保护。疫苗一旦启封使用，必须当日用完，不能隔日再用。疫苗自稀释后 15℃以下 4 小时内、15～25℃2 小时内、25℃以上 1 小时内用完，最好是在不断冷链的情况下（约 8℃）2 小时内用完。

（8）对仔猪进行免疫接种前，要特别注意防止母源抗体对免疫效果的影响，因而必须严格按免疫程序进行。

（9）新增设的疫苗要先作小群试验。对于已确定的免疫程序中的疫苗品种，在使用过程中尽量不要更换疫苗的生产厂家，以免影响免疫效果，若必须更换的，最好也作一下小群试验。

（10）要防止药物对疫苗接种的干扰和疫苗间的相互干扰，在注射病毒性疫苗的前后 3 天严禁使用抗病毒药物，两种病毒性活疫苗的使用要间隔 7～10 天，减少相互干扰。病毒性活疫苗和灭活疫苗可同时分开使用。注射活菌苗前后 5 天严禁使用抗生素，两种细菌性活疫苗可同时使用。抗生素对细菌性灭活疫苗没有影响。

2. 疫苗的接种方法

（1）**皮下注射法**　是将疫苗注入皮下结缔组织后，经毛细血管吸收进入血液，通过血液循环到达淋巴组织，从而产生免疫反应。注射部位多在耳根后皮下，皮下组织吸收比较缓慢而均匀，但油类疫苗不宜皮下注射。

（2）**肌内注射法**　是将疫苗注射于富含血管的肌肉内，又因感觉神经较少，故疼痛较轻，是目前使用最多的一种方法，大多数疫苗都是经这一途径免疫。注射部位在耳根后 4 指处（成年猪）的颈部内侧或外侧，也可于臀部注射。

（3）**滴鼻接种法**　滴鼻接种属于黏膜免疫的一种，该方法既可刺激产生局部免疫，又可建立针对相应抗原的共同黏膜免疫系统。目前使用比较广泛的是猪伪狂犬病基因缺失疫苗的滴鼻接种。

（4）其他接种法 其他的疫苗接种方法还有口服免疫法、后海穴位注射法、气管内注射和肺内注射法等，但很少使用。

3. 注意事项

（1）不可盲目接种 种猪场在给生猪免疫接种前，首先应对本地猪病流行的规律和情况进行调查研究，制定合理的免疫程序，做到有的放矢。

猪场一旦发生传染病，在查清疫病性质之后，除按传染病控制原则进行诸如检疫、隔离、封锁、消毒等处理外，对疑似病猪及假定健康猪可采用紧急预防接种，预防接种可应用疫苗，也可应用抗血清。

（2）注意疫苗的有效期 选购疫苗时，应根据饲养生猪的数量和疫苗的免疫期限制定疫苗用量计划，并到正规的畜牧部门选购疫苗。不购瓶壁破裂、瓶签不清或记载不详的疫苗，不购没有按要求保存和快到失效期的疫苗。

（3）注意注射的有效剂量，不可过多或过少注射疫苗 疫苗注射过多往往引起疫苗反应，过少则抗原不足，达不到预防效果。疫苗使用前应充分振荡，使沉淀物混合均匀。细看瓶签及使用说明，按要求剂量严格注射，并详细记录注射剂量、日期、疫苗产地、出厂时间等。

（4）不可给发病猪注射疫苗 猪群的健康状况直接影响免疫的成功率，当猪群已感染了某种传染病时，注射疫苗不但达不到免疫目的，反而会导致死亡，或造成疫情扩散。

（5）慎给怀孕母猪注射疫苗 疫苗是一种弱病毒，能引起母猪流产、早产或死胎。对繁殖母猪，最好在配种前一个月注射疫苗，既可防止母猪在妊娠期内因接种疫苗而引起流产，又可提高出生仔猪的免疫力。

（6）不可过早给仔猪注射疫苗 刚出生的仔猪可从母体获得母源抗体，能有效地抗病，除遇特殊情况（如超前免疫），一般不过早接种疫苗。如果过早地注射疫苗，一是仔猪免疫应答较差，二是干扰了母源抗体。所以仔猪注射猪瘟疫苗应在 20～25 日龄首免，待 60 日龄需加强免疫 1 次。

(7) 注意疫苗间的相互影响和两次注射间的时间间隔　注射疫苗以后，生猪需要一定的时间以产生抗体。如果两种疫苗同时注射，疫苗之间会互相干扰，影响抗体的形成，效果往往不佳。所以注射两种不同的疫苗，应间隔 5～7 天，最好 10 天以上。

(8) 注射时要严格消毒　注射疫苗时要做好充分的消毒准备，针头、注射器、镊子等必须事先消毒，酒精棉球需在 48 小时前准备。免疫时，每注射 1 头猪要换 1 枚针头，以防带毒、带菌。同时，在猪群免疫注射前后，还要避免大群消毒活动和使用抗菌药物。

(9) 注意注射器的使用　注射器刻度要清晰，不滑竿、不漏液，注射的剂量要准确，不漏注、不白注，进针要稳，拔针宜速，不得打飞针，以确保疫苗液真正足量地注射于肌肉内或皮下。接种时要保证垂直进针，这样可保证疫苗液的注射深度，同时还可防止针头弯折。

免疫接种完毕后，将所有用过的疫苗瓶及接触过疫苗液的瓶、皿、注射器等进行消毒处理。

(10) 免疫接种后要注意观察猪群情况，发现异常应及时处理　个别猪只因个体差异，在注射油佐剂疫苗时会出现过敏反应（表现为呼吸急促、全身潮红或苍白等），所以每次接种疫苗时要准备肾上腺素、地塞米松等抗过敏药。

(四) 免疫失败的原因及对策

在对猪进行免疫接种后，有时仍不能控制传染病的流行，即发生了免疫失败，其原因主要有以下几个方面。

(1) 猪只本身免疫功能失常，免疫接种后不能刺激猪体产生特异性抗体。

(2) 母源抗体干扰疫苗的抗原性。因此，在使用疫苗前，应该充分考虑猪体内的母源抗体水平，必要时要进行检测，避免这种干扰。

（3）没有按规定免疫程序进行免疫接种，使免疫接种后达不到所要求的免疫效果。

（4）猪只生病，正在使用抗生素或免疫抑制药物进行治疗，造成抗原受损或免疫抑制。

（5）疫苗在采购、运输、保存过程中方法不当，使疫苗本身的效能受损。

（6）在免疫接种过程中疫苗没有保管好，或操作不严格以及疫苗接种量不足。

（7）制备疫苗使用的毒株血清型与实际流行疾病的血清型不一致，而不能达到良好的保护效果。

（8）在免疫接种时，免疫程序不当或同时使用了抗血清。

总之，导致免疫失败的原因很多，要进行全面的检查和分析，为防止免疫失败，最重要的是要做到正确使用疫苗及严格按免疫程序进行免疫。

第五节　猪场疫病监测与控制

随着目前养殖业的持续发展，一些传染性比较强、危害性比较大的疾病成为生猪养殖业的头号杀手，全世界普遍采用预防接种作为预防和控制这类疾病的主要手段。然而，当疫苗接种到动物体内后，必须要经过一系列复杂的反应之后才能够产生保护力，而这种保护力的产生往往容易受到多种因素的影响，如疫苗方面、动物方面、接种方式方法及时机选择、饲养管理以及环境等，任何一种因素的出现都有可能对免疫效果产生或多或少的影响，而接种抗原所产生的抗体滴度或效价的高低直接影响着免疫效果。因此，从监测即时抗体水平或抗体水平的动态变化来判断动物对某种疾病的抵抗力或某种疫苗的免疫效果，变得尤为重要。

一、免疫监测的概念

免疫监测是通过免疫血清学的方法对免疫后机体抗体水平的测定，根据免疫监测的结果来检验免疫成效的一种技术方法。血清学试验是运用敏感、特异的手段来检测机体针对微生物的抗体应答。这种可引起机体发生抗体应答的微生物可以是病原微生物，也可以是因注射疫苗而诱导的，也可以是无致病性的微生物或者机体内正常存在的菌群的一部分。

目前应用于动物血清中特定抗体检测的方法有很多，这些方法主要有血凝试验、血凝抑制试验、琼脂凝胶免疫扩散试验、病毒中和试验和酶联免疫吸附试验等。在这些方法中，酶联免疫吸附试验是一个准确性、安全性高，实用性强的检测技术，其特点为特异性强、灵敏度高、速度快。目前我国兽医部门日常动物疫病监测首选使用酶联免疫吸附试验方法。

二、免疫监测的内容

(一) 掌握猪群整体免疫状态，预防重大疫病暴发

随着我国畜禽养殖业规模化、集约化和商品化程度的提高，畜禽流动和引种工作的频繁，一些疾病的发生、发展变得越来越复杂，能够快速掌握本场猪群的整体免疫状态变得至关重要，稍不在意，一个细小的问题就会导致整个猪场暴发疫病，损失惨重。为了控制猪口蹄疫、猪高致病性蓝耳病、猪瘟、猪伪狂犬病等重大传染病的流行，种猪场管理者应严格而又认真地进行疫病免疫检测。

(二) 加强猪场免疫监测，减少免疫失败的发生

目前绝大多数养猪场没有充分利用实验室检测手段，在养殖生产中使用疫苗方面存在很多问题，免疫效果不理想，甚至接种了疫苗后猪群仍然暴发该疾病。种猪场人员应对不同阶段的猪进

行定期采取血样，采集的血样尽量广泛而具有代表性，送到有实验室检测能力的相关部门（如各地县级或市级畜牧兽医站）做出科学的检测报告，进行分析决策。通过动态采样监测了解猪群中到底有哪些疾病存在，同时掌握检测出的疾病感染程度，什么时间、什么疾病感染了哪个阶段的猪群，这样才能适时而正确地选择疫苗接种的种类和时机，同时也能够掌握疫苗的免疫效果，也就是经过疫苗接种后摸清了某些疾病的抗体水平的高低、群体猪抗体效价的均匀度、疫苗的保护率和保护时间。对于出现抗体滴度不合格的猪，应及时给予补免，避免因免疫失败而再次感染该疾病。

（三）指导猪场的群体防疫准则，制定科学的免疫程序

免疫程序受母源抗体和自身抗体水平高低、免疫时间、免疫方法、疫苗种类、免疫次数和当地疫病流行情况等因素的影响。良好免疫效果的获得依赖于首次免疫和再次免疫的时机是否合适，母源抗体水平决定首次免疫的时间，上次免疫时体内的残留抗体水平决定再次免疫的时间，由于各方面的影响，一个养殖场的免疫程序应根据每年免疫监测情况适时加以调整。

总之，猪场的疫病免疫监测是一项十分重要的、必须的日常工作。选择良好的监测手段，建立和执行可行的免疫监测程序，来优化免疫程序并确保免疫效果，有利于猪场实时动态掌握疫病的流行和某一病原体的感染状况，能够有针对性地制定和调整免疫程序，及时发现病情，及早防治，最终才能达到预防与控制疫病的目的。

第六节 病害猪及其产品无害化处理

病害动物尸体的无害化处理，一直是社会各界关注的热点问题。无害化处理就是用物理、化学或生物学等方法处理带有或疑似带有病原体的病害畜禽、病害畜禽产品或其他物品及场

地环境等，达到消灭传染源，切断传播途径，阻止病原扩散的目的。

中华人民共和国国务院令第 525 号《生猪屠宰条例》、商务部财政部令 2008 年第 9 号《生猪定点屠宰厂（场）病害猪无害化处理办法》、中华人民共和国农业部令 2010 年第 7 号《动物防疫条件审查办法》等多部政策法规中对病害畜禽的无害化处理都提出了明确的要求。

一、处理对象

患传染性疾病、寄生虫病和中毒性疾病的病害猪及其产品（内脏、血液、骨、蹄、角和皮毛）。

二、病、死猪的无害化处理

（一）销毁

1. 适用对象 确认为非洲猪瘟、猪瘟、口蹄疫、猪传染性水疱病、猪密螺旋体痢疾、急性猪丹毒、链球菌病等传染病的病害猪整个尸体，以及从患病猪各部分割除下来的病变部分和内脏。

2. 操作方法 运送尸体应采用密闭的容器。湿法化制利用湿化机，将整个尸体投入化制（熬制工业用油）。也可将整个尸体或割除下来的病变部分和内脏投入焚化炉中烧毁炭化。

（二）化制

1. 适用对象 凡病变严重、肌肉发生退行性变化的除非洲猪瘟、猪瘟、口蹄疫、猪传染性水疱病、猪密螺旋体痢疾、急性猪丹毒和链球菌病以外的其他传染病，以及中毒性疾病、囊虫病、旋毛虫病和自行死亡或不明原因死亡的病害猪整个尸体或内脏。

2. 操作方法 利用干化机，将病害猪及其产品分类，分别投入化制。亦可使用湿化机化制或焚化炉焚毁。

（三）高温处理

1. 适用对象 猪肺疫、猪溶血性链球菌病、猪副伤寒、结核病、副结核病等病害猪的肉尸和内脏。确认为（一）中传染病病猪的同群猪只以及怀疑被其污染的肉尸和内脏。

2. 操作方法

（1）高压蒸煮法 把肉尸切成重不超过2千克、厚不超过8厘米的肉块，放在密闭的高压锅内，在112千帕压力下蒸煮1.5～2小时。

（2）一般煮沸法 将肉尸切成（1）规定大小的肉块，放在普通锅内煮沸2～2.5小时（从水沸腾时算起）。

三、病害猪产品的无害化处理

（一）血液

1. 漂白粉消毒法 用于猪瘟、口蹄疫、猪传染性水疱病、猪密螺旋体痢疾、急性猪丹毒、链球菌病以及血液寄生虫病病畜禽血液的处理。

将1份漂白粉加入4份血液中充分搅拌，放置24小时后于专设掩埋废弃物的地点掩埋。

2. 高温处理 将已凝固的血液切成豆腐方块，放入沸水中烧煮，至血块深部呈黑红色并成蜂窝状时为止。

（二）蹄、骨和角

肉尸作高温处理时剔出的病害猪骨和病猪的蹄、角放入高压锅内蒸煮至骨脱或脱脂为止。

（三）皮毛

1. 盐酸食盐溶液消毒法 用于被猪瘟、口蹄疫、猪传染性水疱病、链球菌病等污染的和一般病害猪的皮毛消毒。

用2.5%盐酸溶液和15%食盐水溶液等量混合，将皮张浸泡在此溶液中，并使液温保持在30℃左右，浸泡40小时，皮张与消毒液之比为1：10。浸泡后捞出沥干，放入2%氢氧化钠溶液中，以中和皮张上的酸，再用水冲洗后晾干。也可按 100 毫升 25% 食盐水溶液中加入盐酸 1 毫升配制消毒液，在室温 15℃ 条件下浸泡 18 小时，皮张与消毒液之比为 1：4。浸泡后捞出沥干，再放入 1% 氢氧化钠溶液中浸泡，以中和皮张上的酸，再用水冲洗后晾干。

2. 过氧乙酸消毒法　用于任何病害猪的皮毛消毒。

将皮毛放入新鲜配制的 2% 过氧乙酸溶液中浸泡 30 分钟，捞出，用水冲洗后晾干。

3. 碱盐液浸泡消毒　用于被猪瘟、口蹄疫、猪传染性水疱病及链球菌病等污染的皮毛消毒。

将皮张浸入 5% 碱盐液（饱和盐水内加 5% 烧碱）中，室温（17～20℃）浸泡 24 小时，并随时加以搅拌，然后取出挂起，待碱盐液流净，放入 5% 盐酸液内浸泡，使皮上的酸碱中和，捞出，用水冲洗后晾干。

4. 石灰乳浸泡消毒　用于被口蹄疫和螨病污染的皮毛消毒。

将 1 份生石灰加 1 份水制成熟石灰，再用水配成 10% 或 5% 混悬液（石灰乳）。将被口蹄疫污染的皮张浸入 10% 石灰乳中浸泡 2 小时，被螨病污染的皮张浸入 5% 石灰乳中浸泡 12 小时，然后取出晾干。

（四）病害猪鬃毛的处理

将鬃毛于沸水中煮沸 2～2.5 小时，此法用于任何病害猪的鬃毛处理。

第十章

常见猪病的诊断和防治技术

第一节　主要病毒性疾病

一、猪瘟

猪瘟俗称烂肠瘟，为区别非洲猪瘟又称古典猪瘟。猪瘟在各国都有不同程度的流行，发病率和死亡率均很高，危害极大，本病仍是威胁养猪业最重要的传染病。国际兽疫局将本病列入 A 类传染病之一，并为国际重要检疫对象。我国将其定为一类烈性传染病。目前，其表现形式有急性、亚急性、慢性、非典型性或不明显型等类型，给诊断带来很大的困难。

（一）病原

猪瘟病毒（HCV）属于黄病毒科，瘟病毒属。与牛黏膜病病毒、马动脉炎病毒有共同抗原性。

目前仍认为猪瘟病毒为单一血清型，尽管分离到不少变异性毒株，但都是属于一个血清型，所以猪瘟病毒只有毒力强弱之分。强毒株引起死亡率高的急性猪瘟，中毒毒株一般是产生亚急性或慢性感染。

猪瘟病毒对外界环境有一定抵抗力，但抵抗力不强。在自然干燥情况下，病毒易死亡，污染的环境如保持充分干燥和较高的温度，经 1～3 周病毒即失去传染性。病毒在 60～70℃1 小时才可以被杀死，病毒在冻肉中可生存数月。含毒的猪肉和猪肉制品几个月后仍有传染性，这有重要的流行病学意义。病猪尸体腐败2～3天，病毒即被灭活。2%氢氧化钠、5%～10%漂白粉、3%来苏水能很快将其灭活，2%氢氧化钠仍是最合适的消毒药。

（二）流行病学

猪是本病唯一的自然宿主，各种品种的猪对猪瘟病毒都有易感性，野猪亦可感染，而且与猪的年龄、性别等无关。病猪和带毒猪是主要的传染源，易感猪与病猪的直接接触是病毒传播的主要方式。

本病一年四季均可发生，一般以春、秋较为严重。急性暴发时，先是几头猪发病，往往突然死亡。继而病猪数量不断增多，多数猪呈急性经过和死亡，1～3周达流行高峰，3周后逐渐趋向低潮，发病逐渐减少，病猪多呈亚急性或慢性，如无继发感染，少数慢性病猪在1个月左右恢复或死亡，流行终止。

（三）症状

自然感染潜伏期为5～7天，长的21天。人工感染强毒株，一般在3～6天体温升高。根据临床症状，猪瘟可分为急性（最急性、急性及亚急性）、慢性、迟发性和非典型性（温和型）或不明显型等类型。临床上典型猪瘟比较少见，多出现非典型猪瘟（温和型猪瘟），散发性流行。

1. 急性型猪瘟　由猪瘟病毒强毒引起，开始时猪群内仅几头显示临床症状，表现呆滞，被驱赶时站立一旁，呈弓背或怕冷状，或低头垂尾。同时，食欲下降，进而停食。病猪体温升高至41℃左右。少数病猪可发生惊厥，常在几小时内，至多几天内死亡。病初的皮肤充血，到病的后期变为紫绀或出血，以腹下、鼻端、耳根和四肢内侧等部位为常见。

2. 慢性型猪瘟　多出现在猪瘟流行的老疫区或流行后期的幸存病猪，也可能发生在猪瘟免疫接种制度不健全的农村散养猪。本病主要经水平传播，各种日龄的猪都可感染，但以青年猪和肥育猪较为多见，病程长达1～2个月。慢性猪瘟病情发展缓慢，呈散发流行，在一个地区或猪场内不易断根。病猪的体温稽留在40℃左右，症状时轻时重，食欲时好时坏，粪便时干时稀。病程较长者，皮肤出现瘀血斑和坏死块，以腹下部为多见。有时也出现紫耳朵、干尾巴、紫斑蹄。病猪的皮肤一旦破损或扎针后，局部淌血不止，即血液凝固不良，也是本病的特征之一。

3. 迟发性猪瘟　是先天性猪瘟病毒感染的结果。胚胎感染低毒 HCV，如产下正常仔猪，则终生有高水平的病毒血症，而不能产生对 HCV 的中和抗体，这是典型的免疫耐受现象。感染猪在出生后几个月内可表现正常，随后发生轻度食欲不振、精神沉郁、结膜炎、皮炎、下痢和运动失调。病猪体温正常，大多数能存活 6 个月以上，但最终不免死亡，妊娠猪先天性 HCV 感染可导致流产、胎儿木乃伊、畸形、死产、产出有颤抖症状的弱仔或外表健康的感染仔猪。子宫内感染的仔猪常见皮肤出血，且初生仔猪死亡率高。

4. 非典型猪瘟　近年在我国一些地区散发，又称为温和型猪瘟。发病率不高，病势较为缓和，潜伏期和病程延长，成年猪发病较轻或不表现症状。多呈隐性带毒，带毒率一般为3‰～20‰，高者可达33‰以上，且多数猪场还存在着多种病原的混合感染。死亡率低，为 2.1‰～2.4‰，有时还发生在通过疫苗免疫过的猪群中。多呈散发性，流行速度缓慢。中小猪及哺乳仔猪发病率及死亡率都较高，带毒母猪所产仔猪的猪瘟病毒带毒率为 66‰～100‰，而致死率可高达 90‰以上。

（四）病理变化

急性猪瘟呈现以多发性出血为特征的败血症变化，此外消化道、呼吸道和泌尿生殖道有卡他性、纤维素性和出血性炎症反应。淋巴结和肾脏是病变出现频率最高的部位。淋巴结水肿、出血，呈大理石样或红黑色外观。肾脏的出血差异很大，从小到很难发现的针尖状出血点到大的出血斑。出血部位以皮质表面最常见。全身浆膜、黏膜和心、肺、膀胱、胆囊均可出现大小不等、多少不一的出血点或出血斑。脾脏的梗死是猪瘟最有诊断意义的病变，它由毛细血管栓塞所致，稍高于周围的表面，以边缘多见，呈紫黑色。胆囊、扁桃体发生梗死。口腔黏膜、齿根有出血点或坏死灶，胃肠黏膜充血、小点出血，回盲瓣附近淋巴滤泡有出血和坏死。会厌软骨有不同程度出血。大多数猪瘟病猪都有脑炎，其主要病变是血管周围袖套，也可见到内皮细胞增生，小胶质细胞增多和局灶坏死。

慢性猪瘟的出血和梗死变化相对来说较不明显或完全缺失，在回肠末端、盲肠和结肠常有特征性的坏死和溃疡变化，呈纽扣状。肋骨病变也很常见，表现为突然钙化，从肋骨、肋软骨联合到肋骨近端有半硬的骨结构形成的明显横切线。

迟发性猪瘟的突出变化是胸腺萎缩和外周淋巴器官严重缺乏淋巴细胞和生发滤泡。没有在慢性猪瘟可看到的浆细胞增多症和肾小球性肾炎。

先天性猪瘟病毒感染可引起胎儿木乃伊化、死产和畸形。死产的胎儿最显著的病变是全身性皮下水肿，腹水和胸水。胎儿畸形包括头和四肢变形，小脑和肺发育不良，肌肉发育不良。在出生后不久死亡的子宫内感染仔猪，皮肤和内脏器官常有出血点。

非典型猪瘟则大多无典型的肾脏、膀胱小点出血等病变，大理石状淋巴结病变和脾出血性梗死等典型症状也少见，有时可见淋巴结水肿或点状出血。具有普遍意义的特征性病变部位主要在大肠回盲瓣、脾脏、胃胆囊等。盲肠与回肠交界处附近，可见个别雏形溃疡，病程长的可见纽扣状溃疡。胆囊多胀大，胆汁浓稠，幼猪还常见蛔虫钻胆，胃底区往往呈片状充血或出血乃至溃疡。主要表现在生产种猪的繁殖障碍。

（五）诊断

根据流行情况、临床症状、剖检病变、组织病理检验和实验室诊断结果可以判断猪只死因是否由猪瘟病毒所致。用免疫荧光试验检测仔猪的肾脏、扁桃体、淋巴结、胰脏是否呈阳性，可初步认为是否由母猪感染带毒并通过胎盘将病毒传给仔猪。

确诊猪瘟可采集病猪扁桃体直接做免疫荧光抗体检测病毒，或采集病猪血清用单克隆抗体诊断试剂做酶联免疫吸附试验检测猪瘟强毒抗体。

（六）防治

1. 防治对策 合理选择和使用疫苗是防制治猪瘟唯一有效的方法。

目前我国猪瘟的疫苗主要有组织冻干疫苗（Ⅰ）（有乳兔苗与淋脾苗）和细胞冻干疫苗（Ⅱ）两大类，因为猪瘟只有一个血清型，只存在毒力的差别，所以选择猪瘟疫苗时最应该注意的是该疫苗的抗原含量和是否有过敏反应。

（1）**对猪群抗体状况进行监测** 目前，各种疾病相互感染，使得抗体水平已经不能用过去的经验进行检测，为了能更好地掌握猪群的抗体水平，所以必须对猪群的抗体水平进行定期的检测，然后设定合理的免疫程序。

（2）**防止免疫抑制性疾病的感染** 目前，我国猪群的传染病种类繁多，不仅有许多原有的疾病，而且还从国外引进了许多新病，如蓝耳病、伪狂犬病、猪流感等，而且近年来在国内发病率极高的猪附红细胞体病对猪群的免疫也有一定的影响，蓝耳病、圆环病毒病等可造成较为严重的免疫抑制问题。所以减少猪瘟发病的前提是一定要控制免疫抑制性疾病的发生。

（3）**加强饲养管理** 我国猪瘟之所以出现这种情况存在许多人为的因素，如养猪者的意识落后，要改变目前的这种状况必须从根源上改变，即倡导良好的防疫观念，摒弃那种宁可有病时再多花钱治疗的观念，同时也把防疫观念制度化，许多人只是在发病或者别的养殖场发病的情况下进行防疫，一旦康复或症状不明显，就不免疫或随心所欲地任意改变免疫时间和剂量。总之，只有彻底改变管理观念，才能从根本上解决问题。

2. 推荐免疫程序

（1）**本场及周边地区无疫情**　20日龄首免，60日龄左右二免，注射4头份剂量。以后每半年免疫1次（母猪可按胎次免疫，在仔猪断奶时注射1次，但要注意其空怀母猪不能漏注），每头猪注射5～6头份剂量。一般种公猪投产前进行5～6头份猪瘟苗注射，生产公猪每年春秋两季进行常规免疫，种母猪在每次配种前使用5～6头份疫苗注射免疫。

（2）**本场及周边地区经常发生猪瘟**　仔猪乳前超免（即仔猪出生时进行免疫接种，免疫1小时后再吃乳），35日龄、70日龄再分别进行免疫，即采取超前免疫1～2头份剂量猪瘟兔化弱毒苗后，于35日龄和70日龄再分别注射4头份剂量的同类疫苗，种猪以后每半年免疫1次。

3. 猪瘟污染猪场的处理　对于猪瘟目前尚无有效药物可以治疗，合理选取和使用疫苗是唯一有效的防制方法。疫苗的使用方法和猪瘟免疫要根据猪场所处位置、周围环境、猪场规模、群体免疫状态以及该病历年来发生情况综合考虑。

猪场出现猪瘟时，对全场2周龄以上的仔猪、育肥猪、种猪实行紧急强化免疫，健康猪群每头5头份，免疫按离疫群从远到近的顺序进行。疑似猪群进行超大剂量的强化免疫，以形成群体分离，剂量为每头20头份，注射后群体很快会出现群体分离，将分离群隔离，分别管理，病猪群可用血清治疗并用抗生素等药物控制继发感染，或进行淘汰以及做无害化处理，健康猪消毒并隔离饲养。

对持续感染或可疑的出生仔猪仍进行乳前免疫，第2天再皮下注射抗猪瘟高免血清，每头猪注射2毫升，以增强血中抗体浓度来对抗强毒。

对病猪、体温升高猪以及与病猪同栏但未发病的猪，一律用猪瘟高免血清被动免疫，紧急注射剂量为每千克体重0.5毫升，每天1次，连用3天。其中同栏尚未发病的猪注射血清21天后，再注苗 1 次。同时，连续数天注射庆大霉素，或其他抗菌药物以防继发感染。

另外，采取消毒、隔离、封锁、重病和死猪无害化处理等措施。经采取上述综合性措施，几天后，猪场疫情逐渐平息，可挽救大部分潜伏期猪和早期病猪，仔猪存活率明显提高。

二、猪伪狂犬病

伪狂犬病是由伪狂犬病病毒引起的一种急性传染病，是以多种家畜和野生动物发热、奇痒（猪除外）及脑脊髓炎为主要症状的急性传染病。猪是伪狂犬病的唯一自然宿主，对其危害最大。猪伪狂犬病已成为我国当前养猪生产中最主要的繁殖障碍性疫病之一，全国猪场感染率达 70% 以上。

（一）病原

伪狂犬病只有一个血清型，但毒株间存在差异。病毒对外界抵抗力较强，在污染猪舍内的干草上夏季能存活 1 个多月，冬天可存活 46 天以上。在肉中可存活 5 周以上。腐败 11 天的肉才能将其杀死，58℃30 分钟其可以被灭活。但病毒对化学药品的抵抗力不大，过酸过碱的环境可很快使其灭活，对脂溶剂如乙醚、丙酮、氯仿、酒精等高度敏感，对消毒药无抵抗力，常用的消毒药及紫外线都有效，0.5% 的次氯酸钠、3% 酚类 10 分钟可使病毒灭活。

（二）流行病学

本病多发于冬、春两季，因为低温有利于病毒的存活，易感动物甚多。病猪、带毒猪以及带毒鼠类为本病重要传染源。在自然界，病毒可能保存在啮齿动物（主要是鼠类）体内。病毒主要从病猪的鼻分泌物、唾液、乳汁和尿中排出，有的带毒猪可持续排毒一年。

传播途径主要是直接或间接接触，还可经呼吸道黏膜、破损的皮肤，以及生殖道和饲料等感染，也可以由空气传播。妊娠母猪感染可经胎盘侵害胎儿，泌乳母猪感染后 1 周左右乳中有病毒出现，仔猪可因哺乳而感染。犬、猫常因吃病鼠、病猪内脏经消化道感染，鼠可因吃进病猪肉而感染，猪配种时可传染本病。妊娠母猪感染本病时，常可侵及子宫内的胎儿。

哺乳仔猪日龄越小，发病率和病死率越高，但随着日龄增长发病率和病死率会下降，断奶后的仔猪多不发病。

（三）临床症状

本病的临床症状为发热及脑脊髓炎。主要症状表现为呼吸道和神经症状，严重程度取决于猪的年龄。潜伏期一般为 3～6 天，短者 36 小时，长者 10 天。猪的临床症状随年龄不同有很大的差异，都无明显的局部瘙痒现象。

分娩高峰的母猪舍往往先发病。开始整窝发病，以后逐渐变为每窝只发病 2～3 头，死亡率下降。发病猪主要是 15 日龄以内的仔猪，最早 2～3 日龄，发病率可高达 100%。育成猪和成年猪多轻微发病，发病率高，但极少死亡。

2 周龄以内哺乳仔猪以神经症状为主，并伴有消化功能紊乱。仔猪出生后可能很健康，但第 2 天就有仔猪发病，发病最初眼眶发红，闭目昏睡，接着体温升高到 41～41.5℃，精神沉郁，不食，口角有大量泡沫或流出唾液，有的病猪呕吐或腹泻，内容物为黄色，初期以神经紊乱为主，后期以麻痹为特征，病初站立不稳或步履蹒跚，进一步发展为四肢麻痹，完全不能站立，头向后仰，四肢划游，或出现两肢开张或交叉。最常见的是间歇性抽搐、癫痫发作、角弓反张、盲目行走或转圈、呆立不动。神经症状几乎所有的发病新生仔猪都有。病程短的 4～6 小时，最长的 5 天，多数 2～3 天，发病 24 小时以后表现为耳朵发紫，后躯、腹下等部位有紫斑。出现神经症状的仔猪几乎 100% 死亡，若发病 6 天后才出现神经症状，则有恢复希望。但可能有永久性后遗症，如瞎眼、偏瘫、发育障碍等，发病仔猪耐过后往往发育不良或成为僵猪。

20 日龄以上的仔猪主要症状同上，但症状较轻，病程略长。

体温41℃以上，呼吸短促，被毛粗乱，精神沉郁，食欲不振，多便秘，有时呕吐和腹泻，几天内可完全恢复，严得者可延至半月以上。发病率和死亡率略低，但病死率仍可达40%～60%。断奶仔猪主要表现为神经症状、拉稀、呕吐等，发病率20%～40%，死亡率10%～20%。部分耐过猪常有后遗症，如偏瘫和发育受阻。

2月龄以上的猪，症状轻微或呈隐性感染，表现为过性发热、咳嗽，常见便秘，有的病猪呕吐，有时腹泻，多在3～4天恢复，有数日的轻热、呼吸困难等。如出现体温继续升高，且又出现神经症状，则很难恢复，病猪震颤、共济失调，呈犬坐姿势，倒地后四肢痉挛，间歇性发作，多以死亡终结，耐过猪也会出现预后不良。

成年猪常呈隐性感染，较常见的症状为微热、倦怠、精神沉郁、便秘、食欲不振，很少见到神经症状，多呈过性或亚临床感染，数日即恢复正常。公猪体温升高，食欲不振，常出现睾丸肿胀，左右不对称。少数大龄猪出现神经症状，表现为后肢瘫痪、麻痹、不能站立等。

母猪有时出现厌食、便秘、震颤、惊厥、视觉消失或结膜炎。怀孕母猪表现为咳嗽、发热、精神不振。怀孕母猪于受胎40天后感染时，常有流产、死胎、延迟或提前分娩等现象，流产率约50%。怀孕后期感染的则产出木乃伊胎，也有活产胎儿，但胎儿体小、衰弱，常在产后1～2天内即出现呕吐和腹泻，运动失调，痉挛，角弓反张等典型的神经症状，通常在2～3日后死亡。母猪流产前后，大多无明显的临床症状。

猪场暴发伪狂犬病后会出现母猪不育症，返情率高，屡配不孕，有的返情率高达90%。

(四) 病理变化

一般无特征性病理变化。在诊断上有参考价值的变化是鼻腔卡他性或化脓出血性炎症；扁桃体水肿并伴以咽炎和喉头水肿，扁桃体、肝和脾等实质脏器可见 1～2 毫米大小散在的灰白色或黄白色坏死灶；肺水肿、有小叶性间质性肺炎，胃黏膜有卡他性炎症，胃底部可见大面积出血；脑出现非化脓性脑炎，有明显血管套和胶质细胞坏死，脑膜充血、水肿，脑实质出现针尖大小的出血点，如有神经症状，脑膜明显充血、出血和水肿，脑脊髓液增多；几乎所有的病猪都可见心肌松软、心内膜斑状出血、肾点状（针尖状）出血。流产胎儿的脑和臀部皮肤有出血点，肾和心肌出血，肝和脾有灰白色坏死灶。

（五）诊断

根据病畜临床症状，以及流行病学资料分析，可初步诊断为本病。本病多发生于鼠类猖獗的猪场，常引起各种家畜发病。小猪神经症状明显，大猪症状似同流行性感冒，怀孕母猪有流产与生产木乃伊胎。根据以上情况做出初步诊断。诊断本病时，需与狂犬病、李氏杆菌病、猪脑脊髓炎等加以区别，本病不易与猪瘟、蓝耳病、细小病毒病、乙脑（多发生于夏季和秋初，公猪睾丸肿大，小猪发病死亡率低）等病区别。最后确诊本病必须结合病理组织学变化或实验室诊断。

1. 动物接种实验　可采取病猪患部水肿液、侵入部的神经干、脊髓以及脑组织，接种于健康家兔后腿外侧皮下，家兔于 24 小时后表现出精神沉郁、发热、呼吸加快（98～100 次/分），并表现局部奇痒，用力撕咬接种点，引起局部脱毛、皮肤破损出血。严重的可出现角弓反张，4～6 小时后病兔衰竭死亡。亦可接种小鼠，但小鼠不如兔敏感。病料亦可直接接种猪肾或鸡胚细胞，可产生典型的病变。分离出的病毒再用已知血清作病毒中和试验可以确诊本病。

2. 血清学诊断　可直接用免疫荧光法、间接血凝抑制试验、琼脂扩散试验、补体结合试验、乳胶凝集试验、酶联免疫吸附试验等诊断。

取自然病例的病料如脑或扁桃体的压片或冰冻切片，用直接免疫荧光检查，常可于神经节细胞的胞浆及核内产生荧光，几小时即可获得可靠结果。猪感染本病经常呈隐性经过，因而诊断要依靠血清学方法，包括血清中和试验、琼脂扩散试验、补体结合试验、荧光抗体试验及酶联免疫测定等。其中血清中和试验最灵敏，假阳性少。

（六）防治

本病目前无特效治疗药物，应以预防为主，免疫预防是控制本病的唯一有效办法。本病目前尚无防止病毒感染的疫苗，对感染猪场免疫接种，只能控制疫情，降低经济损失。所以在未发病的猪场，不主张使用弱毒苗，但已发生本病的猪场必须使用疫苗。目前市场上有灭活苗、弱毒苗、基因缺失苗可供使用。值得注意的是选用基因缺失苗时，不同的基因缺失苗之间不可互用。我国目前主要使用灭活苗和基因缺失苗。对感染发病猪，紧急情况下用高免血清治疗，可降低死亡率。高免血清对断奶仔猪有明显效果，同时应用黄芪多糖中药制剂配合治疗。对受威胁猪进行紧急免疫接种，在刚刚发生流行的猪场，用高滴度的基因缺失苗进行鼻内接种，可以达到很快控制病情的作用。

1. 预防措施　不从疫区购入猪种，对新引进的猪要进行严格的检疫，隔离观察（1个月），并采血送实验室检查。猪场要进行定期严格的消毒措施，最好使用2%的氢氧化钠（烧碱）溶液或酚类消毒剂，猪舍地面、墙壁、设施及用具等每月消毒1次。粪尿排入发酵池或沼气池处理。严格灭鼠措施，扑灭猪舍鼠类，防止野兽侵入等。种猪场的母猪应每3个月采血检查1次，对检出阳性猪要注射疫苗，不可做种用。种猪要定期进行免疫，育肥猪或断奶猪也应在2～4月龄时免疫，如果只免疫种猪，育肥猪感染病毒后可向外排毒，直接威胁种猪群。

2. 推荐免疫程序　种猪（包括公猪）首次免疫后，间隔4～6周后加强免疫1次，以后每次在母猪产前1个月左右加强免疫1次，公猪每6个月加强免疫1次，可获得非常好的免疫效果，还可保护哺乳仔猪至断奶。作种用的仔猪在断奶时注射1次，间隔4～6周后加强免疫1次，育肥猪断奶时免疫1次，直到出栏。若猪场情况较为复杂，增加哺乳仔猪3日龄基因缺失苗滴鼻，滴鼻及相应免疫最好选用知名厂家的疫苗。

3. 流行时的防治措施　对于发病猪场一般可采取全面免疫的方法，实行紧急免疫接种。扑杀发病乳、仔猪，其余仔猪和母猪一律注射伪狂犬病基因缺失苗（也可使用 K61 弱毒株弱毒疫苗）。乳猪第一次注射疫苗 0.5 毫升，断乳后再注射疫苗 1 毫升，3 个月以上青年猪 1 毫升，成年猪及怀孕母猪 2 毫升。对仔猪用高滴度的基因缺失苗进行滴鼻接种，以后新生仔猪 3 日龄内全部滴鼻接种。

同时做好消毒、隔离、灭鼠等工作。将未受感染的猪隔离管理，以防机械传播。对发病猪舍的地面、墙壁及相关设施、用具等隔日消毒一次，发酵池等用敏感消毒药喷洒处理，分娩栏和病猪死后的栏舍用 2% 烧碱消毒。哺乳母猪初次哺乳时要用 0.2% 高锰酸钾水洗后，才允许哺喂初乳。对隔离病猪可用青霉素、链霉素、病毒唑治疗，病死猪要深埋。全场范围内要进行灭鼠和扑灭野生动物，禁止散养家禽，并防止猫、犬等进入该区。

（七）猪场伪狂犬病的净化

美国从 1989 年制定 10 年控制和扑灭本病工作计划，分五个阶段实施：①准备阶段，制定执行计划和工作安排；②对感染猪进行抗体普查，对阳性猪采取控制和净化措施；③对感染猪的确诊和强制扑灭，伪狂犬病流行控制在 10% 以下；④继续严密监控，必须达到 1 年内不出现新的伪狂犬病感染猪群，这一阶段严禁使用疫苗；⑤建立无伪狂犬病阶段。

目前我国猪场伪狂犬病的净化主要是对猪群进行血清中和试验，检出阳性猪进行隔离，然后淘汰。这种检疫间隔 3～4 周反复进行，直到 2 次试验全部阴性为止。另外一种猪场伪狂犬病净化方式为培育健康幼猪，在断奶后尽快分开隔离饲养，到 16 周龄进行血清学检查（此时母源抗体转阴），淘汰所有阳性猪，把阴性猪集中饲养，最终建立新的无病猪群。

三、猪乙型脑炎

日本乙型脑炎又称流行性乙型脑炎，简称乙脑。是由乙型脑炎病毒引起的一种急性、人畜共患的蚊媒病毒性传染病。有明显的季节性，本病是猪主要繁殖障碍性疾病之一，导致怀孕母猪流产、死胎及其他繁殖障碍，公猪急性睾丸炎。

1948—1950 年日本学者先后从母猪流产胎儿和母猪的脑组织中分离出日本乙型脑炎病毒。本病多发生于日本、朝鲜、印度和东南亚各国。我国除西藏、青海、新疆为非流行区域外，其他省市均为乙型脑炎的流行区，尤其在潮湿多雨的南方地区，最容易发生乙型脑炎。大多数家畜家禽均易感，猪被认为是乙型脑炎病毒最重要的自然增殖动物。

（一）病原

乙脑病毒为脑膜病毒科，黄病毒属。病毒呈球形，直径约 40 纳米，有囊膜，为具有 20 面体核衣壳的单股 RNA 病毒。病毒有血凝活性，能凝集鸡、鸽、鸭及绵羊等红细胞。其病毒抗原性比较稳定，病毒在动物血液中繁殖，并引起病毒血症。

乙脑病毒在外界环境中的拒抵抗力不强，最稳定的 pH 为 7.4，pH 大于 10.0 或小于 5.0 都能使病毒迅速灭活。对热敏感，56℃加热 30 分钟或 100℃加热 2 分钟均可使其灭活。其耐低温和干燥，用冰冻干燥法在 4℃可保存数年。病毒不耐脂溶剂，其存活时间与稀释剂的种类和稀释浓度有很大的关系，如脱脂乳、10%灭活兔血清及 0.5%乳蛋白水解物等都有较好的保护作用，病毒稀释度越高，死亡越快。常用的消毒药物对其均有良好的消毒效果，如 2%的烧碱、3%的来苏水、碘酊及甲醛等。本病毒对酸和胰酶等很敏感。

（二）流行病学

乙脑流行环节和传播途径有其特征性，马属动物、猪、牛、羊、鸡和鸟都可感染。马最易感，猪不分品种和性别均易感染。人亦易感。但除人、猪和马外，多数感染动物无临床症状。本病在猪群中的流行特征为感染率高，发病率低，绝大多数感染猪病愈后不再复发，但成为带毒猪。其发病形式具有高度散发的特点，但局部地区的大流行也时有发生。

本病发生有明显季节性，其流行季节与蚊虫的繁殖与活动有很大的关系，蚊虫是本病重要的传播媒介。在我国，华中地区流行高峰在 7～9 月份，南方沿海地区的流行高峰则在冬春季，夏季则较少发生。

本病传染源为带毒动物，其中猪和马是最重要的动物宿主和传染源。马是该病毒的天然宿主，猪是最主要的扩散宿主。

传播途径主要通过蚊虫（库蚊、伊蚊、按蚊等）叮咬传播，其中最主要的是三带喙库蚊。越冬蚊虫可以隔年传播病毒，病毒还可能经蚊虫卵传递至下一代。病毒的传播循环是在越冬动物及易感动物间通过蚊虫叮咬反复进行的。猪还可经胎盘垂直传播给胎儿。

（三）临床症状

新生仔猪呈脑炎症状，人工感染的潜伏期为 3～4 天。病猪体温突然升高至 40～41℃，呈稽留热。精神沉郁，喜卧，食欲不佳，饮欲增加，结膜潮红，有的出现视力障碍。粪便干燥，如球状，表面附有白色黏液，尿深黄色。有的病猪后肢呈轻度麻痹，视力减弱，关节肿大，步行跛跄，严重的乱冲乱撞，最后后肢麻痹，倒地而死。

成年母猪及妊娠新母猪感染后无明显临床症状，常突然发生流产，或分娩时产出死胎、畸形胎或木乃伊胎等。流产多发生在妊娠后期，流产时乳房胀大，流出乳汁，常见胎衣停滞，自阴道流出红褐色或灰褐色黏液。流产胎儿有的已呈木乃伊状，有的死亡不久全身水肿。产出的胎儿，同一窝在大小及病变上都有很大的差异，胎儿呈各种木乃伊的过程，有的胎儿为弱仔，有的仔猪在出生后几天内发生痉挛而死亡，有的则生长发育良好。此外，多数感染母猪分娩时间超过预产期数日，也有少数能按期分娩。母猪流产后症状很快减轻，体温食欲逐渐恢复正常。

公猪发病后表现为睾丸炎，多为单侧性，少数为双侧性。初期睾丸肿胀，触诊有热痛感，数日后炎症消退，睾丸逐渐萎缩变硬。公猪性欲减退，并通过精液排毒，精液品质下降。若一侧性睾丸萎缩，另一侧睾丸未发生萎缩，则有正常的生精能力，此公猪还可使用，两侧睾丸均发生萎缩的比例较少，若出现，则会因失去配种能力而被淘汰。部分公猪、育成猪持续高热。

（四）病理变化

早产仔猪多为死胎、木乃伊胎，且大小不一，小的干缩而硬固，呈黑褐色，中等大的呈茶褐色、暗褐色。死胎及弱仔的主要病变是脑水肿、皮下水肿、胸腔积液、腹水，浆膜有出血点、淋巴结充血、肝和脾有坏死灶，脑膜和脊髓膜充血，脑脊髓液增加。出生后存活的仔猪，高度衰弱，并有震颤、抽搐、癫痫等神经症状。剖检多见脑内水肿或头盖骨异常肥厚，颅腔和脑室内脑脊液增量，大脑皮层受压变薄，全身肌肉退色，后躯皮下水肿，体腔、心包积液，肝、脾、肾等实质脏器浊肿，可见多发性坏死灶，有散在小出血点。出生后不久而死亡的仔猪，常有脑水肿或头盖骨异常肥厚、脑萎缩等变化，组织学检查为非化脓性脑炎。公猪睾丸肿大，有许多小颗粒状坏死灶，有的睾丸萎缩硬化。

（五）诊断

根据临床症状和病理变化，其发生有明显的季节性，根据母猪发生流产、死胎、不同程度木乃伊胎，公猪睾丸一侧性肿大等症状可做出初步诊断，但确诊必须进行实验室诊断。实验室诊断主要方法有病毒分离、荧光抗体试验、补体结合试验、血清中和试验和血凝抑制试验等。

1. 病料采集 采集在临床有脑炎症状的感染或死亡猪的脑组织材料、血液或脑脊髓液。

2. 病毒分离与鉴定 采集病程不超过 2～3 天死亡或濒死病例的血液、脑脊髓液或脑组织，接种于鸡胚或敏感细胞进行病毒分离。分离的病毒可通过血清中和试验进行鉴定。

3. 血清学检查 反向血凝抑制试验、免疫黏附血凝试验、免疫酶组化染色试验，在早期还可进行 Ig 抗体检查。

鉴别诊断要注意与布鲁氏菌病、伪狂犬病、细小病毒病、猪繁殖与呼吸综合征和弓形虫病等病的区别。

（六）防治

按本病流行病学的特点，消灭蚊虫是消灭乙脑的根本方法。由于目前灭蚊技术措施尚不完善，控制乙脑主要靠疫苗接种。控制传染源及传播媒介，做好灭蚊、防蚊工作，切断传播途径，可有效减少疫病发生。

猪用乙脑弱毒苗免疫后，夏秋分娩的新母猪其产活仔率可提高到 90％以上，公猪睾丸炎基本上能得到控制。疫苗注射剂量为 1 毫升。该疫苗不仅使用安全，而且注射剂量小、注射次数少、免疫期长、而且成本低。接种疫苗必须在流行季节前 1～2 个月对猪群接种才有效，头胎新母猪必须接种。一般华中等地区要求在 4 月份进行免疫，最迟不宜超过 5 月；华南等地区最好全年两次免疫，每年 8～9 月份增加 1 次免疫。

发生乙脑疫病时，应采取严格控制、扑灭措施，防止疫病扩散。患病动物予以扑杀并进行无害化处理。死猪、流产胎儿、胎衣、羊水等，均须无害化处理。污染场所及用具应彻底消毒。

本病尚无特效治疗方法，为了防止并发症，可应用抗生素、磺胺类药物及抗菌中草药。20％磺胺嘧啶钠溶液按每千克体重 1 毫升，静脉注射，5％葡萄糖 200～250 毫升，静脉滴注，康复猪血清 40 毫升，一次肌内注射。生石膏 120 克、板蓝根 120 克、大青叶 60 克、生地 30 克、黄芩 18 克、连翘 30 克、紫草 30 克、水煎后分 1～2 次灌服，有一定的效果。

四、猪细小病毒病

猪细小病毒病是由猪细小病毒（PPV）感染而引起的一种猪繁殖障性传染病。临床上以怀孕母猪流产、死胎、屡配不孕为主要特征，可引起公母猪不育。该病主要表现为胚胎和胎儿的感染及死亡，特别是初产母猪发生死胎、畸形胎和木乃伊胎，但母猪本身无明显的症状。目前呈世界流行，给养猪业造成较大的经济损失。

（一）病原

属细小病毒科细小病毒属，无囊膜，核酸为单股 DNA。培养病毒常用猪源性细胞，病毒在细胞中可产生核内包涵体。PPV 具有血凝活性，能凝集豚鼠、大鼠、小鼠、鸡、鹅、猫、猴和人 O 型红细胞，其中以豚鼠的红细胞最敏感。本病毒对外界抵抗力极强，在 56℃ 恒温 48 小时，病毒的传染性和凝集红细胞能力均无明显的改变。70℃ 经 2 小时处理后仍不失感染力，在 80℃ 经 5 分钟加热才可使病毒失去血凝活性和感染性。0.5% 漂白粉、2% 氢氧化钠 5 分钟可杀死病毒。

（二）流行病学

本病常见于初产母猪，一般呈地方流行性或散发。一旦猪场发生本病后，可持续多年，病毒主要侵害新生仔猪、胚胎、胚猪。本病的发生与季节关系密切，多发生在每年 4～10 月份或母猪产仔和交配后的一段时间。母猪早期怀孕感染时，其胚胎、胎儿死亡率高达 80%～100%。本病的感染率与动物年龄呈正相关，5～6 月龄阳性率为 8%～29%，11～16 月龄阳性率高达 80%～100%，在阳性猪群中有 30%～50% 的猪带毒。本病感染的母猪所产的死胎、活仔，及子宫内分泌物均含有高滴度的病毒。垂直感染的仔猪至少可带毒 9 周以上。猪在感染细小病毒后 3～7 天开始经粪便排出病毒，污染环境，1 周以后可测出血凝抑制抗体，21日内抗体滴定可达1∶15 000，且能持续数年，某些具有免疫耐受性的仔猪可能终身带毒和排毒。被感染公猪的精细胞、精索、附睾、副性腺中都可带毒，急性感染期猪的分泌物和排泄物，其病毒的感染力可保持几个月，所以病猪污染过的猪舍，在空舍4～5个月后仍可感染猪。

经PPV感染后，母猪会获得很高的抗体水平，并且会维持很长时间。很高的抗体水平并不意味着猪群正在或已经发病，也不意味着更好的免疫保护。比如，1∶20的滴度与1∶80 000的滴度所提供的免疫保护是一样的。某一时间对所有母猪进行血清学检查，仅能得出母猪当中曾经感染过病原的比例，并反映出整体的免疫水平或易感程度。猪只接触PPV之后，免疫力会维持一生。

1. 易感动物　目前所知，猪是唯一的已知宿主，不同年龄、性别和品种的家猪、野猪都可感染，在小规模猪群当中可能会逐渐消失（＜100头基础母猪）。但发病常见于初产母猪。牛、绵羊、猫、豚鼠、小鼠、大鼠的血清中也可存在本病病原的特异性抗体。

2. 传染来源　感染本病的母猪、公猪及污染的精液等是本病的主要传染源。在大多数猪群中为地方性感染（持续存在）。

3. 传播途径　本病可经胎盘垂直感染和交配感染，病毒由口、鼻、肛门及公猪精液中排出，公猪、育肥猪、母猪主要通过被污染的食物、环境，经呼吸道、消化道感染。

（三）临床症状

仔猪和母猪的急性感染通常都表现为亚临床症状，但在体内许多分裂旺盛的器官和组织中都能发现该病毒。主要症状（通常也是唯一的）表现为母源性繁殖障碍。成年猪感染一般不出现症状，或出现轻微体温升高，1～2天自行恢复。妊娠母猪感染，病毒可通过胎盘屏障侵害胎儿，垂直感染，感染的母猪可能重新发情而不分娩，或只产出少数仔猪，或产大部分死胎、弱仔及木乃伊胎等，也有的母猪出现流产。第一胎母猪发病，而第二胎之后一般不再发病。

母猪在不同孕期感染，临床表现有一定的差异。在怀孕早期感染时，胚胎、胎儿死亡，死亡胚胎被母体迅速吸收，母猪有可能再度发情；在怀孕 30～50 天感染，主要产木乃伊胎；怀孕 50～60 天感染，主要产死胎；怀孕 60～70 天感染，常出现流产；怀孕 70 天之后感染，母猪多能正常生产，但产出的仔猪带毒，有的甚至终身带毒而成为重要的传染源，如果将这种带毒母猪留作种用，则很可能导致本病在猪群中长期存在，难以根除。母猪可见的唯一症状是在怀孕中期或后期胎儿死亡，胎水重被吸收，母猪腹围缩小。

此外，本病还可引起母猪发情不正常，屡配不孕，新生仔猪死亡和产弱仔等症状，对公猪的受精率和性欲没有明显影响，染病公猪外表正常，但长期带毒，不宜留作种用。

（四）病理变化

母猪流产时，肉眼可见母猪有轻度子宫内膜炎变化，胎盘部分钙化，胎儿在子宫内有被溶解和被吸收的现象。受感染胎儿表现不同程度的发育障碍和生长不良，有时胎重减轻，出现木乃伊胎、畸形胎、骨质溶解的腐败黑化胎儿等。弱仔皮下充血或水肿，胸、腹腔积有淡红或淡黄色渗出液，肝、脾、肾有时肿大脆弱或萎缩发暗，个别死胎皮肤出血，弱仔出生后半小时先在耳尖，后在颈、胸、腹部及四肢上端内侧出现瘀血、出血斑，半日内皮肤全变紫而死亡。大脑灰质、白质和软脑膜组织学变化显示脑膜脑炎，一般认为是本病的特征性病变。

（五）诊断

根据流行病学、临床症状和剖检变化可做出初步诊断。如果初产母猪发生流产、死胎、胎儿发育异常等情况，而同一猪场的经产母猪未出现症状；或者在一个猪场，同一时期内有多头母猪发生流产、死胎、木乃伊胎、胎儿发育异常等现象，而母猪没有什么临床症状，同时有传染性时，应考虑细小病毒的感染。然而要想做出确诊，则必须依靠实验室诊断。送检材料可以是一些木乃伊化胎儿或这些胎儿的肺。

常用的实验室检测方法有免疫荧光、中和试验、酶联免疫吸附试验（ELISA）、病毒分离及血清学的血凝和血凝抑制试验等。实验室可根据胎儿的不同胎龄采用不同的检验方法。70 日龄以下的感染胎儿，可采取体长小于 16 厘米的木乃伊胎数个或木乃伊胎的肺脏送检，方法是将组织磨碎、离心后，取其上清液与豚鼠的红细胞进行血球凝集反应，该法简便易行而且有效。血凝抑制试验是一种操作简单、检出率较高的诊断方法。感染猪群中，超过 1 岁的猪几乎均有自动免疫力，其血凝抑制滴度在 1∶256 以上，并可持续多年，而由母体获得被动免疫力的仔猪，平均在 21 周龄时抗体滴度即消失，至于怀孕 70 日龄以后子宫内感染的胎儿，其抗体滴度在生后 10～12 周龄时仍保持在 1∶256 的较高水平。因此，当抽检 1 岁以上猪或出生后 10～12 周龄仔猪的抗体滴度时，便可获得可靠的诊断依据。此外，也可用荧光抗体技术检测猪细小病毒抗原。

（六）防治

本病尚无特效药治疗，应采取综合防治措施。

疫苗接种已成为控制本病的一种有效方法，目前常用的疫苗主要有灭活疫苗和弱毒疫苗，国产和进口疫苗效果都很好。由猪细小病毒引起的繁殖障碍主要发生于妊娠母猪受到初次感染时，因而疫苗接种对象主要是初产母猪。经产母猪和公猪，若血清学检查为阴性，也应进行免疫接种。疫苗接种应在怀孕前 2 个月进行，以便在怀孕的整个敏感期产生免疫力。

猪场最好坚持自繁自养，若必须引种，则应从未发生过本病的猪场引进。种猪引进后要隔离饲养 15 天以上，且经两次血清学检查，HI 效价均在 1∶256 以下或呈阴性时，才能合群饲养。

在本病流行地区，将母猪配种时间推迟到 9 月龄后，因为此时大多数母猪已建立起主动免疫，若早于 9 月龄时配种，需进行 HI 检查，只有具有高滴度的抗体水平时才能进行配种。也可以通过自然感染，使初产母猪在配种前获得主动免疫，这种方法只能在本病流行地区进行。

发病猪场应用对症治疗，可以减少仔猪死亡率，促进康复。发病后要及时补水、补盐，喂给大量的口服补液盐，防止脱水，用肠道抗生素防止继发感染可减少死亡率。同时，应立即封锁，严格消毒猪舍、用具及通道等。

五、猪繁殖与呼吸综合征

猪繁殖与呼吸综合征（俗称猪蓝耳病）是由猪繁殖与呼吸综合征病毒（PRRSV）引起的，该病的临床症状以母猪的繁殖障碍和不同年龄病猪的呼吸困难为主要特征。自 1987 年于美国暴发至今，已成为在全球范围内流行的、危害最严重的猪的重大传染病。目前我国的规模化猪场有近 80% 受到感染，临床表现已经从流产风暴为特征的暴发型转向损害保育猪为特征的呼吸障碍型，并已成为仔猪、生长猪呼吸综合征（PRDC）最主要原发性病原。2006 年又出现了猪繁殖与呼吸综合征病毒变异株，引起一种急性高致死性疫病，仔猪发病率可达 100%、死亡率可达 50% 以上，母猪流产率可达 30% 以上，育肥猪也可发病死亡。

（一）病原

PRRSV 属套式病毒目动脉炎病毒科动脉炎病毒属，基因组大小约 15 千碱基对，为单股正链 RNA 病毒，具有帽子结构和 poly（A）尾。根据血清学试验及结构基因序列分析结果，可将 PRRSV 划分为两种基因型，即欧洲型（代表株为 LV）和美洲型（代表株为 VR2332），前者主要流行于欧洲地区，后者主要流行于美洲和亚太地区。

PRRSV 可以损伤猪体内的巨噬细胞、单核细胞等免疫细胞，抑制机体免疫功能、降低抵抗力，从而使猪易于激发感染和混合感染其他疫病，如猪气喘病、链球菌病、嗜血杆菌病、胸膜肺炎病、断奶仔猪多系统衰竭综合征等。其还能抑制猪瘟疫苗的免疫反应，使猪瘟免疫抗体难以达到应有的水平，诱发猪瘟。

（二）流行病学

猪是猪繁殖与呼吸综合征病毒的唯一自然宿主，易感猪主要通过呼吸道感染，患病猪和带毒猪是该病主要传染源。该病毒存在不同途径的水平传播，包括猪群间传播和猪群内传播，主要通过引进感染猪、感染病毒的精液、污染的机械、用具和人员等传播，其他可疑传播因素如空气漂浮物、携带病毒的昆虫和动物、鸟类等，但不是病毒传播的常规途径。

在猪群内，该病毒存在持续性感染的现象，首次感染后 15 周以上仍然能排毒。大部分情况下，虽然猪群持续感染很长时间，但是在 6～8 周后排毒量不足以感染其他猪。病毒传播最大的危害是引入种猪群，此时，既能垂直传播又能水平传播，被感染仔猪成为病毒携带者。垂直传播是蓝耳病流行的重要途径。

（三）临床症状

典型的症状为出现病毒血症。

1. 母猪　体温升高至 40～41℃，精神沉郁、昏睡、突然厌食，并出现喷嚏、咳嗽等呼吸道症状，有的呼吸困难。有些病猪的耳朵、四肢内侧、阴部、腹部皮肤发紫，个别猪两耳末端瘀血，呈黑紫色，甚至两耳干枯脱落。怀孕母猪出现流产、早产、死胎或木乃伊胎。流产大多发生在怀孕后期，早产多发生在产前 10 天左右，在预产期生产的死胎和弱胎增加。母猪多产后无乳，少数病猪耳部发紫，皮下出现蓝紫色血斑，逐渐蔓延致全身变色，有的甚至出现神经麻痹等症状。

2. 仔猪　病情常常较重，以 1 月龄内仔猪最易感染。皮肤苍白、被毛粗乱、腹泻、体温升高，有的走路不稳、肌肉震颤、后肢瘫痪、生长缓慢，后期皮肤青紫发绀，常因继发感染使病情恶化，断奶前仔猪死亡率可达 30%～50%。新生死亡的仔猪头部、眼结膜水肿。也有的仔猪初生时外观健康，但出生后不久即发病，表现体温升高（达40℃以上）、呼吸困难、皮肤发白、少食或不食、腹泻等症状，其死亡率也很高。

3. 育成猪 双眼肿胀、结膜发炎，出现呼吸困难、耳尖发紫、沉郁昏睡等症状。

4. 公猪 感染后咳嗽、喷嚏、精神沉郁、食欲不振、呼吸急促，暂时性精液减少和活力下降。

（四）病理变化

可见脾脏边缘或表面出现梗死灶，显微镜下见出血性梗死，肾脏呈土黄色，表面可见针尖至小米粒大出血斑点，皮下、扁桃体、心脏、膀胱、肝脏和肠道均可见出血点和出血斑。显微镜下见肾间质性炎，心脏、肝脏和膀胱出血性、渗出性炎等病变，部分病例可见胃肠道出血、溃疡、坏死。

（五）诊断

血清学检测ELISA测定抗体是检测蓝耳病的最主要、最有效的方法。在免疫猪群，血清学结果也可以帮助分析病毒活跃性，确定猪场采用免疫控制计划后是否收到预期效果。

分子生物学方法如PCR和RFLP分析可以区分野毒和疫苗毒。PCR试验可确定毒株和病毒序列。新生仔猪采集病料（脐带）、3周龄内哺乳猪采集病变组织进行PRRS病毒PCR检测，可判断猪群是否存在母猪垂直传播。

（六）防治

该病至今还没有切实可行的防治方法和特效药，应以综合防治为主。

坚持自繁自养，不从疫区和有病史的猪场引种是极其重要的预防措施。即使是从无疫情的猪场引进猪只，也应隔离饲养。猪场要做好清洁卫生和日常消毒工作，及时灭鼠。如发现母猪有流产、死胎、木乃伊胎，仔猪有呼吸道症状，公猪有嗜睡、食欲不振等症状时，应严密消毒，并进行血清学检查。受威胁的猪场可用猪繁殖与呼吸综合征弱毒疫苗或灭活苗进行接种。

一旦猪场发病，要对病猪和外观健康的猪尽快隔离饲养，料槽、水槽严格分开，猪只之间不能相互接触。使用有效的消毒剂进行环境消毒。

对于病猪首先要进行解热、消炎对症治疗，以缓解症状和防止继发感染，料中加入泰乐菌素、恩诺沙星等药。怀孕母猪可以试用中药来清热解毒、保胎。

（七）免疫接种

目前有灭活苗和弱毒苗两种疫苗。

1. 灭活疫苗　PRRS灭活疫苗的最大优点就是其无可置疑的安全性，但是与弱毒苗相比较，灭活苗所能提供的免疫水平通常情况下是很低的。较好的灭活苗免疫后20天抗体达到高峰，并可以持续6个月左右，可用于种猪的免疫预防，对发病的猪场应用后也能大大提高母猪的产仔率和仔猪的成活率。

2. 弱毒疫苗　在已有的传统疫苗类型中，弱毒苗最有可能提供高水平保护力。用这种疫苗免疫后，疫苗病毒在猪体内复制可以保持相当长一段时间，因而能够使猪的免疫系统反复接触到完整的病毒抗原刺激。对于弱毒苗的应用一定要谨慎，如果猪场经检查确实已经感染了该病，可以考虑用弱毒苗接种。使用蓝耳病活疫苗接种后，能明显降低感染猪群排毒，减少垂直传播发生的机会，稳定猪群蓝耳病感染状态。母猪在进行2次或2次以上活疫苗免疫后，一般不再排毒，所以不用全部清群就可以从蓝耳病阳性猪场产生阴性仔猪群。

3. 推荐免疫程序　种猪与后备母猪，应该使用灭活苗免疫，后备母猪在配种前使用2次，间隔20～30天，种公猪每年2次免疫，间隔20～30天。在发生过本病的猪场，可用弱毒苗免疫，后备母猪配种前2～3周免疫1次，确保其高效价抗体水平以有效保护怀孕期不受病毒的侵害，仔猪可在18～21日龄母源抗体消失前进行，也可以采用二次免疫法即断奶前后各进行1次。

六、猪圆环病毒病

猪圆环病毒病是由猪圆环病毒（PCV）感染引起的以免疫抑制为特征的一类病毒性传染病。PCV首先是德国学者Tischer等在传代的PK-15细胞中发现，1982年证实是一种单链环状DNA病毒，并命名为猪圆环病毒（PCV）。当时认为PCV只是一种可以感染猪但不引起发病的病毒。1991年加拿大断发现奶仔猪多系统衰竭综合征（PMWS），其后，欧美及亚洲均报道其猪群中存在PMWS。1998年Ellis等从断奶仔猪多系统衰竭综合征病猪分离得到一种类似PK-15来源的PCV。为了区别，Allian等将PK-15来源的PCV称为PCV-1，而将从断奶仔猪多系统衰竭综合征病猪分离得到PCV称为PCV-2。随着研究的深入，人们越来越清楚地认识到PCV-2对养猪业的巨大危害。

（一）病原

猪圆环病毒（PCV）属圆环病毒科成员，是迄今发现的一种最小的动物病毒。无囊膜，由衣壳与核酸组成。病毒粒子呈20面体对称，直径约17纳米。PCV对外界环境抵抗力较强，对氯仿、碘酒、酒精、pH酸性环境、56℃和70℃高温条件均有一定的抵抗力，对苯酚、季胺类化合物、氢氧化钠和氧化剂较敏感。PCV的基因组为单链环状DNA，分为PCV-1和PCV-2两个基因型。从PK-15细胞系上得到的PCV无致病性，称为PCV-1型，而具有致病性、能引起猪PMWS的PCV被称为PCV-2型。两种病毒核酸同源性只有68%～76%。

（二）流行病学

PCV在世界各地猪群中广泛分布。Tischer等对德国猪场PCV抗体水平进行调查，结果发现几乎所有猪场都存在PCV抗体阳性现象，猪群中PCV抗体水平和PCV阳性率随猪群年龄的增加而增加。PCV在我国的猪场中广泛存在。

PCV的易感动物是猪，各种年龄、类型、品种的猪和胎猪均可感染，人、牛和鼠也可被感染。断奶仔猪主要引起多系统衰竭综合征，怀孕母猪则流产或产死胎、木乃伊胎，或弱仔。

PCV既可水平传播也可垂直传播，感染猪通过鼻液、粪便、精液等排泄物排毒，经口腔、呼吸道和生殖器官水平传播感染，也可经胎盘垂直传播感染仔猪。人工授精和自然交配则可能是PCV在繁殖群中的主要传播途径。

（三）PCV-2引起的主要疾病及其临床表现

PCV-1不引起动物发病，PCV-2主要引起断奶仔猪多系统衰竭综合征（PMWS）、怀孕母猪繁殖障碍、新生仔猪先天性震颤（CT）以及猪皮炎肾炎综合征（PDNS）。

1. 断奶仔猪多系统衰竭综合征（PMWS） 该病是一种多因子所致的疾病，但多认为PCV-2是首要病因。可感染1～5月龄猪，多发于4～8周龄的猪，受感染的猪群发病率为4%～30%，死亡率为10%～60%。临床表现为断奶后仔猪体温升高至41～42℃、食欲不振、生长迟缓、消瘦、皮毛粗乱、皮肤苍白、常伴有黄疸，黄疸的猪可见全身组织黄染，有的在耳部、腹部可见出血性紫红色斑块，站立不稳、呼吸困难、咳嗽、水样下痢或黑便，部分仔猪出现神经症状，震颤，四肢呈划水状。生长猪临床表现为进行性消瘦、呼吸困难、皮肤苍白、黄疸、腹泻和体表淋巴结肿大。

最显著的病变是全身淋巴结肿大，特别是腹股沟淋巴结、肠系膜淋巴结、气管、支气管淋巴结及下颌淋巴结肿大2～5倍，有时可达10倍。腹股沟淋巴结色苍白或淡黄，表面和切面均呈水肿状，肠系膜淋巴结肿大、出血。肺主要呈弥散性、间质性肺炎变化，质地硬如橡皮即橡皮肺，失去弹性。严重的病例，肺泡出血，气管内分泌物增多，表面一般呈灰褐色的斑驳状外观，有点状脓性病灶。肾的变化较多，可见皮质和髓质散在大小不一的白色坏死灶，由于水肿而导致其呈现蜡样外观，有的肾脏表面有针尖大的出血点。脾中度肿大，呈肉变，部分脾萎缩、边缘变薄。大多病猪的肝有不同程度的萎缩、纤维化。发生细菌感染，则淋巴结可见炎症和化脓性病变，使病变复杂化，盲肠和结肠黏膜充血或瘀血。许多 PMWS 感染猪有支气管肺炎和胃溃疡，但胃溃疡和 PCV - 2 感染无直接关系，胃溃疡发生是多原因的。支气管肺炎与细菌感染有关，然而胃内病灶引起内出血是导致部分 PMWS 猪死亡的原因，也是导致皮肤苍白的原因。

病理组织学变化主要是淋巴细胞组织不同程度的衰竭萎缩，淋巴细胞减少。主要表现为肺脏严重出血，肺泡壁增厚，有单核细胞浸润，肺泡水肿；肾小球毛细血管肿胀，肾小管上皮细胞肿胀变性，间质中有单核细胞浸润；淋巴小结髓质部巨噬细胞浸润，嗜酸粒细胞增多；脾小体萎缩、周围出血，动脉鞘淋巴细胞减少、巨噬细胞浸润，生发中心消失。

2. 怀孕母猪繁殖障碍和新生仔猪先天性震颤（CT）　PCV - 2感染怀孕母猪可导致子宫内膜感染、产木乃伊胎、不同怀孕期的流产以及死产和产弱仔等。该病毒能存在于母猪心脏、肝脏及散发地存在于肾和肺中。PCV - 2 能在胎儿体内增殖，对怀孕母猪通过气管和肌肉接种时引起流产。在繁殖群中的传播途径可能是人工授精和自然交配。CT 主要发生于初产母猪所产的仔猪，主要见于 2～7 日龄，出现不同程度的双侧性震颤，震颤严重者因难以吮乳而饥饿死亡，外环境刺激因素可诱发或使震颤加剧，躺卧或睡眠时震颤停止，耐过 1 周者，可逐渐康复，但有的终生不断发生震颤。一般发生率在 10%～20%。病理剖检少见肉眼病变。

3. 猪皮炎肾炎综合征（PDNS）　主要发生于 8～18 周龄的生长发育猪，哺乳期也有发生。呈散发，感染率较低，发病率为0.5%～7%，许多猪群与断奶仔猪多系统衰竭综合征同时发生，发病率可达 14%，病死率可达 30%。常见的临床症状是最先从背部、后躯两侧、后肢皮肤出现圆形或不规则的斑点状丘疹，红色或紫色、中央黑色的坏死灶，黄豆大小，逐渐破溃、融合成斑块和条带状，渐渐波及全身，一般体温和行为正常者可自行康复，严重者出现跛行、发热、厌食，甚至体重减轻。有的皮下水肿，食欲丧失，体温可升至 41.5℃，通常在 3 天内死亡。

病理学变化表现为出血性、坏死性皮炎和动脉炎以及渗出性肾小球性肾炎和间质性肾炎，肾肿大、外观土黄色或苍白色，被膜下散在斑点性大小不一的白色坏死灶，胸腔和心包积液。

（四）猪圆环病毒的混合感染

1. 猪圆环病毒与猪附红细胞体混合感染　是国内最常见和最多发生的与 PCV 混合感染性传染病。以发热、厌食、贫血、黄疸、严重的呼吸道症状和四肢、耳尖及腹下瘀血或出血、颌下和腹股沟等浅表性淋巴结严重肿胀苍白、高发病率和高死亡率为主要特征。体温高达 40.5～41.6℃，甚至 42℃，高热稽留。后期食欲减退或废绝，眼睑水肿发青，眼结膜潮红、微黄染，后期苍白，耳部、腰背、腹下、四肢末端瘀血，皮肤初期发黄，渐而发红，尿液发黄渐而发红，全身贫血消瘦，被毛逆立，咳嗽气喘，腹泻似黄痢，粪便带血，体温下降到常温以下，甚至 34℃。被感染的母猪出现子宫内膜炎、不发情或发情不规律、返情率高、受胎率低、易流产、早产、死胎率高、产仔弱、产仔数少、乳房和外阴水肿。

镜检可见红细胞边缘呈锯齿状。剖检可见耳下、腹下、四肢末端紫红色斑块；皮肤和可视黏膜苍白，皮下水肿有黄白色胶冻样侵润；骨骼肌色泽变淡、略黄；全身淋巴结严重肿大、切面苍白；肺脏边缘充血、出血，个别肺尖叶肉样病变；脾脏肿大、质软、边缘点状出血；心肌条纹状坏死、心内外膜点状出血，心包积有较多量淡红色液体；肾脏肿大、被膜下点状出血、肾盂积液，膀胱壁点状出血；肝脏肿大、土黄色、表面可见灰白色坏死灶；肠黏膜多量出血斑块，甚至出血性肠炎。发病率高，自然死亡率50%以上，甚至100%。

2. 猪圆环病毒与猪蓝耳病混合感染　发生于妊娠母猪、育肥猪和仔猪。哺乳母猪体温升高（可达 40.8～42℃），食欲不振，泌乳量下降，妊娠母猪流产、早产、产死胎、木乃伊胎，返情率高，严重者食欲废绝、双耳及四肢末端皮肤发绀，喘气；仔猪体温升高（可达 40.5～41.5℃），精神沉郁，扎堆，腹泻，皮肤发绀，呼吸急促，急性者 2～3 天死亡，慢性者 2～3 周死亡；育肥猪食欲减退，体温升高（可达 40.8～41.8℃），咳嗽，腹式呼吸，逐渐消瘦，长期卧地不起，耐过者生长缓慢。

3. 猪圆环病毒与猪伪狂犬病混合感染 体温升高，精神沉郁，淋巴结肿大，食欲降低，甚至废绝。哺乳仔猪精神沉郁、口腔流涎或泡沫、后肢麻痹、步履蹒跚、遇到声音刺激后尖叫、耳朵发紫，腹下可见粟米大小的紫斑，该窝母猪有时出现厌食、便秘、震颤、视觉消失或结膜炎，育肥猪症状较轻。

4. 猪圆环病毒与猪瘟混合感染 可发生于各种年龄的猪，无明显的季节性。除了猪圆环病毒病的症状外，淋巴结肿大更显著，但是淋巴结切面出血严重，还表现出不同类型的猪瘟症状：神经型症状为精神沉郁、转圈、四肢划动呈游泳状，自后而前外周神经麻痹；呼吸型症状为呼吸急促；繁殖型症状为死胎、滞留胎、木乃伊胎、早产、震颤性弱仔，仔猪水肿、肾点状出血；肠型症状为腹泻，胃底部可见暗红色溃疡区，肠炎，回盲瓣处可见扣状肿块。公猪包皮积尿。

（五）诊断

1. 临床症状特点 体表浅在性淋巴结高度肿大，特别是腹股沟淋巴结可肿大 4～5 倍。严重的呼吸道症状，咳喘，腹泻，生长缓慢，皮肤苍白，黄疸，食欲减退甚至废绝，体温升高，使用抗菌药治疗无效。有时可见由后肢开始麻痹的渐进性神经症状。

2. 剖检病变特点 体表浅在性和内脏淋巴结高度肿大，肠系膜淋巴结肿大呈串珠状，腹股沟淋巴结肿大 4～5 倍，脾脏肿大、肺脏膨大、表面散在大小不一的褐色病灶，肾脏肿大、苍白、被膜下点状出血和坏死灶，脑组织充血、出血。其他脏器也可见不同程度的病变。

3. 实验室诊断

（1）间接免疫荧光法（IIF）　检测细胞培养物中的 PCV。

（2）ELISA 法　检测血清中的 PCV 抗体，检出率 99％以上，主要用于 PCV 抗体的大规模检测。

（3）聚合酶链式反应（PCR）法　可直接从病料中扩增出病原，该法简单、快速、特异性强。

（4）核酸探针杂交及原位杂交试验（ISH）　用于 PCV 在机体组织器官中的精确定位。

（六）防治

猪圆环病毒病及其混合感染性疾病感染范围广、发病率高、死亡率高，当前尚缺特效治疗药物，是当今乃至今后相当长时期内最重要和对养猪业威胁最严重的一类疫病。

加强管理，做好猪场卫生，以高效消毒剂彻底杀灭病原体是基本原则，也是最主要的防治手段。当前国内外杀灭病原体作用最强的消毒剂是氢氧化钠和复合碘，病原体不易对之产生抗药性。

目前美国、法国等西方国家已经有商品化疫苗，我国也有商品化灭活疫苗上市，可以适用于怀孕母猪或 3 周龄左右仔猪，有较好免疫效果。

针对猪圆环病毒病发病特点和产生的免疫抑制的不良后果，很容易造成其他疫苗的免疫失败和并发一些细菌性疾病，增加疾病治疗的难度，可采用以下方案防治：

（1）采用抗菌药物，减少并发感染。如氟苯尼考、丁胺卡那霉素、庆大－小诺霉素、克林霉素、磺胺类药物等进行相应的治疗，同时应用促进肾脏排泄和缓解类药物进行肾脏的回复治疗。

（2）采用黄芪多糖注射液并配合维生素 B_1 ＋维生素 B_{12} ＋维生素 C 肌内注射，也可以使用佳维素或氨基金维他饮水或拌料，

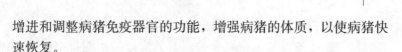

增进和调整病猪免疫器官的功能，增强病猪的体质，以使病猪快速恢复。

（3）选用新型的抗病毒制剂如干扰素、白细胞介导素、免疫球蛋白、转移因子等进行治疗，同时配合中草药抗病毒制剂会取得非常明显的治疗效果。

七、猪口蹄疫

口蹄疫是由口蹄疫病毒引起的偶蹄动物共患的一种急性、热性、高度传染性、高死亡率疫病，其特征是口、舌、唇、鼻、蹄、乳房发生水泡，并溃烂形成烂斑。世界动物卫生组织（OIE）将其列为 A 类动物疫病。在畜间发生流行口蹄疫时，也曾偶见传染给人而发病，是一种人畜共患的传染病。

（一）病原

猪口蹄疫病原为口蹄疫病毒，微 RNA 病毒科、口蹄疫病毒属成员。该病毒具多型性和变异性，目前已发现 O 型、A 型、C 型、南非 1 型、南非 2 型、南非 3 型和亚洲 I 型 7 个血清型，每一个型又可分为若干亚型。各血清型之间不能产生交叉免疫，感染某型病毒后的康复动物或免疫某型病毒疫苗后的动物，仍可感染其他型病毒。我国分布的口蹄疫病毒型主要为 O 型、A 型和亚洲 I 型。

病毒须冷藏和冷冻保存，而阳光曝晒、一般加热都可杀灭口蹄疫病毒，在阳光下直射 1 小时即可被杀死，50℃ 以上逐渐失活，pH<6.0 或 pH>9.0 时可失活，在 2% 氢氧化钠、4% 碳酸氢钠和 2% 柠檬酸下失活。本病毒对化学消毒药的抵抗力很强，在有机物存在下，可抵抗碘伏、四铵盐、次氯酸盐和酚等消毒剂，对乙醚有抵抗力，在 50% 甘油盐水中保存的水疱皮在 5℃ 环境中，其病毒可存活 1 年以上。在 pH 中性的淋巴结和骨髓中存活较久，但在 pH<6.0 的肌肉中失活。在污染的饲料和环境中存活 1 个月以上，但存活时间与温度和 pH 有关。感染病畜病愈

之后仍然带毒和排毒（随尿排出），一般可达到 150 天以上。在蹄趾间、蹄上皮部水疱或烂斑处以及乳房处的水疱排出病毒最多，其次是流涎、乳汁、粪、尿及呼出的气体也排出病毒。这种病毒在外界的存活力很强，在污染的饲料、饲具、毛皮、土壤中可保持传染性达数月之久，在污染的冻肉中更能长时间存活，而造成远距离运输销售传播。

（二）流行病学

世界上绝大多数国家都流行过口蹄疫，但目前本病仅在亚洲部分国家和地区、非洲、中东和南美呈地方性流行或零星散发。已消灭口蹄疫的国家和地区常有重新暴发本病的例证。

猪对口蹄疫病毒特别易感。病猪、带毒猪是最主要的直接传染源，尤以发病初期的病猪最为危险。感染猪呼出物、唾液、粪便及尿液，乳及精液（临床症状出现前 4 天的），pH6.0 以上的肉及副产品均可带病毒。康复期猪及活疫苗免疫猪也可带毒。

易感动物可通过呼吸道、消化道、生殖道和伤口感染病毒，猪易通过消化道感染。通常以直接或间接接触（飞沫）方式传播，可通过人或犬、蝇、蜱、鸟等动物媒介，或经车辆、器具等被污染物传播。如果环境气候适宜，病毒可随风远距离传播到 50～100 千米以外的地方。

本病呈烈性传播，对畜牧业危害相当严重。成年动物死亡率低于 5％，但幼畜因心肌炎可导致死亡率高达 50％以上。长期存在本病的地区其流行常表现周期性，每隔 1～2 年或 3～5 年暴发一次。发生季节随地区而异，牧区常表现为秋末开始，冬季加剧，春季减轻，夏季平息，而农区季节性不明显。猪口蹄疫多发生于秋末、冬季和早春，尤以春季达到高峰。

（三）临床症状

潜伏期 2～14 天。病初体温升高至 40～41℃，口角流涎增多，食欲减少，精神不振，随着病程的进展，口腔（舌、唇、颊和齿龈部）黏膜、趾间、蹄冠及球部、乳头和乳房的皮肤等部位出现一个或多个米粒大、蚕豆大或更大的水疱，跛行不愿站立。水疱内的液体初期为淡黄色透明，以后变成粉红色，其内因有多量的白细胞而变成混浊的液泡，2～3 天后体温下降，水疱破裂，露出鲜红色糜烂区，表面渗出一层淡黄色渗出物，干燥后形成黄色痂皮，若无继发感染，约 7 天左右可结痂痊愈。当继发细菌感染时，病变则向深层组织扩散形成溃疡，多发生化脓性或腐烂性炎症，严重时造成蹄壳脱落。其他部位的皮肤如阴唇、睾丸的病变很少见。

猪以蹄部水疱症状为主，水疱破裂后表现出血并形成糜烂，如无细菌感染，1 周左右痊愈，严重时蹄壳脱落，常卧地不起。鼻镜、乳房也可见到水疱。哺乳仔猪常因急性胃肠炎和心肌炎而突然死亡，病死率可达 60%～80%。母猪乳头上的病灶比较常见，可导致泌乳下降，当口腔出现病灶时可影响咀嚼及吞咽，导致食欲下降。本病一般呈良性经过，大猪很少发生死亡。

(四) 病理变化

口蹄疫病理过程可分两个阶段，第一阶段病毒侵入局部进行繁殖，形成初发性口蹄疫，第二阶段病毒首先侵入血液，然后进入所有器官和组织，于皮肤和黏膜形成口蹄疫病变。病毒侵入机体后，首先在侵入部位的上皮细胞内生长繁殖，引起浆液性渗出物而形成原发性水疱（第一期水疱），通常不易发现。1～3 天后病毒进入血液，随血液到达口腔黏膜、蹄部、乳房皮肤的表层组织，形成第二期水疱。随病程的发展，当水疱融合破裂时，体温下降至正常，病毒从血液中开始逐渐消失，而进入恢复期，多数病例开始逐渐好转。10 日龄内的仔猪，因机体免疫抵抗力较弱，当病毒在血液内大量繁殖而引起病毒血症时死亡。

病死猪尸体消瘦，口腔、蹄部有明显水疱、糜烂病理变化，反刍动物的喉头、气管、食管、前胃等有时也可看到水疱、糜烂。幼龄动物急性死亡时，可见心肌变性和出血，慢性经过而死亡的动物，心肌有灰白至灰黄色条纹状病变，呈虎斑形外观。

（五）诊断

依据典型临床症状和病理变化可做出初步诊断，确诊需进一步做实验室诊断。

1. 实验室诊断 实验室诊断是本病确诊的依据。在国际贸易中指定检测方法有酶联免疫吸附试验、病毒中和试验，替代方法有补体结合试验。

（1）病原鉴定 酶联免疫吸附试验、补体结合试验。

（2）病毒分离 接种犊牛甲状腺原代细胞，猪、小牛和羔羊肾原代细胞，幼仓鼠肾（BHK-21）和IB-RS-2细胞系或吮乳小鼠。

（3）血清学试验 酶联免疫吸附试验、病毒中和试验。

（4）核酸识别试验 例如聚合酶链式反应（PCR）和原位杂交技术，是快速且敏感的诊断方法。

2. 鉴别诊断

（1）临床症状易混淆的疫病 包括水疱性口炎、猪水疱病、猪水疱疹。

（2）其他应鉴别的疫病 包括牛瘟、牛传染性鼻气管炎、蓝舌病、牛乳房炎、牛丘疹性口炎、牛病毒性腹泻－黏膜病。

（六）防治

1. 预防 平时应加强检疫，常发地区要定期进行预防接种。预防免疫接种，可用油佐剂灭活疫苗，免疫保护率一般为80%～90%，接种疫苗后10天产生免疫力，或用基因工程苗，接种后6天左右产生免疫力，免疫持续期为6个月。免疫所用疫苗的毒型必须与流行的口蹄疫病毒型一致，否则无效。灭活苗注射后有时会出现较大的副反应，必须事先做好护理和治疗的准备工作。基因工程疫苗注射后猪体内的抗原与自然感染的抗原不同，猪肉的安全性得到保障。给口蹄疫的防治开辟了一条新的途径。

2. 治疗 对发病猪首先要加强饲养和护理，保持猪舍清洁、干燥、通风并做好保暖防寒，让猪多饮水。进食困难者进行人工喂饲。对水疱破溃后的猪，用0.1%高锰酸钾、2%硼酸或2%的明矾水等将破溃面清洗干净，再涂布1%的紫药水或5%碘甘油（5%碘酊与甘油等量配制而成）。蹄部破溃的可用0.1%高锰酸钾、2%硼酸或3%煤酚皂溶液清洗干净，并涂擦青霉素软膏或1%紫药水。

对发生本病的猪，可注射发病后4周左右的痊愈猪的血清或全血，对初生仔猪，每头2～3毫升，每天1次，连用2～3天，有很好的预防和治疗效果，为防止混合感染，可注射抗生素或磺胺类药物。

八、猪水疱病

猪水疱病又称猪传染性水疱病，是一种急性、热性、接触性传染病，由猪的水疱病病毒引起，以病猪发热，鼻镜和蹄部皮肤产生水疱为特征。本病传染速度快、发病率高，对养猪业威胁严重。猪的水疱病在临床上很难与口蹄疫相区别。

（一）病原

猪水疱病病毒属于小核糖核酸病毒科，猪肠道病毒属。病毒对乙醚有抵抗力，对酸不敏感。

（二）流行病学

本病在各种家畜中，只有猪可感染发病，但人类有一定的感受性。各种品种、年龄、性别的猪一年四季都可感染。病猪、潜伏期的猪和病愈带毒猪是主要的传染源。病毒通过受伤的蹄部、鼻端的皮肤、消化道黏膜而进入体内。本病无明显的季节性。由于传播不如口蹄疫病毒快，所以流行较缓慢，不呈席卷之势。不同条件的养猪场发病率由10%～100%不等，猪群高度集中、调运频繁、猪仓库、屠宰场、铁路沿线等处传播快，发病率高，分散饲养的农村和农户，少见发生和流行。

（三）临床症状

病猪食欲减退，精神不振，体温升高。主要症状是在蹄冠、蹄叉、蹄踵、副蹄和口唇部、鼻端、鼻镜等处发生水疱。蹄部水疱破裂，发生糜烂、溃疡后引起跛行和起立困难，水疱也偶见于乳房、口腔、舌表面。幼猪个别有神经症状，病猪跛行，喜卧，重者继发感染，蹄壳脱落，部分病猪（5％～10％）在鼻端、口腔黏膜出现水疱和溃烂，部分哺乳母猪乳房上也出现水疱，多因疼痛不愿哺乳，致使仔猪无奶而死亡。

（四）病理变化

特征性病变是蹄部、鼻盘、唇、舌面出现水疱。少数病例在心内膜有条状出血斑。组织学检查，主要在水疱发生部位的皮肤出现局部性渗出性炎症，皮肤上皮细胞变性坏死。

（五）诊断

1. 病原分离鉴定　取病猪未破溃或刚破溃的水疱皮，经处理后，颈部皮下接种2～3日龄的吮乳小鼠或仓鼠，或者IBRS2、PK15等猪肾传代细胞。一般在最初1～2代内即可引起感染，实验动物发病死亡，或培养细胞出现细胞病变。初代分离如呈阴性结果，应继续盲传2～3代，分离毒可用猪水疱病抗血清中和后，接种2日龄乳鼠以鉴定分离病毒。如注射猪水疱病免疫血清中和组小鼠健活，病毒对照或用各型口蹄病免疫血清中和对照的小鼠发病死亡，则被检病料为猪水疱病病毒，而不是口蹄病病毒。

2. 血清学试验　中和试验可用已知血清鉴定未知病毒，也可用已知病毒鉴定未知血清。反向间接红细胞凝集试验为常用诊断方法，免疫荧光抗体法、补体结合试验可用来检测抗原。放射免疫分析法可用来检查水疱病待检血清和水疱皮中是否含有相应的抗体和抗原。

3. 鉴别诊断　本病在临床诊断上与口蹄疫、水疱性口炎及水疱疹极为相似。所不同者，口蹄疫还能引起牛、羊、骆驼等偶蹄动物发病；水疱性口炎除传染牛、羊、猪外，尚能传染马；水疱疹及水疱病只传染猪，不传染其他家畜。因此，该病的确诊，必须进行实验室诊断。

（六）防治

患过猪水疱病的猪可获得到免疫力，不再发病。为防止病毒扩散，禁止动物和人出入疫区，并进行彻底消毒，在治疗方面，尚无有效的药物，可用抗生素进行对症治疗，以防继发细菌感染。可用疫苗预防接种。

第二节　主要细菌性疾病

一、猪链球菌病

猪链球菌病（SS）是由一些链球菌引起的猪的多种传染病症的总称。急性型常为出血性败血症和脑炎，慢性型则以关节炎、心内膜炎及组织化脓性炎症为特点。而 E 群链球菌引起的淋巴结脓肿最为常见、流行最广。C 群引起的败血性链球菌病危害最大，发病率和死亡率高。2005 年，发生在四川资阳、内江等地的猪链球菌病造成了上百人发病、20 多人死亡的严重后果。链球菌分布广泛，常存在于健康的哺乳动物和人体内，在动物机体抵抗力降低和外部环境变化诱导下，会引起动物和人发病。猪链球菌病可以通过伤口、消化道等途径传染给人。

（一）病原

本病的病原体为多种溶血性链球菌，该菌为革兰氏阳性，球形或卵圆形细菌。不形成芽孢，无鞭毛，有的可形成荚膜，呈长短不一的链状排列。好氧或兼性厌氧菌。在培养基中加入血液、血清或腹水有利于该菌生长。本菌的致病力取决于产生毒素和酶的能力。本菌对高热及一般消毒药抵抗力不强。在组织或脓汁中的细菌，干燥条件下可存活数周。

根据血清学反应，可分为 20 个血清群，同时还发现有相当数量尚无法定型的菌株，较重要的有 A、B、C、D、E、F、L、R 等血清群，其中 R 群、F 群既可引起猪发病，也可导致人发病，近年来国内外已发生了数起 R 群的猪链球菌 2 型感染人的事件。目前，引起猪链球菌病暴发和流行的链球菌主要有 C 群、L 群（引起败血症和关节炎）、D 群（引起脑膜炎、败血症、关节炎、肺炎）和 E 群（引起淋巴结脓肿）。常用消毒药如 5％石炭酸、2％福尔马林溶液均能在 10 分钟内杀死本菌。

（二）流行病学

链球菌广泛分布于自然界，人和多种动物都有易感性，猪的易感性较高。

本病在人类的发病并不常见，但一旦发生感染，后果往往非常严重。目前认为只有猪链球菌 2 型感染人，且一般只发生于特定人群，如手上都有伤口的屠宰者和肉品加工者等。迄今为止，国内外尚未发现人患猪链球菌病时，人与人之间发生传播的情况。

病猪、临床康复猪和健康带菌猪是本病的主要传染源。据报道，败血性链球菌病病愈猪，经 6 个月仍能从扁桃体检出本菌。病菌主要存在于猪的鼻腔、扁桃体、腭窦、乳腺等处，从病猪的脓汁、血、脑、肝、脾均可检出。未经严格处理的尸体、内脏、肉类及废弃物，是散布本病的主要因素。伤口（如新生仔猪脐带伤口）和呼吸道是本病的主要传播途径，不同品种、年龄、性别的猪均有易感性，其中新生仔猪、哺乳仔猪多为败血症型和脑膜炎型，发病率和死亡率最高，其次为架子猪，多表现为化脓性淋巴结炎，而成年猪发病较少。新生仔猪感染，多为母猪传染所致。本病呈散发性地方性流行，多表现为急性败血型，在新疫区多呈暴发流行，发病率、病死率均高。新疫区流行期 2～3 周，高峰期 1 周左右。猪淋巴结脓肿的发病率可达 90％。本病流行季节不明显，但以夏秋季节多发，有时可延至初冬。本病传入之后，往往在猪群内可连年发生。

几乎所有正常猪的上呼吸道中都携带有链球菌，所以链球菌可以看作是猪扁桃体和鼻腔中的定居菌或正常菌群，猪的链球菌带菌率（分离率）一般为40%～100%。还可从许多健康猪的肺脏中分离到链球菌。据江苏省农科院研究报道，正常猪群中链球菌2型的带菌率普遍较高，为31.6%～77.0%，平均为40.9%，且疫区与非疫区差异不明显。这些携带链球菌的猪，可以正常生长并不发病，即使是一些最常引起发病的菌株，也可不引起发病，所以从猪体中分离到链球菌并不能表示患了链球菌病，100%带菌率的猪群，其发病率通常也不高于5%。

　　链球菌病致病因子较多，有的尚未查清。在许多正常猪群中，即使带菌率很高，也不一定发病，其带菌率与猪群是否发病或暴发流行本病并无明显关系。虽然链球菌的毒力因子是发病的重要因素，如链球菌2型的MRP＋、EF＋是高毒力存在的标志，可认为是引起发病的物质，但还有一些未知的致病因子，尤其是保护性抗原与免疫原物质之间的关系还需进一步研究。在本病发生时，同窝（栏）猪有的发病，有的不发病，在不同的猪群或不同场发病也可有很大的差异，这些与毒力因子往往无直接关系，其确切发病原因尚不清楚。

　　本病于炎热、潮湿季节，或在运输、转群等应激和环境恶劣、卫生不良时，发病明显增加，大多数的暴发流行是发生在这些不良的条件下。同种血清型的猪链球菌的致病力差别很大，往往是引起败血症的猪链球菌致病力较强，而引起猪关节炎的猪链球菌致病力较弱。另外，病原学诊断显示，猪链球菌病参与很多疾病综合征的发病过程，如与PCV-2、PRRS等病之间有明显的并发或继发关系，有时甚至是相互促进发病。猪感染PCV-2后，继发链球菌感染会造成很高的死亡率。再者，它还是猪呼吸系统疾病综合征发病的重要病原体之一。

（三）临床症状

　　猪链球菌病的潜伏期最短为4小时，最长可达6天，一般为1～3天，依据临床表现不同，猪链球菌病可分为败血型、脑膜炎型、关节炎型、淋巴结脓肿型四种类型。

1. 败血型 分为最急性、急性和慢性三种。

(1) **最急性型** 主要见于流行初期，发病急，病程短，往往不见任何异常症状猪就突然死亡。发病猪突然减食或停食，精神委顿，体温升高到 41～42℃，呼吸困难，便秘，结膜发绀，卧地不起，口、鼻流出淡红色泡沫样液体，多在 6～24 小时内死亡。

(2) **急性型** 以败血型为主，病猪突然不食，高热 (41.0～43.0℃) 稽留。精神沉郁，嗜卧，步态不稳，呼吸迫促，流浆性或黏性鼻漏。全身皮肤发红，耳、颈、腹下、大腿后侧及四肢下端等处皮肤常有弥漫性紫红色刮痧样斑块，指压不褪色。有的高度呼吸困难，呈犬坐姿势，鼻孔流血性泡沫的鼻液，往往在短时内窒息死亡，死后常可见由鼻孔流出带泡沫的鼻漏。还常有一般症状，如眼结膜水肿，眼睑色灰暗，粪便干结，便秘或腹泻带血，尿色赤黄或发生血尿。可表现关节炎、跛行。败血型猪链球菌病的病死率高达 90％以上。急性型者可有少数猪出现脑膜炎症状，表现体温升高，共济失调，做圆周运动或盲目行走，后躯麻痹，应激性增高，常倒地侧卧不能起立，四肢划动，空嚼咬牙，口吐白沫或昏迷不醒，时有尖叫抽搐，多于短时或 1～2 天内死亡，经治疗后的耐过猪，常遗留有不同程度的脑神经后遗症。发生脑膜炎症状的猪，以断奶仔猪和哺乳仔猪所占病例较多。

(3) **慢性型** 体温时高时低，一般在 40℃左右，精神、食欲时好时坏。逐渐消瘦，贫血。病程长短不一，一般 2～3 周，有的长达 1 个月。可表现为关节炎型、淋巴结化脓型及子宫炎型等，它们可由急性型转化而来，或是由不同血清型菌株引起的独立病型。关节炎型常发生于四肢的某 1～2 个关节，表现跛行，行走困难或卧地不起，患病关节增温、肿大、触痛。淋巴结化脓型以发生在下颌淋巴结者最多，也见于咽部、颈部等处，常有体温升高，食欲减退，流鼻涕等症状，局部肿胀、增温、触痛，十数日后可自行破溃，流出浓稠带绿色脓汁，淋巴结化脓型病猪，多由 E 群链球菌引起。子宫炎型表现妊娠猪流产与产死胎。

2. 脑膜炎型 以脑膜炎为主要症状。多发生于哺乳仔猪和断奶仔猪，主要表现为神经症状，发病初期患猪体温升高，食欲废绝，继而共济失调或转圈、空嚼，后躯麻痹，用前肢爬行，但很快倒地侧卧不能起立，四肢划动，磨牙，口吐白沫，角弓反张，直至昏迷死亡。病程短的几小时，长的 1～5 天，病死率极高。病程长的表现多发性关节炎。

3. 关节炎型 患猪体温升高，被毛粗乱，呈现关节炎病状，表现在四肢某一关节肿胀，触痛，高度跛行，甚至不能起立。病程 2～3 周。

4. 淋巴结脓肿型 该型是由猪链球菌经口、鼻及皮肤损伤感染而引起。多见于断奶仔猪和育肥猪。病猪淋巴肿胀，坚硬，有热痛感，采食、咀嚼、吞咽和呼吸较为困难，多见于下颌淋巴结化脓性炎症，咽喉、耳下、颈部等淋巴结也可发生。一般不引起死亡，病程为 3～5 周。病猪经治疗后肿胀部分中央变软，皮肤坏死，破溃流脓，并逐渐痊愈。

（四）病理变化

1. 急性败血型 主要表现为出血性败血症变化。胸、腹下和四肢皮肤出现紫斑或出血斑。全身淋巴结肿大、出血，黏膜、浆膜皮下均有出血斑点。胸、腹腔积液增多，浑浊，含絮状纤维素。多数脾脏肿大、质脆，肾肿大、充血和出血，胃和小肠黏膜不同程度充血和出血。剖检病变以败血症伴发浆膜炎为主，病猪死后血液凝固不良，切断血管流出紫红色煤焦油样血液，尸僵较慢，易于腐败；各实质脏器有程度不同的出血点、出血斑；心包胸腔积液，呈黄色，有时积液中有纤维蛋白；气管及支气管中常有多量带血性泡沫分泌物，鼻黏膜、喉头、气管、黏膜充血或出血；肺充血、出血及有肝变区，呈紫红色；肝瘀血肿大，边缘略钝，有时与横膈膜部分粘连；脾瘀血肿大，呈暗黄色，病程稍长的多为黄色；全身淋巴结出血肿大或水肿，有的淋巴结周围结缔组织水肿或呈胶冻样；神经症状严重的脑膜充血、出血或脑膜下积液。

2. 急性脑炎型　主要表现为脑膜充血、出血，严重者溢血，少数脑膜下积液。部分猪在头、颈、背部皮下，以及肠系膜、胆囊壁有胶样水肿。

3. 胸型　主要表现为化脓性支气管肺炎，多见于尖叶、心叶和膈叶，肺颜色灰白、灰红和暗红，切面有脓样病灶。气管内有较多的淡红色泡沫液体。肺胸膜增厚，常与胸壁粘连。

4. 慢性型　主要是多发性关节炎，颈部皮下脓肿，严重者关节周围化脓、坏死。

（五）诊断

根据流行病学、临床症状及剖检病变可做出初步诊断，败血型猪链球菌病的败血症及浆膜炎病变具有一定特征性，如浆膜大面积出现程度不同的炎症，血液常呈酱油色，凝固不良，脾脏肿大、脆弱，呈黑色或出现梗死等病变，都是重要的诊断依据，但确诊仍需实验室检验。

用做细菌分离的病料，要采自未经抗生素或抗菌药物治疗的病、死猪，如能从病、死猪心血或肝、脾等实质脏器分离到大量链球菌的纯培养时，可以认为此种链球菌是引起本次发病的病原菌。从上呼吸道、扁桃体甚至肺脏等处分离到链球菌时，不能得出是否为引起发病病原菌的结论，往往是定居菌或非致病性链球菌。在我国引起猪链球菌病的C群链球菌，多呈β溶血，而猪链球菌2型，多呈a溶血。用分离菌肉汤培养物腹腔接种小鼠，C群链球菌引起的死亡率近于100%，而接种猪链球菌2型者死亡率很低，甚至没有异常表现。在肉汤培养物中，猪链球菌2型可呈数十个长链，但C群马链球菌兽疫亚种的这种情况较为少见。荧光PCR对致病性猪链球菌2型感染的确认极有实用价值，既快速又准确。本病易与猪瘟、猪丹毒、猪肺疫和猪副伤寒等传染病混淆，但从病原菌上可加以区别。

（六）防治

1. 预防 疫区或疫场应接种猪链球菌疫苗，使用猪链球菌病多价灭活苗可取得较好的效果。一旦发生本病，应及时隔离，治疗病猪，猪舍、栏、用具用百病消喷洒消毒，舍外用2％烧碱水消毒，未发病猪进行紧急预防注射，饲料中按每吨添加400克土霉素，连喂4天。化学药物对预防猪链球菌病有不可替代的作用，它不受细菌血清型的限制，且投药后可迅速发挥作用，最适合于疫苗免疫抗体尚未完全产生或免疫密度不够，以及为巩固防治效果或用于预防在较大范围内发生流行时使用。

我国的猪链球菌活疫苗与猪链球菌2型灭活疫苗是分别针对猪C群β型溶血性链球菌和猪链球菌2型的，它们二者没有交互免疫力，只有使用针对性强的疫苗免疫，才能控制猪链球菌病的发病。有时在同一地区，存在有不同血清型的猪链球菌混合感染或交叉感染的情况，可考虑使用猪链球菌二联或三联灭活疫苗。猪链球菌活疫苗产生的抗体较快，维持时间较长，而且兼顾体液免疫和细胞免疫，但往往被接种猪的反应较大。猪链球菌灭活疫苗的安全性好，免疫反应小，但产生抗体较慢，抗体水平较低，在给猪做一次疫苗接种2～3周后，抗体水平虽可达到抵御一定数量猪链球菌感染的能力，但如细菌毒力较强或感染菌体数量较多时，则往往仍可引起发病，对猪链球菌必须做第二次加强免疫。

国内现用疫苗主要为灭活苗和弱毒苗。在发病猪场从经诊断为链球菌病的病猪体内分离出链球菌菌株，并自制链球菌灭活苗，再应用于发病猪场进行防疫，可取得良好的免疫效果。

2. 治疗 氨苄青霉素、先锋霉素Ⅵ、羧苄青霉素、复方新诺明、氟苯尼考、环丙沙星、阿莫西林、卡那霉素、氧氟沙星、头孢曲松、头孢肤肟和菌必治等具有较高敏感性，而对四环素、土霉素、多西环素、链霉素等耐药。药敏试验是指导正确用药必不可少的检验项目，应经常反复进行，以掌握菌株耐药性的动态变化，减少用药的盲目性。治疗要及时，体温恢复后应继续用药2～3次，有些药物的首次用量或第一天用药量可加倍。用药物治疗应在5天以上，临床症状消失后再坚持用药1～2天，药物预防应在10天以上。治疗用青霉素和磺胺类药物最好采用静脉注射，每天2～3次。磺胺类药物针剂的碱性极强，肌内注射常引起局部炎症、坏死、甚至化脓。预防性投药，可将敏感的药物拌入饲料中，连续应用10～15天，方法简便，且效果良好。

治疗猪链球菌病，除应用特效药物外，必须同时采用对症疗法和支持疗法，如适当应用解热剂、强心类药物，以及糖皮质激素，进行输液、补充能量、电解质和维生素，改善微循环、防止酸中毒等。

二、副猪嗜血杆菌病

副猪嗜血杆菌病（HPS）又称纤维素性浆膜炎和关节炎，呈散发性，在国外称为猪格拉译氏病。病原为副猪嗜血杆菌，主要引起断奶猪和保育猪的纤维素性浆膜炎、多发性关节炎和脑膜炎，全世界均有发生。副猪嗜血杆菌是猪鼻黏膜常在菌，主要通过空气传播，猪群（尤其是青年猪）受应激会零星发生本病。发病率一般在10%～15%，严重时死亡率可达50%，近年来，该病已成为全球性影响养猪业的典型细菌性疾病，其危害日渐严重。

（一）病原

病原为副猪嗜血杆菌，为革兰氏阴性短小杆菌，形态多变，有15个以上血清型（尚有14%～20%的血清型不明），各种血清型致病力也存在很大差异，血清1型、5型、10型、12型、13型、14型毒力最强，患猪多数在感染后96小时死亡。血清2型、4型、8型、15型为中等毒力型，致死率低，但可出现败血症，呈典型腹膜炎、关节炎，生长迟缓。猪感染血清3型、6

型、7型、9型、11型后无明显临床症状。不同血清型之间交叉保护性不强或无交叉保护力，所以免疫接种效果不是很理想。血清4型、5型、13型最为常见（占70%以上）。

该菌生长时严格需要烟酰胺腺嘌呤二核苷酸（NAD或V因子），一般条件下难以分离和培养，尤其是应用抗生素治疗过的病猪病料，因而给本病的诊断带来困难。

（二）流行病学

副猪嗜血杆菌只感染猪，可以影响从2周龄到4月龄的青年猪，主要发生在断奶前后和保育阶段的幼猪，最常见于5～8周龄的猪，发病率一般在10%～15%，严重时死亡率可达50%。该细菌寄生在鼻腔等上呼吸道内，属于条件性细菌，可以受多种因素诱发，饲养环境不良时本病多发，断奶、转群、混群或运输也是常见的诱因。患猪或带菌猪主要通过空气、直接接触感染其他健康猪，消化道等亦可感染。目前只有较大的化验室在做实验室检验，故一般养猪场不易及时得到正确诊断，副猪嗜血杆菌的真实发病率可能为实际确诊的10倍以上。从该病发病情况分析，主要受猪场的猪体抵抗力、环境卫生、饲养密度等影响，如果猪发生过蓝耳病、圆环病毒病等，抵抗力下降时，副猪嗜血杆菌易乘虚而入，常作为继发、并发感染出现在一些猪场的保育舍和生长舍，使猪群的死淘率大大增加，当猪群密度大，过分拥挤，舍内空气混浊，氨气味浓，转群、混群或运输时易诱发。猪如存在其他呼吸道病原，如支原体肺炎、猪繁殖与呼吸综合征、圆环病毒病、猪流感、伪狂犬病和猪呼吸道冠状病毒感染时，副猪嗜血杆菌的存在可加剧病情，使病情复杂化，其危害会加大，加剧仔猪断奶后多系统衰竭综合征（PMWS）的临床表现。

在肺炎中，副猪嗜血杆菌被假定为一种随机入侵的次要病原，是一种典型的机会主义病原，只在与其他病毒或细菌协同时引发疾病，如猪繁殖与呼吸综合征病毒、圆环病毒、猪流感病毒和猪呼吸道冠状病毒。近年来，从患肺炎的猪中分离出副猪嗜血杆菌的比率越来越高，这与支原体肺炎和病毒性肺炎的日趋流行有关。副猪嗜血杆菌与支原体结合在一起，患猪繁殖与呼吸综合征的检出率为 51.2%。

（三）临床症状

1. 急性型 往往首先发生于膘情良好的猪，病猪发热，体温升高至 40.5～42.0℃，精神沉郁，反应迟钝，食欲下降或厌食，咳嗽，呼吸困难，腹式呼吸，心跳加快，体表皮肤发红或苍白，耳梢发紫，眼睑皮下水肿，部分病猪出现鼻流脓液，行走缓慢或不愿站立，跛行或一侧性跛行，腕关节、跗关节肿大，共济失调，临死前侧卧或四肢呈划水样，有时也会无明显症状而突然死亡。严重时母猪流产，即使使用抗生素治疗，但分娩后往往会引发严重病症，哺乳母猪发病表现慢性跛行，可引起母性行为极端弱化。在发生关节炎时，可见一个或几个关节肿胀、发热，初期疼痛，多见于腕关节和跗关节，起立困难，后肢不协调。

2. 慢性型 多见于保育猪，主要是食欲下降，咳嗽，呼吸困难，被毛粗乱，四肢无力或跛行，生长不良，甚至衰竭而死亡。

（四）病理变化

剖检时可见胸膜炎、腹膜炎、脑膜炎、心包炎、关节炎等多发性炎症，有纤维素性或浆液性渗出，胸水、腹水增多，肺脏肿胀、出血、瘀血，有时肺脏与胸腔发生粘连，这些现象常以不同组合出现，较少单独存在。

（五）诊断

根据流行情况、临床症状和剖检病变（尤其是剖检病变），即可初步诊断，确诊需进行细菌分离鉴定或血清学检查。在血清学诊断方面，主要通过琼脂扩散试验、补体结合试验和间接血凝试验等。

主要与传染性胸膜肺炎鉴别。副猪嗜血杆菌感染引起的病变包括脑膜炎、胸膜炎、心包炎、腹膜炎和关节炎，呈多发性，而典型的传染性胸膜肺炎则引起的病变主要是纤维蛋白性胸膜炎和心包炎，并局限于胸腔。

（六）防治

该病的治疗效果不好，在猪场的生产实践中，预防该病的暴发才是上策，具体可采取以下措施控制本病。

1. 加强免疫接种 由于该病原体血清型多达15种，且各种血清型致病力差异很大，并具有明显的地方性特征，不同血清型之间交叉保护性不强或无交叉保护力，所以免疫接种效果不是很理想。但在副猪嗜血杆菌病严重的猪场，必要时仍需对猪群进行免疫，由于该病的血清型多，商品苗效果不确定，自家苗有一定预防效果，没条件的也可选用副猪嗜血杆菌多价灭活苗进行免疫。初免母猪产前40天一免，产前20天二免，免疫过的母猪产前30天免疫1次即可。受该病严重威胁的猪场，小猪也要进行免疫，根据猪场发病日龄推断免疫时间，仔猪免疫一般安排在7～30日龄进行，每次1毫升，最好一免后过15天再重复免疫1次，二免日期要有10天以上间隔。要达到接种副猪嗜血杆菌疫苗的最好结果就是使用高效的多价菌苗。同时，也要根据当地的情况合理的安排猪群的免疫程序，以保证猪群对各种病原菌有较高的抵抗力。

2. 加强饲养管理，消除各种诱因 加强饲养管理，减少各种应激，实行统一日龄断奶以及严格的全进全出制，杜绝将各生产阶段的猪或不同来源的猪混群饲养。在疾病流行期间有条件的猪场仔猪断奶时可暂不混群，对混群的一定要严格把关，把病猪集中隔离在同猪舍，对断奶后保育猪分级饲养，这样也可减少猪繁殖与呼吸综合征、圆环病毒感染在猪群中的传播。注意保温和温差的变化。在猪群断奶、转群、混群或运输前后可在饮水中加一些抗应激的物质如维生素C等，同时在料中添加药物以防止该病的发生。副猪嗜血杆菌病的有效防治，如同猪场其他任何一种疾病的防治一样，是一项系统工程，需要加强主要病毒性疾病的免疫、选择有效的药物组合对猪群进行常规的预防保健、改善猪群饲养管理。给以全价饲料，猪舍内保持温暖、干燥、通风良好，保证充足的饮水。

3. 加强日常的消毒工作 加强消毒，以消灭猪舍内的细菌和病毒，特别是与本病发生有极大关系的支原体、猪繁殖与呼吸综合征病毒、圆环病毒、猪流感病毒和猪呼吸道冠状病毒等。

4. 加强药物保健及预防 以阶段性投药预防为主，由于本病通常是作为继发或并发才发生的，常伴有支原体的混合感染。在饲料中添加针对支原体有特效的药物组合才是预防本病的重要手段。

（1）群体防治方案 母猪产前 7 天与产后 7 天每吨饲料中连续添加支原净 100 克＋强力霉素 200 克＋阿莫西林 250 克，仔猪断乳前后各 7 天于每吨饲料中连续添加头孢噻呋钠 150 克＋TMP150 克，或支原净 100 克＋强力霉素 200 克＋阿莫西林 250克或枝原净 100 克＋氟甲砜霉素 80 克。

（2）个体治疗方案 一般应在发病初期尽早用药，并适当加大用量，以保证药物及时渗透到脑脊髓液及关节中，可选用阿莫西林、氨苄西林、氟甲砜霉素、头孢菌素、喹诺酮类、庆大霉素及增效磺胺等，每隔 6～8 小时用药 1 次，有条件的最好先做药敏试验，以选择敏感药物。

5. 合理治疗 猪场一旦得到正确诊断或出现明显临床症状时，必须应用大剂量的抗生素进行治疗，并且应当对整个猪群或同群猪进行药物预防。大多数副猪嗜血杆菌对氨苄西林、氟甲砜霉素、氟喹诺酮类、头孢菌素、四环素、庆大霉素和增效磺胺类药物较敏感，但对红霉素、氨基武类、壮观霉素和林可霉素有抵抗力。

猪场发生本病时可采取下列措施：①将猪舍内所有病猪隔离，淘汰无饲养价值的僵猪或严重病猪，将猪舍冲洗干净，严格消毒，改善猪舍通风条件，疏散猪群，减少密度，严禁混养；

②全群投药，可于饲料中添加阿莫西林 400 克/吨，5%普乐健 1 000克/吨，连喂 7 天，停 3 天，再加喂 3 天，或者任选泰妙菌素 50～100 克/吨，氟甲砜霉素 50～100 克/吨，除病杀 1 000 克/吨，利高霉素 44～1 000 克/吨，泰乐菌素、磺胺二甲嘧啶各 100 克/吨，林可霉素 200 克/吨，环丙沙星 150 克/吨等 1～2 种药物拌料；③对隔离的病猪，能吃料者按以上方法处理，不吃料或食欲差者，可改于水中加阿莫西林 200 克/吨，并肌内注射沙星类药物或 30%普乐健注射液 0.35～0.7 毫升/千克（按体重）；④消除各种诱因，改善饲养管理与环境消毒，减少各种应激，尤其要做好猪瘟、伪狂犬病、蓝耳病等预防免疫工作；⑤母猪可用灭活苗免疫预防，初产猪产前 40 天一免，产前 20 天二免，经产猪产前 30 天免疫 1 次即可。受本病严重威胁的猪场，小猪也要进行免疫，10～60 日龄的猪都要注射，每次 1 毫升，最好一免后过 15 天再重复注射 1 次。

三、猪传染性胸膜肺炎

猪传染性胸膜肺炎，以前称为猪接触传染性胸膜肺炎、猪嗜血杆菌胸膜肺炎，英国的 Pattison 等于 1957 年首次报道。本病是由胸膜肺炎放线杆菌引起的猪的一种高度接触传染性、致死性呼吸道传染病。主要引起猪的一种伴有胸膜炎的出血性坏死肺炎，临床上以胸膜肺炎为特征。多呈最急性或急性病程而迅速致死，可发生于任何年龄的猪只，但以 6 周至 3 月龄仔猪及小猪最易感。各国均有发生，且多数国家为复合型感染。近年来随着我国养殖业规模化、集约化的发展，本病的发生呈暴发趋势，其危害日益严重。

（一）病原

猪传染性胸膜肺炎的病原为胸膜肺炎放线杆菌（APP）。APP 是革兰氏阴性，有荚膜的多形性小球杆菌，在血液琼脂平板上呈不透明扁平的圆形菌落，其大小为 1.0～1.5 毫米，周围

呈 β 溶血，用白金耳触之有黏性，金黄色葡萄球菌可增强其溶血性（CAMP 实验阳性），兼性厌氧，无运动力，生长需要 V 因子。迄今已发现两个生物型共 15 个血清型，其中生物Ⅰ型中的 1 型、5 型、9 型、10 型、11 型五种血清型致病力最强。生物Ⅱ型（13 型和 14 型）分布于欧洲及美国，其致病性比生物Ⅰ型要弱。

目前该病已广泛分布于各主要养殖国，且多数国家为复合型感染。根据近几年的流行病学调查，我国发现或流行的血清型有 1 型、2 型、3 型、4 型、5 型、7 型、8 型、9 型、10 型等，但以 1 型、3 型、7 型为主。主要血清型间缺乏交叉免疫性，这给本病的诊断及疫苗防治带来困难。

APP 引起猪致病有很多毒力因子，包括溶血毒素、荚膜多糖、脂多糖、蛋白酶、转铁结合蛋白、通透因子及外膜蛋白等。通过对上述毒力因子及其免疫原性成分的分析，发现溶血毒素、荚膜多糖、脂多糖在胸膜肺炎发生过程中扮演着更为重要的角色，也是主要的免疫原性物质。

（二）流行病学

APP 是一种呼吸道寄生菌，主要存在于患病动物的肺部和扁桃体，病猪和带菌猪是本病的主要传染源。本病的发生受外界因素影响很大，气温剧变、潮湿、通风不良、饲养密集、管理不善等条件下多发，一般无明显季节性。细菌在 4 周龄便可定居在猪的上呼吸道，而发病一般在 6～12 周龄之后的生长育肥猪，尤其是在应激因素存在的条件下，同一猪群可同时感染几种血清型。

本病的感染途径是呼吸道，即通过咳嗽、喷嚏喷出的分泌物和渗出物而传播，而接触传播可能是其主要的传播途径。猪患呼吸系统疾病时，容易发生继发感染或混合感染，如本病与猪伪狂犬病、蓝耳病、多杀性巴氏杆菌、肺炎支原体、副猪嗜血杆菌病等病原的混合感染，应引起高度重视。

发病率视各地的管理和所采取的预防措施不同，但一般较高（80%～100%），死亡率根据环境和菌株毒力不同，可达40%～100%。据近几年各地的发病情况分析，哺乳仔猪发病率与死亡率均高，而生长育肥猪死亡率并不高，仅略高于正常死亡率。

本菌在外界环境生存时间较短，一般常用的化学消毒剂均能达到消毒的目的。

（三）临床症状

本病根据病程可分为最急性、急性、亚急性和慢性4种。急性和亚急性病例以纤维素性出血性胸膜肺炎为主要特征，慢性病例以纤维素性坏死性胸膜肺炎为主要特征。

1. 最急性型　猪群中1头或几头突然发病，在无明显征兆下死亡。疫情很快发展，病猪体温升高达41.5℃以上，精神委顿，食欲明显减退或废绝，张口伸舌，呼吸困难，常呈犬坐姿势，口鼻流出带血性的泡沫样分泌物，鼻端、耳及上肢末端皮肤发绀，可于24～36小时内死亡，死亡率高。

2. 急性型　病猪精神沉郁，食欲不振或废绝，体温40.5～41℃；呼吸困难，喘气和咳嗽，鼻部可见明显出血。整个病情稍缓，通常于发病后2～4天死亡，耐过者可逐渐康复，或转为亚急性或慢性。

3. 亚急性或慢性　常由急性转来，体温不升高或略有升高，食欲不振，阵咳或间断性咳嗽，增重率降低。在慢性感染群中，常有很多隐性感染猪，当受到其他病原微生物侵害时（如肺炎支原体、多杀性巴氏杆菌、支气管败血波氏杆菌、蓝耳病病毒），则临床症状可能加剧。

（四）病理变化

剖检病变主要见于胸腔，表现为不同程度的肺炎和胸膜炎，最急性型的病变类似类毒素休克病变，气管和支气管充满泡沫样血色黏液性分泌物，肺充血、出血，肺泡间质水肿，靠近肺门的肺部常见出血性或坏死性肺炎。急性型多为两侧性肺炎，纤维素性胸膜炎明显。亚急性型由于继发细菌感染，致使肺炎病灶转变为脓肿，常与肋胸膜形成纤维性粘连。慢性型则在肺隔叶见到大小不等的结缔组织环境的结节，肺胸膜粘连，严重的与心包粘连。

（五）诊断

根据流行病学、临床症状和剖检变化，可作初步诊断，确诊需进行病原学诊断。

1. 血清学诊断 新鲜病料能较容易从支气管、鼻腔分泌物或肺部病变中分离到病原。在我国，已建立的血清学诊断方法有补体结合反应、ELISA、间接血凝等，其中间接血凝基层应用较为广泛。胸膜肺炎毒素的 ELISA 检测方法敏感、快速，适用于大规模的流行病学调查。

2. 分子生物学诊断 主要是 PCR 方法在诊断上的应用，目前国外已建立了多种 PCR 的检测方法。有的可用于细菌分离物的鉴定，有的也可直接从病料中扩增出病原，特异、敏感、快速，是诊断此病的最佳选择。

3. 鉴别诊断 主要与猪支原体肺炎、肺炎型巴氏杆菌病、副猪嗜血杆菌病及伪狂犬病、蓝耳病相区别。支原体肺炎一般表现为咳嗽与气喘，剖检主要表现为肺部两侧对称性的肉样变或胰变，一般不引起死亡；而多杀性巴氏杆菌肺部感染病变多在前下部，胸膜肺炎的肺部感染部位多在后上部且有局灶性的纤维素性胸膜炎；副猪嗜血杆菌病的发病有多系统性；伪狂犬病及蓝耳病的诊断要结合猪群发病的流行病学及病原学的检测。

（六）防治

1. 免疫接种 疫苗是控制猪胸膜肺炎放线杆菌感染的有效手段。目前市场上有亚单位苗和灭活苗出售，每种疫苗都有不足之处，不能抵抗所有血清型的攻击，不能消除患病动物的带菌状态。各厂家根据实际情况定做自家苗或组织苗，配合药物，可较好地控制该病，对血清型不明的厂家尤为有效。

近来各国都在积极探索基因缺失弱毒苗对胸膜肺炎的保护效果，有望取代目前的灭活苗，因为基因缺失弱毒苗的交叉保护力更强，初步的动物实验表明可抵抗多数血清型的攻击。在我国，根据近几年的流行病学调查和病原分离工作，华中农业大学研制出 APP1 型、7 型两种血清型加上地方流行菌株的多价灭活苗，免疫猪保护率达 85％以上，有效免疫持续半年以上，在规模化养猪场应用效果显著。

2. 药物预防 猪胸膜肺炎放线杆菌对头孢噻夫、地米考星、氟甲砜霉素、先锋霉素、环丙沙星、单诺沙星、恩诺沙星、四环素、庆大霉素、卡那霉素等较敏感。对未发病猪群在饲料或饮水中添加给药，先用治疗剂量给药数天后，改用预防量给药数周或数月可控制此病的发作。防治过程中，对用于预防的药物应有计划地定期轮换使用，最好做药敏实验。对有明显临床症状的发病猪，药物防治要在早期及时治疗，并注意耐药菌株的出现，要及时更换药物或联合治疗。可用首选药物进行口服和注射同时给药，一般首选药物是青霉素和增效联磺甲基异恶唑（新诺明），首次治疗必须选用注射方法，治疗量宜大一点，若结合在饲料和饮水中添加，效果更好，内服新诺明时应配合等量的碳酸氢钠（小苏打）。还可选用长效土霉素、得米先等。

3. 综合防治 对于呼吸道疾病的控制应以免疫预防为主，并结合综合性的防治措施。防止由外引入慢性、隐性猪和带菌猪，一旦传入健康猪，难以清除。如必须引种，应隔离并进行血清学检查，确为阴性猪方可引入。

使用对应血清型，适时免疫。疫区或感染猪场于感染前两周免疫。疫苗在使用时可能有应激反应，发生此病时最好不要做预防注射，否则可能会促使发病。感染猪群，可用血清学方法检查，清除隐性和带菌猪，重建健康猪群；也可用药物防治和淘汰病猪的方法，逐渐净化猪群。

注意预防伪狂犬病、猪瘟、蓝耳病、支原体肺炎、副猪嗜血杆菌病等疾病。这些疾病或破坏猪的免疫系统，或破坏猪肺脏的防御功能，从而使猪只对该病的易感性增加，因而一定要做好这些疾病的免疫预防工作。猪舍及环境均定期消毒，减少病原微生物的生存，减少猪的应激，改善和加强饲养管理，采用全进全出的饲养方式。

四、猪传染性萎缩性鼻炎

猪传染性萎缩性鼻炎（AR）是猪的一种慢性呼吸道传染病。以鼻甲骨萎缩，鼻部变形及生度迟滞为主要特征，尤其以鼻甲骨的下卷曲部最为常见。临床诊断表现主要为喷嚏、鼻塞等鼻炎症状和颜面部变形或歪斜。可使猪的饲料转化率降低，严重时可降低 15%。

（一）病原

产毒素多杀性巴氏杆菌是本病的主要病原，支气管败血波氏杆菌 I 相菌是本病的一种次要的温和型病原。

根据特异性荚膜抗原，可将多杀性巴氏杆菌分为 A 型、B 型、D 型、E 型 4 个血清型，诱发 AR 的产毒素多杀性巴氏杆菌绝大多数属于 D 型，而且毒力较强，少数属于 A 型，多为弱毒株。来自不同血型毒株的毒素具有抗原交叉性，因而其抗毒素之间有交叉保护性。

支气管败血波氏杆菌为革兰氏阴性球杆菌或小杆菌，多呈两极着色，有的有荚膜，有鞭毛，有运动性，无芽孢。本菌为好氧菌，有 3 个菌相，I 相菌病原性较强，为有荚膜的球形或短杆菌，具有表面 K 抗原和强坏死毒素（类内毒素），II 相、III 相菌毒力较弱，I 相菌在不适当的条件下向 II 相、III 相菌变异。此菌的抵抗力不强，一般消毒药均能将其杀死。

（二）流行病学

此病呈世界性流行，各年龄猪都可感染本病，但以仔猪的病变最为明显，只有生后几天至几周的仔猪才发生鼻甲骨萎缩。较大的猪只发生卡他性鼻炎、咽炎及轻度的鼻甲骨萎缩。成年猪感染后常看不到症状而成为菌猪。除猪外，本病对犬、猫、牛、马、羊、鸡、麻雀、猴、兔、鼠、狐及人也能引起慢性鼻炎和化脓性支气管肺炎。

病原体从病猪和带菌猪的鼻腔分泌物排出后，通过空气飞沫经呼吸道传染，特别是母猪有病时，最易将本病传染给仔猪。鼠可能成为本病的自然宿主。饲养管理不好、通风不良、拥挤、潮湿、寒冷等因素，可促进本病的发生。

当毒素侵入后，一方面破坏骨组织内成骨细胞和破骨细胞的动态平衡，另一方面毒素刺激间质组织不断增生，逐渐取代骨组织，在猪的鼻部表现扭曲及变形等。这些增生的间质细胞可能是成骨细胞的前体，受毒素的作用产生持续生长和分裂效应，阻止骨细胞成熟，导致成骨细胞减少及老化，功能下降。由于不同骨骼细胞中的成骨细胞前体存在着有无毒素受体的差异性，而形成了鼻骨病变。

（三）临床症状

乳猪最早在3～4日龄感染发病，表现为剧烈咳嗽，呼吸困难，体温不高。不吃乳，极度消瘦，常全窝死亡。数周后，少数猪可以自愈，但大多数猪有鼻甲骨萎缩变化，经过2～3个月，鼻和面部变形。鼻端上翘或歪向病损严重的一侧。

发病仔猪打喷嚏、流鼻涕、喷鼻息，有不同程度的卡他性鼻炎，产生不同量的浆液性或黏液性分泌物，常因鼻炎刺激鼻黏膜而表现不安，如摇头、拱地、搔抓或摩擦鼻部。仔猪发病多见于6～9周龄，1周龄少见，随日龄增长病情逐渐加重，持续3周以上开始发生鼻甲骨萎缩。整个生长期感染猪持续打喷嚏、流鼻涕、气喘，同时有不同程度的浆液性、脓性分泌物流出。

鼻甲骨通常在发病后3～4周开始萎缩，鼻腔阻塞，呼吸困难、急促，有的出现明显的脸变形，上腭、上颌骨变短以致出现脸部上撅。鼻背部上皮肤和皮下组织形成皱褶。有时可见嘴向一侧偏斜。主要是一侧骨生长受阻引起，并不是所有严重鼻萎缩的猪都出现脸变形。

暴发 AR 时，由于鼻泪管阻塞，流出的眼泪和灰尘粘在一起，常在猪的内眼角下皮肤上形成半月形放射状条纹，俗称泪斑，但没有萎缩性鼻炎也可能出现泪斑。

猪在感染 2～4 周后血清中可出现凝聚抗体，并持续存在至少 4 个月。

（四）病理变化

病变主要在鼻腔和邻近组织，最具特征的变化是鼻腔的软骨和鼻甲骨组织的软化和萎缩。鼻甲骨的下卷曲萎缩最为常见，严重者鼻甲骨甚至消失。部分猪有肺炎病变。

进行病理解剖时，可沿两侧第一、二臼齿间的连线踞成横断面，然后观察鼻甲骨的形状和变化。正常的鼻甲骨分成上下两个卷曲，整个鼻腔被上下两个卷曲占据，上鼻道比下鼻道稍大，鼻中隔正直。当鼻甲骨萎缩时，卷曲变小而钝直，甚至消失，使鼻腔变成一个鼻道，鼻中隔弯曲，鼻黏膜常有黏脓性或干酪样分泌物。

（五）诊断

根据临床症状、病理变化和微生物检查可作出正确诊断，也可采病料进行病原分离。将猪鼻盘部污染物擦净，用 70％酒精消毒，用灭菌生理盐水清洗鼻腔几次，尽可能洗下鼻腔里的病料，或用长的灭菌棉棒插入鼻腔中部或深部，轻轻转动几次后取出，放入盛有肉汤的试管中培养。也可采取感染猪的血清做试管凝集试验，判定阳性。

该病应注意与传染性坏死性鼻炎和骨软病相区别。传染性坏死性鼻炎是由坏死梭杆菌所致，引起软组织及骨组织的坏死，腐臭并形成溃烂或瘘管；骨软病可表现鼻部肿大变形，但无呼吸症状，有骨质疏松、异食等特点，但鼻甲骨不萎缩。

（六）防治

引进种猪时，要加强检疫，并对引进的种猪隔离观察 1 个月以上，若发病猪很少，可及时淘汰，根除传染源，若发病猪很多，最好采取全进全出的措施，将患病猪群全部肥育后屠宰，经彻底消毒后重新引进种猪。平时应加强饲养管理和卫生、消毒。可接种猪传染性萎缩性鼻炎油佐剂二联灭活苗加以预防，母猪产前接种，仔猪 1～4 周龄免疫。

病猪可用链霉素按 10～20 毫克/千克，肌内注射，每天 2 次，也可用 20％泰灭净注射液按 0.5 毫升/千克注射，每天 1 次。并用磺胺类药、土霉素按 0.1％，泰灭净按 0.02％拌料饲喂。

五、猪肺疫

猪肺疫（又称猪巴氏杆菌病或猪出血性败血症，俗称清水喉、锁喉风或肿脖子瘟）是由多杀性巴氏杆菌引起的猪的一种急性、热性传染病。其特征是最急性型呈败血症和咽喉炎，急性型呈纤维素性胸膜肺炎，慢性型较少见，主要表现慢性肺炎。本菌最早由 Loeffer 于 1882 年发现。猪巴氏杆菌病分布广泛，世界各国均有发生。易因饲养管理失调、环境改变、寄生虫侵袭和其他细菌诱发复合感染而发病。

（一）病原

多杀性巴氏杆菌属巴氏杆菌科巴氏杆菌属，为革兰氏阴性，两端钝圆，中央微凸的球杆菌或短杆菌。不形成芽孢，无鞭毛，不能运动，新分离的强毒菌株有荚膜，常单个存在。用病料组织或体液涂片，以瑞氏、姬姆萨或美兰染色时，菌体多呈卵圆形，两极着色深，似两个并列的球菌。本菌为好氧及兼性厌氧菌。

本菌在鲜血琼脂平板上形成 2 毫米大小菌落，但菌落形状不一，其菌落于 45°折光下观察时，呈蓝绿色带金光，边缘有窄的红黄光带，称 Fg 型；菌落呈橘红色带金光，边缘有乳白色带，称为 Fo 型；不带荧光的菌落为 Nf 型。用荚膜抗血清作交叉间接血凝试验，可将本菌分成 A 型、B 型、D 型、E 型 4 种荚膜血清型。如用盐酸去荚膜，以菌体与菌体抗血清作交叉凝集试验，可分离出 1～12 个菌体血清型。本菌的血清型以菌体血清型和荚膜血清型合并表示构成 15 个血清型。猪肺疫多为 1：A、3：A、5：A、7：A 和 1：D。用 Cader 氏分型法，我国从各地病猪分离的菌株主要是 B 型，其次是 A 型。

多杀性巴氏杆菌对直射日光、干燥、热和常用消毒药抵抗力不强，干燥后 2～3 天死亡，在日光和高温下立即死亡，1‰火碱及 2％来苏儿等能迅速将其杀死。但在血液及粪便中能生存 10 天，在腐败的尸体中能生存 1～3 个月。

（二）流行病学

病猪、带菌猪及其他感染动物是本病的传染源。病菌存在于急性或慢性病猪的肺脏病灶、最急性型病猪的各个器官以及某些健康猪的呼吸道和肠管中，可经分泌物及排泄物排出，污染饲料、饮水、用具和外界环境。

传播途径主要经呼吸道、消化道传染，也可经吸血昆虫传染及经皮肤、黏膜伤口发生传染。此外，健康带菌猪因某些因素特别是上呼吸道黏膜受到刺激而使机体抵抗力降低时，也可发生内源性传染。

多种动物都可感染该病，尤以牛、猪、禽、兔更易感。各年龄的猪均对本病都易感，发病年龄、性别、品种差异不显著，以中猪、小猪易感性更大。但有母源抗体的小猪，在断乳时 50％有抵抗力。该病一年四季均可发生，以秋末春初及气候骤变季节发生最多，南方易发生于潮湿闷热的季节，并常与猪瘟、猪气喘病混合感染或继发感染。我国北方或华北地区，大多数散发或继发性猪肺疫，南方则以流行性猪肺疫出现。

最急性型猪肺疫，常呈地方流行性，急性型和慢性型猪肺疫多呈散发性，多继发于其他传染病之后，并且常与猪瘟、猪支原体肺炎等混合感染继发。健康带菌猪在环境变化及应激因素情况下如天气突变、潮湿、拥挤、通风不良、饲料突然改变、长途运输、寄生虫病等，引起猪抵抗力下降，也可发生内源性感染。

（三）临床症状

本病潜伏期 1~5 天，一般为 2 天左右。

1. 最急性型　多见于流行初期，俗称锁喉风，常突然死亡。病程稍长者，表现高热达 41~42℃，食欲废绝，精神沉郁，寒战，呼吸困难，结膜充血、发绀。耳根、颈部、腹侧及下腹部等处皮肤发生红斑，指压不全褪色。最特征症状是咽喉急性炎症，咽喉部肿大、坚硬，有热痛，病猪张口喘气，口吐白沫，可视黏膜发绀。严重者局部肿胀可扩展到耳根及颈部，呈犬坐式张口呼吸，呼吸极度困难，口鼻流血样泡沫，终因窒息死亡，病程 1~2 天。

2. 急性型　为常见病型，主要呈现纤维素性胸膜肺炎。除败血症状外，病初体温升高达 40~41℃，痉挛性干性短咳，有鼻漏和脓性结膜炎。初便秘，粪表面被覆有黏液，有时带血，后腹泻，呼吸困难，可视黏膜发绀，口角有白沫。常呈犬坐姿势，胸部触诊有痛感，听诊有啰音和摩擦音。多因窒息死亡，病程 4~6 天，不死者转为慢性。

3. 慢性型　主要呈现慢性肺炎或慢性胃肠炎。病猪持续咳嗽，呼吸困难，持续性或间歇性腹泻，鼻流出黏性或脓性分泌物，胸部听诊有啰音和摩擦音。病猪逐渐消瘦，被毛粗乱，行动无力，有的关节肿胀、跛行，有的病猪皮肤上出现痂样湿疹，最后多因衰竭而死亡，病程 2~4 周，不死的成为僵猪。

（四）病理变化

最急性病例，表现为败血变化，喉部急性炎症。急性病例，主要为肺的水肿，不同程度的肝变病灶，以及胸部淋巴结的炎症。散发病例见纤维素渗出或肺膜粘连的肺炎灶。

1. 最急性型　全身黏膜、浆膜、心冠脂肪和皮下组织有大量出血点，最突出的病变是咽喉部、颈部皮下组织出血性浆液性炎症，切开皮肤时，有大量胶冻样淡黄色水肿液。全身淋巴结肿大，呈浆液性、出血性炎症，以咽喉部淋巴结最显著。心内外膜有出血斑点，肺充血、水肿，胃肠黏膜有出血性炎症，脾不肿大。

2. 急性型 有肺肝变、水肿、气肿和出血等病变特征，主要位于尖叶和膈叶前缘。病程稍长者，肝病变区内有坏死灶，肺小叶间有浆液浸润，肺病变部切面常呈大理石状，表面有纤维素絮片，并常与胸膜粘连，胸腔及心包腔积液。胸部淋巴结肿大，切面发红、多汁。支气管、气管内有多量泡沫样黏液，气管黏膜有炎症变化。

3. 慢性型 肺有较大坏死灶，有结缔组织包囊，内含干酪样物质，有的形成空洞。心包和胸腔内液体增多，胸膜增厚、粗糙，上有纤维絮片与病肺粘连。无全身败血病变。

(五) 诊断

根据临床症状和病理变化可做出初步诊断，确诊需进一步做实验室诊断。

1. 实验室诊断

(1) 病原分离与鉴定 涂片镜检，采取病变部的肺、肝、脾及胸腔液，制成涂片，用碱性美兰液染色后镜检，如从各种病料的涂片中，均见有两端浓染的长椭圆形小杆菌时，即可确诊。如果只在肺脏内见有极少数的巴氏杆菌，而其他脏器没有见到，并且肺脏又明显病变时，可能是带菌猪，而不能诊断为猪肺疫。有条件时可做细菌分离培养。

(2) 病料采集 败血症病例可从心、肺、脾或体腔渗出液，其他病例可从病变部位渗出液、脓液中取样。

2. 鉴别诊断 应与急性咽喉型炭疽、猪传染性胸膜肺炎、猪气喘病等相区别。

(1) 急性咽喉型炭疽 猪很少发生急性炭疽，且不能形成流行，剖检时，急性炭疽猪的脾脏肿大与肺疫不同，咽喉型炭疽主要侵害颌下、咽后及颈前淋巴结，而肺没有明显的发炎病变。最急性猪肺疫的咽喉部肿胀是咽喉部周围组织及皮下组织出血性浆液性炎症，肺有急性肺水肿变等病变。涂片用碱性美兰液染色后镜检，两者病原形态不同，易于分开。炭疽可见到带红色荚膜的大杆菌，猪肺疫可见到两端浓染的长椭圆形小杆菌。

（2）猪传染性胸膜肺炎 传染性胸膜肺炎的病变局限于呼吸系统，肺炎肝变区呈一到的紫红色，而猪肺疫的肺炎区常有红色肝变和灰色肝变混合存在。涂片染色镜检，可见到不同的病原体。

（3）猪气喘病 气喘病主要症状是气喘、咳嗽，体温不高，其全身症状轻微。肺炎病变呈胰样或肉样，界限明显，两侧肺叶病变对称，无化脓或坏死趋向。猪肺疫与上述症状和病变有明显区别。

（六）防治

防治本病的根本方法，必须贯彻预防为主的方针，消除或减少降低猪抵抗力的一切不良因素，加强饲养管理，作好卫生兽医工作，以增强猪体的抵抗力。每年春秋两季定期进行预防注射，我国目前使用两种菌苗，一是猪肺疫氢氧化铝甲醛菌苗，断奶后的大小猪一律皮下注射 5 毫升，注射后 14 天产生免疫力，免疫期为 6 个月；二是口服猪肺疫弱毒冻干苗，按瓶签说明的头分，用冷开水稀释后，混入饲料和饮水中喂猪，一律口服 1 头份，免疫期 6 个月。一旦猪群发病，应立即隔离病猪、消毒、紧急预防接种，病初及时用药效果较好。使用抗猪肺疫血清，配合抗生素或磺胺药治疗，疗效更好。药物治疗效果最好的抗生素是庆大霉素，其次是四环素、氨苄青霉、磺胺类药物等，但巴氏杆菌可以产生抗药性，如果应用某种抗生素后无明显疗效，应立即更换。猪舍的墙壁、地面、饲养管理用具要定期消毒，勤换垫草，并改善猪只饲养管理条件。

（1）庆大霉素每千克体重 1～2 毫克，氨苄青霉素每千克体重 4～11 毫克，四环素每千克体重 7～15 毫克，均为每日两次肌内注射，直到体温下降，食欲恢复为止。庆增安注射液每千克体重 0.1 毫升，肌内注射，每日 2 次，有良好疗效。

（2）10％磺胺嘧啶钠（10％磺胺二甲嘧啶钠）注射液，小猪 20 毫升，大猪 40 毫升，每日肌内或静脉注射 1 次，或按每千克体重 0.07 克，每日肌内注射两次，直到体温下降，症状好转为止。也可用磺胺嘧啶 1.0 克，麻黄素碱 0.4 克，复方甘草合剂 0.6 克，大黄末 2.0 克，调匀为一包，体重 10～25 千克的猪服用 1～2 包，25～50 千克的猪服用 2～4 包，50 千克以上的猪服用 4～6 包，每 4～6 小时服用 1 次，均有一定效果。

（3）盐酸土霉素，每千克体重 39～40 毫克，溶于生理盐水或注射水中，肌内注射，每日 2 次。至体温食欲恢复正常后还需再注射 1 次。

（4）四环素溶于 5％葡萄糖氯化钠内，同时加入氢化可的松或地塞米松，静脉注射。每天 1 次。

（5）长效抗菌剂，每千克体重 0.1 毫升，一次肌内注射。

（6）抗猪出血性败血病血清，有较好的治疗效果。2 月龄以内的猪皮下注射 20～40 毫升，2～5 月龄的猪皮下注射 40～60 毫升，5～10 月龄的猪皮下注射 40～80 毫升。预防时用量减半。

（7）中药治疗，病初可用双花 15 克、连翘 15 克、黄芩 9 克、浙贝 9 克、紫草 15 克、丹皮 9 克、射干 9 克、山豆根 9 克、麦冬 12 克、大黄 9 克、芒硝 15 克，水煎灌服。

六、猪布鲁氏菌病

又称被波状热，是由布鲁氏菌引起的人畜共患传染病。猪布鲁氏菌病是由猪布鲁氏菌引起的一种慢性传染病。病的特征是妊娠母猪患病后，发生流产、子宫炎、跛行和不孕症，公猪患病后发生睾丸炎和附睾丸炎。

（一）病原

布鲁氏菌属，为革兰氏阴性小杆菌，不形成芽孢。根据其病原性、生化特性等不同，可分为 6 个种 20 个生物型，其中猪种布鲁氏菌 5 个型。

布鲁氏菌对各种物理和化学因子比较敏感。巴氏消毒法可以杀灭该菌，70℃10 分钟也可杀死，高压消毒瞬间即亡。对寒冷的抵抗力较强，低温下可存活 1 个月左右。该菌对消毒剂较敏感，2％来苏儿 3 分钟之内即可杀死。该菌在自然界的生存力受气温、湿度、酸碱度影响较大，pH7.0 及低温下存活时间较长。

布鲁氏菌病最危险之处是患畜几乎不表现症状，但能通过分泌物和排泄物（乳汁、精液、阴道分泌物、粪、尿）不断向外排菌，特别是随流产胎儿、胎衣和羊水排出大量病原菌，成为危害最大的传染源。排出的病原菌对外界环境有相当强的抵抗力，如在胎衣中能存活 4 个月，在水、土、粪、尿中存活 3 个月，在皮毛上存活 1～4 个月，在冻肉中存活 2～7 周，在乳中存活 10 天至 1 年。因此，生活和生产环境一旦遭病原污染，不论人或畜，在几个月内部有被感染的可能。

（二）流行病学

布鲁氏菌病广泛地分布于世界各地，能侵害多种家畜、野生动物和人类。猪对猪种菌和羊种菌易感。感染人者主要为羊型、牛型和猪型。其致病力以羊型最强，其次为猪型，牛型最弱。人群普遍易感，并可重复感染或慢性化感染。

本病主要经消化道感染，也可经伤口、皮肤、呼吸道、眼结膜和生殖器黏膜感染。因配种致使生殖系统黏膜感染尤为常见。

本病一年四季均可发生，但有明显的季节性，发病以春夏为多。母猪较公猪易感，尤其第一胎母猪发病率最高，阉割后的公母猪、5 月龄以下的猪易感染性较低，对此病有一定的抵抗力。随着年龄增长，性成熟后，对此病则非常敏感。新感染猪场，流产数多，流产率可达 28％。

（三）临床症状

家畜感染布鲁氏菌表现轻微，有的几乎不显任何症状，个别表现关节炎，公畜多发睾丸炎，母畜多流产。布鲁氏菌病的病变多发生在生殖器官和关节，多不影响家畜生命，不被人重视，易留下后患。家畜患病没有治疗价值，应全部淘汰，消灭传染源。

猪多为隐性感染，少数也发生流产、关节炎和睾丸炎。猪的明显症状是流产，出现暂时性或永久性不育、睾丸炎、跛行、后肢麻痹、脊椎炎，偶尔发生子宫炎，后肢或其他部位出现溃疡。

母猪的主要症状是流产，多发生在怀孕的第2～3个月期间。流产的胎儿多为死胎，很少木乃伊化，但接近预产期流产时，所产的仔猪可能有完全健康者，但以弱仔和不同时期死胎为主，且阴道带流出黏性红色分泌物，经8～10天方可自愈。少数母猪流产后引起子宫炎和不育，多数以后能受孕，第二胎正常生产，极少见重复流产。但是，有的母猪乳房受害，奶少、奶的质量降低，严重的乳房发生化脓性或非化脓性肿块，有的发生关节囊炎和皮下组织脓肿。

成年公猪除有时出现关节炎外，常发生睾丸炎，一侧或两侧性睾丸性肿大、硬化、有热痛，体温中度升高，食欲不振，如不及时治疗，有的发生睾丸萎缩、硬化，或是睾丸坏死，触之有波动，均造成性欲减退或丧失，失去配种能力。病公猪关节炎多发生于后肢，出现跛行。

（四）病理变化

布鲁氏菌最适宜在胎盘、胎衣组织中生长繁殖，其次是乳腺组织、淋巴结、骨髓、关节、腱鞘、滑液囊以及睾丸、附睾、精囊等。

特征病变是胎膜水肿，严重充血或有出血点。子宫黏膜出现卡他性或化脓性炎症及脓肿病变。常见有输卵管炎、卵巢炎或乳房炎。公畜精囊中常有出血和坏死病灶，睾丸和附睾肿大，出现脓性和坏死病灶。

（五）诊断

根据临床症状和病理变化可做出初步诊断，确诊需进一步做实验室诊断。

1. 实验室诊断 在国际贸易中，指定诊断方法为缓冲布鲁氏菌抗原试验（BBAT）、补体结合试验和酶联免疫吸附试验。替代诊断方法为荧光偏振测定法（FPA）。

（1）病原检查 抹片镜检（取病畜胎盘绒毛膜表面及水肿区边缘触片染色镜检）、分离培养、动物试验。

（2）血清学检查 缓冲布鲁氏菌抗原试验（虎红平板凝集试验、缓冲布鲁氏菌平板凝集试验）、补体结合试验（特异性高，但操作繁琐）、间接酶联免疫吸附试验、竞争酶联免疫吸附试验、全乳环状试验（可用于筛选病畜群）、血清凝集试验、布鲁氏菌素试验（适用于流行病学调查，由于其敏感性低，不能单独作为正式的诊断试验）。

（3）病料采集 通常采取流产胎儿、胎盘、阴道分泌物或乳汁。

2. 鉴别诊断 应与弯杆菌病、沙门氏菌病、钩端螺旋体病、乙型脑炎、衣原体病和弓形虫病等有流产症状的疫病区别。

（六）防治

控制传染源。加强病畜管理，发现患畜应隔离于专设牧场中。流产胎儿及排出物等应加生石灰深埋。家畜患病一般没有治疗价值，应全部淘汰，消灭传染源。患病的人应及时隔离至症状消失，血、尿培养阳性。病人的排泄物、污染物应予消毒。

切断传播途径。疫区的乳类、肉类及皮毛需严格消毒灭菌后才能外运。保护水源。

保护易感人畜。凡有可能感染本病的人员均应进行预防接种，目前多采用 M‑104 冻活菌苗，划痕接种，免疫期 1 年。另外凡从事牲畜业的人员均应做好个人防护。牧区牲畜也应预防接种。

　　猪场应坚持自繁自养。必须引进种畜时，要严格检疫 2 次，确认健康者才能混群。在疫区，每年定期以凝集反应检疫 2 次，清净群每年至少检疫 1 次，检出病畜应扑杀并做无害化处理。阴性反应畜可预防接种菌苗进行预防。用布鲁氏菌猪型二号冻干苗饮服 2 次，间隔 30～45 天，每次剂量为 200 亿活菌，免疫期 1 年。

　　被污染的畜舍、运动场、饲槽、水槽等用 10％石灰乳或 5％热火碱水严格消毒。将流产胎儿、胎衣、粪便等病畜分泌物、排泄物做无害化处理或消毒深埋。对疫区和发病猪场的基础公、母猪进行定期检疫，逐步培育健康仔猪群，并注意防止工作人员感染。

　　兽医、病畜管理人员、接羔员、屠宰加工人员，要严守卫生防护制度，特别在产仔季节更要注意，最好在从事这些工作前 1 个月进行预防接种，且需每年接种。

　　家畜患病没有治疗价值，应全部淘汰，消灭传染源。治疗一般只对人进行。因布鲁氏菌在网状内皮细胞内繁殖，药物难于达到，故用药后显效慢，且宜复发，要长时间、多疗程联合用药。常用药物有：①链霉素与四环素联合，链霉素 1 克/天，分 2 次肌内注射，四环素 2 克/天，分 4 次口服，疗程 3 周；②新诺明与链霉素联合，前者每次 2 片，3 次/天，后者 2 克/天，分 4 次口服，疗程 3 周；③磺胺加链霉素，最近认为利福平与强力霉素联合治疗，治好后很少复发。

七、猪李氏杆菌病

　　李氏杆菌病是多种畜、禽、野生动物和人共患的传染病，世界各国均有发生。猪患此病以中枢神经系统机能障碍为特征，患猪运动失常，转圈，有的后退，有的头抵地或抵墙不动，有的头颈后仰，呈观星状，有的侧卧，四肢划动，呈游泳状。

（一）病原

猪李氏杆菌病的病原为单核细胞增多性李氏杆菌，外形类似猪丹毒杆菌，但比猪丹毒杆菌更粗，有鞭毛，能运动。在显微镜下观察为单独、成双或短链状杆菌，在外界环境中能长期生存，在尸体中可存活 4～8 个月。2％的火碱、10％的石灰乳能在 10 分钟内杀死此菌。该菌目前已知有四个血清型。

（二）流行病学

本病的易感动物广泛，患病动物和带菌动物是传染源。自然感染以绵羊、猪和家兔较多，牛和山羊次之，马、犬、猫很少。在家禽中，鸡、鹅较多见，啮齿动物特别是鼠类和一些野兽、野禽易感，常成为本病原菌在自然界中的贮存库。传染途径为消化道、呼吸道、损伤皮肤及注射器针头等。健康猪吃了带菌鼠的尸体、带菌饲料或接触被污染的环境，通过消化道、呼吸道及眼结膜感染，也可经吸血昆虫咬伤而感染。当机体抵抗力降低时，也可引起内源性感染。

本病多发于早春、秋、冬或气候突变的时节，常呈散发或地方性流行。猪感染此病不分品种、年龄、性别，而育成猪最易感染。

（三）临床症状

本病的潜伏期为数天到 2～3 周。病猪的临床症状差异很大，仔猪患病多为急性，部分病例表现为败血症，除有败血症外，还呈现小叶性肺炎，经过短促，迅速死亡，部分病例呈现脑脊髓炎症状，如运动失调、转圈、角弓反张、前肢僵直、后躯麻痹，1～2 天内死亡。成年猪患病多为慢性型，表现为长期不食、消瘦、贫血、步态不稳、肌肉颤抖、体温低，病程拖延 2～3 周。怀孕猪常流产，有的在身体各部位形成脓肿。病猪多能痊愈，但成为带菌猪。

发病表现为突然发病，病猪体温在 39.5～40.0℃。发病猪精神萎靡，食欲减退，一天后开始走路摇摆，共济失调。大部分病猪在采食时突然不自主后退，犬卧姿势，后退过程中伴随全身肌肉痉挛，3～5分钟恢复正常。有的病猪意识障碍，两前肢张开，头颈后仰，呈典型的观星状。病猪对外界刺激敏感，轻触即发出尖叫。病猪粪便较稀。

（四）病理变化

在体表可见鸡蛋大小的脓肿。此外，猪软脑膜充血。其他器官无明显的病理变化。剖检可见黏膜、浆膜有轻微出血，腹水增多；胃底部有血斑，小肠充血；肝脏颜色变浅，表面有灰白色坏死灶；脾脏肿大，表面有出血点；腹股沟淋巴结、肠系膜淋巴结肿大；脑膜和脑有轻微充血，脑脊液增加，稍浑浊。但不能形成本病的特征性病变。

（五）诊断

单纯根据临床症状和流行病学不易诊断，而病理解剖变化又不明显，必须配合细菌学和病理组织学检查才能确诊。

1. 实验室诊断

（1）采取病猪的肝脏、脾脏、肺脏、脑组织、淋巴结等做成抹片，革兰氏染色后，镜检发现有两端钝圆的革兰氏阳性小杆菌，单个散在或成对排列，有的排成 V 型或 Y 型。

（2）无菌环境下采取上述病料接种于马丁肉汤，37℃培养24小时后肉汤轻微混浊，管底有淡黄色沉淀，振荡时瓣状浮起。或接种于鲜血琼脂平板上，于37℃培养48小时，可在平皿上形成圆形隆起、表面光滑、蓝白色、透明的小菌落，菌落周围有很窄的 β 溶血环。

（3）本菌生化试验为发酵葡萄糖、鼠李糖、果糖，产酸不产气，靛基质及硫化氢试验阴性，不液化明胶，M.R. 和 V-P 试验均为阳性。

（4）取肉汤培养物，腹腔接种小鼠3只，0.5毫升/只，接种后48小时内全部死亡。剖检后，分别在小鼠的肝脏、脑组织内发现散在出血和坏死，涂片镜检，可见革兰氏阳性小杆菌。另取肉汤培养物滴入家兔一侧结膜囊内，经 48 小时发现明显的脓性结膜炎。

根据以上结果，确诊该病为由产单核细胞李氏杆菌引起的猪李氏杆菌病。

2. 鉴别诊断 应与猪伪狂犬病相区别。猪伪狂犬病的典型症状是体温升高，流鼻汁，但神经症状少见。用肝、脾病料接种家兔，2～3 天后，接种部位出现奇痒。而李氏杆菌病取病料染色，可见李氏杆菌。

（六）防治

加强环境卫生消毒，对病猪进行隔离和治疗。常用抗生素和磺胺类药物治疗，但青霉素、链霉素治疗效果不佳。有条件的可采取福尔马林灭活苗进行免疫接种。因为是人畜共患病，工作人员应注意防护。感染猪场对发病猪改用磺胺嘧啶钠、庆大霉素，并结合应用安痛定、可的松、维生素 C、葡萄糖治疗。对尚未发病的猪应用磺胺嘧啶钠、庆大霉素预防 2～3 天即可控制住病情，发病猪症状明显减轻，情况好转。

第三节 猪的主要寄生虫病

一、猪附红细胞体病

附红细胞体病（EH）是由附红细胞体（简称附红体）寄生于人畜红细胞表面、血浆和骨髓中而引起的一种人畜共患传染病，俗称红皮病或血虫病，又称黄疸性贫血、类边虫病、赤兽体病。临床上以发热、贫血、黄疸、高热、全身及局部皮肤发红以及怀孕母猪的流产等为特征。本病呈地方性流行，可引起猪只大批死亡。1932 年 Kinsely 等在美国猪体内首次发现本病，同年 Doyle 在印度首次报道了本病。

我国 1982 年许耀成等首次在江苏南部红皮病猪血液中检查到猪附红细胞体，目前已发现并命名的附红细胞体有 14 种，其寄生的宿主范围涉及鼠、犬、牛、绵羊、猪、兔、南美洲驼羊等动物及人。猪感染附红细胞体后多呈隐性感染，发病最为严重，经济损失巨大，并已有 30 多个国家和地区报告了猪附红细胞体的感染情况。

（一）病原

目前，国际上广为采用的是 1974 年《伯杰氏细菌鉴定手册》将附红细胞体列为立克次氏体目无浆体科血虫体属，也称附红细胞体属。2000 年 Messick 等、2001 年 Harold Neimark 等根据 16SrRNA 基因序列以及对这些序列的种系分析比较认为附红细胞体与支原体属关系非常密切，并建议将猪附红细胞体分类到支原体属，并暂时命名为猪嗜血性支原体。

猪附红细胞体无细胞壁，无鞭毛，对青霉素类不敏感，而对强力霉素敏感，是一种典型的多形态原核生物体。光镜下多数呈环形、球形和卵圆形，少数呈顿号形或杆状，直径为 0.2～2.6 微米，大小为（0.3～1.3）微米×（0.5～2.6）微米不等。电镜下附红细胞体无细胞壁，仅有单层界膜，无明显的细胞器和细胞核，有时可见丝状尾，呈圆盘状，一面凹陷，一面凸出，也有椭圆形、短杆形的。表面有皱褶和突起，常单个或成簇以凹面附着在红细胞表面，能改变红细胞体表面结构，致使其变形。在红细胞表面寄生呈链状、鳞片状，在血液中呈游离状态。

附红细胞体对干燥和化学药品比较敏感，对低温的抵抗力较强。在柠檬酸钠抗凝的血液中置 4℃ 可保存 15 天，也有报道可存活 31 天以上；在冰冻组织和凝固的血液里可存活 31 天；在 0.05％ 石炭酸中 37℃ 3 小时可以被杀死；在加 15％ 甘油的血液中，−70℃ 能保持感染力 80 天；在脱纤血中，−30℃ 保存 83 天仍有感染力。律祥君等将感染猪全血与健康猪全血混合后在厌氧条件下培养获得成功，最佳生长期为 96 小时。但至今仍不能在非细胞培养基上培养附红细胞体。

附红细胞体用苯甲胺染料染色时易于着色，革兰氏染色阴性，姬姆萨染色呈紫红色，瑞氏染色为淡蓝色或蓝紫色，吖啶橙染色可显示其单体。

（二）流行病学

本病多具自然源性，有较强的流行性，当饲养管理不良、机体抵抗力减低、恶劣环境下或其他疾病发生，易引发规模性流行，且存在复发性，一般病后有稳定的免疫力。潜伏期约 7 天。本病无明显的季节性，主要发生于夏秋多雨季节，呈地方大面积流行。不同年龄、品种的猪均可感染此病，仔猪和围产期母猪发病率相对较高，但仔猪发病率和死亡率都较高，患病猪和隐性感染猪是主要的危险传染源。

1. 易感动物　为猪、羊（绵羊、山羊）、犬、猫、牛和其他动物。

附红细胞体具有种特异性。由猪附红细胞体引起的附红细胞体病只见于家养的猪。一般情况下，不同年龄和品种的猪均可感染，但幼龄猪、外来品种猪以及体弱猪发病较多。

2. 传播途径　有直接接触性传播、血液性传播、垂直传播、媒介昆虫传播等多种途径。

（1）血源传播　注射、打耳号、人工授精等操作均可为经血液传播途径。

（2）垂直传播　经患病母畜的胎盘感染给下一代。但在交配时，只有公猪将被污染的精液留在阴道内，才会发生感染。

（3）昆虫传播　蚊、螯蝇、虱、蜢、蜱等吸血昆虫通过摄食含病原血液或含血的物质是重要的传播媒介。

（4）消化道传播　采食被附红细胞体污染的饲料、血粉、胎衣粉等均为消化道感染途径。

3. 流行特征　一年四季均可发生，只是季节不同，发病程度有差异，其中多发于温热的夏秋季节，呈流行性或地方流行，寒冷的冬春有零散发生并自然消失。流行形式具有一定的区域性。猪在良好的饲养管理条件下，一般不发生急性病例或不表现临床症状。但在长途运输、环境突变、营养缺乏及其他疾病混合感染和并发时可大面积暴发此病，且死亡率明显上升。被附红细胞体感染的猪群较难根治，大部分猪呈隐性感染状态，遇到应激等因素又会表现临床症状。

（三）致病机理

附红细胞体是一种条件性病原微生物，多数学者认为其治病性较低，只有机体抗病力下降时，才可致病。在猪附红细胞体和红细胞膜相互作用过程中，红细胞膜发生改变，从而导致被遮蔽的抗原暴露出来或已有抗原发生变化，这些抗原释放到血液中，被自身免疫系统视为异物，刺激免疫应答反应和网状内皮系统增生，使附红细胞体寄生的细胞受到破坏，导致机体贫血等症状。此外，附红细胞体附着在红细胞膜上后，机体产生自身抗体并攻击被感染动物的红细胞从而加重病情。猪附红细胞体附着使细胞膜变形、内陷，改变细胞膜结构而发生溶血，也有人认为，变形的红细胞经过脾脏时被清除而发生溶血。贫血可以刺激造血器官补偿性的血细胞迅速增殖，网织红细胞增多，并伴发巨红细胞症，红细胞大小不均匀，多染细胞增多和有核红细胞出现。机体在发病时产生的自身抗体是 IgM 型冷凝素，在高温状态下，抗体从红细胞表面脱离，在低温时，抗体则紧紧依附于红细胞。猪附红细胞体的潜在感染对于凝血没有影响。

猪患附红细胞体的出血现象，是由于被激活的血管内凝血系统和持续的消耗性血凝病理所致。急性附红细胞体感染会引起严重的酸中毒和低血糖症，低血糖症是由于猪附红细胞体代谢过程中利用葡萄糖明显增加，酸中毒是由于乳酸（代谢产物）增多以及肺气体交换障碍所引起。猪感染附红细胞体后，机体可以产生抗附红细胞体的抗体，抗体的产生与病原数量的增多有暂时的相关性，即抗体的产生呈波浪形。

（四）临床症状

潜伏期 3～15 天。猪感染后主要表现为急性贫血，伴随发热、黄疸、厌食等症状。

任何年龄猪被附红细胞体感染后均会受到影响，但断奶仔猪，特别是被阉割后几周的仔猪最易感。急性感染的临床特征为急性黄疸性贫血和发热。急性发病时，猪高热达 41～42℃，呈稽留热，有时有黄疸，两耳、四肢、腹下等皮肤呈暗红色，尤其耳廓边缘发绀，有的病例整个耳廓、尾以及四肢的末端明显发绀，有严重的酸中毒、低血糖症，贫血严重的猪厌食、反应迟钝、消化不良，急性感染的耐过猪生长缓慢，慢性病例猪体表现消瘦、苍白，进行性呼吸困难，有的便秘与腹泻交替，生长缓慢，公猪性欲减退，精子活力低下。亚临床感染时，死亡率小于 1%。

1. 保育、育肥猪 精神沉郁，嗜睡，扎堆，体温升高至40.5℃左右。体表苍白、贫血、黄疸，耳朵、四肢内侧、胸前腹下及尾部等处皮肤毛孔渗出铁锈色血点。部分猪全身皮肤呈浅紫红色，尤其是腹部及腹下，部分猪皮肤呈土黄色。大部分猪眼结膜发炎，严重的上下眼睑粘住使眼无法睁开。个别猪耳部发绀，后肢内侧及腹部有出血斑。慢性经过表现被毛粗乱无光泽、采食量下降、机体消瘦，容易感染其他疾病，造成混合感染。

2. 哺乳仔猪 有的仔猪初生即有腹股沟淋巴结发青等明显发病症状，一般 7～10 日龄症状明显。体温高于正常体温，眼结膜发炎变红，皮肤苍白或发黄，浅表部位皮肤毛孔有淡黄色点状渗出。有时腹泻，粪便深黄色或黄色黏稠，如保健不到位或治疗不及时易与猪瘟等病原造成混合感染。

3. 繁殖母猪 怀孕母猪和哺乳母猪患病后精神沉郁、喜卧、厌食、不明原因高热，大部分发病猪只表现毛孔渗血，个别母猪全身皮肤发红，后期皮肤黄染或苍白。母猪感染后常表现不发情或发情后屡配不孕、流产、死胎等繁殖障碍，产出的胎儿全身发红，尤其头、肩、臀、背部以及四肢红色较重。母猪乳房及外阴部水肿，无乳。

（五）病理变化

1. 病理剖检变化 全身皮肤苍白、可视黏膜黄染，皮下有大小不等的出血点或出血斑，脂肪黄染；血液稀薄，呈樱红色、水样，凝固不良；将收集的含抗凝剂试管中的血液冷却至室温倒出，可见试管壁有粒状微凝血，当血液加热到37℃时，这种现象消失。肝肿大变性，呈黄棕色，胆囊充满浓性明胶样胆汁；淋巴结肿大、水肿，切面多汁呈黄色；心肌苍白柔软，心外膜脂肪黄染，心包内有积液；肠黏膜出血、水肿，小肠壁变薄，肠黏膜脱落，部分肠道积液；脑膜充血，并有针尖状出血点，脑室积液及胸腹腔积液。

2. 病理组织学变化

（1）肝脏 有含铁血黄素沉积，肝有点状出血，肝细胞混浊、肿胀，并形成空泡变性、颗粒变性。肝索排列紊乱，中央静脉扩张、水肿，小叶间胆管扩张，汇管区结缔组织增生，可见少量白细胞。肝小叶界限不清，肝小叶中央区肝细胞病变严重。

（2）脾脏 脾小体中央动脉扩张、充血、出血，有含铁血黄素沉积，滤泡纤维素增生。脾小体生发中心扩张，窦腔内可见多量网状细胞、巨噬细胞，脾小梁充血、水肿。

（3）淋巴结 被膜充血，皮质淋巴窦扩张，淋巴结充满淋巴细胞和网状内皮细胞，生发中心扩大。

（4）脑 脑血管内皮细胞肿胀，脑膜充血、出血，脑血管周围有圆形细胞浸润、液性及纤维素性渗出，脑实质可见散在出血点。

（5）小肠 肠绒毛上皮细胞肿胀、脱落，肠腺上皮细胞肿胀，固有层和黏膜下层炎性细胞浸润，肌层充血、水肿，杯状细胞肿大。中央乳糜管可见炎性细胞和脱落的上皮细胞，黏膜下层毛细血管扩张、充血。

（6）心脏 心肌纤维弯曲、断裂，颗粒变性，心肌纤维间有炎性细胞浸润，尤其是心肌纤维断裂处更明显。

（六）诊断

附红细胞体病的特征性临床症状不明显，与有类似症状的疾病很难区别。须进行血涂片检查，并结合流行病学、临床症状、剖检变化及其他实验室检查方可确诊。

1. 光镜检查法

（1）悬滴标本检查　从耳静脉采血（鲜血或用抗凝血）1 滴于载玻片上，加等量生理盐水，混匀，加盖玻片。待血液停止流动后，置 400～600 倍暗视野显微镜下观察。被感染的红细胞失去球形立体形态，边缘不整而呈齿轮状、星芒状、刺球状、不规则多边形等即可确诊。

（2）血涂片染色镜检　取病猪耳静脉血制成血涂片，用姬姆萨染色液染色后，用 800～1 000 倍油镜观察。可见红细胞表面和血浆中有大小不等的环形、球形、卵圆形、逗点形、月牙形或杆状等多种形态的淡红色虫体。虫体胞膜较厚，有较强的折光性。多数聚集在红细胞表面，少则 3～5 个，多则 15～20 个，据此可作出诊断。

（3）实验室检查的阳性判定标准　在 1 000 倍油镜下观察 20个视野，发现附红细胞体则判为阳性，将附有虫体的红细胞占全部红细胞的 10％ 以下判为"＋"，10％～50％ 判为"＋＋"，50％～75％ 判为"＋＋＋"，75％ 以上判为"＋＋＋＋"。20 个视野均未见到附红细胞体判为阴性。

（4）直接涂片检查法　用耳尖采血或心血直接涂片（尽量要薄）。自然干燥后，直接镜检，如为阳性即可见红细胞周围有多个小点状物附着，少则几个，多者十几个，严重者红细胞已变成星芒状。可多观察几个视野，有的视野红细胞很正常，有的视野可见大量红细胞感染。一般呈阳性者大多数血片白细胞数量很少，以至很难发现白细胞，一般用 400 倍镜检即可清晰辨别，这表明该机体免疫力相当低下。

2. 电镜检查法　扫描电镜下红细胞表面的附红细胞体多为

球状、饼状、卵圆形、短杆状等多种形态。大小为 0.2～2.6 微米，单个附红细胞体则成球状、饼状等多形态，其中球状附红细胞体上常见有一根到数根丝状结构，这些细丝一旦附着在红细胞表面，则使红细胞膜产生一些小而深的凹陷和变形。

3. 血清学检查

（1）补体结合试验　Splitter（1958）首先将补体结合试验用于诊断猪附红细胞体病，急性病型效果好。临床发病后第 3 天，患畜血清即呈阳性反应，2～3 周后逐渐转为阴性。但本病慢性带菌者呈阴性反应。

（2）间接血凝试验　Smith（1975）研究成功后报道，间接血凝试验滴度 1∶40 为阳性，灵敏度较高，能检出补体结合反应转阴后的耐过猪。

（3）荧光抗体试验　华松（1970）最早用来诊断牛附红细胞体病，抗体在第 4 天出现，随感染率上升，28 天达高峰。

（4）酶联免疫吸附试验　Frank 等（1992）报道，对 ELISA 检测猪的附红细胞体与间接凝集试验（IHA）的结果进行了比较分析，差异极其显著，这说明 ELISA 比 IHA 更为敏感。

4. 人工感染试验　切除脾脏猪的感染试验，感染的最终确诊可以通过切除疑为感染的猪的脾脏或将疑为感染猪的血液输给切除脾脏的猪来实现。Splitter（1950）利用了切除脾脏的猪进行人工感染试验，诊断性脾切除术仍被认为是诊断猪附红细胞体感染最确实的方法。切除脾脏后 3～20 天，被猪附红细胞感染的猪呈急性发病，此时可通过查找血涂片中的虫体进行诊断。

（七）防治

1. 预防　加强饲养管理，做好预防接种，增强机体抵抗力，防止猪的免疫抑制性因素及疾病。及时驱出体内外寄生虫，坚持消毒制度，彻底杀灭各种吸血昆虫（蚊蝇等），切断其传播媒介，可有效防止该病的发生。防止饲料霉变，保持猪舍、饲养用具卫生，给猪免疫或注射时每头猪 1 个针头，针头要消毒，断尾、剪齿、剪耳号的器械用前要消毒。定期驱虫，杀灭虱子、疥螨及吸血昆虫，防止猪群咬尾。用2‰烧碱溶液消毒环境及用具可有效预防本病。改善饲养条件，加强通风，搞好卫生，防止猪群拥挤、舍内温度突变、减少应激等是防止该病发生的关键。引进猪时要在场外隔离饲养观察半个月，经血液检查确认无本病时方可进场，防止引入病猪或隐性感染猪。对猪群进行合理的药物保健可有效预防本病。

（1）妊娠母猪、空怀母猪及种公猪周期性的饲料加药保健主要预防附红细胞体、衣原体及其他细菌性疾病。

①四环素400克/吨＋磺胺五甲800克/吨＋TMP150克/吨＋小苏打1 500克/吨，拌料连喂7～10天。

②利高-44 1 500克/吨＋阿散酸150克/吨（称准、混匀）＋维生素E（50％）300克/吨，拌料连喂7～10天。

（2）母猪产仔前后5天在饲料中加药保健 可清除体内毒素，疏通肠道，提高免疫力。

①强力霉素400克/吨＋磺胺五甲600克/吨＋TMP120克/吨＋小苏打1 500克/吨。

②80％支原净125克/吨＋阿散酸150克/吨（称准、混匀）。

（3）哺乳仔猪加药保健 仔猪生后1、7、21日龄分别肌内注射得米先或长效强力霉素。

（4）仔猪断奶前后药物保健

①加康400克/吨＋阿散酸200克/吨＋维生素C400克/吨。

②80％支原净125克/吨＋强力霉素400克/吨＋98％阿莫西林300克/吨。

（5）保育猪转出前后饲料加药保健

①利高霉素1500克/吨＋磺胺六甲500克/吨＋小苏打1 500克/吨＋维生素E（50％）200克/吨。

②加康400克/吨＋阿散酸200克/吨（称准、混匀）＋维生素C400克/吨。

③18％环丙沙星（包被）1 000 克/吨＋阿散酸 200 克/吨＋维生素 E（50％）200 克/吨。

（6）生长育肥猪加药保健　定期或遇到天气突变等应激时加药预防，连用 7 天。

①清瘟败毒散 2 000 克/吨（纯品）＋强力霉素 400 克/吨。

②麻杏石甘散 1 000 克/吨（纯品）＋阿散酸 200 克/吨（称准、混匀）。

2. 治疗

对于已发病的猪实行隔离，加强全场消毒，定期对猪群体表驱虫，杀灭猪虱和蚊虫，并进行群体投药预防。每吨饲料中添加土霉素碱 800～1 000 克，连用 15 天，停 3 天，再连用 1 周，或在饲料中添加阿散酸（或洛克沙胂）200 克/千克，喂 5～7 天，停 5～7 天，再喂 5～7 天。对病猪的治疗可用以下方法：

（1）长效土霉素 0.1 毫升/千克，间隔 36 小时注射，连用 3 天，或用血虫净（三氮脒、贝尼尔）5 毫克/千克，用生理盐水稀释成 5％溶液深部肌内注射，每天 1 次，连用 3 天，病仔猪应加注补铁、补血针。肌内注射长效抗菌剂 0.1 毫克/千克，2 天 1次，2 次可基本治愈。体温在 40.5℃以上注射柴胡等退热，体温在 40～40.5℃注射大青叶。

（2）抗原虫药早期应用疗效显著，注射三氮脒（贝尼尔）按 5～7 毫克/千克体重每天 1 次连用 2 天，间隔 2 天后重复用药一次。配伍牲血素（含铁、硒）效果更佳。

（3）每吨饲料中添加尼可苏 2 千克，连用 10 天后停药 5 天为 1 个疗程，连续使用 3 个疗程，治疗期间需确保猪只清洁饮水充足，同时肌内注射长效新强米先 10 毫克/千克，可达到彻底治疗效果。

二、猪蛔虫病

猪蛔虫病为猪场最常见的寄生虫病，主要感染 2～6 月龄仔猪，特别在饲养管理差、卫生条件恶劣、拥挤、潮湿及营养缺乏的情况下，易大批感染，引起生长发育不良，甚至发生死亡，给养猪业造成很大损失。

(一) 病原

猪蛔虫呈黄白色圆柱形，长15～40厘米，寄生于猪小肠内，蛔虫卵随粪便排出，在适宜条件下经10～40天发育成感染性虫卵。健康猪吞食被虫卵污染的饲料与饮水而感染，在小肠内幼虫逸出，钻入肠壁随血流至肝、肺后随咳嗽、吞咽再返回小肠发育为成虫。

(二) 临床症状

感染后1周，病猪表现为体温升高、精神沉郁、食欲减退、呼吸加快、咳嗽等蛔虫性肺炎症状，经6～15天症状逐渐减轻，直至消失。重病猪可见食欲不振、消化不良、异嗜、消瘦、贫血、被毛粗乱、生长缓慢甚至形成僵猪。6月龄以上猪的寄生虫体不多时可不见明显症状。

(三) 病理变化

肝脏有多个直径2～5毫米的白斑，肺脏有出血、炎症，小肠内有数量不等的蛔虫，黏膜发炎。虫体过多的猪可见肠阻塞甚至破裂。

(四) 防治

肺炎期应用抗生素及磺胺类药，如青霉素、庆大霉素、磺胺嘧啶钠等注射，可防止微生物引起的肺炎并发症，对避免仔猪死亡极为重要。

成虫期经生前粪检及死后剖检确诊为蛔虫病时，对同批猪全部驱虫治疗。敌百虫、左旋咪唑、丙硫咪唑、伊维菌素均有良好治疗效果。

预防本病要做到保持良好环境卫生，清除粪便并堆积发酵以杀灭虫卵，防止饲料、饮水被粪便污染。保证仔猪饲料营养全面，避免让其拱土及饮用污水。2～6月龄仔猪每2月驱虫1次，成年猪每年定期（春、秋）驱虫两次。

三、猪肺线虫病

猪的肺线虫病是由后圆线虫寄生在猪的支气管内所引起的线虫病，俗称猪肺丝虫病。主要危害仔猪，引起支气管肺炎，严重时，可造成仔猪的大批死亡，如发病不死，也严重地影响仔猪的生长、发育和降低肉品质量，给养猪业带来一定的损失。

（一）病原与流行病学

常见的病原有长刺后圆线虫和短阴后圆线虫。虫体呈乳白色，细长丝状，雄虫较雌虫短小。虫卵呈短椭圆形，灰白色，卵壳较厚，表面凹凸不平，锯齿状，卵内含有已发育成型的幼虫。

猪的肺线虫成虫，寄生在病猪的支气管里。虫卵随粪便排出，此种虫卵在潮湿环境中，可存活达 3 个月，虫卵、幼虫如被蚯蚓吞食，经 10～20 天，发育为感染性幼虫，若蚯蚓死亡，感染性幼虫可在潮湿的粪土中生存 2 周左右。猪啃土觅食，吞咽了感染性幼虫或带虫的蚯蚓时，幼虫即可穿透猪的肠壁，进入肠系膜淋巴结或小血管中发育，沿血液循环移行到肺脏，幼虫穿过肺泡壁，进入肺泡腔，再进入支气管，经过 25～35 天，发育为成虫。

感染性幼虫在蚯蚓体内，可长期保存其生活力。一条蚯蚓可含 2 千～4 千条感染性幼虫，故猪只要摄食少数蚯蚓，就可引起严重感染。

本病多发于温暖、多雨季节，因此时蚯蚓活动频繁，猪容易食入幼虫或带虫蚯蚓而感染。本病发生与饲养管理方式有关，舍饲猪群比放牧猪群感染机会少。

（二）临床症状

猪的肺线虫病主要危害仔猪，轻者症状不明显，重者可引起支气管炎和肺炎，在早、晚和运动时或遇到冷空气时出现阵发性咳嗽，有时鼻孔流出脓性黏稠液体，并发生呼吸困难。病猪虽有食欲，但表现有进行性消瘦，便秘或下痢，贫血，发育迟缓，严重者可致死。

（三）诊断

采集粪便检查虫卵。因肺线虫的虫卵比重较大，可用饱和硫酸镁溶液做虫卵漂浮法或水洗沉淀法检查虫卵。对病重或死亡的猪，剖检可在病猪肺脏（尤其是膈叶）支气管内检查出成虫。

（四）防治

搞好猪舍内、外的环境卫生，圈内地面保持清洁和干燥，消灭土壤中的蚯蚓，做好预防性驱虫。对病猪，应及时治疗，对流行地区的猪群，应做好春、秋两季的驱虫。驱虫药可用左旋咪唑、阿维菌素、伊维菌素和丙硫咪唑等。

四、弓形虫病

弓形虫病是由龚地弓形虫寄生于各种动物的细胞内引起的一种人畜共患的原虫病，该病以患病动物的高热、呼吸及神经系统症状、动物死亡和妊娠动物的流产、死胎、胎儿畸形为特征。

（一）病原

龚地弓形虫为细胞内寄生虫，根据其发育阶段的不同而分为五型，肠外期包括速殖子和组织包囊，见于中间宿主和终末宿主的非肠组织。肠内期只见于终末宿主猫体内，包括裂殖体、配子体和卵囊。

在猪体内存在的弓形虫有速殖子和组织包囊。速殖子主要发现于疾病的急性期，常散布于血液，脑脊液和病理渗出液中，也常见到一个膨胀的吞噬细胞内有数个至十数个虫体，这种被细胞膜包绕的速殖子群落因为没有真正的囊壁而称为假包囊。速殖子的形态呈月牙形、香蕉形或弓形，大小为 4～7 微米×4 微米，一端稍尖，另一端钝圆。用姬姆萨或瑞氏染色后镜检，胞浆呈浅蓝色，有颗粒，核呈深紫色，偏于钝圆一端。组织包囊出现在慢性或无症状病例，主要发现在脑、骨骼肌、心、肺、肾以及视网膜等处，呈卵圆形，有较厚的囊壁，囊中虫体反复增殖，小的包囊直径 5 微米，大的直径可达 100 微米。

速殖子或组织包囊经消化道或其他途径进入终末宿主猫的肠内，侵入肠上皮细胞，首先通过裂殖生殖产生大量的裂殖子，到一定阶段，部分裂殖子转化为配子体，大小配子进行配子生殖，最后形成卵囊，卵囊随猫的粪便排到外界环境中，通过污染的饲料或饮水等感染中间宿主，形成新的循环。

（二）流行病学

1. 易感动物 弓形虫是一种多宿主原虫，对中间宿主的选择不严，已知有 200 余种动物，包括哺乳类、鸟类、鱼类、爬行类和人都可作为它的中间宿主，猫属动物也可作为中间宿主，实验动物以小鼠、仓鼠最为敏感。

2. 传染源 病畜和带虫动物的脏器、分泌物、血液及渗出液，尤其是猫随粪排出的卵囊所污染的饲料和饮水都是主要的传染源。

3. 感染途径 猪主要是经消化道吃入被卵囊或带虫动物的肉、内脏、分泌物等污染的饲料而感染。速殖子也可能通过口、鼻、咽、呼吸道黏膜及受损的皮肤而进入猪体内。通过胎盘感染的现象是普遍存在的。

4. 虫体抵抗力 从终末宿主排出的卵囊在外界可存活 100 天至 1.5 年，一般消毒药对弓形虫无作用。速殖子的抵抗力弱，在生理盐水中，几小时后感染力丧失，各种消毒药均能迅速将其杀死。

（三）流行病学

1. 暴发型 在短时间内，猪场内大部分猪或舍内的大部分猪同时发病，死亡率高达 60％以上。

2. 急性型 猪场内同时有若干猪同时发病，一般以一个猪圈内的十几头或二十几头猪几乎同时患病的形式为多见。

3. 零星散发　一般是在一个圈或几个圈内同时或相继出现1～2头病猪。有的先发生一例之后逐渐向四周扩散，使邻位的猪圈中在2～3周内陆续发病，这个过程可持续一个多月，然后慢慢平息。

4. 隐性感染　这是目前弓形虫病在我国流行的主要形式。感染猪一般见不到临床症状，但血清学检测阳性率较高，尤其是妊娠母猪的隐性感染常导致流产。

弓形虫病的发生一般不受气候的限制，以夏、秋季节发病为多，这可能是夏秋季节的气温和湿度条件更适合于弓形虫的卵囊孵化。

（四）临床症状

根据感染猪的年龄、弓形虫虫株的毒力、弓形虫感染的数量以及感染途径等的不同，其临床表现和致病性都不一样。一般猪急性感染后，经3～7天的潜伏期，呈现和猪瘟极相似的症状，体温升高至40～42℃，稽留7～10天，病猪精神沉郁，食欲下降甚至废绝，但常饮水，伴有便秘或下痢，后肢无力，行走摇晃，喜卧。鼻镜干燥，被毛逆立，结膜潮红。随着病程发展，耳、鼻、后肢股内侧和下腹部皮肤出现紫红色斑或间有出血点，严重时呼吸困难，并常因窒息而死亡。

急性发作耐过的病猪一般于2周后恢复，但往往遗留有咳嗽、呼吸困难及后躯麻痹、斜颈、癫痫样痉挛等神经症状。

怀孕母猪若发生急性弓形虫病，表现为高热、废食、精神委顿和昏睡，此种症状持续数天后可产出死胎或流产，即使产出活仔也会发生急性死亡或发育不全以及不会吃奶或畸形怪胎。母猪常在分娩后迅速自愈。

（五）病理变化

在病的后期，病猪体表尤其是耳、下腹部、后肢和尾部等因瘀血及皮下渗出性出血而呈紫红斑。内脏最特征的病变是肺、淋巴结和肝，其次是脾、肾、肠。肺呈大叶性肺炎，暗红色，间质增宽，含多量浆液而膨胀成为无气肺，切面流出多量带泡沫浆液；全身淋巴结有大小不等的出血点和灰白色的坏死点，尤以腹股沟部和肠系膜淋巴结最为显著；肝肿胀并有散在针尖至黄豆大的灰白或灰黄色的坏死灶；脾脏在病的早期显著肿胀，有少量出血点，后期萎缩；肾脏的表面和切面有针尖大出血点；肠黏膜肥厚、糜烂，从空肠至结肠有出血斑点。

（六）诊断

根据临床症状、流行病学和病理剖检可做出初步诊断，要查出病原，常用以下几种方法。

1. 直接涂片 取病畜或肉尸的肺、肝淋巴结或体液做涂片或压片，自然干燥后甲醇固定，姬姆萨或瑞氏染色检查虫体。此法的检出率一般较低。

2. 集虫法检查 取肺或淋巴结研碎后加 10 倍生理盐水过滤，500 转/分离心 3 分钟，沉渣涂片，干燥，用瑞氏或姬姆萨染色检查。

3. 动物接种 取肺、肝、淋巴结等病料，研碎后加 10 倍量的生理盐水悬浮（每毫升加青霉素 100 单位和链霉素 100 毫克），然后取 4～5 只小鼠腹腔接种，每只 0.5～1.0 毫升，观察 20 天，若小鼠出现被毛粗乱，呼吸迫促症状或死亡，即可取腹水或脏器做涂片或抹片，染色查虫，如查不到虫需盲传 3 代。

4. 血清学试验 国内外已研究出多种血清学诊断法，目前国内应用较广的是间接血凝试验，猪血清凝集效价达 1：64 时可判为阳性，1：256 表示最近感染，1：1 024 表示活动性感染。

（七）防治

1. 治疗 对弓形虫病的有效治疗主要是磺胺类药物。抗生素类药物，如青霉素、四环素、土霉素、卡那霉素、链霉素对弓形虫病无治疗效果，但有预防继发感染的作用。目前常用的治疗方案如下：

（1）磺胺嘧啶＋甲氧苄氨嘧啶，前者用量为每千克体重 70 毫克，后者为每千克体重 14 毫克，每天 2 次，连用 3～5 天。

（2）磺胺嘧啶＋乙胺嘧啶，前者用量为每千克体重 70 毫克，后者为每千克体重 60 毫克，每天 2 次，连用 3～5 天。

（3）磺胺嘧啶＋二甲氧苄氨嘧啶，前者用量为每千克体重 70 毫克，后者为每千克体重 14 毫克，每天 2 次，连用 3～5 天。

（4）长效磺胺，60 毫克/千克（按体重）配成 10％溶液肌内注射，连用 7 天。

（5）吡嗪磺＋甲氧苄氨嘧啶，前者用量为每千克体重 50 毫克，后者为每千克体重 14 毫克，每天 1 次，连用 3 天。

（6）磺酰胺苯矾，按 10 毫克每千克体重肌内注射，连用 7 天。

2. 预防　畜舍应经常保持清洁，定期消毒，一般消毒药剂如 1％来苏儿溶液、3％烧碱液、5％热草木灰液和 1％～3％石灰水等都可用。猪场内禁止养猫，并经常灭鼠，防止猫、鼠及其排泄物对畜舍、饲料和饮水的污染。

流产的胎儿及排出物，死于本病的尸体等应严格处理，防止污染环境。

在该病的易发季节，可用药物预防，尤其是则流行过该病的猪场更为必要。常用的药物为磺胺嘧啶和乙胺嘧啶，两者分别以 500 毫克/千克和 25 毫克/千克的浓度掺入饲料中，连喂 7 天，也可用磺酰胺苯矾按每日每千克体重 1.25～5.0 毫克拌于饲料中连喂 2～3 周来预防该病的发生。

第四节　猪的主要产科疾病

一、乏情

乏情俗称不发情，是指卵巢处于静止状态，或非病理性的无周期性活动的生理现象。我国地方品种 5～6 月龄，内二元（我

国地方品种×瘦肉型品种公猪）6～7 月龄，瘦肉型猪母猪 7～8
月龄，成年母猪产仔哺乳结束 15 天后，不发情即可认为其乏情。
母猪流产和生殖道炎症治愈 30 天后仍不发情也可认为是乏情。

防治：对青年母猪初情期延迟，可采用圈舍转移，重新合并
栏的方法，改变其生活环境，增加与公猪的接触次数，或增喂青
绿饲料等促进其发情。激素治疗可一次皮下或肌内注射孕马血清
（PMSG）10～20 毫升，或孕马血清促性腺激素生物制剂 400～
600 国际单位诱导发情和排卵，也可静脉或肌内注射绒毛膜促性
腺激素（HCG）300～500 国际单位。对断奶母猪可采用以下措
施进行处理：①皮下或肌内注射孕马血清或全血 15～25 毫升；
②肌内注射 PMSG 制剂 1 000～1 500 国际单位，也可静脉或肌
内注射 HCG 500～1 000 国际单位，间隔 1～2 天重复注射一次；
③静脉或肌内注射促卵泡素（FSH）100～300 国际单位，隔日
注射 1 次，一般 3～4 次，不仅能够促进乏情母猪发情和排卵，
并且有提高受胎率和产仔率的作用。

二、流产

流产即怀孕中断，胎儿过早排出。猪是多胎动物，怀孕中断
发生于全部胎儿，称完全流产，怀孕中断发生于部分胎儿则称为
不完全流产。

母猪流产的病因多且复杂，最多见的是传染病引起的群发性
流产，其次是寄生虫病（如弓形虫病等）、霉菌毒素、营养缺乏、
中毒、有害环境以及机械性刺激引起的流产。怀孕中断发生于受
精后 10 天，即怀孕初期时，因子宫的溶黄体作用，母猪能按时
返情，如多次发生这种现象，则母猪表现屡配不孕；怀孕中断发
生于妊娠 12～35 天时，黄体退化时间延长，母猪返情推迟，由
于胚胎被吸收看不到流产物则称为隐性流产；怀孕中断发生于妊
娠 35 天后到临产前时，根据死亡胎儿在子宫内滞留时间长短，
母猪产出各种不同月龄的活胎、死胎、干尸化胎，或发生早产、

产出弱仔。临床上以不完全流产较多见，死亡胎儿发生干尸化，至足月正常分娩后，干尸化胎裹在胎衣中被排出。少数滞留子宫的死胎发生浸溶或腐败分解，软组织分解后形成的恶臭液体或脓液杂有散落的骨片，不时从阴门排出。对流产物（胎水、胎膜、胎儿）的病原学检查，母体的血清学反应和饲料分析等综合检查、分析可确诊。

防治：对猪群定期检测传染性、寄生虫性流产病，以便及时进行防疫，并掌握疫苗的保护率情况。及时送检流产物和做血清学检查，以便及早确诊，采取对策。猪舍要通风干燥，防止高温、高湿，饲喂全价饲料，禁喂霉变和有毒的饲料。对有流产先兆的母猪先用黄体酮注射液15～25毫克一次肌内注射进行保胎，保胎无效的可肌内注射氯前列烯醇5～10毫克使其流产，配合使用垂体后叶素、催产素等促使胎儿排出，以防死胎停滞。

三、难产

母猪的难产发生率较低，导致难产的原因有子宫收缩无力、胎儿阻塞和阴道阻塞等。母猪平均分娩时间约2.5小时，一般情况下10～15分钟产出一头，初产略慢，妊娠期缺乏运动的母猪略慢，但一般每头仔猪的出生间隔在30分钟之内。母猪破水后半小时仍产不下仔猪，母猪长时间剧烈努责但不产仔，分娩中断时间较长，如超过1小时还未产下一头仔猪，如出现以上症状即可视为难产。

母猪努责无力，产仔间隔时间过长达0.5小时以上，或已无努责又不排出胎衣，是为子宫收缩无力引起的难产。产力正常时出现的难产大多是胎儿异常所致，产道狭窄也有发生，但比较少见，难产的情况通常可通过产道检查确定原因。将母猪保定，先用肥皂水将阴门、尾根、臀部及肛门洗净，再消毒，检查者手臂消毒后，涂上润滑油，五指并拢，慢慢伸入产道，感觉伸入是否困难，触诊子宫颈是否松软开张以及开张程度，骨盆腔是否狭窄及有无损伤等，从而确定胎儿能否通过，接着将手伸入子宫触摸胎儿大小、死活、姿势以及是否两个胎儿同时楔入产道等。

妊娠期延长（超过 116 天，胎儿已部分或全部死亡，一般对维持妊娠很少影响，但将延长正常分娩的启动时间），阴门排出血色分泌物和胎粪，没有努责或努责微弱不产仔，则可能是死胎形成难产，需人工分娩。

防治：科学选留和培育后备母猪，加强母猪的饲养管理是防治产力微弱和产道狭窄等难产的有效措施。种用价值高的后备母猪，则需要定向选择和培育。阴户要发育良好，较大而松弛，过紧且小而上翘的个体不可留种。培育中等肥瘦的体形，过肥易出现难产，过瘦易出现产力微弱。后备母猪 70 千克前应自由采食，70 千克后要视情况适当限饲，且不可使用育肥猪料进行饲喂。既要保证后备母猪的良好生长发育，又要控制体重的高度增长，保证各器官的充分发育。

对于子宫收缩无力而引起的难产，可肌内或皮下注射垂体后叶素 10～20 国际单位或催产素 20～30 国际单位，间隔 30 分钟注射 1 次，一般应用 1～3 次，部分猪还应同时注射强心剂，但注射前一定要检查确定子宫颈已张开和不存在产道堵塞，否则不能注射。不可大剂量使用垂体后叶素或催产素，在子宫颈口未开放时要禁止使用。

对于产道障碍、胎位不正形成的难产，以及母猪有强烈努责而产不出的难产，则忌用催产素，可徒手或用器械人工助产。另外，注射催产素无效的，也应进行人工助产。

助产时应注意清洁卫生并防止对产道造成损伤，应向产道内灌注大量润滑剂，以便于矫正胎势和拉出胎儿。矫正异常胎势时要在母猪阵缩的间歇期将胎儿推回子宫以利操作，胎儿过大可徒手拉或用产科绳套住后拉出，一般难产常发生于分娩的头两个胎儿，只要及时救助，其余胎儿都可自行产出。助产延误及畸形胎过大又不能碎胎的情况下应及时采用剖腹产术。

助产后母猪应注射抗生素（如长效土霉素类，强效阿莫西林类，或肌内注射青霉素 320 万～400 万单位、链霉素 100 万单位、氨基比林 20 毫升等）以防止感染。同时，可口服或拌喂益母草，有助于预防子宫内膜炎和乳房炎的发生。

徒手人工助产是较为常用的方法，助产者要剪短并磨平指甲，用 0.1％高锰酸钾溶液或 75％的酒精，消毒手、手臂和母猪外阴，然后五指合拢随着母猪的阵缩探入产道，待能用手指夹住仔猪的脚、头或阻塞产道的胎衣，再随着母猪的阵缩缓缓地拉出，要特别注意不能损伤母猪的产道。对膀胱膨胀的母猪可赶出产房运动 10 分钟左右，坚韧的阴道瓣可用手捅破，便秘的母猪可用肥皂水进行灌肠。

四、胎衣不下

母猪分娩结束后一般经 10～60 分钟排出胎衣，若超过 2 小时不排出，则称为胎衣不下或称胎盘停滞。

母猪产后应及时检查胎衣上脐带与所产仔猪是否相符，母猪胎衣不下多为部分胎盘滞留，一般不易发现。胎衣在子宫中滞留 3 小时以上，就会因分解产生毒素而引起子宫内膜炎。母猪表现不安努责，食欲减少或废绝，喜喝水，可引起全身症状，有时从阴门流出红褐色带恶臭的液体，内混有分解的胎衣碎片。

科学合理地饲养怀孕母猪或让其适当运动有利于增强子宫的阵缩力。产后 2 小时不排胎衣的，应肌内注射垂体后叶素或催产素 10～20 国际单位，间隔 1 小时后重复注射，并在子宫内注入广谱抗生素可预防滞留胎衣腐败分解，采用抗感染的全身和对症疗法可增强效果。

五、子宫脱出

子宫脱出是指子宫外翻并翻转垂于阴门之外，是母猪产后危险的重症。本病大多发生于产后数小时至 3 天，常突然发生，子宫的一角或两角的部分脱出，像两条粗的肠管，上有横的皱襞黏膜，呈紫红色，血管易破裂，流出鲜红色血液，可很快发生子宫完全脱出。时间长时，黏膜发生瘀血、水肿，容易破裂出血，呈暗红色，易粘有泥土、草末、粪便等。病猪出现严重的全身症状，体温升高，心跳和呼吸增数。若发现过晚治疗不及时，或治疗不当，常导致母猪死亡。

防治：母猪产后要勤观察，及时发现并整复子宫。应立即用消毒湿毛巾或湿纱布将脱出的子宫包好，以防止擦伤和大出血，将病猪半仰半卧保定，后躯抬高，腰椎麻醉，给予镇痛、强心药，再用消毒药洗涤子宫，用肠线缝合破口后，整复子宫。助手托着子宫角，术者从靠近阴门的部分开始，先将阴道送入阴门内，再依次送入子宫颈、子宫体和子宫角，为防止再脱出，用内翻缝合法缝合阴门。术后配合全身疗法、抗生素疗法以及对症疗法。

六、阴道脱出

阴道脱出是指阴道壁的一部分突出阴门外，常发生于妊娠后期，脱出物约拳头大，呈红色半球形或球形。初发生时，患猪表现为卧地时阴门张开，黏膜外露，呈半球形，当患猪站立时脱出部分自行收回，以后可发展为阴道全脱出，不能自行缩回，黏膜变为暗红色，甚至黏膜干裂坏死。病猪精神、食欲大多正常。

应针对病因采取相应措施，常见病因有母猪怀孕期饲料不足，缺乏蛋白质和矿物质，母猪老龄，长期卧地，运动不足，便秘或拉稀，以及难产、过度努责等。整复脱出的阴道时，冲洗消毒可选用0.1%新洁尔灭、0.1%高锰酸钾溶液，将脱出的阴道冲洗，除去水肿和坏死组织，用毛巾浸2%明矾水，轻轻挤压排出水肿液，除去坏死组织，整复脱出阴道。用双手慢慢将脱出的阴道推回阴门内，阴门固定缝合可选用圆枕缝合、纽扣缝合或双内翻缝合，但阴门要留有排尿口，5～7天后拆线。阴门组织药物封闭可选用 75％医用酒精 40 毫升或 0.5％普鲁卡因 20 毫升，在阴门两侧深部组织分两点注射封闭。治疗期间不要喂食过饱，加强饲养和护理。

七、子宫内膜炎和子宫积脓

子宫内膜炎是由于产期管理不当，细菌感染或死胎溶解而引起，炎症造成可分为卡他性、化脓性和隐性炎症，排出黏液样或脓样分泌物，子宫积水积脓。炎症造成子宫内膜不能分泌前列腺素 F2α（PGF2α），而 PGF2α 有溶解黄体的作用，如此，黄体不能溶解，形成持久黄体，持续分泌黄体酮就会导致母畜不发情，而持久黄体的存在又加重了子宫的积水、积脓。

治疗：可在输精前 30～40 分钟用 10℃左右 1.5％的温热灭菌浓盐水反复冲洗子宫，直到排出透明液为止，或用 0.2％高锰酸钾液冲洗，然后向子宫内注入青、链霉素各 160 万单位和 100 万单位灭菌注射用水 20 毫升，每天注射 1 次，连注 2 天，也可用宫炎清类丸药，塞入母猪阴道深部。对伴有全身症状，如不食、发热等还可肌内注射青霉素、链霉素和鱼腥草注射液，视猪体大小决定剂量。另外，妇科药醋酸洗必泰栓剂也有较好的治疗作用，对因生殖道炎症引起的不孕，可于母猪的阴门投放 1 粒，并推进 5～6 厘米深的部位，炎症较轻时 1 粒即可治愈，重者隔日再用药 1 次，有较好的疗效，若在发情期，用药后 10 小时左右即可配种。

八、产后瘫痪

产后瘫痪是母猪产后数小时至 5 天突然发生的一种营养代谢性疾病。病猪表现站立困难，后躯摇摆，行走谨慎，后躯不稳，肌肉有疼痛敏感反应，食欲锐减或拒食，大便干燥或停排，小便赤黄，体温正常或略偏低，缺奶或无奶，后期知觉迟钝或消失，四肢瘫痪，精神萎靡不振，呈昏睡状态等。

防治：在日粮中加入 1％的骨粉碳酸钙及 0.3％的食盐饲喂，适当增加麦麸、米糠等含磷较多的饲料，并尽量多喂青绿饲料，对预防母猪瘫痪有良好效果。对病情严重的母猪可用 5％～10％的氯化钙注射液 40～80 毫升一次静脉注射，或 10％葡萄糖酸钙 50～100 毫升加入 5％的糖盐水注射液 250～500 毫升静脉注射，每天 1 次。用穴位注射法也有较好的效果，用维丁胶钙注射液（每毫升含维生素 D 2 个国际单位，含钙 0.5 毫克）分别于百会穴和交巢穴进针 5 厘米，每穴注射 7 毫升，轻者一般一次可愈，重症隔日再用药 1 次。体质较弱且血糖低时，用 10％葡萄糖注射液 400 毫升与 10％的氯化钙 20 毫升混合一次静脉注射。

九、产褥热（产后败血症）

是母猪产后局部感染扩散而引发的一种全身性疾病。母猪产后 2～3 天内体温升高到 40℃左右，呈稽留热，四肢末端及两耳发凉，食欲减退或废绝，精神沉郁，泌乳减少甚至停止，阴门中排出恶臭的褐色炎性分泌物，内含组织碎片。病程一般为亚急性经过，治疗及时一般预后良好，否则易引起死亡。

治疗：可首先肌内注射青、链霉素各 150 万～200 万单位，每天 2 次，连用 2～3 天，同时注射强心药 10％安钠咖 5～10 毫升，再静脉注射 10％～20％葡萄糖注射液 300～500 毫升＋5％碳酸氢钠溶液 100 毫升。若子宫有炎症，应用垂体后叶素 2～4 毫升皮下或肌内注射，以促进炎性分泌物的排出，但不允许冲洗子宫，以防感染恶化。

十、乳房炎

乳房炎是以母猪个别乳区或全乳区肿胀疼痛，不让仔猪吃奶为特征的一种炎症性疾病，常发生于母猪产后 5～30 天，主要由皮肤外伤（仔猪咬伤、擦伤）引起感染。发育不良的乳头因乳头管口呈漏斗形且弹性小，不利排乳而易感染，猪舍及环境条件差更易感染。分局限性和扩散性乳房炎两种。

局限性乳房炎限于 1 个或 2～3 个乳区发炎，多因乳头管口直接接触粗糙的猪舍，被仔猪咬伤或乳房附近的创伤感染而发生，仅发病乳区肿大、潮红、发热并伴有疼痛，拒哺仔猪。多数经处理几天后炎症减轻或消退痊愈，少数恶化形成脓肿，蔓延至邻近乳区。母猪食欲及精神基本上没有变化。

扩散性乳房炎多于分娩后发病，2 天内全乳区急剧肿胀，几乎没有乳汁分泌。主要因猪体其他部位感染（如子宫内膜炎、结核病等）而引起。另外，难产、产程过长、母猪过劳及全群仔猪体弱、哺乳力气不足、乳汁在乳房内积留等造成感染也可引起本病。全乳区发炎后，母猪体温升高到 40℃ 以上，不食，惧寒战栗，乳房肿胀硬结，发红、发亮，严重者全部乳腺和腹下红热胀硬，触摸患部痛感明显。病患猪乳房分泌黄色黏稠水样脓汁乳，仔猪吃后常拉稀。

防治：局限性乳房炎的发生多因管理不当而发生，应及时改善产床条件，临产时清洁乳房，产出仔猪及时从牙根剪掉犬牙，加强饲养管理可有效预防此病的发生。当乳房可触摸到硬块，有热感时，可热敷并尽可能地揉开排出乳汁，用鱼石脂加樟脑软膏敷涂 1～2 次可治疗。对早期乳房炎可根据母猪体重及病情用注射器吸取乙烯雌酚 5～8 毫升，配合使用青、链霉素，在乳房基部向内斜刺 2～3 厘米注入治疗，每天 1～2 次，2～3 天即可见效。症状较重，发病乳房出现化脓时，应切开排脓，并摘出深部坏死组织，用消毒剂洗净后，填充青霉素软膏，每天 1 次，反复治疗至痊愈。过于严重时可摘去患病乳区。

扩散性乳房炎可肌内注射抗生素治疗，或乳房注射红花注射液 5～10 毫升，轻症 1 次，重症隔日 1 次，一般 2～3 次可愈。若转成慢性时，可用抗葡萄球菌药物治疗，也可直接从乳管注射青霉素软膏等治疗。治疗中将抗生素与磺胺类药物联合用药则效果更佳。

十一、无乳综合征

母猪产仔后几天之内缺乳或无乳的一种病态。多数母猪产后饮食、精神、体温皆正常，乳房外观也无明显异常变化，用手挤乳量很少，或乳汁稀薄，或挤不出乳汁。可见产后的母猪间隔1.5小时以上不肯哺乳，放乳时间过短（在10秒以下），仔猪吃奶次数增加，且吃后仍争抢，不能安睡，非常警觉，稍有动静即惊醒吵闹，仔猪常追着母猪吮乳，吃不到奶而饥饿嘶叫，有的叼住乳头不放。

防治：对少乳者用催乳灵或多奶灵等催乳用品，或肌内注射催产素20～30国际单位。用健康无病，产后泌乳量多的母猪，取其初乳（1～3天）3毫升皮下注射，对母猪产后无乳症有一定的治疗效果。对产后1～2天内出现的缺乳，可用鸡蛋4枚、红糖100克与白酒100毫升，将鸡蛋先打入容器，再倒入白酒，放进红糖搅拌，然后与适量饲料混匀让母猪一次吃下，一般3～5小时后即可放奶。蚯蚓、河虾、小鱼（特别是鲫鱼）煎汤喂服有较好的催乳作用。产前1个月和产后当日给母猪肌内注射1次亚硒酸钠维生素E注射液（每毫升含亚硒酸钠1毫克，维生素E50国际单位）10毫升。在产仔期间或产后可肌内注射垂体后叶素10～30国际单位，用药后15分钟再把隔离的乳猪放回来让其吃奶，此药可每小时注射1次，一般3～5次即可见效。青年母猪产仔后缺乳或无乳，需要肌内注射安乃近10毫升，母猪产后1～2天肌内注射2毫升律胎素可防治三联症（子宫炎、乳房炎及少乳症）。

附 录

附录1 《饲料药物添加剂使用规范》的通知

（农业部 2001 年第 168 号公告）

各省、自治区、直辖市畜牧（农牧、农业）厅（局、办）、饲料工作（工业）办公室：

为加强兽药的使用管理，进一步规范和指导饲料药物添加剂的合理使用，防止滥用饲料药物添加剂，根据《兽药管理条例》的规定，现发布《饲料药物添加剂使用范围规范》（以下简称《规范》），并就有关事项通知如下，请各地遵照执行。

一、凡农业部批准的具有预防动物疾病、促进动物生长作用，可以在饲料中长时间添加使用的饲料药物添加剂（品种收载于附录一），其产品批准文号须用"药添字"。生产含有"附录一"所列品种成分的饲料，必须在产品标签中标明所含兽药成分的名称、含量、适用范围、停药期规定及注意事项等。

二、凡农业部批准的用于防治动物疾病，并规定疗程，仅是通过混饲给药的饲料药物添加剂（品种收载于附录二），其产品批准文号须用"兽药字"，各畜禽养殖场及养殖户须凭兽医处方购买、使用，所有商品饲料中不得添加"附录二"中所列的兽药成分。

三、附本《规范》收载品种及农业部今后批准允许添加到饲料中使用的饲料药物添加剂外，任何其他兽药产品一律不得添加到饲料中使用。

四、兽用原料药不得直接加入饲料中使用，必须制成预混剂后方可添加到饲料中。

五、各地兽药管理部门要对照本《规范》于10月底前完成本辖区饲料药物添加剂产品批准文号的清理整顿工作，印有原批准文号的产品标准、包装可使用至2001年12月底。

六、凡从事饲料药物添加剂生产、经营活动的，必须履行有关的兽药报批手续，并接受各级兽药管理部门的管理和质量监督，违者按照兽药管理法规进行处理。

七、本《规范》自发布之日起执行。原我部《关于发布〈允许作饲料药物添加剂的兽药品种及使用规定〉的通知》（农牧发〔1997〕8号）和《关于发布"饲料添加剂允许使用品种目录"的通知》（农牧发〔1994〕号）同时废止。

中华人民共和国农业部

2001年7月3日

附录一：饲料药物添加剂

序号	名　　称
1	二硝托胺预混料
2	马杜霉素铵预混料
3	尼卡巴嗪预混剂
4	尼卡巴嗪、乙氧酰胺苯甲酯预混剂
5	甲基盐霉素、尼卡巴嗪预混剂
6	甲基盐霉素、预混剂
7	拉沙诺西钠预混剂
8	氢溴酸常山酮预混剂
9	盐酸氯苯胍预混剂
10	盐酸氨丙啉、乙氧酰胺苯甲酯预混剂
11	盐酸氨丙啉、乙氧酰胺苯甲酯、磺胺喹恶啉预混剂
12	氯羟吡啶预混剂

（续）

序号	名　称
13	海南霉素钠预混剂
14	赛杜霉素钠预混剂
15	地克珠利预混剂
16	氨苯砷酸预混剂
17	洛克沙砷预混剂
18	莫能菌素钠预混剂
19	杆菌肽锌预混剂
20	黄霉素预混剂
21	给吉尼亚霉素预混剂
22	喹乙醇预混剂
23	那西肽预混剂
24	阿美拉霉素预混剂
25	盐霉素钠预混剂
26	硫酸黏杆菌素预混剂
27	牛至油预混剂
28	杆菌肽锌、硫酸粘杆菌素预混剂
29	吉它霉素预混剂
30	土霉素钙预混剂
31	恩拉霉素预混剂

附录二：饲料药物添加剂

序号	名　称
1	磺胺喹恶啉、二甲啶预混剂
2	越霉素 A 预混剂
3	潮霉素 B 预混剂
4	磷酸泰乐普素预混剂
5	硫酸安普霉素预混剂
6	盐酸林可霉素预混剂

（续）

序号	名　称
7	赛地卡霉素预混剂
8	伊维菌素预混剂
9	延胡索酸泰妙菌素预混盐
10	氯羟吡啶预混剂
11	氟苯咪唑预混剂
12	复方磺胺嘧啶预混剂
13	盐酸林可霉素、硫酸大观霉素预混剂
14	硫酸新霉素预混剂
15	磷酸替米考星预混剂
16	磷酸泰乐菌素、磺胺二甲嘧啶预混剂
17	甲砜霉素散
18	诺氟沙星、盐酸小檗碱预混剂
19	维生素 C 磷酸酯镁、盐酸环丙沙星预混剂
20	盐酸环丙沙星、盐酸小檗碱素预混剂
21	恶喹酸散
22	磺胺氟吡嗪钠可溶性粉

附录 2　禁止在饲料和动物饮水中使用的药物品种目录

（农业部公告第 176 号）

　　为加强饲料、兽药和人用药品管理，防止在饲料生产、经营、使用和动物饮用水中超范围、超剂量使用兽药和饲料添加剂，杜绝滥用违禁药品的行为，根据《饲料和饲料添加剂管理条例》、《兽药管理条例》、《药品管理法》的有关规定，现公布《禁止在饲料和动物饮用水中使用的药物品种目录》，并就有关事项公告如下：

一、凡生产、经营和使用的营养性饲料添加剂和一般饲料添加剂，均应属于《允许使用的饲料添加剂品种目录》（农业部105号公告）中规定的品种及经审批公布的新饲料添加剂，生产饲料添加剂的企业需办理生产许可证和产品批准文号，新饲料添加剂需办理新饲料添加剂证书，经营企业必须按照《饲料和饲料添加剂管理条例》第十六条、第十七条、第十八条的规定从事经营活动，不得经营和使用未经批准生产的饲料添加剂。

二、凡生产含有药物饲料添加剂的饲料产品，必须严格执行《饲料药物添加剂使用规范》（农业部168号公告，以下简称《规范》）的规定，不得添加《规范》附录二中的饲料药物添加剂。凡生产含有《规范》附录一中的饲料药物添加剂的饲料产品，必须执行《饲料标签》标准的规定。

三、凡在饲养过程中使用药物饲料添加剂，需按照《规范》规定执行，不得超范围、超剂量使用药物饲料添加剂。使用药物饲料添加剂必须遵守休药期、配伍禁忌等有关规定。

四、人用药品的生产、销售必须遵守《药品管理法》及相关法规的规定。未办理兽药、饲料添加剂审批手续的人用药品，不得直接用于饲料生产和饲养过程。

五、生产、销售《禁止在饲料和动物饮用水中使用的药物品种目录》所列品种的医药企业或个人，违反《药品管理法》第四十八条规定，向饲料企业和养殖企业（或个人）销售的，由药品监督管理部门按照《药品管理法》第七十四条的规定给予处罚；生产、销售《禁止在饲料和动物饮用水中使用的药物品种目录》所列品种的兽药企业或个人，向饲料企业销售的，由兽药行政管理部门按照《兽药管理条例》第四十二条的规定给予处罚；违反《饲料和饲料添加剂管理条例》第十七条、第十八条、第十九条规定，生产、经营、使用《禁止在饲料和动物饮用水中使用的药物品种目录》所列品种的饲料和饲料添加剂生产企业或个人，由饲料管理部门按照《饲料和饲料添加剂管理条例》第二十五条、第二十八条、第二十九条的规定给予处罚。其他单位和个人生产、经营、使用《禁止在饲料和动物饮用水中使用的药物品种目录》所列品种，用于饲料生产和饲养过程中的，上述有关部门按照谁发现谁查处的原则，依据各自法律法规予以处罚；构成犯罪的，要移送司法机关，依法追究刑事责任。

六、各级饲料、兽药、食品和药品监督管理部门要密切配合、协同行动，加大对饲料生产、经营、使用和动物饮用水中非法使用违禁药物违法行为的打击力度。要加快制定并完善饲料安全标准及检测方法、动物产品有毒有害物质残留标准及检测方法，为行政执法提供技术依据。

七、各级饲料、兽药和药品监督管理部门要进一步加强新闻宣传和科普教育。要将查处饲料和饲养过程中非法使用违禁药物列为宣传工作重点，充分利用各种新闻媒体宣传饲料、兽药和人用药品的管理法规，追踪大案要案，普及饲料、饲养和安全使用兽药知识，努力提高社会各方面对兽药使用管理重要性的认识，为降低药物残留危害，保证动物性食品安全创造良好的外部环境。

中华人民共和国农业部

中华人民共和国卫生部

国家药品监督管理局

2002 年 2 月 9 日

禁止在饲料和动物饮水中使用的药物品种目录

一、肾上腺素受体激动剂

1. 盐酸克伦特罗　2. 沙丁胺醇　3. 硫酸沙丁胺醇　4. 莱克多巴胺　5. 盐酸多巴胺　6. 西马特罗　7. 硫酸特布他林

二、性激素

1. 乙烯雌酚　2. 雌二醇　3. 戊酸雌二醇　4. 苯甲酸雌二醇　5. 氯烯雌醚　6. 炔诺醇　7. 炔诺醚　8. 醋酸氯地孕酮　9. 左炔诺孕酮　10. 炔诺酮　11. 绒毛膜促性腺激素　12. 促卵泡生长激素

三、蛋白同化激素

1. 碘化酪蛋白　2. 苯丙酸诺龙及苯丙酸诺龙注射液

四、精神药物

1. 氯丙嗪　2. 盐酸异丙嗪　3. 安定　4. 苯巴比妥　5. 苯巴比妥钠　6. 巴比妥　7. 异戊巴比妥　8. 异戊巴比妥钠　9. 利血平　10. 艾司唑仑　11. 甲丙氯脂　12. 咪达唑仑　13. 硝西泮　14. 奥沙西泮　15. 匹莫林　16. 三唑仑　17. 唑吡旦　18. 其他国家管制精神药物

五、各种抗生素滤渣

抗生素滤渣是抗生素生产过程中的废渣，因含有少量抗生素成分，故在饲养中使用对动物有一定促生长作用，但对养殖业危害很大。一是引起耐药性，二是未做安全性试验，存在各种安全注意。

附录3　猪营养需要量NRC
（1998）第十版

NRC（1998）猪营养需要量涉及仔猪、生长肥育猪、妊娠母猪和泌乳母猪以及种公猪日粮中和每天对能量、氨基酸、维生素、矿物质和亚油酸的需要量。其中氨基酸的需要量以回肠真可消化氨基酸、回肠表观可消化氨基酸和总氨基酸三种形式表述，其中前两者适用于所有类型的日粮，后者仅适用于玉米—豆粕型日粮。表中所列各种类型猪对氨基酸的需要量仅是一个例子。读者可以根据自己的实际情况，如猪的瘦肉生长速度、采食量、日粮能量浓度、环境温度和饲养密度等，用各种模型（生长、妊娠、泌乳）确定适合当地条件的需要量。矿物质和维生素的需要量包括饲料原料中的含量，而不是指需要额外添加的量。它们是在一般条件下，中等生产性能的猪的最适量，用模型进行推算所得结果可能会与表中所列情况略有出入。

表中所给的数值均是在适宜条件下的最低需要量，不包括安全系数。实际生产中应结合饲料、原料中养分的变异、养分的生物学效价、饲料毒素和抗营养因子、饲料配制和加工、贮存中的养分损失等情况确定养分的供给量。NRC 饲养标准适用于引入品种、引入品种与本地品种或引入品种与引入品种杂交猪。

生长猪日粮氨基酸需要量

（自由采食，日粮含 90% 干物质）[a]

指　　标	体重（千克）					
	3～5	5～10	10～20	20～50	50～80	80～120
平均体重（千克）	4.0	7.5	15	35	65	100
消化能（兆焦/千克）	14.23	14.23	14.23	14.23	14.23	14.23
代谢能（兆焦/千克）[b]	13.66	13.66	13.66	13.66	13.66	13.66
消化能进食量（兆焦/千克）	3.58	7.07	14.23	26.38	36.65	43.72
代谢能进食量（兆焦/千克）[b]	3.43	6.78	13.66	25.31	35.19	41.97
采食量（克/天）	250	500	1 000	1 855	2 575	307.5
粗蛋白（%）[c]	26.0	23.7	20.9	18.0	15.5	13.2
同肠末端直可消化氨基酸需要量[d]（%）						
精氨酸	0.51	0.38	0.42	0.33	0.24	0.16
组氨酸	0.43	0.65	0.32	0.26	0.21	0.16
异亮氨酸	0.73	1.2	0.55	0.45	0.37	0.29
亮氨酸	1.35	1.19	1.02	0.83	0.67	0.51
赖氨酸	1.34	0.32	1.01	0.83	0.66	0.52
蛋氨酸	0.36	0.68	0.27	0.22	0.18	0.14
蛋氨酸+胱氨酸	0.76	0.71	0.58	0.47	0.39	0.31

（续）

指　　标	体重（千克）					
	3～5	5～10	10～20	20～50	50～80	80～120
苯丙氨酸	0.8	1.12	0.61	0.49	0.4	0.31
苯丙氨酸＋酪氨酸	1.26	0.74	0.95	0.78	0.63	0.49
苏氨酸	0.84	0.22	0.63	0.52	0.43	0.34
色氨酸	0.24	0.81	0.18	0.15	0.12	0.10
缬氨酸	0.91		0.69	0.56	0.45	0.35
回肠末端表观可消化氨基酸需要量（％）						
精氨酸	0.51	0.46	0.93	0.31	0.22	0.14
组氨酸	0.40	0.36	0.31	0.25	0.20	0.16
异亮氨酸	0.69	0.61	0.52	0.42	0.34	0.26
亮氨酸	1.29	1.15	0.98	0.8	0.64	0.50
赖氨酸	1.26	1.11	0.94	0.77	0.61	0.47
蛋氨酸	0.34	0.30	0.26	0.21	0.17	0.13
蛋氨酸＋胱氨酸	0.71	0.63	0.53	0.44	0.36	0.29
苯丙氨酸	0.75	0.66	0.56	0.46	0.37	0.28
苯丙氨酸＋酪氨酸	1.18	1.05	0.89	0.72	0.58	0.45
苏氨酸	0.75	0.66	0.56	0.46	0.37	0.30
色氨酸	0.22	0.19	0.16	0.13	0.10	0.08
缬氨酸	0.84	0.74	0.63	0.51	0.41	0.32
总氨基酸需要量[e]（％）						
精氨酸	0.59	0.54	0.46	0.37	0.27	0.19
组氨酸	0.48	0.43	0.36	0.30	0.24	0.19
异亮氨酸	0.83	0.73	0.63	0.51	0.42	0.33
亮氨酸	1.50	1.32	1.12	0.9	0.71	0.54
赖氨酸	1.50	1.35	1.15	0.95	0.75	0.60
蛋氨酸	0.40	0.35	0.30	0.25	0.20	0.16

（续）

指　标	体重（千克）					
	3～5	5～10	10～20	20～50	50～80	80～120
蛋氨酸＋胱氨酸	0.86	0.76	0.65	0.54	0.44	0.35
苯丙氨酸	0.90	0.80	0.68	0.55	0.44	0.34
苯丙氨酸＋酪氨酸	1.41	1.25	1.06	0.87	0.70	0.55
苏氨酸	0.98	0.86	0.74	0.61	0.51	0.41
色氨酸	0.27	0.24	0.21	0.17	0.14	0.11
缬氨酸	1.04	0.92	0.79	0.64	0.52	0.40

注：a. 公母按 1∶1 混养，从 20～120 千克体重，每天沉积无脂瘦肉 325 克。

b. 消化能转化为代谢能的效率为 96％，在本表中所列玉米—豆粕型日粮的粗蛋白条件下，消化能转化为代谢能的效率为 94％～96％。

c. 本表中所列粗蛋白含量适用于玉米—豆粕型日粮，对于采食含血浆或奶产品的 3～10 千克仔猪，粗蛋白水平可以降低 2％～3％。

d. 总氨基酸的需要量基于以下日粮：3～5 千克仔猪，玉米—豆粕日粮，含 5％的血浆制品和 25％～50％的奶制品；5～10 千克仔猪，玉米—豆粕日粮含 5％～25％的奶制品；10～120 千克生长猪，玉米—豆粕型日粮。

e. 3～20 千克体重猪的赖氨酸需要量是根据经验数据计算出来的，其他氨基酸是根据它们和赖氨酸的比例（真可消化基础）计算出来的，不过也有极个别数据是通过经验数据估算出来的；20～120 千克体重猪的氨基酸需要量是通过生长模型计算出来的。

生长猪每天氨基酸需要量
（自由采食，日粮含 90％干物质）[a]

指　标	体重（千克）					
	3～5	5～10	15	20～50	50～80	80～120
平均体重（千克）	4.0	7.5	15	35	65	100
消化能（兆焦/千克）	14.23	14.23	14.23	14.23	14.23	14.23
代谢能（兆焦/千克）	13.66	13.66	13.66	13.66	13.66	13.66
消化能进食量（兆焦/千克）	3.58	7.07	14.23	26.38	36.65	43.72
代谢能进食量（兆焦/千克）	3.43	6.78	13.66	25.31	35.19	41.97
采食量（克/天）	250	500	1 000	1 855	2 575	3 075
粗蛋白（％）[c]	26.0	23.7	20.9	18.0	15.5	13.2

（续）

指　　标	体重（千克）					
	3～5	5～10	15	20～50	50～80	80～120
回肠末端真可消化氨基酸需要量[d]（克/天）						
精氨酸	1.4	2.4	4.2	6.1	6.2	4.8
组氨酸	1.1	1.9	3.2	4.9	5.5	5.1
异亮氨酸	1.8	3.2	5.5	8.4	9.4	8.8
亮氨酸	3.4	6.0	10.3	15.5	7.2	15.8
赖氨酸	3.4	5.9	10.1	15.3	17.1	15.8
蛋氨酸	0.9	1.6	2.7	4.1	4.6	4.3
蛋氨酸＋胱氨酸	1.9	3.4	5.8	8.8	10.0	9.5
苯丙氨酸	2.0	3.5	6.1	9.1	10.2	9.4
苯丙＋酪氨酸	3.2	5.5	9.5	14.4	16.1	15.1
苏氨酸	2.1	3.7	6.3	9.7	11.0	10.5
色氨酸	0.6	1.1	1.9	2.8	3.1	2.9
缬氨酸	2.3	4.0	6.9	10.4	11.6	10.8
回肠末端表观可消化氨基酸需要量（克/天）						
精氨酸	1.3	2.3	3.9	5.7	5.7	4.3
组氨酸	1.0	1.8	3.1	4.6	5.2	4.8
异亮氨酸	1.7	3.0	5.2	7.8	8.7	8.0
亮氨酸	3.2	5.7	9.8	14.8	16.5	15.3
赖氨酸	3.2	5.5	9.4	14.2	15.8	14.4
蛋氨酸	0.9	1.5	2.6	3.9	4.4	4.1
蛋氨酸＋胱氨酸	1.8	3.1	5.3	8.2	9.3	8.8
苯丙氨酸	1.9	3.3	5.7	8.5	9.4	8.6
苯丙氨酸＋酪氨酸	3.0	5.2	8.9	13.4	15.0	13.9
苏氨酸	1.9	3.3	5.6	8.5	9.6	9.1

（续）

指　　标	体重（千克）					
	3～5	5～10	15	20～50	50～80	80～120
色氨酸	0.5	1.0	1.6	2.4	2.7	2.5
缬氨酸	2.1	3.7	6.3	9.5	10.6	9.8
总氨基酸需要量e（克/天）						
精氨酸	1.5	2.7	4.6	6.8	7.1	5.7
组氨酸	1.2	2.1	3.7	5.6	6.3	5.9
异亮氨酸	2.1	3.7	6.3	9.5	10.7	10.1
亮氨酸	3.8	6.6	11.2	16.8	18.4	16.6
赖氨酸	3.8	6.7	11.5	17.5	19.7	18.5
蛋氨酸	1.0	1.8	3.0	4.6	5.1	4.8
蛋氨酸＋胱氨酸	2.2	3.8	6.5	9.9	11.3	10.8
苯丙氨酸	2.3	4.0	6.8	10.2	11.3	10.4
苯丙氨酸＋酪氨酸	3.5	6.2	10.6	16.1	18.0	16.8
苏氨酸	2.5	4.3	7.4	11.3	13.0	12.6
色氨酸	0.7	1.2	2.1	3.2	3.6	3.4
缬氨酸	2.6	4.6	7.9	11.9	13.3	12.4

注：a. 公母按1∶1混养，从20～120千克体重，每天沉积无脂瘦肉325克。

b. 消化能转化为代谢能的效率为96%，在本表中所列玉米—豆粕型日粮的粗蛋白条件下，消化能转化为代谢能的效率为94%～96%。

c. 本表中所列粗蛋白含量适用于玉米—豆粕型日粮，对于采食含血浆或奶产品的3～10千克仔猪，粗蛋白水平可以降低2%～3%。

d. 总氨基酸的需要量基于以下日粮：3～5千克仔猪，玉米—豆粕型日粮，含5%的血浆制品；25～50千克仔猪，玉米—豆粕日粮含5%～25%的奶制品；10～20千克生长猪，玉米—豆粕型日粮。

e. 3～20千克体重猪的赖氨酸需要量是根据经验数据计算出来的，其他氨基酸是根据它们和赖氨酸的比例（真可消化基础）计算出来的，不过也有极个别数据是通过经验数据估算出来的；20～120千克体重猪的氨基酸需要量是通过生长模型计算出来的。

瘦肉生长速度不同的阉公猪和母猪日粮氨基酸需要量
（自由采食，日粮含 90％干物质）[a]

体重范围	50～80 千克						80～120 千克					
瘦肉生长速度（克/天）	300		325		350		300		325		350	
性别	阉公猪	母猪	阉公猪	母猪	阉公猪	母猪	阉公猪	母猪	阉公猪	母猪	阉公猪	母猪
平均体重（千克）	65	65	65	65	65	65	100	100	100	100	100	100
消化能（兆焦/千克）	14.23	14.23	14.23	14.23	14.23	14.23	14.23	14.23	14.23	14.23	14.23	14.23
代谢能（兆焦/千克）[b]	13.66	13.66	13.66	13.66	13.66	13.66	13.66	13.66	13.66	13.66	13.66	13.66
消化能进食量（兆焦/千克）	39.16	34.16	39.16	34.16	39.16	34.16	48.15	40.79	48.15	40.79	48.15	40.79
代谢能进食量（兆焦/千克）[b]	37.59	32.80	37.59	32.80	37.59	32.80	44.79	13.66	44.79	13.66	44.79	13.66
采食量（克/天）	2 750	2 400	2 755	2 400	2 755	2 400	3 280	2 865	3 280	2 865	3 280	2 865
粗蛋白（％）[c]	14.2	15.5	14.9	16.3	15.6	17.1	12.2	13.2	12.7	13.8	13.2	14.4
回肠末端直可消化氨基酸需要（％）[d]												
精氨酸	0.20	0.23	0.22	0.26	0.25	0.28	0.13	0.15	0.15	0.17	0.16	0.19
组氨酸	0.18	0.21	0.20	0.23	0.21	0.24	0.14	0.16	0.15	0.18	0.17	0.19
异亮氨酸	0.32	0.36	0.34	0.39	0.37	0.42	0.25	0.29	0.27	0.31	0.29	0.33
亮氨酸	0.58	0.66	0.62	0.72	0.67	0.77	0.45	0.51	0.48	0.55	0.52	0.59
赖氨酸	0.58	0.66	0.62	0.71	0.67	0.76	0.45	0.51	0.48	0.55	0.52	0.59
蛋氨酸	0.16	0.18	0.17	0.19	0.18	0.21	0.12	0.14	0.13	0.15	0.14	0.16
蛋氨酸＋胱氨酸	0.34	0.39	0.36	0.42	0.38	0.44	0.27	0.31	0.29	0.33	0.31	0.35

（续）

体重范围	50~80 千克						80~120 千克					
瘦肉生长速度（克/天）	300		325		350		300		325		350	
性别	阉公猪	母猪	阉公猪	母猪	阉公猪	母猪	阉公猪	母猪	阉公猪	母猪	阉公猪	母猪
苯丙氨酸	0.34	0.39	0.37	0.42	0.40	0.46	0.27	0.3	0.29	0.33	0.31	0.35
苯丙氨酸＋酪氨酸	0.54	0.62	0.59	0.67	0.63	0.72	0.43	0.49	0.46	0.52	0.49	0.56
苏氨酸	0.37	0.43	0.40	0.46	0.43	0.49	0.30	0.34	0.32	0.37	0.34	0.39
色氨酸	0.11	0.12	0.11	0.13	0.12	0.14	0.08	0.10	0.09	0.10	0.10	0.11
缬氨酸	0.39	0.45	0.42	0.48	0.45	0.52	0.30	0.35	0.33	0.38	0.35	0.40
回肠末端表观可消化氨基酸需要量（%）												
精氨酸	0.19	0.21	0.21	0.24	0.23	0.26	0.12	0.13	0.13	0.15	0.15	0.17
组氨酸	0.17	0.20	0.19	0.21	0.20	0.23	0.11	0.15	0.15	0.17	0.16	0.18
异亮氨酸	0.29	0.34	0.31	0.36	0.34	0.39	0.23	0.26	0.21	0.28	0.26	0.30
亮氨酸	0.50	0.64	0.60	0.69	0.65	0.74	0.43	0.5	0.47	0.53	0.5	0.57
赖氨酸	0.53	0.61	0.57	0.66	0.61	0.71	0.41	0.47	0.44	0.51	0.47	0.54
蛋氨酸	0.15	0.17	0.16	0.18	0.17	0.20	0.12	0.13	0.13	0.14	0.13	0.15
蛋氨酸＋胱氨酸	0.31	0.36	0.34	0.39	0.36	0.41	0.28	0.79	0.27	0.31	0.79	0.52
苯丙氨酸	0.32	0.36	0.34	0.39	0.37	0.42	0.24	0.25	0.26	0.3	0.28	0.32
苯丙氨酸＋酪氨酸	0.50	0.58	0.54	0.62	0.58	0.67	0.39	0.45	0.42	0.49	0.45	0.52
苏氨酸	0.32	0.37	0.35	0.40	0.37	0.43	0.26	0.30	0.28	0.32	0.30	0.34
色氨酸	0.09	0.10	0.10	0.11	0.10	0.12	0.07	0.08	0.07	0.09	0.08	0.09
缬氨酸	0.36	0.41	0.38	0.44	0.41	0.47	0.28	0.32	0.30	0.34	0.32	0.37
总氨基酸需要量（%）[c]												
精氨酸	0.24	0.27	0.26	0.29	0.28	0.32	0.16	0.18	0.18	0.2	0.19	0.22
组氨酸	0.21	0.24	0.23	0.26	0.24	0.28	0.17	0.19	0.18	0.20	0.19	0.22

（续）

体重范围	50~80千克						80~120千克					
瘦肉生长速度（克/天）	300		325		350		300		325		350	
性别	阉公猪	母猪	阉公猪	母猪	阉公猪	母猪	阉公猪	母猪	阉公猪	母猪	阉公猪	母猪
异亮氨酸	0.36	0.41	0.39	0.45	0.42	0.48	0.29	0.33	0.31	0.35	0.33	0.37
亮氨酸	0.61	0.71	0.67	0.77	0.72	0.83	0.46	0.54	0.5	0.58	0.54	0.63
赖氨酸	0.67	0.76	0.72	0.82	0.77	0.88	0.53	0.60	0.57	0.64	0.60	0.69
蛋氨酸	0.17	0.20	0.19	0.21	0.20	0.23	0.14	0.15	0.15	0.17	0.16	0.18
蛋氨酸＋胱氨酸	0.38	0.44	0.41	0.48	0.44	0.50	0.31	0.33	0.33	0.38	0.35	0.40
苯丙氨酸	0.38	0.44	0.41	0.47	0.44	0.51	0.30	0.34	0.32	0.36	0.34	0.39
苯丙氨酸＋酪氨酸	0.61	0.70	0.65	0.75	0.70	0.8	0.48	0.54	0.51	0.59	0.55	0.63
苏氨酸	0.44	0.50	0.47	0.54	0.51	0.58	0.36	0.41	0.38	0.44	0.41	0.46
色氨酸	0.12	0.14	0.13	0.15	0.14	0.16	0.10	0.11	0.10	0.12	0.11	0.13
缬氨酸	0.45	0.51	0.48	0.55	0.52	0.59	0.35	0.10	0.38	0.43	0.40	0.46

注：a. 从20~120千克体重，每日沉积300克、325克和350克无脂瘦肉，依次相当于瘦肉生长速度一般、较高和最高。

b. 消化能转化为代谢能的效率为96%。

c. 粗蛋白和总氨基酸需要量基于玉米—豆粕日粮。

d. 根据生长模型的计算值。

瘦肉生长速度不同的阉公猪和母猪每天氨基酸需要量

（自由采食，日粮含90％干物质）ᵃ

体重范围	50~80千克						80~120千克					
瘦肉生长速度（克/天）	300		325		350		300		325		350	
性别	阉公猪	母猪	阉公猪	母猪	阉公猪	母猪	阉公猪	母猪	阉公猪	母猪	阉公猪	母猪
平均体重（千克）	65	65	65	65	65	65	100	100	100	100	100	100
消化能（兆焦/千克）	14.23	14.23	14.23	14.23	14.23	14.23	14.23	14.23	14.23	14.23	14.23	14.23

（续）

体重范围	50~80 千克						80~120 千克					
瘦肉生长速度（克/天）	300		325		350		300		325		350	
性别	阉公猪	母猪	阉公猪	母猪	阉公猪	母猪	阉公猪	母猪	阉公猪	母猪	阉公猪	母猪
代谢能（兆焦/千克）[b]	13.66	13.66	13.66	13.66	13.66	13.66	13.66	13.66	13.66	13.66	13.66	13.66
消化能进食量（兆焦/千克）	39.16	34.16	39.16	34.16	39.16	34.16	48.15	40.79	48.15	40.79	48.15	40.79
代谢能进食量（兆焦/千克）[b]	37.59	32.8	37.59	32.8	37.59	32.8	44.79	13.66	44.79	13.66	44.79	13.66
采食量（克/天）	2 755	2 400	2 755	2 400	2 755	2 400	3 280	2 865	3 280	2 865	3 280	2 86
粗蛋白（%）[c]	14.2	15.5	14.9	16.3	15.6	17.1	12.2	13.2	12.7	13.8	13.2	14.4
回肠末端真可消化氨基酸需量（克/天）[d]												
精氨酸	5.6		6.2		6.8		4.2		4.8		5.3	
组氨酸	5.1		5.5		5.9		4.7		5.1		5.4	
异亮氨酸	8.7		9.4		10.1		8.2		8.8		9.4	
亮氨酸	15.9		17.2		18.5		14.6		15.8		16.9	
赖氨酸	15.9		17.1		18.4		14.7		15.8		17.0	
蛋氨酸	4.3		4.6		5.0		4.0		4.3		4.6	
蛋氨酸＋胱氨酸	9.3		10.0		10.7		8.9		9.5		10.1	
苯丙氨酸	9.4		10.2		10.9		8.7		9.4		10.1	
苯丙氨酸＋酪氨酸	15.0		16.1		17.3		14.0		15.1		16.1	
苏氨酸	10.3		11.0		11.8		9.9		10.5		11.2	
色氨酸	2.9		3.1		3.4		2.7		2.9		3.2	
缬氨酸	10.8		11.6		12.5		10.0		10.8		11.5	

（续）

体重范围	50～80千克			80～120千克		
瘦肉生长速度（克/天）	300	325	350	300	325	350
性别	阉公猪　母猪	阉公猪　母猪	阉公猪　母猪	阉公猪　母猪	阉公猪　母猪	阉公猪　母猪
回肠末端表观可消化氨基酸需要量（克/天）						
精氨酸	5.1	5.7	6.3	3.8	4.3	4.8
组氨酸	4.8	5.7	5.5	4.4	4.8	5.1
异亮氨酸	8.0	8.7	9.3	7.5	8.0	8.6
亮氨酸	15.3	16.5	17.7	14.2	15.3	16.4
赖氨酸	14.6	15.7	16.9	13.4	14.4	15.5
蛋氨酸	4.1	4.4	4.7	3.8	4.1	4.4
蛋氨酸+胱氨酸	8.6	9.3	9.9	8.3	8.8	9.4
苯丙氨酸	8.7	9.4	10.1	8.0	8.6	9.3
苯丙氨酸+酪氨酸	13.9	15.0	16.1	12.9	13.9	14.9
苏氨酸	8.0	9.6	10.3	8.5	9.1	9.7
色氨酸	2.5	2.7	2.9	2.3	2.5	2.6
缬氨酸	9.8	10.6	11.4	9.1	9.8	10.5
总氨基酸需要量（克/天）[c]						
精氨酸	6.4	7.1	7.7	5.1	5.7	6.3
组氨酸	5.8	6.3	6.7	5.5	5.9	6.3
异亮氨酸	10.0	10.7	11.5	9.4	10.1	10.7
亮氨酸	16.9	18.4	19.8	15.3	16.6	17.9
赖氨酸	18.3	19.7	21.1	17.3	18.5	19.7
蛋氨酸	4.8	5.1	5.5	4.4	4.8	5.1
蛋氨酸+胱氨酸	10.5	11.3	12.1	10.1	10.8	11.5

413

（续）

体重范围	50~80 千克			80~120 千克		
瘦肉生长速度（克/天）	300	325	350	300	325	350
性别	阉公猪　母猪	阉公猪　母猪	阉公猪　母猪	阉公猪　母猪	阉公猪　母猪	阉公猪　母猪
苯丙氨酸	10.5	11.3	12.2	9.7	10.4	11.2
苯丙氨酸＋酪氨酸	16.7	18.0	19.3	15.6	16.8	18.0
苏氨酸	12.0	13.0	13.9	11.8	12.6	13.3
色氨酸	3.3	3.6	3.8	3.2	3.4	3.6
缬氨酸	12.4	13.3	14.3	11.5	12.4	13.2

注：a. 从 20~120 千克体重，每日沉积 300 克、325 克和 350 克无脂瘦肉，依次相当于瘦肉生长速度一般、较高和最高。

b. 消化能转化为代谢能的效率为 96%。

c. 粗蛋白和总氨基酸需要量基于玉米－豆粕日粮。

d. 根据生长模型的计算值。

生长猪日粮矿物质、维生素和亚油酸需要量

（自由采食，日粮含 90% 干物质）[a]

指　　标	体重（千克）					
	3~5	5~10	15	20~50	50~80	80~120
平均体重（千克）	4.0	7.5	15	35	65	100
消化能（兆焦/千克）	14.23	14.23	14.23	14.23	14.23	14.23
代谢能（兆焦/千克）[b]	13.66	13.66	13.66	13.66	13.66	13.66
消化能进食量（兆焦/千克）	3.58	7.07	14.23	26.38	36.65	43.72
代谢能进食量（兆焦/千克）[b]	3.43	6.78	13.66	25.31	35.19	41.97
采食量（克/天）	250	500	1 000	1 855	2 575	3 075
矿物质需要量						
钙（%）[c]	0.90	0.80	0.70	0.60	0.50	0.45
总磷（%）[c]	0.70	0.65	0.60	0.50	0.45	0.40
有效磷（%）[c]	0.55	0.40	0.32	0.23	0.19	0.15

（续）

指　　标	体重（千克）					
	3～5	5～10	15	20～50	50～80	80～120
钠（%）	0.25	0.20	0.15	0.10	0.10	0.10
氯（%）	0.25	0.20	0.15	0.08	0.08	0.08
镁（%）	0.04	0.04	0.04	0.04	0.04	0.04
钾（%）	0.30	0.28	0.26	0.23	0.19	0.17
铜（毫克/千克）	6.00	6.00	5.00	4.00	3.50	3.00
碘（毫克/千克）	0.14	0.11	0.14	0.14	0.14	0.14
铁（毫克/千克）	100	100	80	60	50	40
锰（毫克/千克）	4.00	4.00	3.00	2.00	2.00	2.00
硒（毫克/千克）	0.30	0.30	0.25	0.15	0.15	0.15
锌（毫克/千克）	100	100	80	60	50	50
维生素需要量						
维生素 A（国际单位）[d]	2 200	2 200	1 750	1 300	1 300	1 300
维生素 D_3（国际单位）[d]	220	220	200	150	150	150
维生素 E（国际单位）[d]	16	16	11	11	11	11
维生素 K_3（毫克/千克）	0.50	0.50	0.50	0.50	0.50	0.50
生物素（毫克/千克）	0.08	0.05	0.05	0.05	0.05	0.05
胆碱（克/千克）	0.60	0.50	0.40	0.30	0.30	0.30
叶酸（毫克/千克）	0.30	0.30	0.30	0.30	0.30	0.30
烟酸，可利用（毫克/千克）[e]	20.00	15.00	12.50	10.00	7.00	7.00
泛酸（毫克/千克）	12.00	10.00	9.00	8.00	7.00	7.00
核黄素（毫克/千克）	4.00	3.50	3.00	2.50	2.00	2.00
硫胺素（毫克/千克）	1.50	1.00	1.00	1.00	1.00	1.00

（续）

指　标	体重（千克）					
	3～5	5～10	15	20～50	50～80	80～120
维生素 B$_6$（毫克/千克）	2.00	1.50	1.50	1.00	1.00	1.00
维生素 B$_{12}$（微克/千克）	20.00	17.50	15.00	10.00	5.00	5.00
亚油酸（％）	0.10	0.10	0.10	0.10	0.10	0.10

注：a. 瘦肉生长速度较高（每天无脂瘦肉沉积大于 325 克）的猪对某矿物元素和维生素的需要量可能会比表中所列的数值略高。

b. 消化能转化为代谢能的效率为 96％，对玉米—豆粕型日粮，这一转化率为 94％～96％，依粗蛋白含量而定。

c. 体重 50～100 千克的后备公猪和后备母猪日粮中钙、磷可利用磷的含量应增加 0.05％～0.10％。

d. 1 国际单位维生素 A＝0.34 微克乙酸视黄酯；1 国际单位维生素 D$_3$＝0.05 微克胆钙化醇；1 国际单位维生素 E＝0.67 毫克 D$_3$-a-生育酚＝1 毫克 DL-a-生育酚乙酸酯。

e. 玉米、饲用高粱、小麦和大麦中的烟酸不能为猪所利用。同样，这些谷物副产品中的烟酸的利用率也很低，除非对这些副产品进行发酵处理或湿法粉碎。

生长猪每天日粮矿物质、维生素和亚油酸需要量

（自由采食，日粮含 90％干物质）[a]

指　标	体重（千克）					
	3～5	5～10	15	20～50	50～80	80～120
平均体重（千克）	4.0	7.5	15	35	65	100
消化能（兆焦/千克）	14.23	14.23	14.23	14.23	14.23	14.23
代谢能（兆焦/千克）[b]	13.66	13.66	13.66	13.66	13.66	13.66
消化能进食量（兆焦/千克）	3.58	7.07	14.23	26.38	36.65	43.72
代谢能进食量（兆焦/千克）[b]	3.43	6.78	13.66	25.31	35.19	41.97
采食量（克/天）	250	500	1 000	1 855	2 575	3 075
矿物质需要量						
钙（克/天）[c]	2.25	4.00	7.00	11.13	12.88	13.84
总磷（克/天）[c]	1.75	3.25	6	9.28	11.59	12.30
有效磷（克/天）[c]	1.38	2.00	3.2	4.27	4.89	4.61

（续）

指　标	体重（千克）					
	3～5	5～10	15	20～50	50～80	80～120
钠（克/天）	0.63	1.00	1.50	1.86	2.58	3.08
氯（克/天）	0.63	1.00	1.50	1.48	2.06	2.46
镁（克/天）	0.10	0.20	0.40	0.74	1.03	1.23
钾（克/天）	0.75	1.40	2.60	4.27	4.89	5.23
铜（毫克/天）	1.50	3.00	5.00	7.42	9.01	9.23
碘（毫克/天）	0.04	0.07	0.14	0.26	0.36	0.43
铁（毫克/天）	25.00	50.00	80.00	111.30	129.75	123.00
锰（毫克/天）	1.00	2.00	3.00	3.71	5.15	6.15
硒（毫克/天）	0.08	0.15	0.25	0.28	0.39	0.46
锌（毫克/天）	25.00	50.00	80.00	111.30	129.75	153.75
维生素需要量						
维生素 A（国际单位/天）d	550	1 100	1 750	2 412	3 384	3 998
维生素 D_3（国际单位/天）d	55	110	200	278	386	461
维生素 E（国际单位/天）d	4	8	11	20	28	34
维生素 K_3（毫克/天）	0.13	0.25	0.50	0.93	1.29	1.54
生物素（毫克/天）	0.02	0.03	0.05	0.09	0.13	0.15
胆碱（克/天）	0.15	0.25	0.40	0.56	0.77	0.92
叶酸（毫克/天）	0.08	0.15	0.30	0.56	0.77	0.92
烟酸，可利用（毫克/天）e	5.00	7.50	12.50	18.55	18.03	21.53
泛酸（毫克/天）	3.00	5.00	9.00	14.84	18.03	21.53
核黄素（毫克/天）	1.00	1.75	3.00	4.64	5.15	6.15
硫胺素（毫克/天）	0.38	0.50	1.00	1.86	2.58	3.08

（续）

指　　标	体重（千克）					
	3～5	5～10	15	20～50	50～80	80～120
维生素 B_6（毫克/天）	0.50	0.75	1.50	1.86	2.58	3.08
维生素 B_{12}（微克/天）	5.00	8.75	15.00	18.55	12.88	15.38
亚油酸（克/天）	0.25	0.50	1.00	1.86	2.58	3.08

注：a. 瘦肉生长速度较高（每天无脂瘦肉沉积大于 325 克）的猪对某矿物元素和维生素的需要量可能会比表中所列的数值略高。

b. 消化能转化为代谢能的效率为 96%，对玉米—豆粕型日粮，这一转化率为 94%～96%，依粗蛋白含量而定。

c. 体重 50～100 千克的后备公猪和后备母猪日粮中钙、磷可利用磷的含量应增加 0.05%～0.10%。

d. 1 国际单位维生素 A＝0.34 微克乙酸视黄酯；1 国际单位维生素 D_3＝0.05 微克胆钙化醇；1 国际单位维生素 E＝0.67 毫克 D_3 - a - 生育酚＝1 毫克 DL - a - 生育酚乙酸酯。

e. 玉米、饲用高粱、小麦和大麦中的烟酸不能为猪所利用。同样，这些谷物副产品中的烟酸的利用率也很低，除非对这些副产品进行发酵处理或湿法粉碎。

生长猪日粮氨基酸需要量
（自由采食，日粮含 90% 干物质）[a]

指　　标	配种体重（千克）					
	125	150	175	200	200	200
	妊娠增重（千克）[b]					
	55	45	40	35	30	35
	预期产仔数（头）					
	11	12	12	12	12	14
消化能（兆焦/千克）	14.23	14.23	14.23	14.23	14.23	14.23
代谢能（兆焦/千克）[c]	13.66	13.66	13.66	13.66	13.66	13.66
消化能进食量（兆焦/千克）	27.87	26.15	26.8	27.34	25.59	26.25
代谢能进食量（兆焦/千克）[c]	26.76	25.17	25.73	26.25	24.56	25.21
采食量（克/天）	1.96	1.84	1.88	1.92	1.80	1.85
粗蛋白（%）[d]	12.9	12.8	12.4	12.0	12.1	12.4

（续）

指　标	配种体重（千克）					
	125	150	175	200	200	200
	妊娠增重（千克）[b]					
	55	45	40	35	30	35
	预期产仔数（头）					
	11	12	12	12	12	14
回肠真可消化氨基酸需要量（%）						
粗氨酸	0.01	0.00	0.00	0.00	0.00	0.00
组氨酸	0.16	0.16	0.15	0.14	0.14	0.15
异亮氨酸	0.29	0.28	0.27	0.26	0.26	0.27
亮氨酸	0.48	0.47	0.44	0.41	0.41	0.44
赖氨酸	0.50	0.49	0.46	0.44	0.44	0.46
蛋氨酸	0.14	0.13	0.13	0.12	0.12	0.13
蛋氨酸＋胱氨酸	0.33	0.33	0.32	0.31	0.32	0.33
苯丙氨酸	0.29	0.28	0.27	0.25	0.25	0.27
苯丙氨酸＋酪氨酸	0.48	0.48	0.46	0.41	0.44	0.46
苏氨酸	0.37	0.48	0.37	0.36	0.37	0.38
色氨酸	0.10	0.10	0.09	0.09	0.09	0.09
缬氨酸	0.34	0.33	0.31	0.30	0.30	0.31
回肠末端表观可消化氨基酸需要量（%）						
精氨酸	0.03	0.00	0.00	0.00	0.00	0.00
组氨酸	0.15	0.15	0.14	0.13	0.13	0.14
异亮氨酸	0.26	0.26	0.25	0.24	0.24	0.25
亮氨酸	0.47	0.46	0.43	0.40	0.40	0.43
赖氨酸	0.45	0.45	0.42	0.40	0.40	0.42
蛋氨酸	0.13	0.13	0.12	0.11	0.12	0.12

（续）

指　标指　标	配种体重（千克）					
	125	150	175	200	200	200
	妊娠增重（千克）[b]					
	55	45	40	35	30	35
	预期产仔数（头）					
	11	12	12	12	12	14
蛋氨酸＋胱氨酸	0.30	0.31	0.30	0.29	0.30	0.31
苯丙氨酸	0.27	0.26	0.24	0.23	0.23	0.24
苯丙氨酸＋酪氨酸	0.45	0.44	0.42	0.40	0.41	0.43
苏氨酸	0.32	0.33	0.32	0.31	0.32	0.33
色氨酸	0.08	0.08	0.08	0.07	0.07	0.08
缬氨酸	0.31	0.30	0.28	0.27	0.27	0.28
总氨基酸需要量（％）[d]						
粗氨酸	0.06	0.03	0.00	0.00	0.00	0.00
组氨酸	0.19	0.18	0.17	0.16	0.17	0.17
异亮氨酸	0.33	0.32	0.31	0.30	0.30	0.31
亮氨酸	0.50	0.49	0.46	0.42	0.43	0.45
赖氨酸	0.58	0.57	0.54	0.52	0.52	0.54
蛋氨酸	0.15	0.15	0.14	0.13	0.13	0.14
蛋氨酸＋胱氨酸	0.37	0.38	0.37	0.36	0.36	0.37
苯丙氨酸	0.32	0.32	0.30	0.28	0.28	0.30
苯丙氨酸＋酪氨酸	0.54	0.54	0.51	0.49	0.49	0.51
苏氨酸	0.44	0.45	0.44	0.43	0.44	0.45
色氨酸	0.11	0.11	0.11	0.10	0.10	0.11
缬氨酸	0.39	0.38	0.36	0.34	0.34	0.36

注：a. 消化能每日进食量和饲料采食量以及氨基酸需要量根据妊娠模型推算的。

b. 妊娠增重包括母体增重和胎儿增重。

c. 消化能转化为代谢能的效率为96％。

d. 粗蛋白和总氨基酸需要量基于玉米—豆粕型日粮。

妊娠母猪每天氨基酸需要量
（自由采食，日粮含 90％干物质)[a]

指　　标	配种体重（千克）					
	125	150	175	200	200	200
	妊娠增重（千克)[b]					
	55	45	40	35	30	35
	预期产仔数（头）					
	11	12	12	12	12	14
消化能（兆焦/千克）	14.23	14.23	14.23	14.23	14.23	14.23
代谢能（兆焦/千克)[c]	13.66	13.66	13.66	13.66	13.66	13.66
消化能进食量(兆焦/千克)	27.87	26.15	26.8	27.34	25.59	26.25
代谢能进食量(兆焦/千克)[c]	26.76	25.17	25.73	26.25	24.56	25.21
采食量（克/天）	1.96	1.81	1.88	1.92	1.80	1.85
粗蛋白（％)[d]	12.9	12.8	12.4	12	12.1	12.4
回肠真可消化氨基酸需要量（克/天）						
精氨酸	0.8	0.1	0.0	0.0	0.0	0.0
组氨酸	3.1	2.9	2.8	2.7	2.5	2.7
异亮氨酸	5.6	5.2	5.1	5.0	4.7	5.0
亮氨酸	9.4	8.7	8.3	7.9	7.4	8.1
赖氨酸	9.7	9.0	8.7	8.4	7.9	8.5
蛋氨酸	2.7	2.5	2.4	2.3	2.2	2.3
蛋氨酸＋胱氨酸	6.4	6.1	6.1	6.0	5.7	6.1
苯丙氨酸	5.7	5.2	5.0	4.8	4.6	4.9
苯丙氨酸＋酪氨酸	9.5	8.9	8.6	8.4	7.9	8.5
苏氨酸	7.3	7.0	6.9	6.9	6.6	7.0
色氨酸	1.9	1.8	1.7	1.7	1.9	1.7
缬氨酸	6.6	6.1	5.9	5.7	5.4	5.8
回肠末端表观可消化氨基酸需要量（克/天）						
精氨酸	0.6	0.0	0.0	0.0	0.0	0.0
组氨酸	2.9	2.7	2.6	2.5	2.4	2.6

（续）

指　标	配种体重（千克）					
	125	150	175	200	200	200
	妊娠增重（千克）b					
	55	45	40	35	30	35
	预期产仔数（头）					
	11	12	12	12	12	14
异亮氨酸	5.1	4.8	4.7	4.5	4.3	4.6
亮氨酸	9.2	8.4	8.1	7.7	7.3	7.9
赖氨酸	8.9	8.2	7.9	7.6	7.2	7.7
蛋氨酸	2.5	2.4	2.3	2.2	2.1	2.2
蛋氨酸＋胱氨酸	6.0	5.7	5.7	5.6	5.3	5.7
苯丙氨酸	5.2	4.8	4.6	4.4	4.2	4.5
苯丙氨酸＋酪氨酸	8.8	8.2	8.0	7.7	7.3	7.9
苏氨酸	6.3	6.0	6.0	6.0	5.7	6.1
色氨酸	1.6	1.5	1.4	1.4	1.3	1.4
缬氨酸	6.0	5.6	5.4	5.2	4.9	5.3
总氨基酸需要量（克/天）						
精氨酸	1.3	0.5	0.0	0.0	0.0	0.0
组氨酸	3.6	3.4	3.3	3.2	3.0	3.2
异亮氨酸	6.4	6.0	5.9	5.7	5.4	5.8
亮氨酸	9.9	9.0	8.6	8.2	7.7	8.3
赖氨酸	11.4	10.6	10.3	9.9	9.4	10.0
蛋氨酸	2.9	2.7	2.6	2.6	2.4	2.6
蛋氨酸＋胱氨酸	7.3	7.0	6.9	6.8	6.5	6.9
苯丙氨酸	6.3	5.8	5.6	5.4	5.0	5.4
苯丙氨酸＋酪氨酸	10.6	9.9	9.6	9.4	8.9	9.5

（续）

指　　标	配种体重（千克）					
	125	150	175	200	200	200
	妊娠增重（千克）[b]					
	55	45	40	35	30	35
	预期产仔数（头）					
	11	12	12	12	12	14
苏氨酸	8.6	8.3	8.3	8.2	7.8	8.3
色氨酸	2.2	2.0	2.0	1.9	1.8	2.0
缬氨酸	7.6	7.0	6.8	6.6	6.2	6.7

注：a. 消化能每日进食量和饲料采食量以及氨基酸需要量根据妊娠模型推算的。

b. 妊娠增重包括母体增重和胎儿增重。

c. 消化能转化为代谢能的效率为96％。

d. 粗蛋白和总氨基酸需要量基于玉米—豆粕型日粮。

泌乳母猪日粮氨基酸需要量（自由采食，日粮含90％干物质）[a]

指　　标	分娩前体重（千克）					
	175	175	175	175	175	175
	预期的泌乳期体重变化（千克）[b]					
	0	0	0	−10	−10	−10
	仔猪日增重（克）[b]					
	150	200	250	150	200	250
消化能（兆焦/千克）	14.23	14.23	14.23	14.23	14.23	14.23
代谢能（兆焦/千克）[c]	13.66	13.66	13.66	13.66	13.66	13.66
消化能进食量(兆焦/千克)	61.27	76.17	91.06	50.71	65.61	80.50
代谢能进食量(兆焦/千克)[c]	58.83	73.12	87.42	48.68	62.99	77.28
采食量（克/天）	4.31	5.35	6.40	3.56	4.61	5.66
粗蛋白（％）[d]	16.3	17.5	18.4	17.2	18.5	19.2
回肠真可消化氨基酸需要量（％）						
精氨酸	0.36	0.44	0.49	0.35	0.44	0.50
组氨酸	0.28	0.32	0.34	0.30	0.34	0.36

（续）

指　标	分娩前体重（千克）					
	175	175	175	175	175	175
	预期的泌乳期体重变化（千克）[b]					
	0	0	0	−10	−10	−10
	仔猪日增重（克）[b]					
	150	200	250	150	200	250
异亮氨酸	0.40	0.44	0.47	0.44	0.48	0.50
亮氨酸	0.80	0.90	0.96	0.87	0.97	1.03
赖氨酸	0.71	0.79	0.85	0.77	0.85	0.90
蛋氨酸	0.19	0.21	0.22	0.20	0.22	0.23
蛋氨酸＋胱氨酸	0.35	0.39	0.41	0.39	0.42	0.43
苯丙氨酸	0.39	0.43	0.46	0.42	0.46	0.49
苯丙氨酸＋酪氨酸	0.80	0.89	0.95	0.88	0.97	1.02
苏氨酸	0.45	0.49	0.52	0.50	0.53	0.56
色氨酸	0.13	0.14	0.15	0.15	0.16	0.17
缬氨酸	0.60	0.67	0.72	0.66	0.73	0.77
回肠末端表观可消化氨基酸需要量（%）						
精氨酸	0.34	0.41	0.46	0.33	0.41	0.47
组氨酸	0.27	0.30	0.32	0.29	0.32	0.34
异亮氨酸	0.37	0.41	0.44	0.41	0.44	0.47
亮氨酸	0.77	0.86	0.92	0.83	0.92	0.98
赖氨酸	0.66	0.73	0.79	0.72	0.79	0.84
蛋氨酸	0.18	0.20	0.21	0.19	0.21	0.22
蛋氨酸＋胱氨酸	0.33	0.36	0.38	0.36	0.39	0.40
苯丙氨酸	0.36	0.40	0.43	0.39	0.43	0.46
苯丙氨酸＋酪氨酸	0.75	0.83	0.89	0.82	0.90	0.96
苏氨酸	0.70	0.43	0.46	0.44	0.47	0.49
色氨酸	0.11	0.12	0.13	0.13	0.14	0.14

（续）

指　　标	分娩前体重（千克）					
	175	175	175	175	175	175
	预期的泌乳期体重变化（千克）b					
	0	0	0	−10	−10	−10
	仔猪日增重（克）b					
	150	200	250	150	200	250
缬氨酸	0.55	0.61	0.66	0.61	0.67	0.71
总氨基酸需要量（%）d						
精氨酸	0.40	0.48	0.54	0.39	0.49	0.55
组氨酸	0.32	0.36	0.38	0.34	0.38	0.40
异亮氨酸	0.45	0.50	0.53	0.50	0.54	0.57
亮氨酸	0.86	0.97	1.05	0.95	1.05	1.12
赖氨酸	0.82	0.91	0.97	0.89	0.67	1.03
蛋氨酸	0.21	0.23	0.24	0.22	0.24	0.26
蛋氨酸＋胱氨酸	0.40	0.44	0.46	0.44	0.47	0.49
苯丙氨酸	0.43	0.48	0.52	0.47	0.52	0.55
苯丙氨酸＋酪氨酸	0.90	1.00	1.07	0.98	1.08	1.14
苏氨酸	0.54	0.58	0.61	0.58	0.63	0.65
色氨酸	0.15	0.16	0.17	0.17	0.18	0.19
缬氨酸	0.68	0.76	0.82	0.76	0.83	0.88

注：a. 代谢能每日进食量和饲料采食量以及氨基酸需要量根据泌乳模型推算的。

b. 每窝 10 头仔猪，21 日龄断奶。

c. 消化能转化为代谢能的效率为 96%，对玉米—豆粕型日粮，这一比值为 95%～96%，依日粮粗蛋白含量而定。

d. 粗蛋白和总氨基酸需要量基于玉米—豆粕型日粮。

泌乳母猪每天氨基酸需要量

（自由采食，日粮含 90％干物质）[a]

指　　标	分娩前体重（千克）					
	175	175	175	175	175	175
	预期的泌乳期体重变化（千克）[b]					
	0	0	0	−10	−10	−10
	仔猪日增重（克）[b]					
	150	200	250	150	200	250
消化能（兆焦/千克）	14.23	14.23	14.23	14.23	14.23	14.23
代谢能（兆焦/千克）[c]	13.66	13.66	13.66	13.66	13.66	13.66
消化能进食量（兆焦/千克）	61.27	76.17	91.06	50.71	65.61	80.50
代谢能进食量（兆焦/千克）[c]	58.83	73.12	87.42	48.68	62.99	77.28
采食量（克/天）	4.31	5.35	6.40	3.56	4.61	5.66
粗蛋白（％）	16.3	17.5	18.4	17.2	18.5	19.2
回肠真可消化氨基酸需要量（克/天）						
精氨酸	15.6	23.4	31.1	12.5	20.3	28.0
组氨酸	12.2	17.0	21.7	10.9	15.6	20.3
异亮氨酸	17.2	23.6	30.1	15.6	22.1	28.5
亮氨酸	34.4	48.0	61.5	31.0	44.5	58.1
赖氨酸	34.7	42.5	54.3	27.6	39.4	51.2
蛋氨酸	8.0	11.0	14.1	7.2	10.2	13.2
蛋氨酸＋胱氨酸	15.3	20.6	26.0	13.9	19.2	24.5
苯丙氨酸	16.8	23.3	29.7	14.9	21.4	27.9
苯丙氨酸＋酪氨酸	34.6	47.9	61.1	31.4	44.6	57.8
苏氨酸	19.5	26.4	33.3	17.7	24.6	31.5
色氨酸	5.5	7.6	9.7	5.2	7.3	9.4
缬氨酸	25.8	35.8	45.8	23.6	33.6	43.6
回肠末端表观可消化氨基酸需要量（克/天）						
精氨酸	14.6	22.0	29.3	11.7	19.1	26.4
组氨酸	11.5	16.0	20.5	10.2	14.7	19.2
异亮氨酸	15.9	21.9	27.9	14.4	20.5	26.5

（续）

指　　标	分娩前体重（千克）					
	175	175	175	175	175	175
	预期的泌乳期体重变化（千克）b					
	0	0	0	−10	−10	−10
	仔猪日增重（克）b					
	150	200	250	150	200	250
亮氨酸	33.0	45.9	58.7	29.7	42.6	55.4
赖氨酸	28.4	39.4	50.4	25.5	36.5	47.5
蛋氨酸	7.6	10.5	13.4	6.8	9.7	12.6
蛋氨酸＋胱氨酸	14.2	19.2	24.4	12.9	17.8	22.8
苯丙氨酸	15.5	21.6	27.6	13.8	19.9	25.9
苯丙氨酸＋酪氨酸	32.3	44.7	57.1	29.3	41.7	51.1
苏氨酸	17.1	23.1	29.2	15.5	21.6	27.7
色氨酸	4.7	6.6	8.4	4.5	6.3	8.1
缬氨酸	23.6	32.8	42.0	21.6	30.8	40.0
总氨基酸需要量（克/天）d						
精氨酸	17.4	25.8	31.3	14.0	22.4	30.8
组氨酸	13.8	19.1	24.4	12.2	17.5	22.8
异亮氨酸	19.5	26.8	34.1	17.7	25.0	32.3
亮氨酸	37.2	52.1	67.0	33.7	48.6	63.5
赖氨酸	35.5	48.6	61.9	31.6	44.9	58.2
蛋氨酸	8.8	12.2	15.6	7.9	11.3	14.6
蛋氨酸＋胱氨酸	17.3	23.4	29.4	15.7	21.7	27.8
苯丙氨酸	18.7	25.9	33.2	16.6	23.9	31.1
苯丙氨酸＋酪氨酸	38.7	53.4	68.2	35.1	49.8	64.6
苏氨酸	23.0	31.1	39.1	20.8	28.8	36.9

（续）

指　　标	分娩前体重（千克）					
	175	175	175	175	175	175
	预期的泌乳期体重变化（千克）[b]					
	0	0	0	−10	−10	−10
	仔猪日增重（克）[b]					
	150	200	250	150	200	250
色氨酸	6.3	8.6	11.0	5.9	8.2	10.6
缬氨酸	29.5	40.9	52.3	26.9	38.4	49.8

注：a. 消化能每日进食量和饲料采食量以及氨基酸需要量根据妊娠模型推算的。

b. 妊娠增重包括母体增重和胎儿增重。

c. 消化能转化为代谢能的效率为96%，对玉米—豆粕型日粮，这一比值为95%～96%，依日粮粗蛋白含量而定。

d. 粗蛋白和总氨基酸需要量基于玉米—豆粕型日粮。

妊娠和泌乳母猪日粮中矿物质、维生素和亚油酸的需要量

（日粮含90%的干物质）[a]

指　　标	妊娠母猪	泌乳母猪	指标	妊娠母猪	泌乳母猪
消化能（兆焦/千克）	14.23	14.23	钾（%）	0.20	0.20
代谢能（兆焦/千克）[b]	13.66	13.66	铜（毫克/千克）	5.00	5.00
消化能进食量（兆焦/千克）	26.32	74.68	碘（毫克/千克）	0.14	0.14
代谢能进食量（兆焦/千克）[b]	25.27	71.69	铁（毫克/千克）	80	80
采食量（克/克）	1.85	5.25	锰（毫克/千克）	20	20
矿物质需要量			硒（毫克/千克）	0.15	0.15
钙（%）	0.75	0.75	锌（毫克/千克）	50	50
总磷（%）	0.60	0.60	维生素需要量		
有效磷（%）	0.35	0.35	维生素A（国际单位）[c]	4 000	2 000
钠（%）	0.15	0.20	维生素D_3（国际单位）[c]	200	200
氯（%）	0.12	0.16	维生素E（国际单位）[c]	44	44
镁（%）	0.04	0.04	维生素K_3（毫克/千克）	0.50	0.50

（续）

指　标	妊娠母猪	泌乳母猪	指标	妊娠母猪	泌乳母猪
生物素（毫克/千克）	0.20	0.20	核黄素（毫克/千克）	3.75	3.75
胆碱（克/千克）	1.25	1.00	硫胺素（毫克/千克）	1.00	1.00
叶酸（毫克/千克）	1.30	1.30	维生素 B_6（毫克/千克）	1.00	1.00
烟酸，可利用(毫克/千克)[d]	10	10	维生素 B_{12}（微克/千克）	0.10	0.10
泛酸（毫克/千克）	12	12	亚油酸（%）	15	15

妊娠和泌乳母猪每天矿物质、维生素和亚油酸的需要量
（日粮含 90% 的干物质)[a]

指标	妊娠母猪	泌乳母猪	指标	妊娠母猪	泌乳母猪
消化能（兆焦/千克）	14.23	14.23	碘（毫克/天）	0.3	0.7
代谢能（兆焦/千克)[b]	13.66	13.66	铁（毫克/天）	148	420
消化能进食量（兆焦/千克）	26.32	74.68	锰（毫克/天）	37	105
代谢能进食量(兆焦/千克)[b]	25.27	71.69	硒（毫克/天）	0.3	0.8
采食量（克/天）	1.85	5.25	锌（毫克/天）	93	263
矿物质需要量			维生素需要量		
钙（克/天）	13.9	39.4	维生素 A（国际单位/天)[c]	7 400	10 500
总磷（克/天）	11.1	31.5	维生素 D_3(国际单位/天)[c]	370	1 050
有效磷（克/天）	6.5	18.4	维生素 E（国际单位/天)[c]	81	231
钠（克/天）	2.8	10.5	维生素 K_3（毫克/天）	0.9	2.6
氯（克/天）	2.2	8.4	生物素（毫克/天）	0.4	1.1
镁（克/天）	0.7	2.1	胆碱（克/天）	2.3	5.3
钾（克/天）	3.7	10.5	叶酸（毫克/天）	2.4	6.8
铜（毫克/天）	9.3	26.3	烟酸，可利用（毫克/天)[d]	19	53

（续）

指标	妊娠母猪	泌乳母猪	指标	妊娠母猪	泌乳母猪
泛酸（毫克/天）	22	63	维生素 B_6（毫克/天）	1.9	5.3
核黄素（毫克/天）	6.9	19.7	维生素 B_{12}（微克/天）	28	79
硫胺素（毫克/天）	1.9	5.3	亚油酸（克/天）	1.9	5.3

注：a. 需要量是按日采食量 1.85 千克和 5.85 千克设计的。

b. 消化能转化为代谢能的效率为 96%。

c. 1 国际单位维生素 A＝0.34 微克乙酸视黄酯；1 国际单位维生素 D_3＝0.025 微克胆钙化醇；1 国际单位维生素 E＝0.67 毫克 D-α-生育酚＝1 毫克 DL-α-生育酚乙酸酯。

d. 玉米、饲用高粱、小麦和大麦中的烟酸不能为猪所利用。同样，这些谷物副产品中的烟酸的利用率也很低，除非对这些副产品进行发酵处理或湿法粉碎。

种公猪配种期日粮和每天氨基酸、矿物质、维生素和亚油酸需要量
（日粮含 90% 干物质）

消化能（兆焦/千克）	14.23
代谢能（兆焦/千克）[b]	13.66
消化能进食量（兆焦/千克）	28.45
代谢能进食量（兆焦/千克）[b]	27.32
采食量（克/天）	2.00
粗蛋白（%）	13.0

	日粮中需要量	每天需要量
氨基酸		
组氨酸	0.19%	3.8 克/天
异亮氨酸	0.35%	7.0 克/天
亮氨酸	0.51%	10.2 克/天
赖氨酸	0.60%	12.0 克/天
蛋氨酸	0.16%	3.2 克/天
蛋氨酸＋胱氨酸	0.42%	8.4 克/天
苯丙氨酸	0.33%	6.6 克/天

（续）

	日粮中需要量	每天需要量
苯丙氨酸＋酪氨酸	0.57%	11.4 克/天
苏氨酸	0.50%	10.0 克/天
色氨酸	0.12%	2.4 克/天
缬氨酸	0.4%	8.0 克/天
矿物质		
钙	0.75%	15.0 克/天
总磷	0.60%	12.0 克/天
有效磷	0.35%	7.0 克/天
钠	0.15%	3.0 克/天
氯	0.12%	2.4 克/天
镁	0.01%	0.8 克/天
钾	0.20%	4.0 克/天
铜	5 毫克/千克	10 毫克/天
碘	0.14 毫克/千克	0.28 毫克/天
铁	80 毫克/千克	160 毫克/天
锰	20 毫克/千克	40 毫克/天
硒	0.15 毫克/千克	0.3 毫克/天
锌	50 毫克/千克	100 毫克/天
维生素		
维生素 A	4 000 国际单位	8 000 国际单位/天
维生素 D_3	200 国际单位	400 国际单位/天
维生素 E	44 国际单位	88 国际单位/天
维生素 K_3	0.50 毫克/千克	1.0 毫克/天
生物素	0.20 毫克/千克	0.4 毫克/天
胆碱	1.25 克/千克	2.5 克/天
叶酸	1.30 毫克/千克	2.6 毫克/天

（续）

	日粮中需要量	每天需要量
烟酸（可利用）	10 毫克/千克	20 毫克/天
泛酸	12 毫克/千克	24 毫克/天
核黄素	3.75 毫克/千克	7.5 毫克/天
硫胺素	1.0 毫克/千克	2.0 毫克/天
维生素 B_6	1.0 毫克/千克	2.0 毫克/天
维生素 B_{12}	15 微克/千克	30 微克/天
亚油酸	0.1%	2.0 克/天

注：a. 需要量是按日采食量 2.00 千克设计的，实际生产中日采食量应依种公猪体重和增重而定。

b. 玉米—豆粕型日粮，赖氨酸需要量定为 0.6%（12 克/天），其氨基酸是按和妊娠母猪相似的模型（总氨基酸基础）推算的。

c. 1 国际单位维生素 A＝0.344 微克乙酸视黄酯；1 国际单位维生素 D_3＝0.025 微克胆钙化醇；1 国际单位维生素 E＝0.67 毫克 D-α-生育酚＝1 毫克 DL-α-生育酚乙酸酯。

d. 玉米、饲用高粱、小麦和大麦中的烟酸不能为猪所利用。同样，这些谷物副产品中的烟酸的利用率也很低；除非对这些副产品进行发酵处理或湿法粉碎。

附录4　某猪场生产计件工资及考核办法

一、生产指标的确定

生产指标是衡量种猪场生产水平高低的重要依据，为了使种猪场的生产经营能够正常有序的发展，特制定以下的生产指标。

二、各阶段的相关标准

（一）饲养期

哺乳期 28 天，产床过渡期 7 天，保育期 42 天，生长期 49 天，育肥期 42 天，商品猪全程饲养天数为 168 天。

（二）生产指标

母猪平均年产仔 2.1 窝，配种分娩率 85%，窝平产活仔 9～

11 头，窝平断奶 8～10 头，平均体重 6.5 千克，保育转栏平均体重 25 千克，生长转栏平均重 60 千克，肥猪出售平均体重 100千克。

（三）生产率

（1）仔猪成活率 93%～95%，淘汰率 3%，月转出率 80%。

（2）保育猪成活率 94%～96%，淘汰率 3%，月转出率 70%。

（3）生长猪成活率 97%，淘汰率 2%，月转出率 60%。

（4）育肥猪成活率 98%，淘汰率 1%，月出栏率 70%。

（5）经产母猪成活率 99.5%，淘汰率 2%。

（6）全场成活率 98%，全场淘汰率 3%。全场出栏率 17%。

（7）弱仔率 10%，畸形率 3%。死胎率 2%。

（四）药物消耗量

（1）保健药物占 40%，预防药物占 35%，治疗用药占 25%。

（2）妊娠空怀母猪每月每头用药为 10 元。

（3）哺乳母猪每月每头用药 7 元。

（4）仔猪每月每头用药 3 元。

（5）保育猪每月每头用药 3 元。

（6）生长猪每月每头用药 2 元。

（7）育肥猪每月每头用药 1 元。

（8）全场每月每头用药量为 4 元。

（五）各阶段猪料肉比及耗料量

阶　　段	仔猪	保育猪	生长猪	育肥猪	全程
料肉比（千克：千克）	1：1	1.7：1	2.3：1	2.6：1	2.8～3.1：1
耗料量（千克）	6.5	31	80	104	

三、各标准的计算方法

配种分娩率＝当月产仔窝数÷三月前的配种窝数×100%

窝平产仔数＝当月产活仔总数÷当月产仔总窝数

窝平断奶数＝当月断奶总头数÷当月断奶总窝数

成活率＝月底存栏数÷〔月初存栏数－当月转出数＋当月产仔（转入）总数〕×100%

淘汰率＝当月淘汰总数÷〔月初存栏数－当月转出数＋当月产仔（转入）总数〕×100%

弱仔率＝当月产弱仔数÷当月产仔总数×100%

畸形率＝当月产畸形总数÷当月产仔总数×100%

死胎率＝当月产死胎总数÷当月产仔总数×100%

月转出率＝当月转出总数÷月初存栏数×100%

全场月成活率＝当月死亡总数÷（月底存栏总数＋当月出售数）×100%

全场月淘汰率＝当月淘汰总数÷（月底存栏总数＋当月出售数）×100%

四、奖励标准

仔猪饲养期每提前1天奖励1元。

保育猪饲养期每提前1天奖励2元。

生长猪饲养期每提前1天奖励3元。

育肥猪饲养期每提前1天奖励4元。

分娩母猪每增加1头奖励20元。

产活仔数每增加1头奖励3元。

仔猪成活率每提高1%奖励50元。

保育猪成活率每提高1%奖励80元。

生长猪成活率每提高1%奖励100元。

育肥猪成活率每提高1%奖励200元。

仔猪淘汰率每降低 1％奖励 50 元。

保育猪淘汰率每降低 1％奖励 80 元。

生长猪淘汰率每降低 1％奖励 100 元。

育肥猪淘汰率每降低 1％奖励 200 元。

仔猪转栏率每提高 1％奖励 20 元。

保育猪转栏率每提高 1％奖励 50 元。

生长猪转栏率每提高 1％奖励 80 元。

育肥猪转栏率每提高 1％奖励 100 元。

弱仔率每降低 1％奖励 25 元。

畸形率每降低 1％奖励 20 元。

经产母猪每多成活 1 头奖励 20 元。

全场成活率每提高 0.1％奖励 50 元。

全场淘汰率每降低 0.1％奖励 20 元。

全场月出栏率每提高 1％奖励 200 元。

全程料肉比每降低 0.1％奖励 100 元。

五、超产奖励

（一）有基本工资的核算标准

妊娠母猪每超产 1 头奖励 5 元/月。

哺乳母猪每超产 1 头奖励 8 元/月。

保育猪每超产 1 头奖励 2 元/月。

生长猪每超产 1 头奖励 3 元/月。

育肥猪每超产 1 头奖励 4 元/月。

（二）无基本工资的核算标准

每饲养 1 头妊娠母猪给予 5.5 元/月。

每饲养 1 头哺乳母猪给予 25 元/月。

每饲养 1 头保育猪给予 2.5 元/月。

每饲养 1 头生长猪给予 4 元/月。

每饲养 1 头育肥猪给予 5 元/月。

六、其他奖励

饲养员圈舍（产床上下），圈舍过道，圈舍的两边粪沟清洁无大量积粪，无饲料残留的奖励 80 元；严格按照饲养标准或按照上级要求完成任务的奖励 50 元；积极参加义务劳动或积极服从安排并按质按量完成任务的奖励 50 元。

七、各岗位工资具体核算标准

名称	核 算 标 准
生产主管	全场成活率、全场淘汰率、全场出栏率、兽药用量、饲料消耗量、全场料重比、饲养管理
配种技术员	分娩率、产仔窝数、产活仔数、清洁卫生、药物用量
产房技术员	仔猪成活率、淘汰率、转栏率、断奶重、药物用量、清洁卫生
生长保育育肥技术员	成活率、淘汰率、清洁卫生、转栏率、料重比
妊娠空怀母猪饲养员	超产数、产仔窝数、弱仔率、畸形率、饲养管理
产房饲养员	超产、产仔窝数、转出率、成活率、淘汰率、饲养管理、仔猪料重比
保育舍饲养员	超产、转出率、成活率、淘汰率、饲养管理、料重比
生长舍饲养员	超产、转出率、成活率、淘汰率、饲养管理、料重比
育肥舍饲养员	超产、出栏率、成活率、淘汰率、饲养管理、料重比

图书在版编目（CIP）数据

种猪生产配套技术手册/梅书棋，孙华，刘泽文主编.—北京：中国农业出版社，2013.3
（新编农技员丛书）
ISBN 978-7-109-17407-8

Ⅰ.①种… Ⅱ.①梅…②孙…③刘… Ⅲ.①种猪—饲养管理—技术手册 Ⅳ.①S828.02-62

中国版本图书馆 CIP 数据核字（2012）第 277877 号

中国农业出版社出版
（北京市朝阳区农展馆北路 2 号）
（邮政编码 100125）
策划编辑　颜景辰
文字编辑　王森鹤

北京中兴印刷有限公司印刷　新华书店北京发行所发行
2013 年 4 月第 1 版　2013 年 4 月北京第 1 次印刷

开本：850mm×1168mm 1/32　印张：14
字数：355 千字　印数：1～5 000 册
定价：28.00 元
（凡本版图书出现印刷、装订错误，请向出版社发行部调换）